普通高等教育"十一五"国家级规划教材

现代通信原理

（第2版）

沈保锁　侯春萍　编著

国防工业出版社

·北京·

图书在版编目(CIP)数据

现代通信原理/沈保锁,侯春萍编著.—2版.—北京:国防工业出版社,2024.7重印
普通高等教育“十一五”国家级规划教材
ISBN 978-7-118-04151-4

Ⅰ.现…　Ⅱ.①沈…②侯…　Ⅲ.通信理论
Ⅳ.TN911

中国版本图书馆CIP数据核字(2005)第108450号

※

国防工业出版社出版发行
(北京市海淀区紫竹院南路23号　邮政编码100048)
北京虎彩文化传播有限公司印刷
新华书店经售

*

开本 787×1092　1/16　**印张** 21¼　**字数** 486千字
2024年7月第2版第13次印刷　**印数** 35501—36000册　**定价** 42.00元

(本书如有印装错误,我社负责调换)

国防书店:(010)88540777　　书店传真:(010)88540776
发行业务:(010)88540717　　发行传真:(010)88540762

再版前言

本书系天津大学重点教材。本教材依据工科类通信教材出版编写大纲及作者多年来从事“通信原理”课程教学的实践经验编写而成。

本书自出版以来深受广大读者的欢迎,已重印过1次。随着通信事业的发展,新的技术不断涌现,教材也应与时俱进,内容应不断更新。在广泛征求有关专家和任课教师及学生的意见后,我们对本教材进行了修订,删去了部分陈旧的内容,增添了目前通信领域的一些新技术;并力求文字更加精炼,内容更加新颖。

本教材重点讲授通信的基本原理,内容力图跟踪目前通信发展的趋势,尽可能多地反映通信领域的新技术和新的发展方向。因此,本书大量地压缩了模拟通信的内容,着重介绍了数字通信的基本知识。本书主要分析了通信系统的传输原理,同时也对通信网的概念作了相应的介绍。为了使通信基本原理与实际通信电路相结合,在侧重讲授通信基本原理的基础上,本书还介绍了一部分常用的通信电路芯片。在本次修订中增加了有关数字移动通信的最新技术,例如OFDM、Turbo码等内容。在通信网一章做了较大幅度的修改,侧重讲解了通信网的基本概念、交换及协议,删去了部分实际网络的介绍。有关确知信号分析的内容,在有关“信号与系统”的课程中已有详细的介绍,本书没有另设章节讨论。

本书共分十章:第一章主要介绍通信的基本概念、通信系统模型、通信系统的性能指标,同时还讨论了信息的基本概念;第二章主要讨论信道的性能、随机信号分析、噪声;第三章主要介绍各种模拟通信系统的调制、解调方法,并讨论了各种模拟系统的抗噪声性能;第四章着重介绍PCM、ΔM、ADPCM、话音编码和图像编码的基本原理;第五章~第七章主要介绍数字通信的基带传输、频带传输、最佳接收、现代数字调制技术以及上述各种传输系统的性能分析;第八章着重分析载波同步、位同步、帧同步、网同步及跳频系统同步的实现方法和噪声性能;第九章内容包括信道编码原理、线性分组码、循环码、卷积码、TCM码和Turbo码等;第十章主要介绍通信网的基本概念,内容包括交换、信令与协议、电信网、数字数据网、ISDN、ATM等。本教材拟定为80~100学时,主要讲授各通信系统的基本原理、基本性能和基本的分析方法,并适当地介绍一些通信的新技术。受课时所限,书中将一些新的属于扩展知识内容的章节用“*”标出,供学生课下阅读。为了便于读者理解和复习,各章后面都附有习题,并且给出了部分习题答案供参考。

本书由沈保锁担任主编,并编写第一、二、三、五、六、八、十章。侯春萍编写第四、七、九章。本书由天津大学曹达仲教授担任主审。

在本书的编写过程中,得到了学校、院、系各级领导的支持和帮助。特别是得到了院长戴居丰教授、刘开华教授及主任金杰教授的大力支持和帮助。天津工业大学的苗长云教授、天津理工大学的窦晋江老师、中央民族大学的王利众老师、天津大学的付晓梅老师和侯永宏老师对本书的修改提出了许多很宝贵的意见。在此表示衷心的感谢。

限于作者的水平，书中难免有不妥或错误之处，恳请读者批评指正。

作 者

2005 年 8 月于天津大学

目　　录

第一章　绪　论

1.1　通信的概念

什么是通信？一般而言，通信就是由一地向另一地传递消息。在人类社会里，人与人之间要互通情报，交换消息，这就需要消息的传递。古代的烽火台、金鼓、旌旗，现代的书信、电报、电话、传真、电子信箱、可视图文等，都是人们用来传递信息的方式。

通信的方式有多种多样，其中利用“电”来传递信息，是一种最有效的传输方式，这种通信方式称为电通信。电通信方式能使消息几乎在任意的通信距离上实现既迅速、有效，又准确、可靠的传递，因此它发展迅速，应用极其广泛。

电通信一般指电信，即指利用有线电、无线电、光和其它电磁系统，对消息、情报、指令、文字、图像、声音或任何性质的消息进行传输。电信业务可分为电报、电话、数据传输、传真、可视电话等。从广义上讲，广播、电视、雷达、导航、遥控遥测、计算机通信等都应属于电通信的范畴。

通信技术是随着科学技术的不断发展，由低级到高级，由简单到复杂逐渐发展起来的。而各种各样性能不断改善的通信系统的应用，又促进了社会生产和人类文明的发展。

原始的通信方式有烽火台、书信和旗语等，它们最主要的缺点是消息传送距离短，速度慢。

真正有实用意义的电通信起源于19世纪30年代。1835年，莫尔斯电码出现；1837年，莫尔斯电磁式电报机出现；1866年，利用大西洋海底电缆实现了越洋电报通信；1876年，贝尔发明了电话机，开始了有线电报、电话通信，使消息传递既迅速又准确。

19世纪末，出现了无线电报；20世纪初，电子管的出现使无线电话成为可能。从20世纪60年代以来，随着晶体管、集成电路的出现和应用，无线电通信迅速发展，无线电话、广播、电视和传真通信相继出现并发展起来。

进入20世纪80年代以来，随着人造卫星的发射，电子计算机、大规模集成电路和光导纤维等现代化科学技术成果的问世和应用，特别是数字通信技术的飞速发展，进一步促进了微波通信、卫星通信、光纤通信、移动通信和计算机通信等各种现代通信系统的竞相发展，以不断满足人们在各个方面对通信的越来越高的要求。

通信就意味着信息的传递和交换，在当代社会中，信息的交换日益频繁，随着通信技术和计算机技术的发展及它们的密切结合，通信已能克服对空间和时间的限制，大量的、远距离的信息传递和存取已成为可能。展望未来，通信技术正在向数字化、智能化、综合化、宽带化、个人化方向迅速发展，各种新的电信业务也应运而生，正沿着信息服务多种领域广泛延伸。

人们期待着早日实现通信的最终目标，即无论何时、何地都能实现与任何人进行任何形式的信息交换——全球个人通信。

1.2 通信系统的组成

通信系统是指完成信息传输过程的全部设备和传输媒介，通信系统的一般模型如图1.2－1所示。

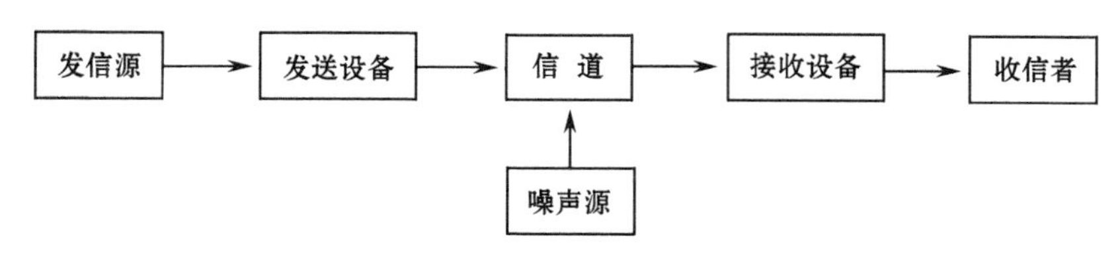

图1.2－1 通信系统的基本模型

发信源是消息的产生来源，它同时将消息变换成电信号。根据信源输出信号的性质不同，发信源可分为模拟信源和离散信源。模拟信源（如电话机、电视摄像机）输出幅度连续的信号；离散信源（如电传机、计算机）输出离散的符号序列或文字。模拟信源可以通过信源编码变换为离散信源。随着计算机和数字通信技术的发展，离散信源的种类和数量愈来愈多（如PCM电话机、数字电视等），得到了广泛的应用。

发送设备的作用是将信源产生的消息信号转换为适合于在信道中传输的形式。它所要完成的功能很多，例如调制、放大、滤波、发射等。在数字通信系统中还要包括编码和加密。这里要着重指出的是调制在通信系统中所起的重要作用。由发信源发出的信号通常称为基带信号，它的特点是其频谱从零频附近开始延伸到某个通常小于几兆赫的有限值。基带信号可以直接在信道中传输，称其为基带传输（如直流电报、实线电话和有线广播等）。虽然基带传输系统是最简单的通信系统，但应用场合有限，并且对信道的利用率不高。通常，大多数通信系统需要通过调制将基带信号变换为更适合在信道中传输的形式，即频带传输。无线通信系统是用空间辐射方式来传送信号。由天线理论可知：只有当辐射天线的尺寸大于波长的1/10时，信号才能被天线有效地发射。调制过程可将信号频谱搬移到任何需要的频率范围，使其易于以电磁波的形式辐射出去。即使在有线传输时，有时也需经过调制使信号的频率和信道有效传输频带相适应。通过调制还可以实现信道的多路复用和提高系统的抗干扰能力。

信道是传输的媒介，它的种类很多，概括起来有两种：有线信道和无线信道。信道的传输性能直接影响到通信质量。

通信系统还要受到系统内外各种噪声干扰的影响，这些噪声来自发送设备、接收设备和传输媒介等几个方面。图1.2－1中的噪声源是将各种噪声干扰集中在一起并归结在一个框内，由信道引入，这样处理是为了分析问题的方便。

接收设备完成发送设备的反变换，即进行解调、译码、解密等，将接收到的信号转换成信息信号。

收信者把信息信号还原为相应的消息，这里所谓的收信者不一定是人，可以是其它终端设备。

以上所述的是单向通信系统。但是在大多数场合下，信源兼为收信者，通信双方都要有发送和接收设备。

随着社会的进步和通信的发展,要求传递的信息量急剧增加,用户亦不断扩大,因此点对点通信已不能满足要求,于是便出现了通过交换来完成通信的任务,由传输系统和交换系统组成通信网。通信网中包含复用、传输和交换设备。因此,可以说“通信网的核心是交换问题”。随着通信网对交换功能越来越高的要求,各种现代交换技术正在迅速发展之中。

图 1.2-1 所示的模型是对各种通信系统的简化和概括,它反映通信系统的共性。根据所研究的对象或关心的问题不同,出现了一些不同形式的具体通信系统模型。图 1.2-2所示为模拟通信系统模型。图 1.2-3 所示为数字通信系统模型。

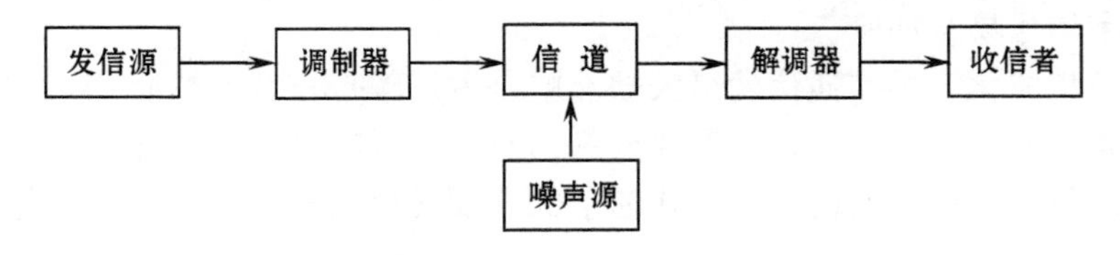

图 1.2-2　模拟通信系统模型

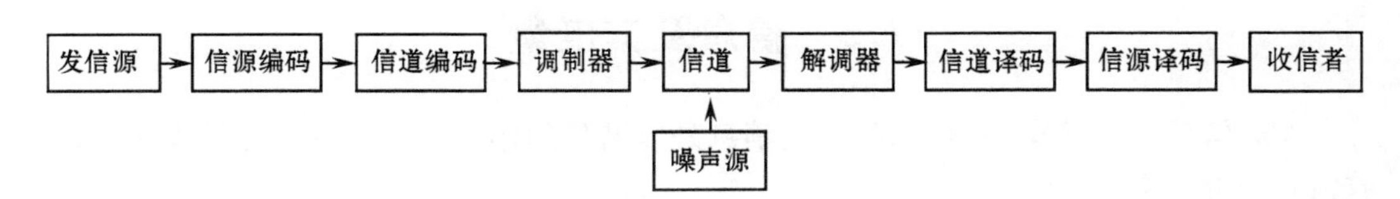

图 1.2-3　数字通信系统模型

模拟通信是指通信系统内所传输的基带信号是模拟信号。为强调调制在模拟通信系统中的重要作用,通常在模拟通信系统中将发送设备简化为调制器,接收设备简化为解调器。从原理上讲,调制和解调对信号的变换起着决定性的作用,它们是保证通信质量的关键。至于放大、滤波、变频等过程能被看作是理想线性的,可将它们合并到信道中去。

模拟通信系统在信道中传输的是模拟信号,其占有频带一般都比较窄,因此其频带利用率较高。缺点是抗干扰能力差,不易保密,设备不易大规模集成,不能适应飞速发展的计算机通信的要求。

数字通信传输的基带信号是数字信号。其特点是在调制之前先要进行两次编码,即信源编码和信道编码。相应地,接收端在解调之后要进行信道译码和信源译码。

信源编码的主要任务是提高数字信号传输的有效性。具体地说,就是用适当的方法降低数字信号的码元速率以压缩频带。另外,如果信息源是数据处理设备,还要进行并/串变换以便进行数据传输;如果待传的信息是模拟信号,则先要进行模/数(A/D)转换,信源编码的输出就是信息码。此外,数据扰乱、数据加密、话音和图像压缩编码等都是在信源编码器内完成。接收端信源译码则是信源编码的逆过程。

信道编码的任务是提高数字信号传输的可靠性。其基本做法是在信息码组中按一定的规则附加一些码,以使接收端根据相应的规则进行检错和纠错,信道编码也称纠错编码。接收端信道译码是其相反的过程。

同步在数字通信中是不可缺少的部分(图 1.2-3 中没有画出)。同步就是建立系统收、发两端相对一致的时间关系，只有这样，接收端才能确定每一位码元的起止时刻，并确定接收码组与发送码组的正确对应关系。否则，接收端无法恢复发送的信息信号。

在数字通信系统中，调制信号是数字基带信号，调制后的信号称为数字调制信号。有时也可不经过调制而直接传输数字基带信号，这种传输方式称作数字信号的基带传输。

数字通信和模拟通信相比，有如下优点。

（1）抗干扰能力强。

（2）可采用再生中继，实现高质量的远距离通信。

（3）灵活性高，能适应各种通信业务的要求。

（4）可以很方便地与现代数字计算机相连接。

（5）数字信号易于加密。

（6）便于集成化。数字通信的最大缺点就是占用频带较宽。然而，随着卫星通信、光纤通信等宽频带通信系统的日益发展和成熟，为数字通信提供了宽阔的频道，使数字通信迅猛发展，应用越来越广泛，已成为现代通信的主要传输方式，有逐渐取代模拟通信之趋势。

1.3 信息及其度量

在通信系统中，传输的对象是消息，消息是以信号的形式由发信者传送到收信者，使收信者获得实质性的信息。

消息是通信系统的传输对象，它是事物状态描述的一种具体形式。这种描述具有人们能够感知的物理特征。例如电话中的话音、电视中的图像画面等。

信号（在这里是指电信号）是消息的载荷者。因为消息不能远距离传送，因此需要将消息变换为适合在信道中传输的电信号（电压或者电流）。

信息的含义与消息很相似，但它比消息更广泛、更抽象。信息可以被理解为消息中包含的有意义的内容。消息可以是各种各样的，但其内容可统一用信息去描述。如同运输货物的多少可用“货运量”来统一衡量一样，传输信息的多少可以用“信息量”来衡量。

消息中所含“信息量”的多少，与该消息发生的概率密切相关。例如，若有人告诉你“明天的天气会更热”，你可能会认为无所谓，因为这是你预料之中的事，因此你从这条消息中得到的信息量很少；假如有人告诉你“明天可能要地震”，你就会很震惊，因为这属于突发事件，是你没有预料到的，这条消息包含的信息量就很大。这个例子说明，一个消息愈不可预测，或者说出现的不确定性愈大，它所含的信息量就愈大，而概率描述的正是这种不确定性。

在信息论中，把消息 x 所含的信息量 I 用其出现的概率 $P(x)$ 表示，即定义为

$$I = \log_a \frac{1}{P(x)} = -\log_a P(x) \tag{1.3-1}$$

信息量的单位由对数底的取值决定。若对数以 2 为底，信息量的单位被称为比特（bit，后面简称为 b）；若以 e 为底，称为“奈特”（nit）；若以 10 为底，则称为“哈特莱”（hartley）。通常采用“比特”作为信息量的实用单位。

一般情况下，离散信源发出的并不是单一消息，而是多个消息（或符号）的集合。例

如,经过数字化的黑白图像信号,每个像素可能有256种灰度,这256种灰度可以用256个不同的符号来表示。在这种情况下,我们希望计算出每个消息或符号能够给出的平均信息量。若某一信源有 n 种符号,即有 $\{x_i | i=1,2,\cdots,n\}$,且每个消息或符号的出现是相互独立的(这种信源称为无记忆信源),各符号出现的概率为 $\{P(x_i) \mid i=1,2,\cdots,n\}$,那么,该信源每一个符号所含的平均信息量为

$$H(x) = P(x_1)\log_2 \frac{1}{P(x_1)} + P(x_2)\log_2 \frac{1}{P(x_2)} + \cdots + P(x_n)\log_2 \frac{1}{P(x_n)} = -\sum_{i=1}^{n} P(x_i)\log_2 P(x_i) \quad (\text{比特/符号}) \tag{1.3-2}$$

$H(x)$ 是信源符号的平均信息量,由于它与统计热力学中熵的概念相似,所以通常又称它为信源的熵,其单位是比特/符号。

1.4 衡量通信系统的性能指标

我们采用某一通信系统进行通信时,首先考虑的就是此系统的通信质量问题。如何来衡量通信系统的质量?通信系统的性能有很多方面,例如电气性能、工艺结构、操作维修等。这里主要讨论的是通信系统的电气性能,其性能指标主要是有效性和可靠性,其次还应考虑通信系统的安全性和保密性等指标。

所谓有效性,是指要求系统高效率地传输信息,即在给定的信道内"多"、"快"地传送信息。

所谓可靠性,是指要求系统可靠地传输信息,即指在给定的信道内接收到的信息要"准"、要"好"。

在实际的通信系统中,对有效性和可靠性这两个指标的要求经常是矛盾的,提高系统的有效性会降低可靠性,反之亦然。设计一个系统时,就会碰到如何处理这一对矛盾的问题,在实际工程中,就需根据具体情况寻找适当的折中解决办法。

模拟通信系统的有效性指标用所传信号的有效传输带宽来表征,当给出的信道容许传输带宽一定,而进行多路频分复用时,每路信号所需的有效带宽越窄,信道内复用的路数就越多。显然,信道复用的程度越高,信号传输的有效性就越好。信号的有效传输带宽与系统采用的调制方法有关。同样的信号用不同的方法调制得到的有效传输带宽是不一样的。

模拟通信系统的可靠性指标用整个通信系统的输出信噪比来衡量。信噪比是信号的平均功率 S 与噪声的平均功率 N 之比。信噪比越高,说明噪声对信号的影响越小。显然,信噪比越高,通信质量就越好,如电话通常要求信噪比为20dB~40dB,电视则要求40dB以上。输出信噪比一方面与信道内噪声的大小和信号的功率有关,同时又和调制方式有很大关系。因为不同的调制方式采用不同的解调器,不同的解调器对噪声的处理能力也不同。例如调频系统的有效性不如调幅系统,但是调频系统的可靠性往往比调幅系统好。

数字通信系统的有效性指标用传输速率来表征。传输速率有两种:一种是码元传输速率,另一种是信息传输速率。

码元传输速率又称码元速率，简称传码率，它是指系统每秒钟传送码元的数目，单位是波特，常用符号“B”表示。

信息传输速率又称为信息速率，简称传信率。在信息论中是用“信息量”来衡量信息的多少，单位是b(比特)，每个二进制码元含有1b的信息量。所以系统的传信率用每秒传送的信息量，即每秒所传送的二进制码元数来表示，单位是比特/秒，常用符号“b/s”表示。

传码率和传信率都是用来衡量数字通信系统有效性指标的，但是注意二者既有联系又有区别，只有在二进制的情况下，传码率才与传信率在数值上相等，而单位不同。但是对于多进制时情况是不一样的，传码率 R_B 和传信率 R_b 可以互相换算。设 N 进制的码元速率为 R_{BN}，则

$$R_b = R_{BN}\log_2 N \qquad (b/s) \qquad (1.4-1)$$

或

$$R_{BN} = \frac{R_b}{\log_2 N} \qquad (B,波特) \qquad (1.4-2)$$

例如，已知某信号的传信率为4800b/s，采用四进制传输时，其传码率为

$$R_{BN} = \frac{4800}{\log_2 4} = 2400 \qquad (B,波特)$$

数字通信系统的可靠性指标用差错率来衡量。差错率越小，可靠性越高。差错率也有两种表示方法：一为误码率，另一个为误信率。

误码率是指接收到的错误码元数和总的传输码元个数之比，即在传输中出现错误码元的概率，记为

$$P_c = \frac{接收的错误码元数}{传输总码元数} \qquad (1.4-3)$$

误信率也叫误比特率，是指接收到的错误比特数与总的传输比特数之比，即传输出现错误信息量的概率，记为

$$P_b = \frac{接收的错误码元比特数}{传输总比特数} \qquad (1.4-4)$$

习　题

1-1　设英文字母C出现的概率为0.023，E出现的概率为0.105，试求C与E的信息量。

1-2　设某地方的天气预报晴占4/8，阴占2/8，小雨占1/8，大雨占1/8，试求每个消息的信息量。

1-3　设有4个消息A、B、C、D，分别以概率1/4、1/8、1/8和1/2传递，每一消息的出现都是相互独立的，试计算其平均信息量。

1-4　一个离散信号源每毫秒发出4种符号中的一个，各相互独立符号出现的概率分别为0.4、0.3、0.2、0.1，求该信号源的平均信息量与信息传输速率。

1-5　设一信息源的输出由128个不同的符号组成，其中16个出现的概率为1/32，其余112个出现概率为1/224，信息源每秒发1000个符号，且每个符号彼此独立，试计算

该信息源的平均信息速率。

1-6　设一数字传输系统传递二进制码元的速率为1200B，试求该系统的信息传输速率，若该系统改为八进制码元传递，传码率仍为1200B，此时信息传输速率又为多少？

1-7　已知二进制数字信号的传输速率为2400b/s。试问变换成四进制数字信号时，传输速率为多少波特？

第二章 信 道

在第一章论述通信系统模型时曾经指出信号传输必须经过信道。信道是任何一个通信系统必不可少的组成部分,信道特性将直接影响通信的质量。因此,讨论信道特性对研究信号传输原理是很有必要的。

信道中的噪声是客观存在的,它以多种形式存在于信道之间。为分析方便,在图1.2－1中将噪声放在一个方框内。由于噪声的存在,将会对有用信号产生干扰而直接影响传输质量。本章也将对噪声的一些随机特性从统计学的角度进行讨论。

研究信道和噪声的目的是为了提高传输的有效性和可靠性。了解信道和噪声的具体情况,可以合理地选择信号的调制和传输方式。因此,对信道与噪声的分析是研究通信原理的基础。

2.1 信道的定义和分类

通常人们所说的信道是指信号的传输媒介,例如架空明线、电缆、光纤、波导、电磁波等。虽然这种定义是非常直观易懂的,但是在通信系统的分析研究中,为了简化系统模型和突出重点,常常根据所研究的问题,把信道范围适当扩大。除了传输媒介外,还包括有关的部件和电路,如天线与馈线、功率放大器、滤波器、混频器、调制器与解调器等。我们将这种扩大范围的信道称为广义信道,而把仅包括传输媒介的信道称为狭义信道。

广义信道是从信号传输的观点出发,针对所研究的问题来划分信道。在模拟通信系统中,主要是研究调制和解调的基本原理,其传输信道可以用调制信道来定义。调制信道的范围是从调制器的输出端到解调器的输入端。从调制和解调的角度来看,从调制器输出端到解调器输入端的所有转换器以及传输媒介,不管其中间过程如何,只是实现了已调信号的传输,因此可以将其视为一个整体。在研究调制、解调问题时,定义一个调制信道是非常方便的。

在数字通信系统中,如果我们只关心编码和译码问题,可以定义编码信道来突出研究的重点。编码信道的范围是从编码器的输出端至译码器的输入端。因为从编码和译码的角度来看,编码器是把信源所产生的消息信号转变为数字信号,译码器则是将数字信号恢复成原来的消息信号,而编码器输出端至译码器输入端之间的一切环节只是起了传输数字信号的作用,所以可以将其归为一体来讨论。调制信道和编码信道的划分如图2.1－1所示。

应该指出,狭义信道(传输媒介)是广义信道中十分重要的组成部分,实际上,通信效果的好坏,在很大程度上将依赖于狭义信道的特性。因此,在研究信道的一般特性时,传输媒介是讨论的重点。由于本书研究的重点是通信的基本原理,以后书中所提到的信道均指广义信道。

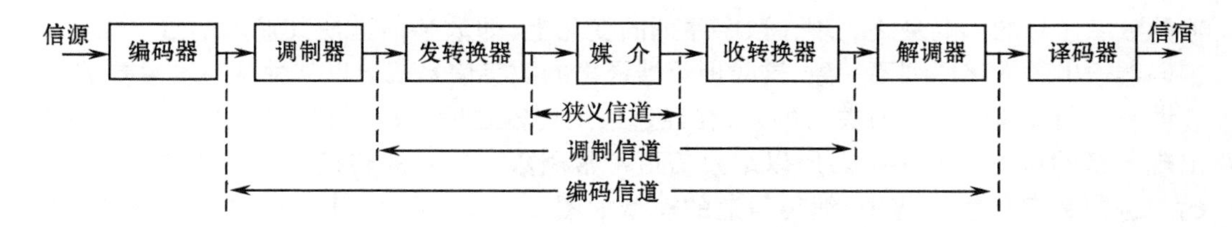

图 2.1－1 调制信道和编码信道的划分

2.2 信道模型

为了研究信道特性，需要找出信道的数学模型。调制信道属于模拟信道，通过对调制信道进行大量的反复考察之后，可以发现它们具有以下共同的特性。

（1）它们具有一对（或多对）输入端和一对（或多对）输出端。

（2）绝大多数的信道是线性的，即满足叠加原理。

（3）信道具有衰减（或增益）频率特性和相移（或延时）频率特性。在某些信道如短波信道中，衰减特性随时间而变化。

（4）即使没有信号输入，在信道的输出端仍有一定的功率输出（噪声）。为此，我们可以将调制信道用一个时变线性网络来表示，如图 2.2－1 所示。

$e_i(t)$	时变线性网络	$e_o(t)$

图 2.2－1 调制信道模型

网络的输入与输出之间的关系可以表示为

$$e_o(t) = f[e_i(t)] + n(t) \tag{2.2-1}$$

式中，$e_i(t)$是输入的已调信号；$e_o(t)$是信道的输出；$n(t)$为加性噪声（或称加性干扰），它与 $e_i(t)$不发生依赖关系。

$f[e_i(t)]$由网络的特性确定，它表示信号通过网络时，输出信号与输入信号之间建立的某种函数关系。信道还可以分为恒参信道和变参信道。对于恒参信道来说，信道的参数不随时间变化。例如架空明线、同轴电缆以及中长波、地面波传播均属于恒参信道。这时若信道特性为 $h(t)$，则输出信号可表示为

$$e_o(t) = e_i(t) * h(t) + n(t) \tag{2.2-2}$$

对于变参信道来说，信道的参数随时间变化。例如短波电离层反射、超短波流星余迹散射、多径效应和选择性衰落均属于变参信道。描述变参信道的特性，可使用下面的表达式：

$$e_o(t) = f[e_i(t)] + n(t) = K(t)e_i(t) + n(t) \tag{2.2-3}$$

式中，$K(t)$称为乘性干扰，它依赖于信道的特性，是一个较为复杂的时间函数，它与信号是相乘关系。变参信道对信号的影响可归结为两个因素：一是乘性干扰 $K(t)$的影响；二是加性干扰 $n(t)$的影响。通过对 $K(t)$和 $n(t)$两种干扰的研究，我们就可确定信道对信号的影响。

编码信道是包括调制信道、调制器以及解调器的信道，它与调制信道模型明显不同。调制信道对信号的影响是通过 $K(t)$及 $n(t)$使调制信号发生模拟变化；而编码信道对所传

输的数字信号的影响最终表现在数字序列的变化上，即数字信道使其输入的数字信号与编码器输出的数字序列不一致，这时译码器译出的数字信号就会以某种概率发生差错，引起误码。因此编码信道所关心的是，在经过信道传输之后，数字信号是否出现差错以及出现差错的可能性有多少。所以编码信道常常用数字信号的转换概率来描述。在常见的二进制数字传输系统中，编码信道的模型如图 2.2－2 所示。其中 $P(0/0)$，$P(1/0)$，

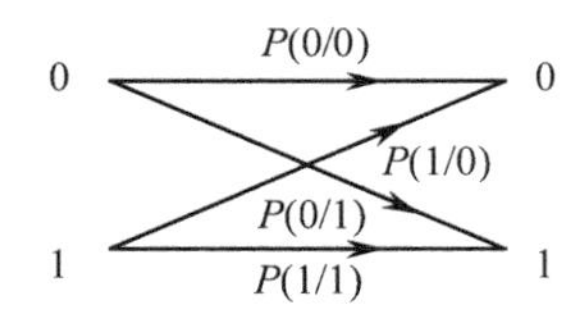

图 2.2－2 二进制编码信道模型

$P(1/1)$，$P(0/1)$称为信道的转移概率。$P(0/0)$表示发端发“0”码而收端判为“0”码的概率，$P(1/0)$ 表示发“0”码而收端错判为“1”码的概率，同理可以定义 $P(1/1)$和 $P(0/1)$。所以 $P(0/0)$和 $P(1/1)$为正确的转移概率，而 $P(1/0)$和 $P(0/1)$为错误的转移概率。由概率论可知

$$P(0/1) = 1 - P(1/1) \tag{2.2-4}$$

$$P(1/0) = 1 - P(0/0) \tag{2.2-5}$$

转移概率完全由编码信道的特性所决定，一个特定的编码信道就有其相应确定的转移概率关系。而编码信道的转移概率一般需要对实际信道做大量的统计分析才能得到。

在编码信道中，若数字信号的差错是独立的，也就是数字信号的前一个码元差错对后面的码元无影响，称此信道为无记忆信道。如果前一码元的差错影响到后面码元，这种信道称为有记忆信道。目前信道传输多采用调制信道，下面主要对调制信道的特性进行讨论。

2.3 恒参信道

恒参信道的特性与时间无关，是一个非时变线性网络，该网络的传输特性可用幅度－频率及相位－频率特性来表示。

一、幅度－频率特性

所谓幅度－频率特性是指已调信号中各频率分量在通过信道时带来不同的衰减（或增益），造成输出信号的失真。

对于理想的无失真传输信道，它的传递函数应满足

$$H(\omega) = K\mathrm{e}^{-\mathrm{j}\omega t_{\mathrm{d}}} \tag{2.3-1}$$

式中，K 是传输系数；t_{d} 是延迟时间，它们都与频率无关。由式(2.3－1)可知，$|H(\omega)| = K =$ 常数，因此理想无失真传输信道的幅频特性如图 2.3－1 虚线所示，它是一条水平线。

但是，这种理想的幅度－频率特性在实际中是不存在的。首先是信道不可能具有无限宽的传输频带，它的低端和高端都要受到限制，通常称这种频率的限制为下截频和上截频；其次即使是在有效的传输频带内，不同频率处的衰减（或增益）也不可能完全相同。图 2.3－1 实线是一个典型的音频信道的幅度－频率特性曲线。

由图 2.3－1 可见，这种信道的不均匀衰减会使传输信号的各个频率分量受到不同的

衰减,从而引起传输信号的失真。但是这种失真可以通过信道均衡来加以改善。所谓信道均衡就是用一个补偿网络使信道总的幅频特性趋于平坦。

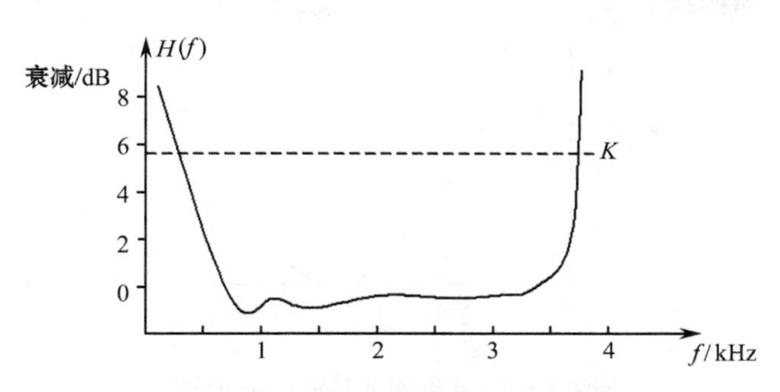

图 2.3－1　音频电话信道的幅度频率特性

二、相位－频率特性

为了实现无失真的信号传输,除了要求满足幅频特性为常数外,还要求信道的相位和频率呈线性关系,即有

$$\varphi(\omega) = -\omega t_d \tag{2.3-2}$$

式中,t_d 为延迟时间,与频率无关。

但是,实际信道的相频特性并不是线性的,因而使信号通过信道时会产生相位失真。相位失真对模拟话音信号的影响并不明显,因为人耳对相位失真不太灵敏,但是它对数字信号产生的影响很大。尤其是当传输速率较高时,相位失真将会引起严重的码间串扰,对通信有很大的危害。

信道的相位－频率特性常用群时延－频率特性来表示。所谓群时延－频率特性是指相位－频率特性的导数,即

$$\tau(\omega) = \frac{\mathrm{d}\varphi(\omega)}{\mathrm{d}\omega} \tag{2.3-3}$$

式中,$\varphi(\omega)$为相位－频率特性;$\tau(\omega)$为群时延－频率特性。

从式(2.3－1)可以看出,对于理想的无失真信道,其相频特性是线性的,则群时延－频率特性是一条水平直线,如图 2.3－2 所示。

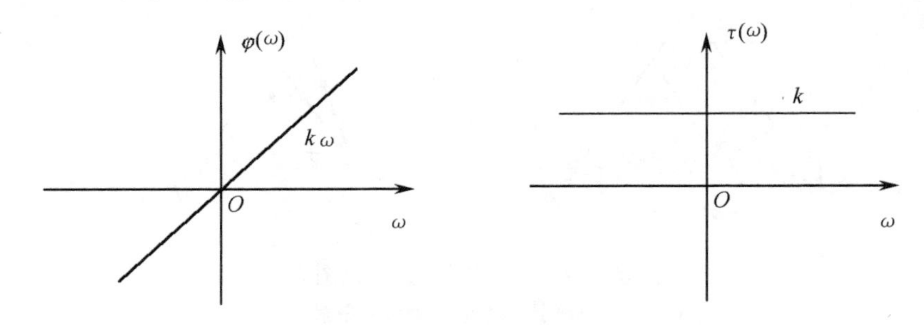

图 2.3－2　理想的相位－频率特性及群时延－频率特性

在实际的信道中,群时延－频率特性并不总是一条水平直线。因此,当信号通过这样的信道时,不同的频率分量会有不同的时延,从而引起信号的失真。一个典型的群时延－

频率特性曲线如图 2.3－3 所示。

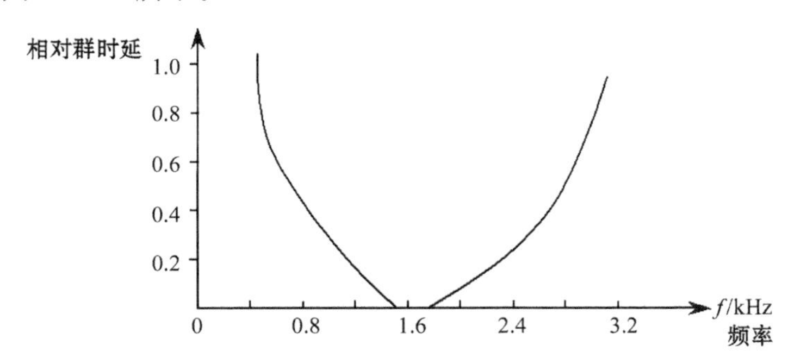

图 2.3－3 实际的群时延－频率特性

群时延失真如同幅频失真一样，也是一种线性失真，因此也可以通过均衡加以补偿。

2.4 变参信道

变参信道的参数随时间变化，所以它的特性比恒参信道要复杂，对传输信号的影响也较为严重。影响信道特性的主要因素是传输媒介，如电离层的反射和散射，对流层的散射等。

在变参信道中，传输媒介参数随气象条件和时间的变化而随机变化。如电离层对电波的吸收特性随年份、季节、白天和黑夜在不断地变化，因而对传输信号的衰减也在不断地发生变化，这种变化通常称为衰落。但是，由于这种信道参数的变化相对而言是十分缓慢的，所以称这种衰落为慢衰落。慢衰落对传输信号的影响可以通过调节设备的增益来补偿。

变参信道的传输媒介，无论是电离层反射还是对流层散射，它们的共同特点是：由发射点出发的电波可能经多条路径到达接收点，这种现象称为多径传播，如图 2.4－1 所示。

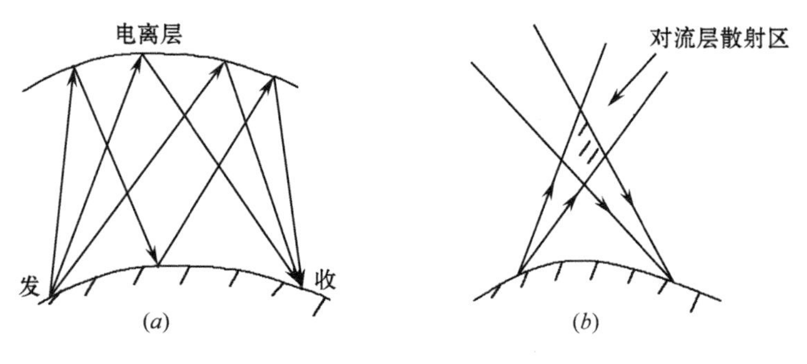

图 2.4－1 多径传播示意图
(a) 电离层反射；(b) 对流层散射。

由于各条路径的衰减和时延都在随时间变化，所以接收点合成信号的强弱也必然随时间不断地变化，这种现象就是所谓的多径效应。由多径效应所引起的信号变化比慢衰落要快得多，故称之为快衰落。多普勒频移也会产生快衰落。

在多径传播时，由于各条路径的等效网络传播函数不同，于是各网络对不同频率的信号衰减也就不同,这就使接收点合成信号的频谱中某些分量衰减特别严重,这种现象称为频率选择性衰落。

由于多径传播,使到达接收点的各路径信号的波形时延不同。这样,会使原发送的信号波形在接收端合成时被展宽,这种现象称为时间弥散。时间弥散对数字信号影响严重。如果数字信号波形是非归零的,传输时就可能由于时间弥散现象造成前后数字波形重叠,出现码间串扰。从频谱上看,多径传输引起了频率弥散,即由单个频率变成了一个窄带频谱。

变参信道的衰落,将会严重地影响系统的性能。为了抗快衰落,通常可采用多种措施,例如,各种抗衰落的调制解调技术及接收技术等,其中较为有效且常用的抗衰落措施是分集接收。

按广义信道的含义,分集接收可看作是变参信道中的一个组成部分或一种改造形式,改造后的变参信道的衰落特性将得到改善。

衰落信道中接收的信号是到达接收机的各径分量的合成,如果在接收端同时获得几个不同路径的信号,把这些信号适当合并,构成总的接收信号,这样就能大大减小衰落的影响,这就是分集接收的基本思想。"分集"两字就是把代表同一消息的信号分散传输,以求在接收端获得若干衰落样式不相关的复制品,然后用适当的方法加以集中合并,从而达到以强补弱的效果。获取不相关衰落信号的方法是将分散得到的几个合成信号集中(合并)。只要被分集的几个信号之间是统计独立的,经适当的合并后就能大大改善系统的性能。

一般情况下,互相独立或基本独立的一些接收信号,可以利用不同路径或不同频率、不同角度、不同极化等接收手段来获取。主要有如下几种分集方式。

(1) 空间分集。在接收端架设几副天线,各天线的位置间要求有足够的间距(一般在 100 个信号波长以上,最好是 150λ),以保证各天线上获得的信号基本互相独立。

(2) 频率分集。用多个不同载频传送同一个消息,如果各载频的频差大于 4MHz,可以认为衰落不相关。频率相隔比较远,各载频信号基本互不相关。

(3) 角度分集。这是利用天线波束指向的不同获得信号不相关的原理,构成的一种分集方法,例如,在抛物面天线上设置若干个照射器,产生相关性很小的几个波束。

(4) 极化分集。这是分别接收水平极化和垂直极化波而构成的一种分集方法。一般来说,这两种波相关性极小(在短波电离层反射信道中),加以组合也可以起到分集作用。

除了这里提到的几种分集方法外,还有其它分集方法。需要指出的是,分集方法都不是互相排斥的。在实际使用时可再加组合,例如,由二重空间分集和二重频率分集组成的四重分集系统,目前数字移动通信中广泛采用的 Rake 接收机等。

分集接收技术在接收分散的几个信号后,要将其合并,合并的方法主要有以下几种。

(1) 最佳选择式。从几个分散信号中设法选择其中信噪比最大的一个作为接收信号。

(2) 等增益相加式。将几个分散信号以相同的支路增益进行直接相加,相加后的信号作为接收信号。

(3) 最大比值相加式。控制各支路增益,使它们分别与本支路的信噪比成正比,然后再相加获得接收信号。

从总的分集效果来看,分集接收除了能提高接收信号的电平外(例如,二重空间分集在不增加发射机功率情况下,可使接收信号电平增加 1 倍左右),主要是改善了衰落特性,使信道的衰落平滑了、减小了。例如,若无分集时误码率为 10^{-2},则在用四重分集时,误码率可降低至 10^{-7}左右。由此可见,采用分集接收方法对变参信道信号进行接收是十分有效的。

2.5 随机过程的基本概念*

在实际的通信系统中,被传输的信号对于收信者来说往往是一个事先不可预知的随机信号。通信系统中所讨论的起伏噪声一般也都具有随机特性,故称为随机噪声。它们不能用一个确定的时间函数来表示,而必须根据随机过程的理论来描述。

2.5.1 随机过程的定义

简单地说,随机过程是一个取值随机变化的时间函数,它不能用确切的时间函数来表达。随机是指取值不定,仅有取某值的可能而无确切的取值;过程是指其为时间 t 的函数。

为了对随机过程有一个直观的概念,我们以通信机的测量为例,讨论随机过程的定义。

设有几台性能完全相同的接收机,要测试它们的输出噪声。若测试条件完全相同,现用几部记录仪同时记录各接收机的输出噪声,得到如图 2.5-1 所示的噪声波形。其中每条曲线都是一个随机起伏的时间函数。我们把所有这些时间函数的集合称为一个随机过程。把通过一次观察(或记录)得到的曲线,称为随机过程的一个实现(或叫样本函数)。因此随机过程是所有样本函数的集合。

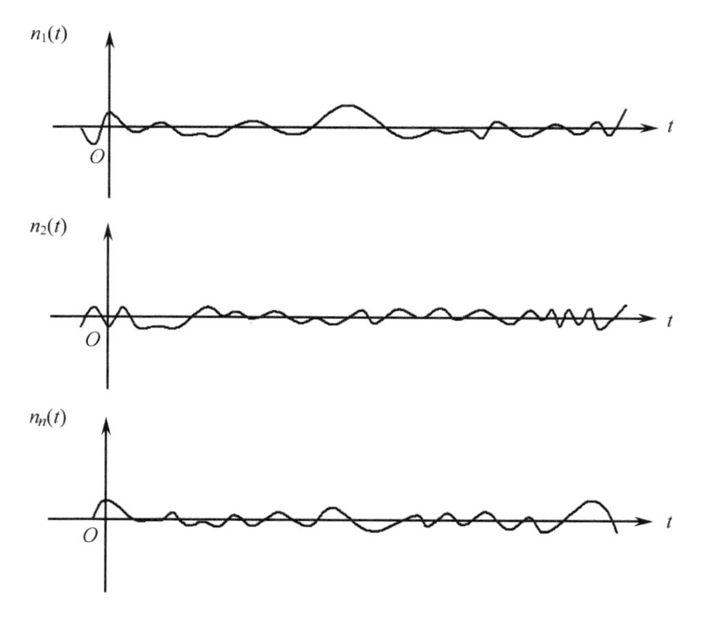

图 2.5-1 几台接收机的输出噪声波形

现在我们在某一个特定的时刻,如 t_1 时刻观察各台接收机的输出噪声,可以发现在同一时刻,每个接收机的输出噪声值是不同的,它在随机变化。这样我们得到了随机过程的两层含义,首先它是一个时间的函数;其次在每个时刻上,函数的取值是随机的。若用 $X(t)$ 表示一个随机过程,则在任意一个时刻 t_1 上,$X(t_1)$ 是一个随机变量。

2.5.2 随机过程的统计特性

随机变量的统计特性,可以用分布函数或概率密度函数来描述。根据概率论,随机变量 $X(t_1)$ 取值小于或等于某一数值 x_1 的概率为

$$F_1(x_1,t_1) = P[X(t_1) \leqslant x_1] \tag{2.5-1}$$

$F_1(x_1,t_1)$ 称为随机过程 $X(t)$ 的一维分布函数。

如果一维分布函数对 x_1 的偏导数存在,则

$$P_1(x_1,t_1) = \frac{\partial F_1(x_1,t_1)}{\partial x_1} \tag{2.5-2}$$

称为随机过程 $X(t)$ 的一维概率密度。一般情况下,一维分布函数无法描述随机过程的完整统计特性,所以必须定义随机过程的多维分布函数和多维概率密度,即

$$\begin{aligned} &F_n(x_1,x_2,\cdots,x_n;t_1,t_2,\cdots,t_n) = \\ &P[x(t_1) \leqslant x_1, x(t_2) \leqslant x_2,\cdots,x(t_n) \leqslant x_n] \end{aligned} \tag{2.5-3}$$

和

$$\begin{aligned} &P_n(x_1,x_2,\cdots,x_n;t_1,t_2,\cdots,t_n) = \\ &\frac{\partial^n F_n(x_1,x_2,\cdots,x_n;t_1,t_2,\cdots,t_n)}{\partial x_1 \partial x_2 \cdots \partial x_n} \end{aligned} \tag{2.5-4}$$

显然,n 越大,用 n 维分布函数和 n 维概率密度函数去描述 $X(t)$ 的统计特性也就越充分。

根据随机变量数字特征的定义,可以得到随机过程的数字特征。

随机过程的数学期望定义为

$$m_X = \mathrm{E}[X(t)] = \int_{-\infty}^{\infty} xp(x)\,\mathrm{d}x \tag{2.5-5}$$

随机过程的方差被定义为

$$\sigma_X^2 = \mathrm{E}\{[X(t) - m_X]^2\} = \mathrm{E}\{X^2(t)\} - m_X{}^2 \tag{2.5-6}$$

随机过程的协方差函数被定义为

$$C(t,t+\tau) = \mathrm{E}\{[X(t) - m_{X_1}][X(t+\tau) - m_{X_2}]\} \tag{2.5-7}$$

随机过程的自相关函数定义为

$$\begin{aligned} R(t,t+\tau) &= \mathrm{E}[X(t)X(t+\tau)] = \\ &\int_{-\infty}^{\infty}\int_{-\infty}^{\infty} x_1 x_2 p_2(x_1,x_2;t,t+\tau)\,\mathrm{d}x_1\mathrm{d}x_2 \end{aligned} \tag{2.5-8}$$

2.5.3 平稳随机过程

假设 $X(t)$ 是一个随机过程,如果它的 n 维概率密度函数(或 n 维分布函数)$P_n(x_1, x_2,\cdots,x_n;t_1,t_2,\cdots,t_n)$ 与时间起点无关,即对于任意的 n 和 τ,随机过程的 n 维概率密度满足

$$P_n = (x_1, x_2, \cdots, x_n; t_1, t_2, \cdots, t_n) =$$
$$P_n(x_1, x_2, \cdots, x_n; t_1 + \tau, t_2 + \tau, \cdots, t_n + \tau) \quad (2.5-9)$$

则称该随机过程为平稳随机过程。若上式仅对某个 n 成立,则称该随机过程为 n 阶平稳随机过程。若 $X(t)$ 对所有阶都平稳,即满足式(2.5-9),则称之为狭义平稳随机过程。

若一个随机过程的数学期望及方差与时间无关,而自相关函数仅与时间差有关,这个随机过程通常被称为广义平稳随机过程。

2.5.4 平稳随机过程的遍历性(各态历经性)

随机过程的数字特征可用"统计平均"和"时间平均"来表述。对随机过程 $X(t)$ 的某一特定时刻不同实现的可能取值,用统计方法得出的种种平均值叫统计平均。对随机过程 $X(t)$ 的某一特征实现,用数学分析方法对时间求平均得出的种种平均值叫时间平均。

经过实践考察发现,许多平稳随机过程的数字特征,可以由随机过程中任一实现的时间均值来决定,即该随机过程的数学期望 m_X 可由任一实现的时间平均值来代替,其方差 ${\sigma_X}^2$ 可由任一实现的时间平均方差来代替,其自相关函数 $R(\tau)$ 可由任一实现的时间平均自相关函数来代替,即有

$$m_X = \overline{x(t)} \quad (2.5-10)$$

$$\sigma_X^2 = \overline{[x(t) - \overline{x(t)}]^2} \quad (2.5-11)$$

$$R(\tau) = \overline{[x(t)x(t+\tau)]} \quad (2.5-12)$$

满足以上条件的随机过程称为具有各态历经性的平稳随机过程。对于具有各态历经性的平稳随机过程,在工程上需要测量或计算数字特征时,可以用时间平均代替统计平均,使问题大为简化。通信系统中的随机信号和噪声大多数是具有各态历经性的平稳随机过程。

2.5.5 随机过程通过线性系统

图 2.5-2 是随机过程通过线性系统的原理框图。

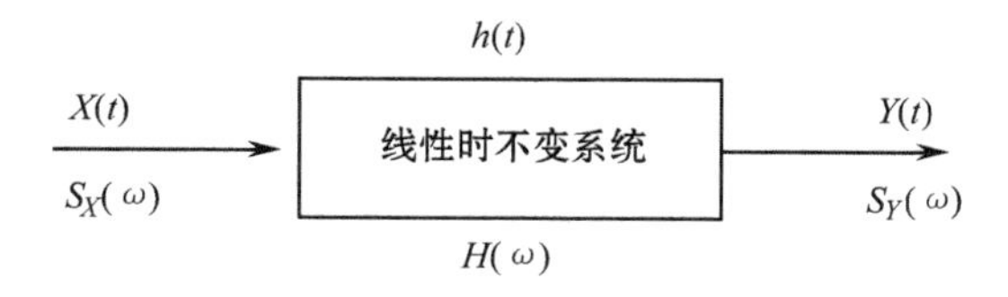

图 2.5-2 随机过程通过线性系统

若系统的输入是一个平稳随机过程 $X(t)$,那么系统的输出也是一个随机过程。利用卷积定理,可以得到输出过程的表达式为

$$Y(t) = X(t) * h(t) \quad (2.5-13)$$

式中,$h(t)$ 是线性时不变系统的冲激响应。

对于确知信号,可以用频谱来描述信号的频率特性。但是对于随机过程,就不能直接用傅里叶变换对其频谱进行分析。这是因为随机过程属于功率信号,其频谱没有实际意

义。对于随机过程,可以采用功率谱来描述信号的平均功率在频率轴上的分布。随机过程的功率谱是一个可测的物理量,它描述了随机过程的频率特征。随机过程的功率谱分析与确知信号功率谱分析相同。

由确知信号的功率谱分析可知,确知信号的功率谱与它的自相关函数是一对傅里叶变换。对于随机过程,这一结论仍然成立,即一个随机过程 $X(t)$ 的自相关函数 $R_X(t,t+\tau)$ 与它的功率谱密度 $S_X(\omega)$ 是一对傅里叶变换。这种关系称为维纳-欣钦定理。

对于平稳随机过程,有

$$R_X(\tau)\leftrightarrow S_X(\omega) \tag{2.5-14}$$

对于非平稳过程,有

$$\overline{R_X(t,t+\tau)}\leftrightarrow S_X(\omega) \tag{2.5-15}$$

式中,$\overline{R_X(t,t+\tau)}$ 是非平稳随机过程自相关函数的时间平均值。

因此,根据自相关函数的定义及式(2.5-13)和式(2.5-14),可以求得平稳随机过程通过线性时不变系统时,输出过程的功率谱密度 $S_Y(\omega)$,它是输入功率谱密度 $S_X(\omega)$ 与系统传输函数 $|H(\omega)|^2$ 的乘积,即有

$$S_Y(\omega) = S_X(\omega)\,|H(\omega)|^2 \tag{2.5-16}$$

2.5.6 平稳随机过程通过乘法器

乘法器在通信系统中应用非常广泛,它是一个线性时变系统。下面我们要计算平稳随机过程通过乘法器后,输出过程的功率谱密度。平稳随机过程通过乘法器的数学模型如图 2.5-3 所示。

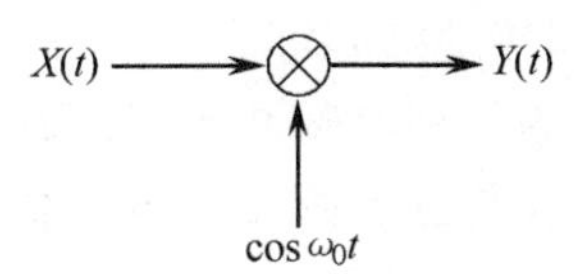

图 2.5-3 平稳随机过程通过乘法器

如果有一平稳随机过程 $X(t)$ 通过乘法器,则其输出响应为

$$Y(t) = X(t)\cos\omega_0 t \tag{2.5-17}$$

为了计算输出响应的功率谱密度,根据维纳-欣钦定理,首先要计算输出过程的自相关函数:

$$\begin{aligned} R_Y(t,t+\tau) &= \mathrm{E}[Y(t)Y(t+\tau)] = \\ &\mathrm{E}[X(t)\cos\omega_0 tX(t+\tau)\cos\omega_0(t+\tau)] = \\ &\mathrm{E}[X(t)X(t+\tau)\cos\omega_0 t\cos\omega_0(t+\tau)] = \\ &\frac{1}{2}R_X(\tau)[\cos\omega_0\tau+\cos(\omega_0\tau+2\omega_0 t)] \end{aligned} \tag{2.5-18}$$

式中,$R_X(\tau)$ 是输入平稳随机过程的自相关函数,它只与时间间隔 τ 有关。由式(2.5-18)可知 $R_Y(t,t+\tau)$ 是 t 的函数,说明乘法器的输出过程不是一个平稳随机过程。

根据维纳-欣钦定理,乘法器输出的功率谱密度为

$$S_Y(\omega) = \int_{-\infty}^{\infty} \overline{R_Y(t,t+\tau)} e^{-j\omega\tau} d\tau \tag{2.5-19}$$

式中，$\overline{R_Y(t,t+\tau)}$是输出过程自相关函数的时间平均值，即

$$\overline{R_Y(t,t+\tau)} = \frac{1}{2} R_X(\tau) \cos\omega_0\tau \tag{2.5-20}$$

而

$$\frac{1}{2} R_X(\tau) \cos\omega_0\tau \leftrightarrow \frac{1}{4}[S_X(\omega+\omega_0) + S_X(\omega-\omega_0)] \tag{2.5-21}$$

即平稳随机过程通过乘法器后，输出过程的功率谱密度为

$$S_Y(\omega) = \frac{1}{4}[S_X(\omega+\omega_0) + S_X(\omega-\omega_0)] \tag{2.5-22}$$

2.6 信道的加性噪声

噪声，从广义上讲是指通信系统中有用信号以外的有害干扰信号，习惯上常把周期性的、规律的有害信号称为干扰，而把其它有害的信号称为噪声。

在前面对信道模型分析中，已知信道对信号传输的影响除乘性干扰外，还有加性干扰 $n(t)$（即噪声）。本节主要分析信道的加性噪声。

信道中加性噪声（简称噪声）主要来源于三个方面：人为噪声、自然噪声及内部噪声。

人为噪声主要来自各种电气设备所产生的工业干扰和邻台干扰，这些干扰一般可以消除，例如，采用加强屏蔽、滤波和接地措施等。

自然噪声来源于自然界存在的各种电磁波源，如雷电、磁暴、太阳黑子以及宇宙射线等，这些噪声所占的频谱范围很宽，并且不像无线电干扰那样频率是固定的，所以这种噪声难于消除。

内部噪声来源于通信系统的内部。例如，电阻一类的导体中自由电子的热运动（常称为热噪声），真空电子管中电子的起伏发射和半导体中载流子的起伏变化（常称散弹噪声）及电源噪声。内部噪声是由无数个自由电子作不规则运动形成的，它的波形变化不规则，通常又称为起伏噪声。在数学上可以用随机过程来描述这种噪声，因此又称为随机噪声。这种噪声来自系统内部，所以对信号传输的影响不可避免，而且也不能消除。在通信系统的性能分析中，我们主要考虑的也是这一类噪声。

散弹噪声又称散粒噪声，它是由真空和半导体器件中电子发射的不均匀性引起的，是一个高斯随机过程。在温度限定条件下，二极管的散弹噪声电流的功率谱密度，在非常宽的频率范围内（通常认为不超过100MHz）认为是一个恒值，有

$$S_1(\omega) = qI_0 \quad \text{(W/Hz)} \tag{2.6-1}$$

式中，I_0 是平均电流值（A）；q 为电子的电荷，即 $q = 1.6 \times 10^{-19}$（C）。

热噪声是由电子在类似于电阻一类的导体中随机热运动引起的。电子的热运动是无规则的，且互不依赖，因此每一个自由电子的随机热运动所产生的小电流，方向也是随机的，而且互相独立。电子热运动产生的起伏电流也和散弹噪声一样服从高斯分布。由分

析和测量表明在 10^{13} Hz 噪声电压的功率谱密度近似为一个恒定值,有

$$S_v(\omega)=2kTR \qquad (\mathrm{W/Hz}) \tag{2.6-2}$$

式中,k 为玻耳兹曼常数($k=1.38\times10^{-23}$ J/K);T 为电阻的绝对温度(K);R 为电阻值(Ω)。

一、白噪声

白噪声是指它的功率谱密度在全频域($-\infty,\infty$)是常数,即

$$S_{\mathrm{n}}(\omega)=\frac{n_0}{2} \tag{2.6-3}$$

因为这种噪声类似于光学中的白光,在全部可见光频谱范围内基本上是连续的和均匀的,白噪声由此引申而来。

需要指出,这里定义的白噪声功率谱密度是均匀分布在 $-\infty$ 到 ∞ 的整个频率轴上,所以是双边功率谱。当认为噪声功率只分布在正频率范围内,则功率谱密度为 n_0,是单边功率谱,运用时不容混淆。

根据维纳－欣钦定理,可以得到白噪声的自相关函数为

$$R_{\mathrm{n}}(\tau)=\frac{1}{2\pi}\int_{-\infty}^{\infty}\frac{n_0}{2}\mathrm{e}^{\mathrm{j}\omega\tau}\mathrm{d}\omega=\frac{n_0}{2}\delta(\tau) \tag{2.6-4}$$

由式(2.6－4)可见,理想白噪声的自相关函数是位于 $\tau=0$ 处的冲激,强度为 $n_0/2$,当 $\tau\neq0$ 时,$R_{\mathrm{n}}(\tau)=0$,所以白噪声随机过程内任何两个不同的样本函数之间都互不相关。白噪声的功率谱密度和自相关函数如图 2.6－1 所示。

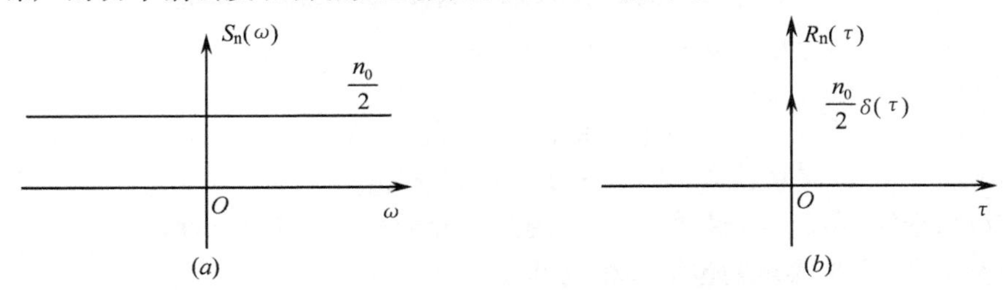

图 2.6－1　白噪声的功率谱密度和自相关函数
(a) 白噪声的功率谱密度;(b) 自相关函数。

由以上对热噪声和散弹噪声的分析可知,它们在相当宽的范围内具有平坦的功率谱,而且服从高斯分布,所以它们可近似地表示为高斯白噪声,为了使今后分析问题简明起见,一律将起伏噪声定义为高斯白噪声。于是,起伏噪声的功率仅取决于所经过的系统带宽。

二、窄带高斯噪声

在实际的通信系统中,许多电路都可以等效为一个窄带网络。窄带网络的带宽 W 远远小于其中心频率 ω_0。当高斯白噪声通过窄带网络时,其输出噪声只能集中在中心频率 ω_0 附近的带宽 W 之内,称这种噪声为窄带高斯噪声,窄带噪声的功率谱及波形如图 2.6－2 所示。

如果用示波器观察窄带噪声的波形,可以发现它是一个振幅和相位都在缓慢变化、频率近似等于 ω_0 的正弦波,波形如图 2.6－2(c)所示。因此我们把窄带噪声写成如下

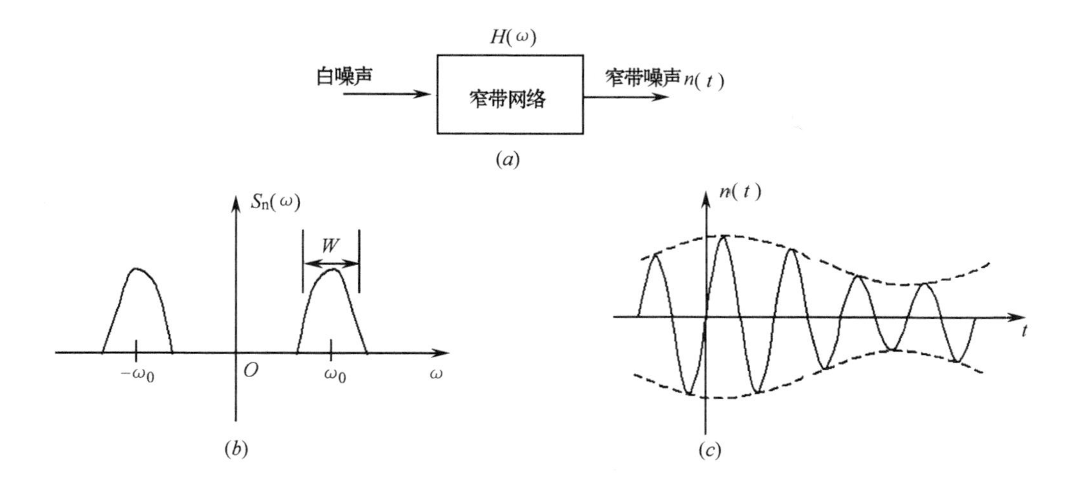

图 2.6－2 窄带噪声的功率谱及波形示意图

(a) 产生框图；(b) 窄带噪声的功率谱；(c) 窄带噪声波形。

形式：

$$n(t) = R(t)\cos[\omega_0 t + \varphi(t)] \tag{2.6－5}$$

式中，$R(t)$和$\varphi(t)$分别表示随机包络和相位，它们都是随机过程，且变化与 $\cos\omega_0 t$ 相比要缓慢得多。将上式展开可得

$$\begin{aligned} n(t) &= R(t)\cos[\varphi(t)]\cos\omega_0 t - R(t)\sin[\varphi(t)]\sin\omega_0 t = \\ &n_c(t)\cos\omega_0 t - n_s(t)\sin\omega_0 t \end{aligned} \tag{2.6－6}$$

式中

$$n_c(t) = R(t)\cos[\varphi(t)] \tag{2.6－7}$$

$$n_s(t) = R(t)\sin[\varphi(t)] \tag{2.6－8}$$

式中，$n_c(t)$与载波 $\cos\omega_0 t$ 同相，称为$n(t)$的同相分量；$n_s(t)$与载波 $\cos\omega_0 t$ 差 $\pi/2$，故称为$n(t)$的正交分量，窄带噪声的包络和相位可分别表示为

$$R(t) = \sqrt{n_c^2(t) + n_s^2(t)} \tag{2.6－9}$$

$$\varphi(t) = \arctan\frac{n_s(t)}{n_c(t)} \tag{2.6－10}$$

$n_c(t)$和 $n_s(t)$在性质上都是低通型噪声。

窄带高斯噪声 $n_c(t)$和 $n_s(t)$的功率谱与$n(t)$的功率谱之间有如下关系：

$$S_{nc}(\omega) = S_{ns}(\omega) = \begin{cases} S_n(\omega - \omega_0) + S_n(\omega + \omega_0) & |\omega| \leqslant \dfrac{W}{2} \\ 0 & \text{其它} \end{cases} \tag{2.6－11}$$

由此可得出

$$\overline{n_c^2(t)} = \overline{n_s^2(t)} = \overline{n^2(t)} \tag{2.6－12}$$

2.7 信道容量

信息是通过信道传输的，如果信道受到加性高斯白噪声的干扰，传输信号的功率和带

宽又都受到限制，这时信道的传输能力如何？对于这个问题，香农（shannon）在信息论中已经给出了回答，这就是著名的信道容量公式，又称为香农公式。

$$C = B\log_2(1 + S/N) \qquad (\mathrm{b/s}) \tag{2.7-1}$$

式中，C 为信道容量，是指信道可能传输的最大信息速率，它是信道能够达到的最大传输能力；B 为信道带宽；S 为信号的平均功率；N 为白噪声的平均功率；S/N 为信噪比。

香农公式主要讨论了信道容量、带宽和信噪比之间的关系，是信息传输中非常重要的公式，也是目前通信系统设计和性能分析的理论基础。

由香农公式可得到如下结论。

(1) 当给定 B、S/N 时，信道的极限传输能力（信道容量）C 即确定。如果信道实际的传输信息速率 R 小于或等于 C 时，此时能做到无差错传输（差错率可任意小）。如果 R 大于 C，那么无差错传输在理论上是不可能的。

(2) 当信道容量 C 一定时，带宽 B 和信噪比 S/N 之间可以互换。换句话说，要使信道保持一定的容量，可以通过调整带宽 B 和信噪比 S/N 之间的关系来达到。

(3) 增加信道带宽 B 并不能无限制地增大信道容量。当信道噪声为高斯白噪声时，随着带宽 B 的增大，噪声功率 $N = n_0B$（n_0 为单边噪声功率谱密度）也增大，在极限情况下有

$$\lim_{B\to\infty} C = \lim_{B\to\infty} B\log_2(1 + S/N) = \lim_{B\to\infty} B\log_2\left(1 + \frac{S}{n_0B}\right) \approx$$

$$\frac{S}{n_0}\lim_{B\to\infty}\frac{n_0B}{S}\log_2\left(1 + \frac{S}{n_0B}\right) =$$

$$\frac{S}{n_0}\log_2 \mathrm{e} \approx 1.44\frac{S}{n_0} \tag{2.7-2}$$

由式(2.7-2)可见，即使信道带宽无限大，信道容量仍然是有限的。

(4) 信道容量 C 是信道传输的极限速率时，由于 $C = \frac{I}{T}$，I 为信息量，T 为传输时间，根据香农公式

$$C = \frac{I}{T} = B\log_2(1 + S/N) \tag{2.7-3}$$

于是有

$$I = BT\log_2(1 + S/N) \tag{2.7-4}$$

由式(2.7-4)可见，在给定 C 和 S/N 的情况下，带宽与时间也可以互换。

香农公式向人们提供了实现极限信息速率传送、差错率任意小的理想通信系统的理论极限。但是香农公式没有给出达到这一理论极限的具体的实施方法。五十余年来，通信系统的研究者和设计者，围绕着实现这一极限目标进行了大量的研究和探索工作，得到了各种信号的表示方法和调制手段，这些方法和手段正是本书所要讨论的内容。

习 题

2-1 假定某恒参信道的传输特性具有幅频特性，但无相位失真，它的传递函数可写成

$$H(\omega) = K[1 + \alpha\cos\omega T_0]\mathrm{e}^{-\mathrm{j}\omega t_d}$$

式中,K、a、T_0 和 t_d 均为常数,试求脉冲信号通过该信道后的输出波形(用 $S(t)$ 来表示)。

2-2 假定某恒参信道的传输特性具有相频特性,但无幅度失真,它的传递函数可写成

$$H(\omega) = K\exp[-j(\omega t_d - b\sin\omega T_0)]$$

式中,K、b、T_0 和 t_d 均为常数。试求脉冲信号 $S(t)$ 通过该信道后的输出波形。

(注:$e^{jb\sin\omega T_0} \approx 1 + jb\sin\omega T_0$)

2-3 假定某变参信道的两径时延为 1ms,试确定在哪些信号频率上将产生最大传输衰耗,选择哪些信号频率传输最有利。

2-4 设某短波信道上的最大多径时延为 3ms,试从减小选择性衰落的影响来考虑,估算在该信道上传输的数字信号的码元宽度。

2-5 设宽度为 T,传号和空号相间的数字信号通过某衰落信道,已知多径时延为 $\tau = T/4$,接收信号为两条路径信号之和。试画出接收到两信号后的波形,并讨论最大的时延 τ_{max} 为多少才能分辨出传号和空号来。

2-6 在二进制数字信道中,若设发送"1"码与"0"码的概率 $P(1)$ 与 $P(0)$ 相等,$P(1/0) = 10^{-4}$,$P(0/1) = 10^{-5}$,试求总的差错概率。

2-7 当平稳过程 $X(t)$ 通过题 2-7 图所示线性系统时,试求输出功率谱。

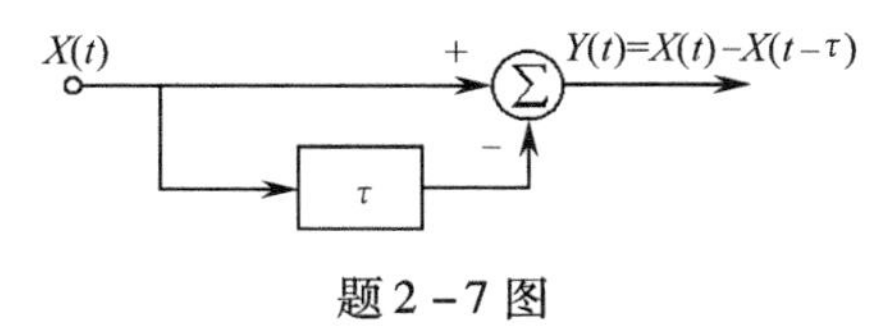

题 2-7 图

2-8 设随机过程

$$X(t) = A\cos(\omega_0 t + \theta)$$

式中,A、ω_0 是常数,θ 是一随机变量,它在 $0 \leqslant \theta \leqslant \pi$ 范围内是均匀分布的,即

$$P(\theta) = 1/\pi \qquad 0 \leqslant \theta \leqslant \pi$$

(1) 求统计平均 $E[X(t)]$。

(2) 确定该过程是否为平稳过程。

2-9 已知平稳过程的相关函数为

(1) $R(\tau) = e^{-\alpha|\tau|}(1 + \alpha|\tau|) \qquad \alpha > 0$

(2) $R(\tau) = e^{-\alpha|\tau|}\cos\beta\tau \qquad \alpha > 0$

求相应的功率谱。

2-10 已知平稳过程的功率谱为

(1) $S(\omega) = \begin{cases} a & |\omega| \leqslant b \\ 0 & |\omega| > b \end{cases}$

(2) $S(\omega) = \begin{cases} C^2 & \omega_0 \leqslant |\omega| \leqslant 2\omega_0 \qquad (\omega_0 > 0) \\ 0 & \text{其它} \end{cases}$

求其相关函数。

2-11 功率谱为 $n_0/2$ 的白噪声,通过 RC 低通滤波器。试求输出噪声的功率谱和自相关函数,并作图与输入噪声作比较。

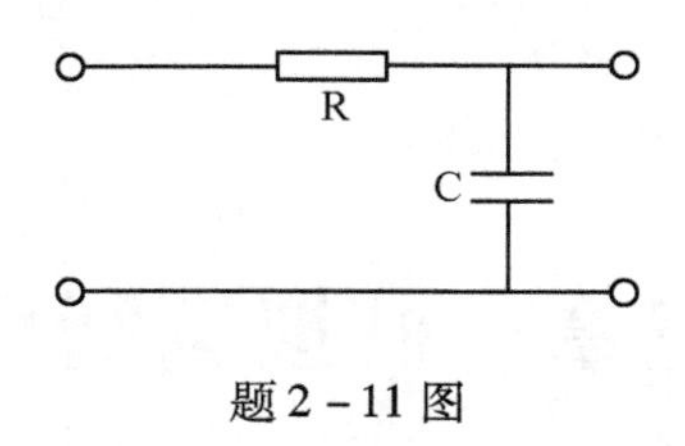

题 2－11 图

2－12　设某一噪声过程 $N(t)$ 具有题 2－12 图所示的功率谱密度 $S_N(\omega)$（ $E[N(t)]=0$ ）。

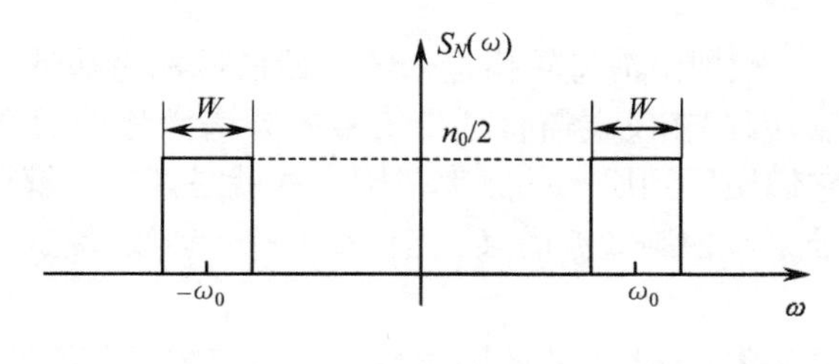

题 2－12 图

（1）求自相关函数。

（2）求此过程的均方值(功率)。

（3）把 $N(t)$ 写成窄带形式 $N(t)=N_c(t)\cos\omega_0 t-N_s(t)\sin\omega_0 t$，画出功率谱 $S_{Nc}(\omega)$ 和 $S_{Ns}(\omega)$，计算 $E[N_c^2(t)]$ 和 $E[N_s^2(t)]$。

2－13　已知某标准音频线路带宽为 3.4kHz。

（1）设要求信道的 $S/N=30\text{dB}$，试求这时的信道容量是多少？

（2）设线路上的最大信息传输速率为 4800b/s，试求所需最小信噪比为多少？

2－14　有一信息量为 1Mb 的消息，需在某信道传输，设信道带宽为 4kHz，接收端要求信噪比为 30dB，问传送这一消息需用多少时间？

第三章　模拟调制系统

3.1　调制的概念

正如绪论中所述，一般把由消息转换过来的原始信号称为基带信号。通常基带信号不易在信道中直接传输，因此在发端需将基带信号的频谱搬移到适合在信道传输的频率范围；而在收端，再将它们搬回到原来的频率范围。这就是调制和解调。

所谓调制是使信号 $f(t)$ 控制载波的某一个(或几个)参数，使这个参数按照信号 $f(t)$ 的规律变化的过程。

调制类型按载波可分为：①用正弦高频信号作为载波的正弦波调制或称连续波调制；②或用脉冲串构成一组数字信号作为载波的脉冲调制。按采用调制方式不同，分为模拟(连续)调制和数字调制两种。所谓模拟调制，就是调制信号为连续型的模拟信号；数字调制是调制信号为脉冲型的数字信号。对于脉冲调制，通常也分为两种方式：用连续型的调制信号去改变脉冲参数的脉冲模拟调制和用连续调制信号的数字化形式(通过模/数转换)去形成一系列脉冲组的脉冲编码调制(脉冲数字调制)。为使读者对调制有一个总体概念，将各种调制方式及用途在表 3.1－1 中列出供参考。

表 3.1－1　常用调制方式及用途

<table>
<tr><th colspan="3">调　制　方　式</th><th>用　　途</th></tr>
<tr><td rowspan="10">连续波调制</td><td rowspan="4">幅度调制</td><td>标准调幅 AM</td><td>广播</td></tr>
<tr><td>双边带抑制载波 DSB</td><td>立体声广播</td></tr>
<tr><td>单边带调制 SSB</td><td>载波通信、无线电台、数传</td></tr>
<tr><td>残留边带调制 VSB</td><td>电视广播、数传、传真</td></tr>
<tr><td rowspan="2">角度调制</td><td>频率调制 FM</td><td>微波中继、卫星和移动通信</td></tr>
<tr><td>相位调制 PM</td><td>中间调制方式</td></tr>
<tr><td rowspan="4">数字调制</td><td>幅移键控 ASK</td><td>数据传输</td></tr>
<tr><td>频移键控 FSK</td><td>数据传输</td></tr>
<tr><td>相移键控 PSK、DPSK</td><td>数据传输、数字微波、空间通信</td></tr>
<tr><td>现代调制系统 QAM、GMSK 和 MSK 等</td><td>数据传输、数字微波通信、卫星通信和数字移动通信等</td></tr>
<tr><td rowspan="6">脉冲调制</td><td rowspan="3">脉冲模拟调制</td><td>脉幅调制 PAM</td><td>中间调制方式、遥测</td></tr>
<tr><td>脉宽调制 PDM (PWM)</td><td>中间调制方式、一点对多点微波通信</td></tr>
<tr><td>脉位调制 PPM</td><td>遥测、光纤传输</td></tr>
<tr><td rowspan="3">脉冲数字调制</td><td>脉码调制 PCM</td><td>市话、卫星、空间通信</td></tr>
<tr><td>增量调制 ΔM</td><td>军用、民用通信</td></tr>
<tr><td>各种语言、图像的新的编码方式 DPCM、LPC 等</td><td>图像、话音的编码</td></tr>
</table>

对于连续波调制,已调信号可以表示为

$$S(t) = A(t)\cos[\omega_0 t + \varphi(t)] \tag{3.1-1}$$

它由振幅 $A(t)$、频率 ω_0 和相位 $\varphi(t)$ 三个参数构成。改变三个参数中的任何一个都可能携带同样的消息。因此,连续波调制可分为调幅、调频和调相。本章主要讨论正弦信号作载波的模拟调制。

根据频谱特性的不同,通常可把调幅分为标准调幅(AM),抑制载波双边带调幅(DSB)、单边带调幅(SSB)和残留边带调幅(VSB)等。而调频和调相都是使载波的相角发生变化,因此二者又统称为角度调制。

鉴于读者在高频电子线路及其它先修课程中对模拟调制的基本知识有所了解,在这里主要侧重讨论模拟调制的数学模型及它们的抗噪声性能。

3.2 幅度调制

3.2.1 标准调幅(AM)

标准调幅(AM)是指用信号 $f(t)$ 去控制载波 $C(t)$ 的振幅,使已调波的包络按照 $f(t)$ 的规律线性变化。

设 $f(t)$ 为调制信号,载波为

$$C(t) = A_0\cos(\omega_0 t + \theta_0) \tag{3.2-1}$$

那么 AM 信号可以表示为

$$S_{AM}(t) = [A_0 + f(t)]\cos(\omega_0 t + \theta_0) \tag{3.2-2}$$

式中,A_0 为未调载波的振幅;ω_0 为载波角频率;θ_0 为载波起始相位。

AM 的波形和频谱的对应关系为

调制信号

$$f(t) \leftrightarrow F(\omega) \tag{3.2-3}$$

载波信号

$$\begin{aligned} C(t) &= A_0\cos(\omega_0 t + \theta_0) \\ &\leftrightarrow C(\omega) = \pi A_0[\delta(\omega - \omega_0)e^{j\theta_0} + \delta(\omega + \omega_0)e^{-j\theta_0}] \end{aligned} \tag{3.2-4}$$

已调波信号

$$\begin{aligned} S_{AM}(t) &= [A_0 + f(t)]\cos\omega_0 t \\ &\leftrightarrow S_{AM}(\omega) = \\ &\pi A_0[\delta(\omega - \omega_0) + \delta(\omega + \omega_0)] + \frac{1}{2}[F(\omega - \omega_0) + F(\omega + \omega_0)] \\ &(设\ \theta_0 = 0) \end{aligned} \tag{3.2-5}$$

图 3.2-1 所示为 AM 的波形和其相应的频谱图形。

从图 3.2-1 可以看出,AM 的频谱中含有载频和上、下两个边带,已调波带宽为原基带信号带宽的两倍,即 $W_{AM} = 2W_m$。AM 波的频谱与基带频谱呈线性关系,只是将基带信号的频谱搬移到 $\pm\omega_0$ 处,并没有产生新的频率分量。因此,AM 调制属于线性调制。

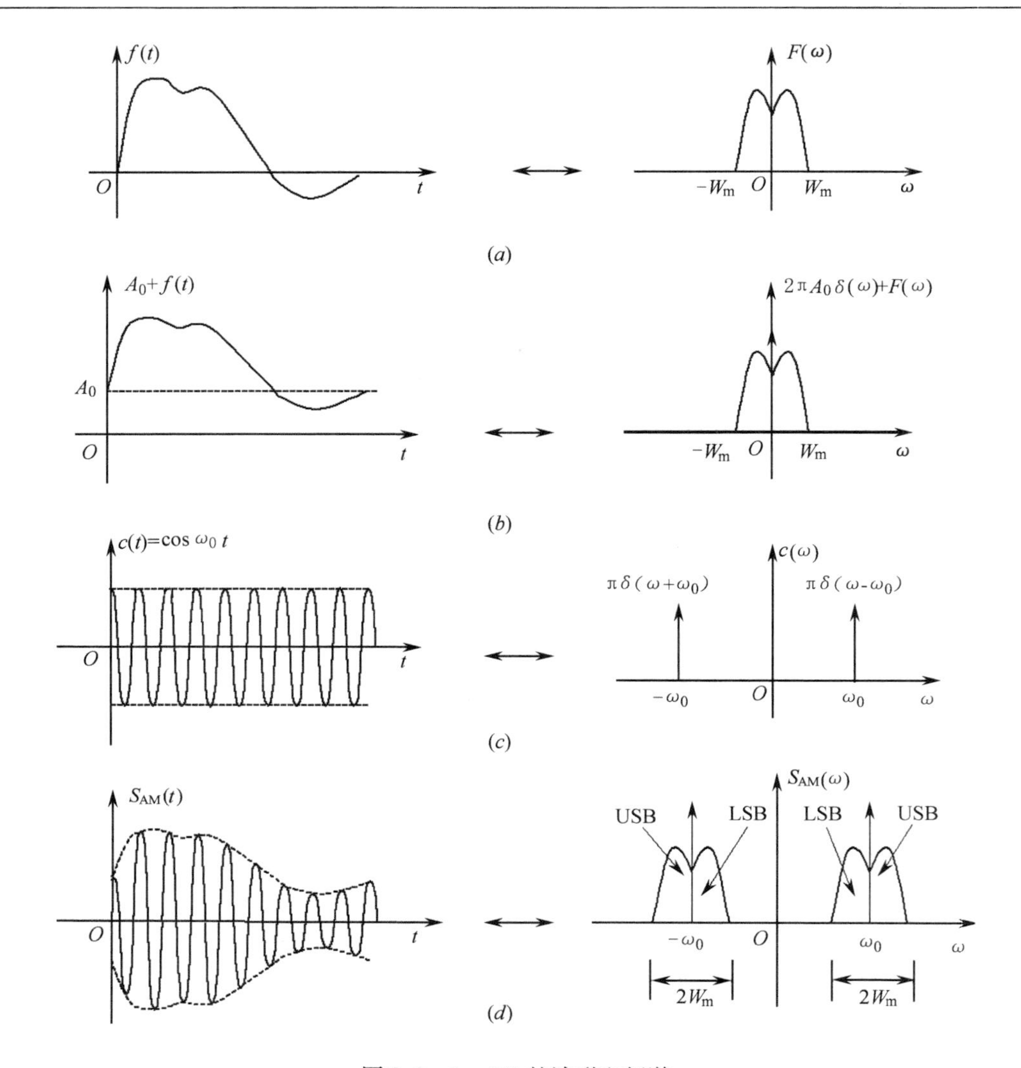

图 3.2－1 AM 的波形和频谱

(*a*) 调制信号;(*b*) 调制信号加直流;(*c*) 载波;(*d*) 已调波。

由式(3.2－2)可知,实现标准调幅主要是利用加法运算和乘法运算。故标准调幅AM产生的数字模型如图 3.2－2 所示。

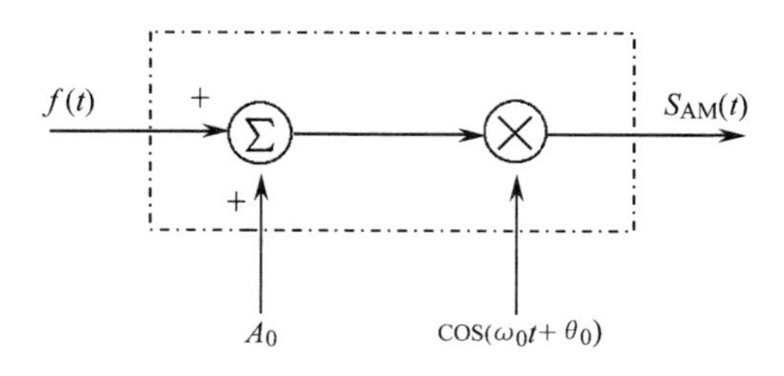

图 3.2－2 AM 产生的数学模型

标准调幅的产生已在高频电子线路中作过详细论述,在这里就不赘述。其中加法器和乘法器均有现成的集成电路可供选择。

3.2.2　双边带抑制载波调制(DSB)

在标准调幅中含有载波分量,但载波分量并不携带有用消息,却耗散大量的功率。为了提高调制的效率,可将不携带消息的载波分量抑制掉,而仅传输携带消息的两个边带。这就是双边带抑制载波调制(DSB)。

DSB 的时域表达式为

$$S_{\mathrm{DSB}}(t) = f(t)\cos(\omega_0 t + \theta_0) \tag{3.2-6}$$

其对应频谱为

$$S_{\mathrm{DSB}}(\omega) = \frac{1}{2}[F(\omega - \omega_0) + F(\omega + \omega_0)] \quad (\theta_0 = 0) \tag{3.2-7}$$

图 3.2-3 所示为 DSB 的波形及其频谱图形。

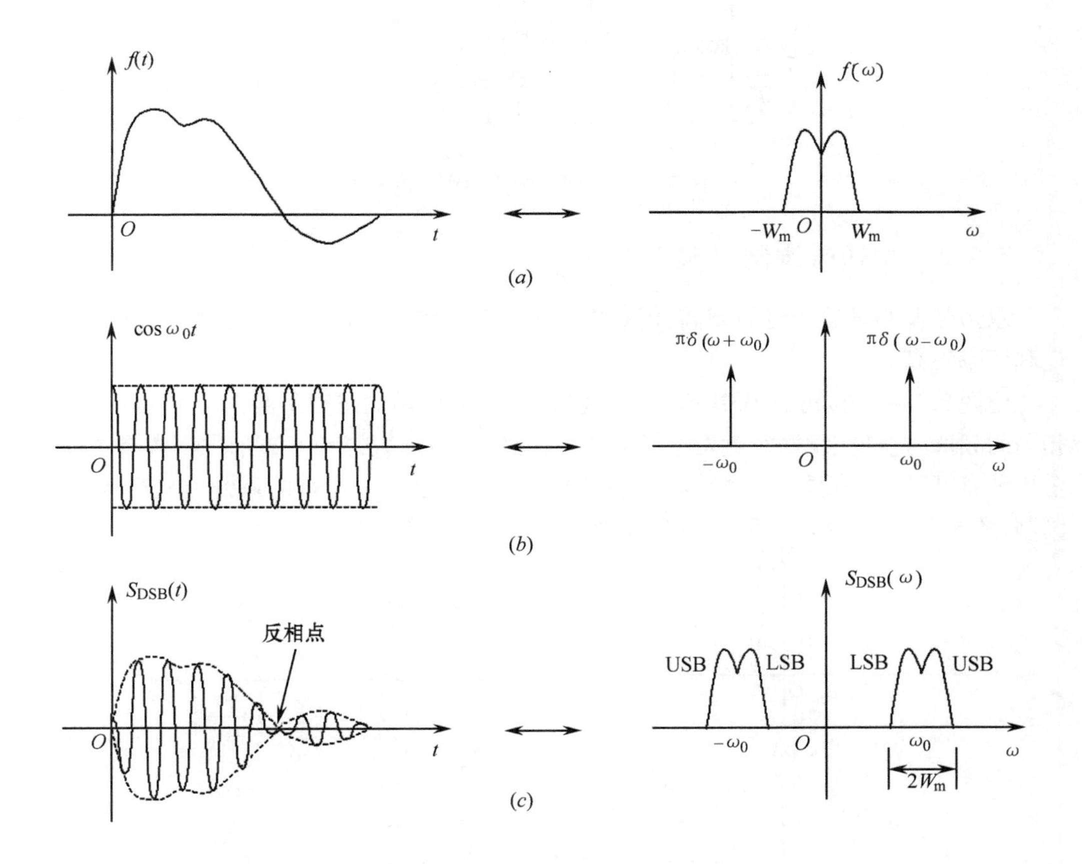

图 3.2-3　DSB 的波形及频谱图形

(a) 调制信号的波形及频谱;(b) 载波信号的波形及频谱;(c) 已调信号的波形及频谱。

由式(3.2-6)可知,DSB 产生的数学模型可用图 3.2-4 表示。

常用的模拟乘法器集成电路有 MC1496、MC1596 等,图 3.2-5 给出了应用 MC1496 芯片产生 DSB 信号的电路图。

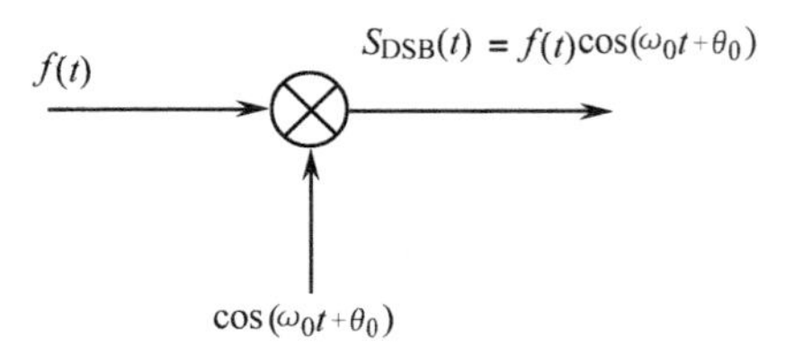

图 3.2－4 DSB 产生的数学模型

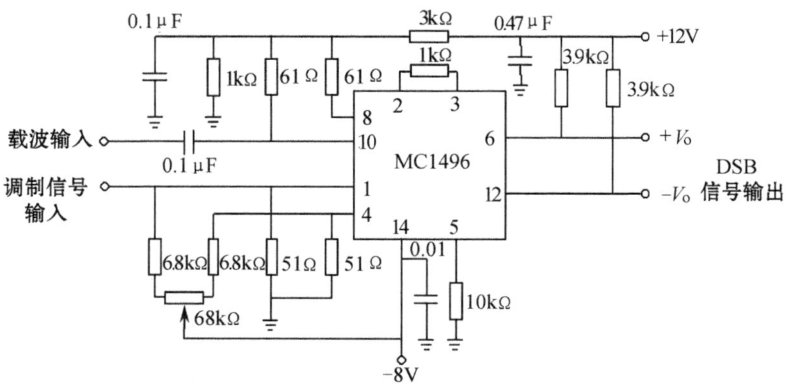

图 3.2－5 DSB 的实际产生电路

3.2.3 单边带调制(SSB)

双边带调制虽然调制效率高,但是它的传输带宽需要两倍基带信号带宽,所以它的信道利用率不高。

由图 3.2－3(*c*)可见 DSB 的频谱中位于 $\pm\omega_0$ 处的两侧出现了两个与 $F(\omega)$形状完全相同的频谱,这样在发送时就发送了多余的消息,因为上边带和下边带中都含有 $F(\omega)$的全部消息,所以只传送一个边带就足够了。这种只传送一个边带的调制方式称为单边带调制,图 3.2－6(*c*)和(*d*)所示为 SSB 的上边带和下边带频谱图。

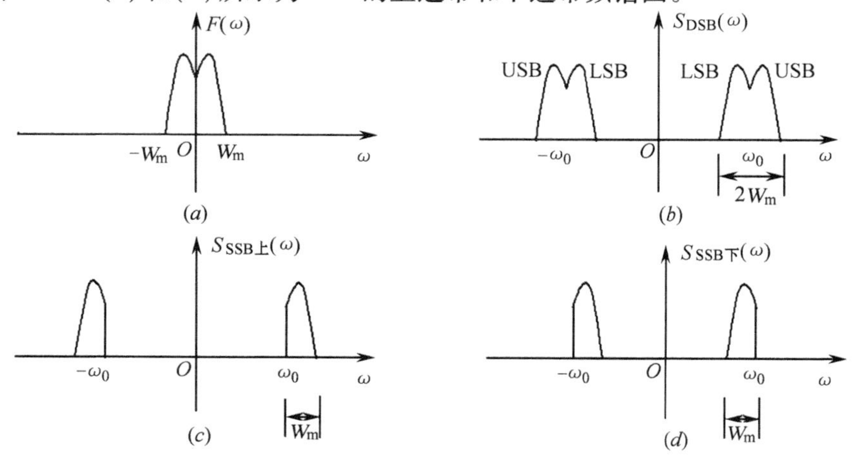

图 3.2－6 SSB 信号的频谱

(*a*) 调制信号的频谱;(*b*) 双边带信号的频谱;(*c*) 上边带信号的频谱;(*d*) 下边带信号的频谱。

SSB 信号的带宽比 AM 和 DSB 带宽减小一倍，因而提高了信道利用率。同时由于抑制载波并仅发送一个边带，既节省边带又节省功率，因此在通信中获得了广泛的应用。

单边带调制中只传送双边带信号的一个边带，因此产生单边带信号最直接的方法就是让双边带信号通过一个单边带滤波器，滤除不需要的边带，获得所需边带。这种产生 SSB 的方法通常称为滤波法。滤波法的原理如图 3.2－7 所示。

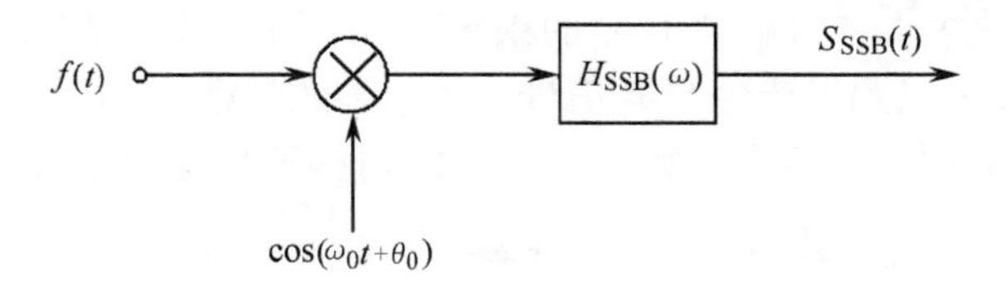

图 3.2－7　滤波法产生 SSB 信号

滤波法电路结构简单，但是要求单边带滤波器 $H_{SSB}(\omega)$ 的特性十分接近理想滤波器，必须具有锐截止特性。

由图 3.2－7 可知，单边带信号是由 DSB 信号经过边带滤波器而得到，所以 SSB 信号的频谱为

$$S_{SSB}(\omega) = \frac{1}{2}[F(\omega - \omega_0) + F(\omega + \omega_0)]H_{SSB}(\omega) \tag{3.2-8}$$

SSB 信号为下边带时，式中 $H_{SSB}(\omega)$ 为下边带滤波器，可以表示为

$$H_{SSB下}(\omega) = \frac{1}{2}[\mathrm{sgn}(\omega + \omega_0) - \mathrm{sgn}(\omega - \omega_0)] \tag{3.2-9}$$

其中

$$\mathrm{sgn}(\omega) = \begin{cases} 1 & \omega \geqslant 0 \\ -1 & \omega < 0 \end{cases}$$

将上式代入式(3.2－8)有

$$\begin{aligned} S_{SSB下}(\omega) = {} & \frac{1}{4}[F(\omega - \omega_0) + F(\omega + \omega_0)] + \\ & \frac{1}{4}[F(\omega + \omega_0)\mathrm{sgn}(\omega + \omega_0) - \\ & F(\omega - \omega_0)\mathrm{sgn}(\omega - \omega_0)] \end{aligned} \tag{3.2-10}$$

由傅里叶变换可知

$$\frac{1}{4}[F(\omega - \omega_0) + F(\omega + \omega_0)] \leftrightarrow \frac{1}{2}f(t)\cos\omega_0 t \tag{3.2-11}$$

$$\begin{aligned} \frac{1}{4}[F(\omega + \omega_0)\mathrm{sgn}(\omega + \omega_0) - F(\omega - \omega_0)\mathrm{sgn}(\omega - \omega_0)] \leftrightarrow \\ \frac{1}{2}\hat{f}(t)\sin\omega_0 t \end{aligned} \tag{3.2-12}$$

式中，$\hat{f}(t)$ 是 $f(t)$ 的希尔伯特变换，它是将 $f(t)$ 的所有频率分量都移相 $-\pi/2$。因此得到下边带 SSB 信号的时域表达式为

$$S_{SSB下}(t) = \frac{1}{2}f(t)\cos\omega_0 t + \frac{1}{2}\hat{f}(t)\sin\omega_0 t \tag{3.2-13}$$

同理,可得 SSB 上边带信号的时域表达式为

$$S_{SSB上}(t) = \frac{1}{2}f(t)\cos\omega_0 t - \frac{1}{2}\hat{f}(t)\sin\omega_0 t \quad (3.2-14)$$

因此可将 SSB 信号的表达式统一写成

$$S_{SSB}(t) = f(t)\cos\omega_0 t \mp \hat{f}(t)\sin\omega_0 t \quad (3.2-15)$$

这里将系数由 1/2 改为 1,并不影响信号的频谱结构,只是电路的增益不同而已。

由式(3.2-15)可以画出产生 SSB 信号的另一种数学模型,如图 3.2-8 所示。由于采用 $-\pi/2$ 相移器,故称为相移法。由式(3.2-15)可得到 SSB 信号的另一频域表达式为

$$S_{SSB}(\omega) = \frac{1}{2}[F(\omega+\omega_0) + F(\omega-\omega_0)] \mp \frac{j}{2}[\hat{F}(\omega+\omega_0) - \hat{F}(\omega-\omega_0)] \quad (3.2-16)$$

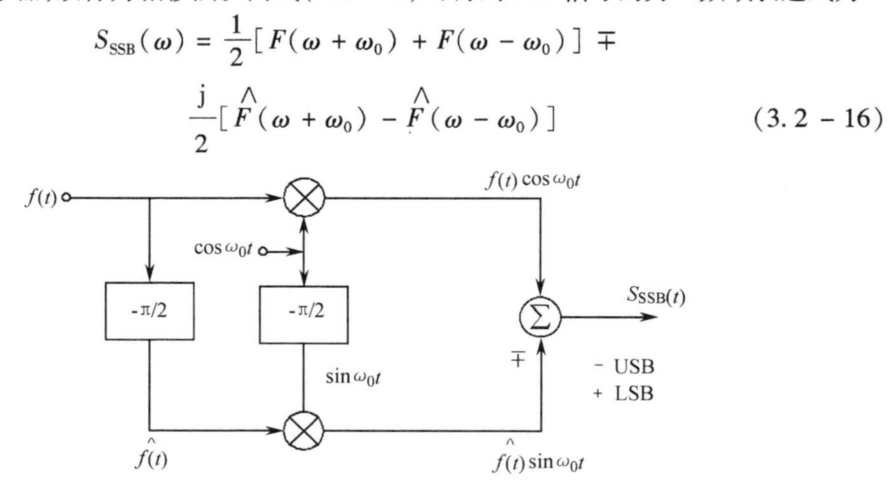

图 3.2-8 相移法产生 SSB 信号

3.2.4 残留边带调制(VSB)

由以上分析可知,双边带信号浪费边带,产生单边带信号所需要的锐截止特性滤波器不容易实现,特别是所传信号的频谱具有丰富的低频分量时(例如电视、电报),SSB 的上、下边带就很难分离。为此可采用带宽介于单边带调制与双边带调制之间的一种调制方式,这就是残留边带调制(VSB)。它除传送一个边带外,还保留另一边带的一部分。滤波法产生 VSB 信号的数学模型如图 3.2-9 所示。

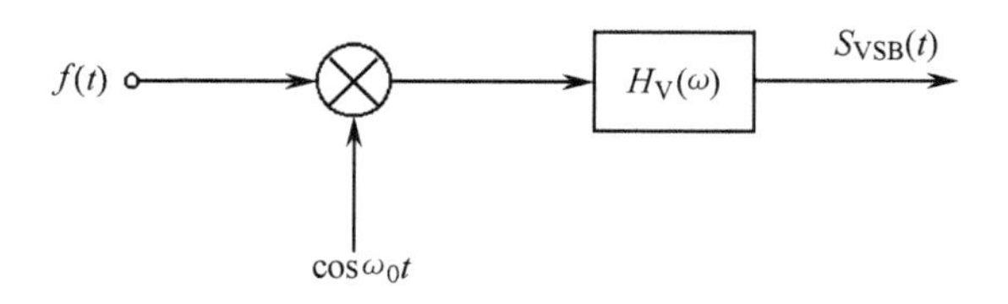

图 3.2-9 滤波法产生 VSB 信号

滤波法产生 VSB 信号的方式基本同 SSB 信号。不同的是,采用的滤波器 $H_V(\omega)$ 不需要十分陡峭的滤波特性。为了保证残留边带信号在解调时不失真,要求残留边带滤波器的特性为:在 $|\omega_0|$ 附近具有滚降特性,且要求这段特性对 $|\omega_0|$ 上半幅度点呈现奇对称(互补对称),而在边带范围内其它处是平坦的,如图 3.2-10(a)所示。这样在接收端采用相

干解调时，解调器输出满足 $H(\omega-\omega_0)+H(\omega+\omega_0)=K$，使输出信号能准确地恢复所需的基带信号，如图 3.2－10(*b*)所示。

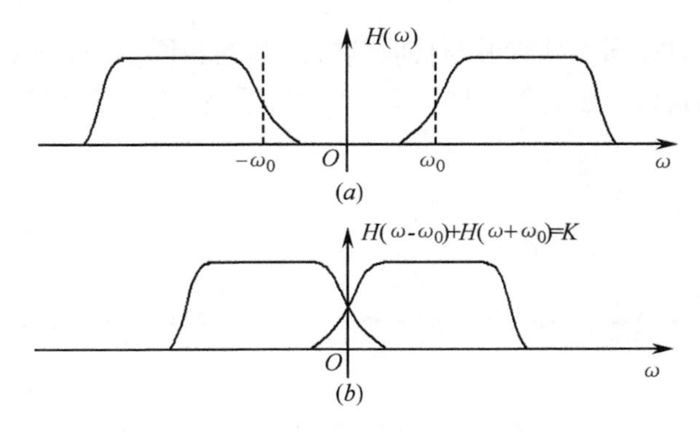

图 3.2－10　残留边带滤波器特性

(*a*) VSB 滤波器特性；(*b*) 相干解调后输出的波形。

3.3　调幅系统的解调

调制过程是一个频谱搬移的过程，它是将低频信号的频谱搬移到载频位置。而解调是将位于载频的信号频谱再搬回来，并且不失真地恢复出原始信号。

对于调幅信号的解调，总的来说有三种方式：相干解调、非相干解调和载波插入法解调。

相干解调适用于各种调幅系统，它的一般数学模型如图 3.3－1 所示。

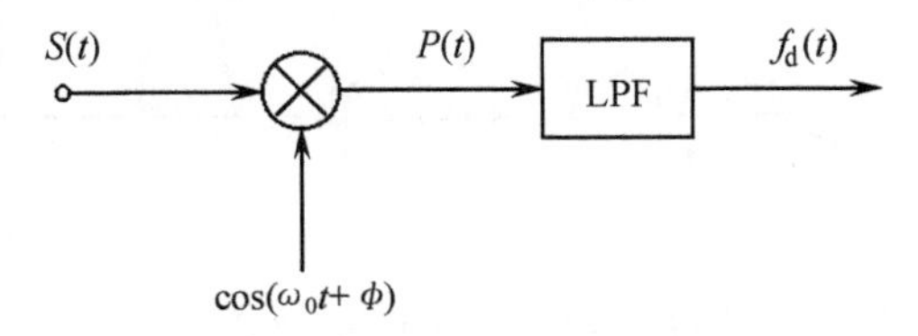

图 3.3－1　幅度调制信号的相干解调

为了不失真地恢复调制信号，要求本地载波和接收信号的载波必须保持同频同相，这种方法称为相干解调。下面，以 DSB 为例说明相干解调的过程。

已调信号为

$$S_{DSB}(t)=f(t)\cos(\omega_0 t+\theta_0)$$

乘法器输出

$$P(t)=f(t)\cos(\omega_0 t+\theta_0)\cos(\omega_0 t+\varphi)=$$

$$\frac{1}{2}f(t)\cos(\theta_0-\varphi)+\frac{1}{2}\cos(2\omega_0 t+\theta_0+\varphi) \tag{3.3－1}$$

通过 LPF 后

$$f_d(t)=\frac{1}{2}f(t)\cos(\theta_0-\varphi) \tag{3.3－2}$$

当 $\theta_0 = \varphi =$ 常数时，有

$$f_d(t) = \frac{1}{2}f(t) \tag{3.3-3}$$

由上面的推导可知，只有当本地载波与接收信号的载频相同，且 $\theta_0 - \varphi =$ 常数时，信号才能正确地恢复，否则就会产生失真。图 3.3－2 给出了相干解调过程的波形及其频谱。

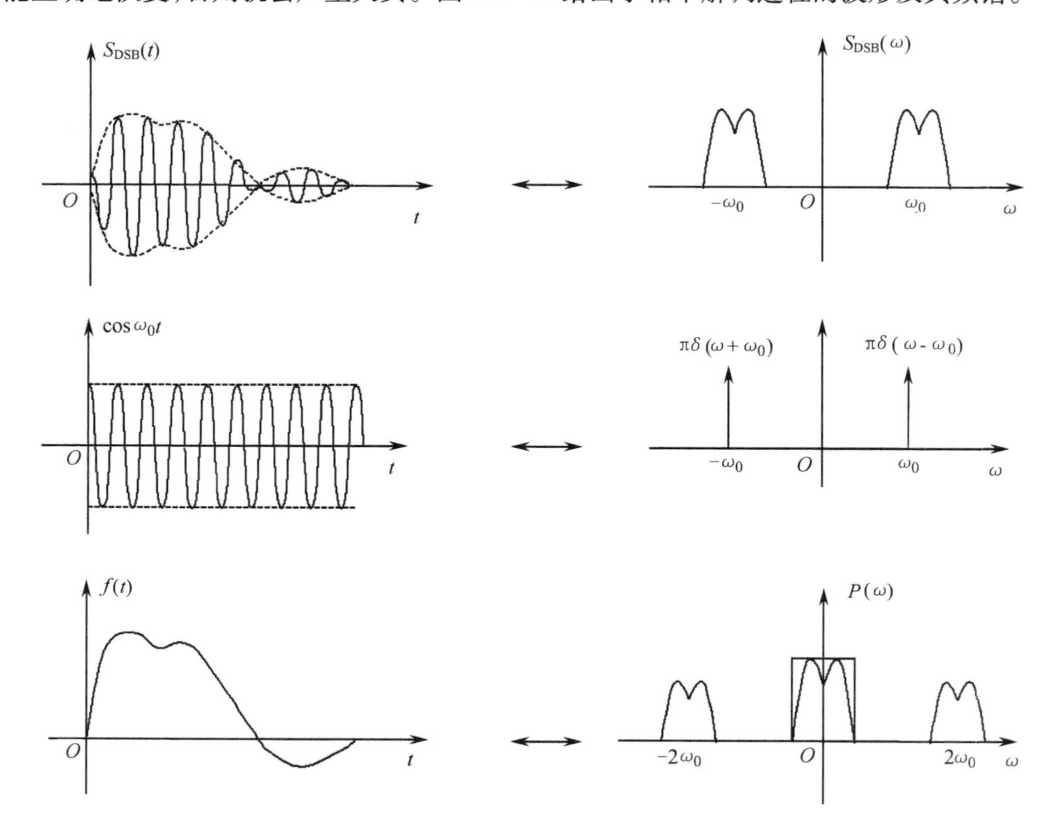

图 3.3－2　DSB 的相干解调

AM、SSB 和 VSB 均可采用相干解调方法，其原理完全同 DSB。

非相干解调就是在接收端解调信号时不需要本地载波，而是利用已调信号中的包络信息来恢复原始信号。因此，非相干解调一般只适用标准调幅（AM）系统。AM 信号非相干解调方法通常有三种：一是平方律检波，二是整流检波，三是包络检波。这三种方法在高频电路课中均已做过介绍，在此不再叙述。

除标准调幅波以外，其它各种调幅信号都不能采用包络检波法解调，因为这些已调信号中不含有载波分量，已调信号的包络不完全载有原调制信号的信息。但是我们可以在接收端插入一个载波，这时就可以采用包络检波法解调了，这种解调方法被称为载波插入法。为了避免失真，插入载波的相位与频率也必须准确地和接收信号的载波相同。

3.4　调幅系统的抗噪声性能

在任何通信系统中，噪声总是不可避免的，它与有用信号叠加在一起到达接收机解调

器的输入端,对信号的接收产生影响。不同的调制解调方案具有不同的抗噪声性能。因此,讨论各种系统的抗噪声性能,是研究通信系统的基本课题之一。

本节着重讨论在噪声干扰的背景下各种调幅系统的抗噪声性能。调制系统的抗噪声性能,主要由解调器的抗噪声性能来衡量。对模拟通信系统来说,解调器的抗噪声性能主要是用"信噪比"来衡量,信噪比指的是信号和噪声的平均功率之比,用 S/N 表示。

各种通信系统中有噪声时解调器的数学模型可概括为图 3.4-1。

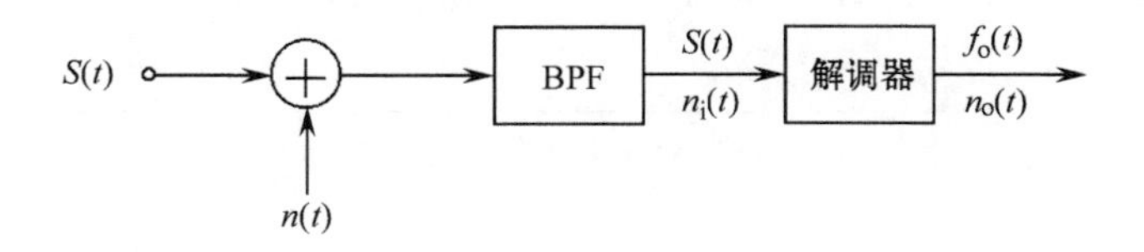

图 3.4-1　有噪声时的解调器模型

$S(t)$ 为解调器输入端的已调信号,$n(t)$ 为加性高斯白噪声。$S(t)$ 及 $n(t)$ 在到达解调器之前,通常都要经过一个带通滤波器,滤出有用信号,滤除带外噪声,这样使噪声 $n(t)$ 由白噪声变为窄带噪声 $n_i(t)$。于是解调器输入端的噪声带宽就与已调信号的带宽相同。

用 S_i、S_o 分别表示解调器输入端和输出端的有用信号功率,用 N_i 和 N_o 分别表示解调器输入端和输出端的噪声功率。下面将分别讨论解调器的输入信噪比 S_i/N_i 和输出信噪比 S_o/N_o。

为了对不同调制方式下各种解调器的抗噪声性能进行度量,通常采用信噪比增益的概念。信噪比增益定义为

$$G = \frac{S_o/N_o}{S_i/N_i} \tag{3.4-1}$$

显然,信噪比增益越高,则解调器的抗噪声性能越好。

3.4.1　相干解调的抗噪声性能

各种调幅系统的相干解调模型如图 3.4-2 所示。图中 $S(t)$ 可以是各种调幅信号,如 AM、DSB、SSB 和 VSB,带通滤波器的带宽等于已调信号带宽。下面讨论各种调幅系统的抗噪声性能。

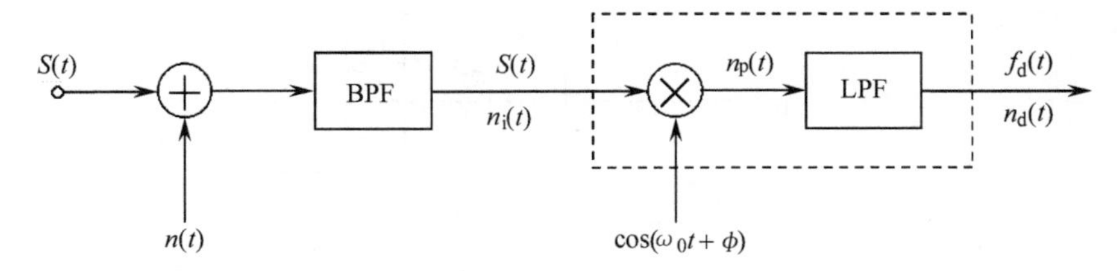

图 3.4-2　有噪声的相干解调器

一、解调器的输入信噪比

首先计算解调器的输入信号功率 S_i,输入信号功率可以由其时域表达式求得。由前面的讨论可知,各调幅系统的时域表达式分别为

$$S_{AM}(t) = [A_0 + f(t)]\cos(\omega_0 t + \theta_0) \tag{3.4-2}$$

$$S_{DSB}(t) = f(t)\cos(\omega_0 t + \theta_0) \tag{3.4-3}$$

$$S_{SSB}(t) = f(t)\cos(\omega_0 t + \theta_0) \mp \hat{f}(t)\sin(\omega_0 t + \theta_0) \tag{3.4-4}$$

$$S_{VSB}(t) \approx S_{SSB}(t) \tag{3.4-5}$$

在 VSB 的残留边带滤波器滚降范围不大的情况下,可认为 VSB 与 SSB 的信号近似。两者的噪声性能也基本相同。输入信号的平均功率可由信号的均方值求得。

AM 信号:

$$(S_i)_{AM} = \overline{[A_0 + f(t)]^2\cos^2(\omega_0 t + \theta_0)} = \frac{1}{2}[A_0^2 + \overline{f^2(t)}] \tag{3.4-6}$$

DSB 信号:

$$(S_i)_{DSB} = \overline{f^2(t)\cos^2(\omega_0 t + \theta_0)} = \frac{1}{2}\overline{f^2(t)} \tag{3.4-7}$$

SSB 信号:

$$\begin{aligned}(S_i)_{SSB} &= \overline{[f(t)\cos(\omega_0 t + \theta_0) \mp \hat{f}(t)\sin(\omega_0 t + \theta_0)]^2} = \\ &\frac{1}{2}\overline{f^2(t)} + \frac{1}{2}\overline{[\hat{f}(t)]^2} \mp \overline{f(t)\hat{f}(t)\sin(2\omega_0 t + \theta_0)} = \\ &\frac{1}{2}\overline{f^2(t)} + \frac{1}{2}\overline{\hat{f}^2(t)} = \overline{f^2(t)}\end{aligned} \tag{3.4-8}$$

因为$\hat{f}(t)$是$f(t)$的希尔伯特函数,所以两者具有相同的功率谱密度,故两者的平均功率相同。

图 3.4-3 所示为各种调幅系统输入噪声的双边功率谱密度。

由于噪声功率谱是指每赫(Hz)上的功率分布,即应按频率关系(而不是角频率)讨论。

各系统的输入噪声功率分别为

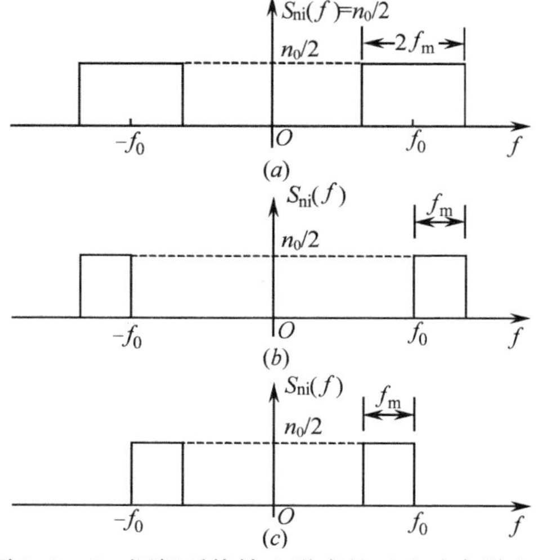

图 3.4-3 调幅系统输入噪声的双边功率谱密度

(a) AM、DSB;(b) SSB(上边带)、VSB;(c) SSB(下边带)、VSB。

$$(N_i)_{AM、DSB} = \frac{n_0}{2} \times B \times 2 = n_0 B = 2n_0 f_m \tag{3.4-9}$$

$$(N_i)_{SSB、VSB} = \frac{n_0}{2} \times B = n_0 f_m \tag{3.4-10}$$

从上面的分析可以得到各种调幅信号在解调器输入端的输入信噪比

$$(S_i/N_i)_{AM} = \frac{[A_0^2 + \overline{f^2(t)}]}{4n_0 f_m} \tag{3.4-11}$$

$$(S_i/N_i)_{DSB} = \frac{\overline{f^2(t)}}{4n_0 f_m} \tag{3.4-12}$$

$$(S_i/N_i)_{SSB、VSB} = \frac{\overline{f^2(t)}}{n_0 f_m} \tag{3.4-13}$$

在$\overline{f^2(t)}$、f_m 和 n_0 相同的情况下，SSB 和 VSB 解调器的输入信噪比为 DSB 的 4 倍，即

$$(S_i/N_i)_{SSB、VSB} = 4(S_i/N_i)_{DSB} \tag{3.4-14}$$

这是因为 SSB 信号的功率全部集中在一个边带上，因此解调器的带通滤波器带宽比 DSB 减少一半。由式(3.4-7)和式(3.4-8)可见，SSB 的输入信号功率比 DSB 高出一倍，而输入噪声功率 SSB 又比 DSB 低一倍。

二、解调器的输出信噪比

在图 3.4-2 中，各调幅系统的输入噪声通过 BPF 之后，变成窄带噪声，乘法器的输出噪声为

$$n_p(t) = [n_c(t)\cos(\omega_0 t + \theta_0) - n_s(t)\sin(\omega_0 t + \theta_0)] \cdot \cos(\omega_c t + \theta_0) = \frac{1}{2}n_c(t) + \frac{1}{2}[n_c(t)\cos 2(\omega_0 t + \theta_0) - n_s(t)\sin 2(\omega_0 t + \theta_0)] \tag{3.4-15}$$

经 LPF 之后，解调器输出的噪声为

$$n_d(t) = \frac{1}{2}n_c(t) \tag{3.4-16}$$

因此，由式(2.6-12)知，解调器输出的噪声功率为

$$N_o = \overline{n_d^2(t)} = \frac{1}{4}\overline{n_c^2(t)} = \frac{1}{4}\overline{n_i^2(t)} = \frac{1}{4}N_i \tag{3.4-17}$$

将各调幅信号的输入噪声功率表达式代入式(3.4-17)，可得解调器的输出噪声功率分别为

$$(N_o)_{AM、DSB} = \frac{n_0 f_m}{2} \tag{3.4-18}$$

$$(N_o)_{SSB、VSB} = \frac{n_0 f_m}{4} \tag{3.4-19}$$

由此可见

$$(N_o)_{AM、DSB} = 2(N_o)_{SSB、VSB} \tag{3.4-20}$$

这是由于 AM、DSB 的带宽是 SSB、VSB 信号带宽的两倍，而噪声功率谱密度又相同所造成的。

由式(3.3-3)可知，对各种调幅信号经过乘法器和低通滤波器相干解调的输出均为

$$f_d(t) = \frac{1}{2}f(t) \tag{3.4-21}$$

因此,解调后的输出信号的功率为

$$S_o = \overline{f_d^2(t)} = \frac{1}{4}\overline{f^2(t)} \tag{3.4-22}$$

各种调幅信号解调器输出信噪比为

$$(S_o/N_o)_{AM、DSB} = \frac{\overline{f^2(t)}}{2n_0f_m} \tag{3.4-23}$$

$$(S_o/N_o)_{SSB、VSB} = \frac{\overline{f^2(t)}}{n_0f_m} \tag{3.4-24}$$

由上面两式似乎可以得出这样的结论,单边带和残留边带调制的噪声性能要比标准调幅和双边带调幅性能好一倍。然而这种结论并不准确,因为这种比较的前提条件是$\overline{f^2(t)}$、f_m和 n_0 都相同。但是实际上各种调制方法的已调波的信号功率是不相同的,即解调器的输入信号功率 S_i 并不一定都为$\overline{f^2(t)}$,从式(3.4-6)~式(3.4-8)可以清楚地看到这一点。因此比较合理的方法应该是在相同输入信号功率 S_i 的情况下进行比较,我们可将式(3.4-6)~式(3.4-8)代入式(3.4-23)、式(3.4-24),即可得到

$$(S_o/N_o)_{AM} = \frac{\overline{f^2(t)}}{A_0^2+\overline{f^2(t)}}\left(\frac{S_i}{n_0f_m}\right) \tag{3.4-25}$$

$$(S_o/N_o)_{DSB、SSB、VSB} = \frac{S_i}{n_0f_m} \tag{3.4-26}$$

上面的结果说明:在 S_i、f_m 和 n_0 都相同的情况下,除标准调幅外,其它系统的噪声性能相同,而在 AM 中,由于$|f(t)|_{max} \leqslant A_0$,因而$\overline{f^2(t)}/[A_0+\overline{f^2(t)}] \leqslant 0.5$ 。也就是说,AM 的输出信噪比要比其它系统恶化 3dB 以上。这是由于在 AM 信号中不携带任何信息的载波功率要占总功率一半以上的缘故。

三、解调器的信噪比增益

根据以上得到的输入信噪比和输出信噪比,可得各调幅系统的信噪比增益分别为

$$G_{AM} = \frac{S_o/N_o}{S_i/N_i} = \frac{2\overline{f^2(t)}}{A_0^2+\overline{f^2(t)}} \tag{3.4-27}$$

$$G_{DSB} = 2 \tag{3.4-28}$$

$$G_{SSB、VSB} = 1 \tag{3.4-29}$$

由此可见:AM 信号经相干解调后,即使在最好的情况下,也不能改善其输入信噪比,而信噪比一般都会恶化。DSB 可以改善其输入信噪比 3dB,SSB 和 VSB 既不改善也不恶化其输入信噪比。这是否说明 DSB 的抗噪声性能优于 SSB 呢? 不是的,这是因为信噪比增益仅仅适用于同类调制系统作为衡量不同解调器的抗噪声性能,而不能用在不同调制系统抗噪声性能比较上,DSB 的信噪比增益比 SSB 高一倍,是因为 SSB 所需带宽仅为 DSB 的一半,因此在噪声功率谱相同的情况下,DSB 的输入噪声功率是 SSB 的两倍。尽管 DSB 的信噪比增益为 2,但一开始其输入噪声就已高出 SSB 的两倍,所以解调器对信噪比的改

善被更大的输入噪声所抵消。因此,实际上,对给定的输入信号功率,DSB 和 SSB 输出端的信噪比是相同的,所以从抗噪声的观点看,SSB 和 DSB 解调器的性能是相同的。

3.4.2　非相干解调的抗噪声性能

只有 AM 可以采用非相干解调,因此,本节只讨论 AM 采用包络检波器解调的噪声性能。有噪声时包络检波器的数学模型如图 3.4-4 所示。图中 LED 为包络检波器。

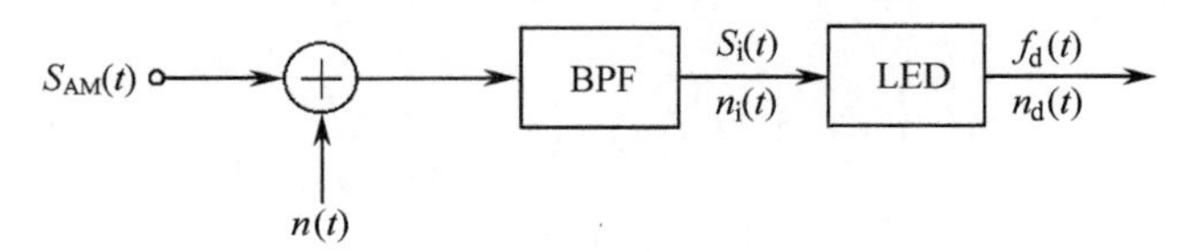

图 3.4-4　有噪声时的包络检波器模型

包络检波器的输入信号功率和噪声功率与相干解调时相同。即

$$S_i = \frac{A_0^2 + \overline{f^2(t)}}{2} \tag{3.4-30}$$

$$N_i = 2n_0 f_m \tag{3.4-31}$$

因此,解调器的输入信噪比为

$$(S_i/N_i)_{AM} = \frac{[A_0^2 + \overline{f^2(t)}]}{4n_0 f_m} \tag{3.4-32}$$

现在讨论包络检波器输出端的信号功率和噪声功率。由于采用包络检波器作为解调器,就要先求出解调器之前的信号和噪声的合成包络。

$$\begin{aligned} S_i(t) + n_i(t) &= [A_0 + f(t)]\cdot\cos\omega_0 t + n_c(t)\cdot\cos\omega_0 t - n_s(t)\cdot\sin\omega_0 t = \\ &[A_0 + f(t) + n_c(t)]\cdot\cos\omega_0 t - n_s(t)\cdot\sin\omega_0 t = \\ &A(t)\cos[\omega_0 t + \theta_0 + \varphi(t)] \end{aligned} \tag{3.4-33}$$

其中包络 $A(t)$ 和相角 $\varphi(t)$ 由下式给出:

$$A(t) = \{[A_0 + f(t) + n_c(t)]^2 + n_s^2(t)\}^{1/2} \tag{3.4-34}$$

$$\varphi(t) = \arctan\left[\frac{n_s(t)}{A_0 + f(t) + n_c(t)}\right] \tag{3.4-35}$$

下面分两种情况进行讨论。

一、大信噪比情况下(即小噪声)

这时

$$A_0 + f(t) \gg n_i(t)$$

或写成

$$A_0 + f(t) \gg n_c(t),A_0 + f(t) \gg n_s(t) \tag{3.4-36}$$

由式(3.4-34)进行简化

$$A(t) = [A_0 + f(t)]\left\{1 + \frac{2n_c(t)}{A_0 + f(t)} + \frac{n_c^2(t) + n_s^2(t)}{[A_0 + f(t)]^2}\right\}^{1/2} \tag{3.4-37}$$

因为

$$|A_0+f(t)| \gg \sqrt{n_c^2(t)+n_s^2(t)} \tag{3.4-38}$$

所以

$$A(t) \approx [A_0+f(t)]\left\{1+\frac{2n_c(t)}{A_0+f(t)}\right\}^{1/2} \tag{3.4-39}$$

利用近似公式

$$(1+x)^{1/2} \approx 1+\frac{x}{2} \qquad |x| \ll 1 \tag{3.4-40}$$

进一步减化

$$A(t) \approx [A_0+f(t)]\left\{1+\frac{n_c(t)}{A_0+f(t)}\right\}=$$
$$A_0+f(t)+n_c(t) \tag{3.4-41}$$

式中输出信号分量为(隔去直流 A_0)

$$f_d(t)=f(t) \tag{3.4-42}$$

输出噪声为

$$n_d(t)=n_c(t) \tag{3.4-43}$$

因此输出信号功率为

$$S_o=\overline{f_2(t)} \tag{3.4-44}$$

而输出噪声功率为

$$N_o=\overline{n_c^2(t)}=\overline{n_i^2(t)}=N_i \tag{3.4-45}$$

故输出信噪比

$$(S_o/N_o)_{AM}=\frac{\overline{f^2(t)}}{N_i}=\frac{\pi\overline{f^2(t)}}{n_0 W_m} \tag{3.4-46}$$

信噪比增益为

$$G_{AM}=\frac{S_o/N_o}{S_i/N_i}=\frac{2\overline{f^2(t)}}{A_0^2+\overline{f^2(t)}} \tag{3.4-47}$$

此结果与相干解调时得到的信噪比公式相同,由此说明:AM 在大输入信噪比时,包络检波器性能与相干解调性能相同。

二、小信噪比情况(大噪声)

在小信噪比的情况,信号与噪声混为一体,分不清信号与噪声,即信号完全被包络检波器破坏,所以不能通过包络检波器恢复信号。我们把在小信噪比时非相干解调器不能提取信号的现象称为门限效应。实际存在一个门限值,当输入信噪比低于这个门限值时,检波器噪声性能急剧下降,无法再进行解调。在相干解调器中不存在门限效应,所以在噪声条件恶劣的情况下常采用相干解调。

3.5 角度调制系统

调幅系统是指作为载波的正弦波的幅度受调制信号的控制而变化。当载波的振幅保持不变,而载波的频率或相位受调制信号的控制而发生变化时,称为频率调制或相位调制。因为频率或相位的变化都可以看成是载波角度的变化,因此这种调制又可以称为角度调制。角度调制是频率调制(FM)和相位调制(PM)的统称。

在模拟调制中,FM 与 PM 在本质上没有多大区别,而 PM 应用较少,这里我们主要侧重讨论频率调制。

3.5.1 角度调制的基本概念

未调制的正弦载波可表示为

$$S(t) = A\cos\theta(t) \tag{3.5-1}$$

式中,$\theta(t)$称为瞬时相角,它是时间的函数。

$\omega(t)$称为瞬时频率,它与瞬时相角$\theta(t)$有如下关系

$$\omega(t) = \frac{\mathrm{d}\theta(t)}{\mathrm{d}t} \tag{3.5-2}$$

$$\theta(t) = \int\omega(t)\mathrm{d}t \tag{3.5-3}$$

一、相位调制 PM

若正弦载波的瞬时相角$\theta(t)$与调制信号$f(t)$是线性函数关系,就称之为 PM 波,即

$$\theta_{PM}(t) = \omega_0(t) + \theta_0 + K_p f(t) \tag{3.5-4}$$

式中,ω_0和θ_0分别为载波的固定角频率和相角,它们均为常数。K_p称为比例常数,它表示调相器灵敏度,单位是弧度/伏(rad/V),$K_p f(t)$称为瞬时相位偏移,即

$$\varphi(t) = K_{PM}f(t) \tag{3.5-5}$$

$\varphi(t)$的最大值用$\Delta\theta_{PM}$表示,即有

$$\Delta\theta_{PM} = K_p \mid f(t) \mid_{max} \tag{3.5-6}$$

而调相波的瞬时频率为

$$\omega_{PM}(t) = \frac{\mathrm{d}\theta(t)}{\mathrm{d}t} = \omega_0 + K_p\frac{\mathrm{d}f(t)}{\mathrm{d}t} \tag{3.5-7}$$

式(3.5-7)说明 PM 的瞬时频率与调制信号$f(t)$的微分呈线性关系。

于是 PM 波的表达式为

$$S_{PM}(t) = A\cos[\omega_0 t + \theta_0 + K_p f(t)] \tag{3.5-8}$$

对于单音频信号进行调制时

$$f(t) = A_m\cos\omega_m t \tag{3.5-9}$$

有

$$S_{PM}(t) = A\cos[\omega_0 t + \theta_0 + K_p A_m\cos\omega_m t] = A\cos[\omega_0 t + \theta_0 + \beta_{PM}\cos\omega_m t] \tag{3.5-10}$$

其中

$$\beta_{PM} = A_m K_p \tag{3.5-11}$$

叫做调相指数,它代表调相波的最大相位偏移。

二、频率调制 FM

若正弦载波的瞬时频率$\omega(t)$与信号$f(t)$呈线性关系,则称之为 FM。即

$$\omega(t) = \omega_0 + K_f f(t) \tag{3.5-12}$$

ω_0是固有角频率,K_f是比例常数,它表示调频器灵敏度,单位是弧度/(秒·伏)(rad/(s·V))。

其瞬时相角

$$\theta(t) = \int \omega(t)\mathrm{d}t = \omega_0 t + \theta_0 + K_f \int f(t)\mathrm{d}t \tag{3.5-13}$$

式(3.5－13)说明FM波的瞬时相角与$f(t)$的积分呈线性关系。

于是FM波的表达式为

$$S_{FM}(t) = A\cos[\omega_0 t + \theta_0 + K_f \int f(t)\mathrm{d}t] \tag{3.5-14}$$

当单音频调制时,调制信号为

$$f(t) = A_m \cos\omega_m t$$

$$\begin{aligned} S_{FM}(t) &= A\cos[\omega_0 t + \theta_0 + K_f \int A_m \cos\omega_m t\mathrm{d}t] = \\ & A\cos\left[\omega_0 t + \theta_0 + \frac{K_f A_m}{\omega_m}\sin\omega_m t\right] = \\ & A\cos[\omega_0 t + \theta_0 + \beta_{FM}\sin\omega_m t] \end{aligned} \tag{3.5-15}$$

式中,$\beta_{FM} = \dfrac{K_f A_m}{\omega_m}$叫做调频指数,它代表FM波的最大相位偏移$\Delta\theta_{FM}$。

由式(3.5－12)可得到FM的最大频偏

$$\Delta\omega = K_f |f(t)|_{max} \tag{3.5-16}$$

对于单音调制,有

$$\Delta\omega = A_m K_f \tag{3.5-17}$$

因此

$$\beta_{FM} = \frac{\Delta\omega}{\omega_m} \tag{3.5-18}$$

从上面的分析来看,调频波与调相波有着密切关系。若把调制信号$f(t)$先积分,然后再进行调相,得到的却是调频波。同样,把$f(t)$先微分,然后再去调频,得到的却是调相波。由此可见,调频和调相并无本质上的区别。单音频调制时,调频波和调相波的波形如图3.5－1所示。

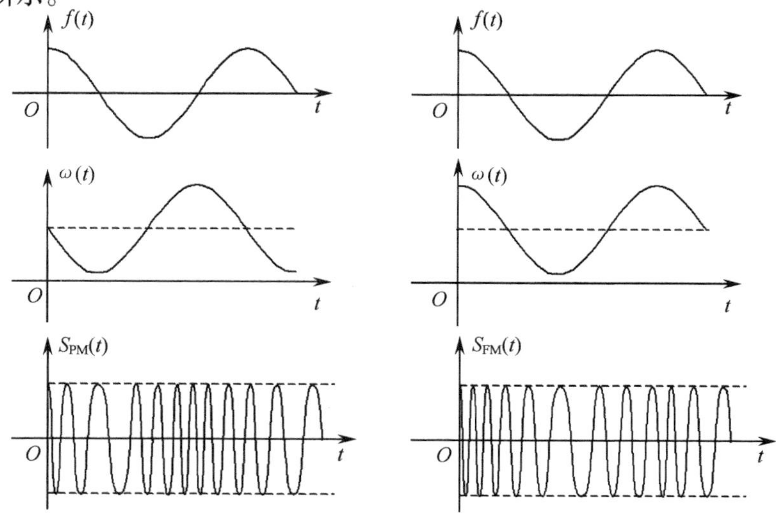

图3.5－1 单音频调制时的调频波和调相波

3.5.2　窄带调频(NBFM)

如果调频波的最大相位偏移满足如下条件

$$\Delta\theta_{FM} = K_f \left| \int f(t)\mathrm{d}t \right|_{max} \ll \frac{\pi}{6} \tag{3.5-19}$$

称为窄带调频。因为在这种情况下,调频波占有比较窄的频带宽度。

由式(3.5-14)可以得到 FM 波的表达式为

$$S_{FM}(t) = A\cos[\omega_0 t + \theta_0 + K_f \int f(t)\mathrm{d}t] \tag{3.5-20}$$

设 $\theta_0 = 0$,并将其按三角函数展开,则有

$$\begin{aligned} S_{FM}(t) &= A\cos\omega_0 t \cdot \cos[K_f \int f(t)\mathrm{d}t] - \\ &\quad A\sin\omega_0 t \cdot \sin[K_f \int f(t)\mathrm{d}t] \approx \\ &\quad A\cos\omega_0 t - AK_f \int f(t)\sin\omega_0 t\mathrm{d}t \end{aligned} \tag{3.5-21}$$

在式(3.5-21)的推导中,利用了近似关系:$x \ll 1$ 时,$\cos x \approx 1$ 和 $\sin x \approx x$ 。

根据式(3.5-21)可以画出实现 NBFM 的数学模型,如图 3.5-2 所示。

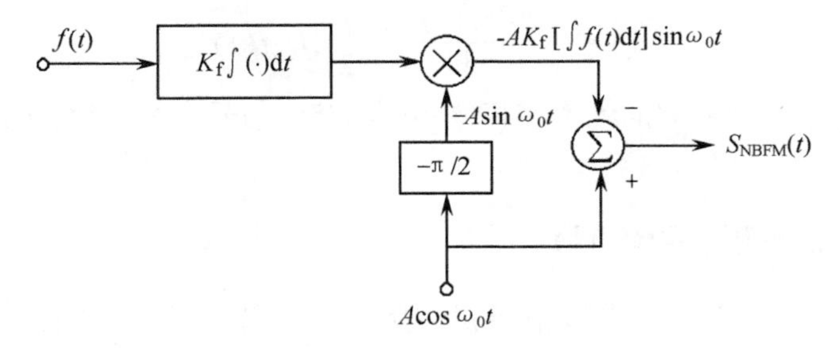

图 3.5-2　实现 NBFM 的数学模型

其频谱为

$$\begin{aligned} S_{NBFM}(\omega) &= \pi A[\delta(\omega-\omega_0) + \delta(\omega+\omega_0)] - \\ &\quad \frac{AK_f}{2}\left[\frac{F(\omega+\omega_0)}{\omega+\omega_0} - \frac{F(\omega-\omega_0)}{\omega-\omega_0}\right] \end{aligned} \tag{3.5-22}$$

把上式与式(3.2-5)AM 信号的频谱进行比较,可看出 NBFM 与 AM 的频谱相类似,都包含有载波和两个边带,且已调信号的带宽都为调制信号的两倍。

区别在于:

(1) NBFM 信号的边带分量受到$\frac{1}{\omega+\omega_0}$和$\frac{1}{\omega-\omega_0}$的衰减,而不像 AM 信号,只是将 $F(\omega)$在频率轴上进行线性搬移。

(2) 两个边带的相位不一样。

窄带调频波和调幅信号一样,可以采用相干解调和非相干解调两种方法来恢复原调制信号。而窄带调频多采用相干解调,其相干解调的原理图如图 3.5-3 所示。

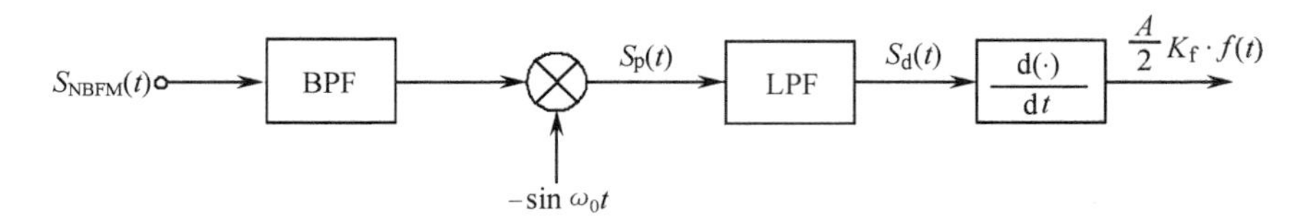

图 3.5-3　NBFM 相干解调原理框图

输入的窄带调频信号为

$$S_{NBFM}(t) = A\cos\omega_0 t - AK_f\int f(t)\,dt\sin\omega_0 t \tag{3.5-23}$$

经过乘法器之后,

$$S_P(t) = [A\cos\omega_0 t - AK_f\int f(t)\,dt\sin\omega_0 t][-\sin\omega_0 t] = -\frac{A}{2}\sin2\omega_0 t + \frac{A}{2}K_f\int f(t)\,dt[1-\cos2\omega_0 t] \tag{3.5-24}$$

通过 LPF 之后,

$$S_d(t) = \frac{1}{2}AK_f\int f(t)\,dt \tag{3.5-25}$$

经过微分之后,

$$S_o(t) = \frac{dS_d(t)}{dt} = \frac{1}{2}AK_f f(t) \tag{3.5-26}$$

这里需要注意,本地参考载波的频率和相位必须与接收信号完全一致,否则就会产生解调失真。

3.5.3　宽带调频(WBFM)

当式(3.5-19)不成立时,调频信号就不能简化为式(3.5-21)的形式,此时调制信号对载波进行频率调制将产生较大的频偏,使已调信号在传输时占用较宽的频带,所以称为宽带调频。

一、单频调制时 WBFM 的频域表达

为了研究调频信号的性质,我们先讨论调制信号为单音频时的情况。在此基础上再推广到调制信号为一般的情况。

设单音频调制信号为

$$f(t) = A_m\cos\omega_m t \tag{3.5-27}$$

则

$$S_{FM}(t) = A\cos[\omega_0 t + K_f\int f(t)\,dt] = A\cos\left[\omega_0 t + \frac{\Delta\omega}{\omega_m}\sin\omega_m t\right] = A\cos[\omega_0 t + \beta_{FM}\sin\omega_m t] \tag{3.5-28}$$

将式(3.5-28)利用三角公式展开,有

$$S_{FM}(t) = A[\cos\omega_0 t\cos(\beta_{FM}\sin\omega_m t) - \sin\omega_0 t\sin(\beta_{FM}\sin\omega_m t)] \tag{3.5-29}$$

式中,$\cos(\beta_{FM}\sin\omega_m t)$ 和 $\sin(\beta_{FM}\sin\omega_m t)$ 为特殊函数,可进一步展开成以贝塞尔函数为系

数的三角级数，即

$$\cos(\beta_{FM}\sin\omega_m t) = J_0(\beta_{FM}) + 2\sum_{n=1}^{\infty} J_{2n}(\beta_{FM})\cos(2n\omega_m t) \tag{3.5-30}$$

$$\sin(\beta_{FM}\sin\omega_m t) = 2\sum_{n=0}^{\infty} J_{2n-1}(\beta_{FM})\sin[(2n-1)\omega_m t] \tag{3.5-31}$$

式中，$J_n(\beta_{FM})$称为 n 阶第一类贝塞尔函数。

$$J_n(\beta_{FM}) = \sum_{m=0}^{\infty} \frac{(-1)^m(\beta_{FM}/2)^{n+2m}}{m!(n+m)!} \tag{3.5-32}$$

$J_n(\beta_{FM})$与时间无关，而是β_{FM}的函数，图 3.5-4 所示为贝塞尔函数曲线。精确数值可查阅有关的贝塞尔函数表。

利用三角公式

$$\cos x\cos y = \frac{1}{2}\cos(x-y) + \frac{1}{2}\cos(x+y) \tag{3.5-33}$$

$$\sin x\sin y = \frac{1}{2}\cos(x-y) - \frac{1}{2}\cos(x+y) \tag{3.5-34}$$

及

$$J_n(\beta_{FM}) = J_{-n}(\beta_{FM}) \qquad (\text{当 } n \text{ 为偶数时}) \tag{3.5-35}$$

$$J_n(\beta_{FM}) = -J_{-n}(\beta_{FM}) \qquad (\text{当 } n \text{ 为奇数时}) \tag{3.5-36}$$

则由式(3.5-28)可得到调频信号的级数展开式为

$$\begin{aligned} S_{FM}(t) = & J_0(\beta_{FM})\cos\omega_0 t - J_1(\beta_{FM})[\cos(\omega_0-\omega_m)t - \cos(\omega_0+\omega_m)t] + \\ & J_2(\beta_{FM})[\cos(\omega_0-2\omega_m)t + \cos(\omega_0+2\omega_m)t] - \\ & J_3(\beta_{FM})[\cos(\omega_0-3\omega_m)t - \cos(\omega_0+3\omega_m)t] + \cdots = \\ & \sum_{n=-\infty}^{\infty} J_n(\beta_{FM})\cos(\omega_0+n\omega_m)t \end{aligned} \tag{3.5-37}$$

对式(3.5-37)进行傅里叶变换，即可得到 WBFM 的频谱表达式

$$S_{FM}(\omega) = \pi A\sum_{n=-\infty}^{\infty} J_n(\beta_{FM})[\delta(\omega-\omega_0-n\omega_m) + \delta(\omega+\omega_0+n\omega_m)] \tag{3.5-38}$$

调频波的频谱如图 3.5-5 所示。图中只画出了调频波频谱的正频率部分。

由式(3.5-38)和图 3.5-5 可看出，宽带调频的频谱由载频分量和无穷多个边频分量组成。这些边频分量对称地分布在载频的两侧，相邻频率之间的间隔为 ω_m。对称的边频分量幅度相等，但 n 为偶数时的上、下边频幅度的符号相同，而 n 为奇数时，其上、下边频幅度的符号相反。

二、单频调制时的频带宽度

由于调频信号的频谱包含无穷多个边频分量，因此从理论上讲，调频信号的频带宽度为无限宽。然而实际上，边频分量的幅度随着 n 增加而下降，高次边频分量可忽略不计。由贝塞尔函数曲线可看出，当 $\beta \gg 1$ 时，$n > \beta$ 项的贝塞尔函数值趋于零。所以通常按 $n = \beta + 1$来计算带宽，这相当于 $J_n(\beta) \approx 0.1$。

根据上述原则，设 FM 信号的有效频带取到 $\beta + 1$ 次边频，则由于相邻频谱分量的间

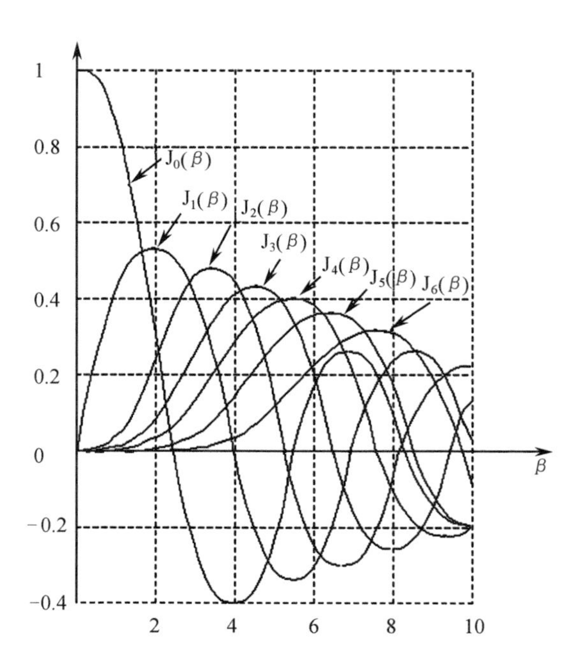

图 3.5－4 贝塞尔函数曲线

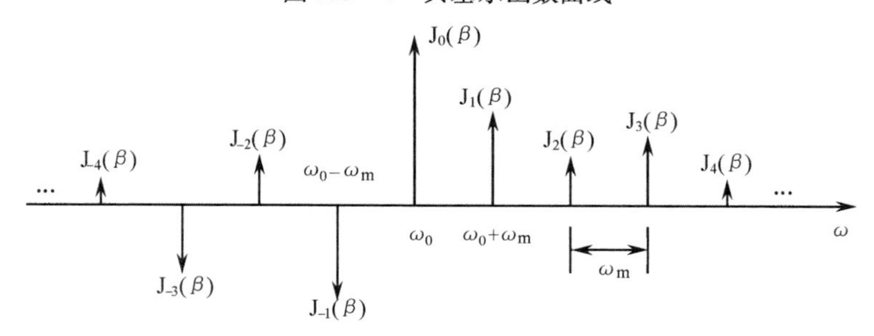

图 3.5－5 调频波的频谱

隔为 ω_m，所以单音频调制时，FM 信号的带宽为

$$W_{FM} \approx 2n\omega_m = 2(\beta_{FM}+1)\omega_m = 2(\Delta\omega+\omega_m) = 2\Delta\omega\left(1+\frac{1}{\beta_{FM}}\right) \tag{3.5-39}$$

人们通常习惯用频率来表示带宽，所以调频信号的带宽也可写为

$$B = 2(\beta_{FM}+1)f_m = 2(\Delta f+f_m) \tag{3.5-40}$$

这个关系式称为卡森公式。

若 $\beta_{FM} \ll 1$，则

$$W_{FM} \approx 2\omega_m \quad (\text{NBFM}) \tag{3.5-41}$$

若 $\beta_{FM} \gg 1$，则

$$W_{FM} \approx 2\Delta\omega \quad (\text{WBFM}) \tag{3.5-42}$$

以上讨论的是单音频的情况，当调制信号不是单一频率时，已调信号的频谱要复杂很多。根据分析和经验，多频调制时，仍可采用式(3.5－40)计算 FM 的带宽。其中 Δf 应为

最大频偏，f_m 和 β_{FM} 为最高调制频率和其对应的 β_{FM}。例如，在通常的调频广播中规定，最大频偏 $\Delta f = 75\text{kHz}$。最高调制频率 $f_m = 15\text{kHz}$。因此，可以确定其对应的 $\beta_{FM} = 5$，再由式(3.5－40)计算出此 FM 信号的频带宽度为

$$B = 2(\beta_{FM} + 1)f_m = 2(5 + 1) \times 15 = 180(\text{kHz})$$

三、调频信号的功率分布

调频信号的功率等于调频信号的均方值，即

$$P_{FM} = \overline{S_{FM}^2(t)} = \overline{\left[A\sum_{n=-\infty}^{\infty} J_n(\beta_{FM})\cos(\omega_0 + n\omega_m)t\right]^2} =$$

$$\frac{A^2}{2}\sum_{n=-\infty}^{\infty}\overline{J_n^2(\beta_{FM})\{1 + \cos[2(\omega_0 + n\omega_m)t]\}} =$$

$$\frac{A^2}{2}\sum_{n=-\infty}^{\infty} J_n^2(\beta_{FM}) = \frac{A^2}{2} \tag{3.5－43}$$

根据贝塞尔函数性质，式中 $\sum_{n=-\infty}^{\infty} J_n^2(\beta_{FM}) = 1$。

式(3.5－43)也说明调频信号为等幅波，故已调制信号的总功率等于未调制载波的功率，其总功率与调制信号及调制指数无关。但是，当 β_{FM} 改变时，载波及各次边频功率的分配情况随 β_{FM} 而改变。

载波功率

$$P_c = \frac{A^2}{2}J_0^2(\beta_{FM}) \tag{3.5－44}$$

由贝塞尔函数表可知，在 $\beta = 2.4, 5.5, 8.7, 11.8$ 等点，$J_0(\beta) = 0$，也就是说在这些点上的载波功率为零，即

$$P_c = 0$$

边频功率

$$P_f = 2 \times \frac{A^2}{2}\sum_{n=1}^{\infty} J_n^2(\beta_{FM}) \tag{3.5－45}$$

而调频信号的总功率为

$$P_{FM} = P_c + P_f \tag{3.5－46}$$

四、调频信号的产生与解调

介绍两种产生调频的方法：一种为直接调频法，又称参数变值法；另一种为倍频法，又称阿姆斯特朗法。

直接法是用调制信号直接改变决定载波频率的电抗元件的参数，使输出信号 $S_{FM}(t)$ 的瞬时频率随调制信号线性变化。目前人们多采用压控振荡器(VCO)作为产生调频信号的调制器，如图3.5－6所示。

压控振荡器的输出频率正比于所加的控制电压。在微波频率时用反射式速调管实现压控振荡；频率较低时可以用电抗管、变容二极管作控制元件或直接由集成电路作压控振荡器。直接调频法的优点是可以得到很大的频偏。主要缺点是载波频率会发生漂移，因而需要附加稳频电路。目前压控振荡器有 E1648、MC1648。

倍频法是由窄带调频通过倍频产生宽带调频信号的方法。它是由倍频器和混频器适

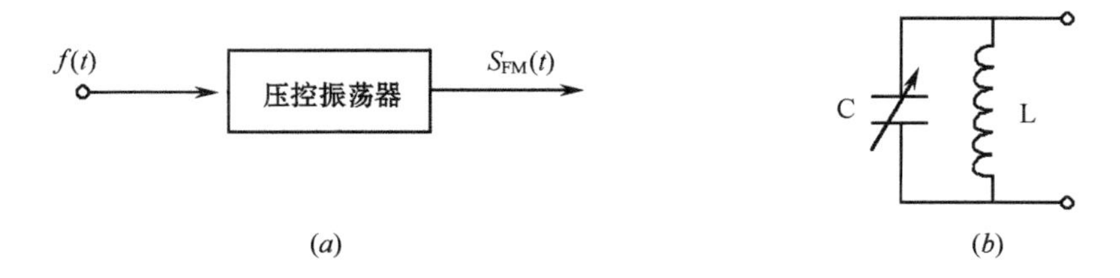

图 3.5－6　直接法产生 FM

(a) 产生框图;(b) 选频网络。

当配合组成的,图 3.5－7 是阿姆斯特朗于 1936 年提出的一个典型方框图,因此又称倍频法为阿姆斯特朗法。

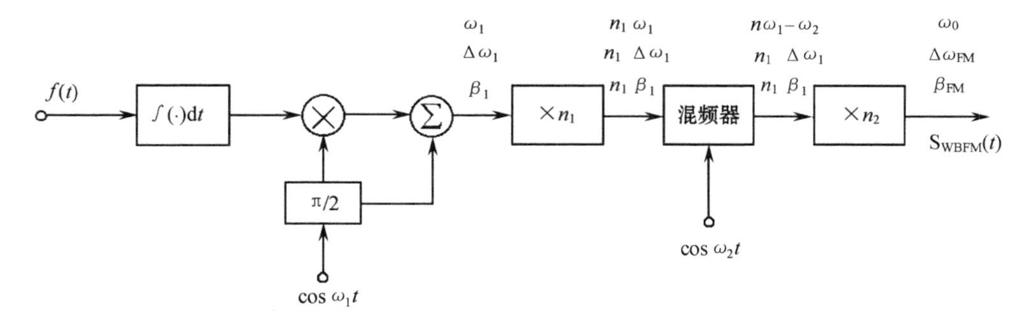

图 3.5－7　倍频法产生 WBFM

设 NBFM 产生的载波为 ω_1,最大频偏为 $\Delta\omega_1$,调制指数为 β_1。若要获得 WBFM 的载波的频率为 ω_0,最大频偏为 $\Delta\omega_{FM}$,调频指数为 β_{FM}。根据图 3.5－7 可以列出它们的关系式如下:

$$\omega_0 = n_2(n_1\omega_1 - \omega_2) \text{ 或 } \omega_0 = n_2(\omega_2 - n_1\omega_1) \tag{3.5-47}$$

$$\Delta\omega_{FM} = n_1 n_2 \Delta\omega_1 \tag{3.5-48}$$

$$\beta_{FM} = n_1 n_2 \beta_1 \tag{3.5-49}$$

宽带调频信号的解调主要采用非相干解调,非相干解调的电路类型很多。例如相位鉴频器、比例鉴频器、晶体鉴频器等,这些电路的工作原理,在高频电子线路课程中已作过了详细介绍,在这里不再重复。虽然,鉴频器有多种形式,但它们的功能是类似的,即首先是将幅度恒定的调频波变换为调幅调频波,这时调幅调频波的幅度与频率均随调制信号而变化,因此就可以用包络检波器将调幅调频波的包络变化提取出来,达到恢复出原调制信号的目的。

鉴频器的数学模型可等效为一个带微分器的包络检波器,如图 3.5－8 所示。

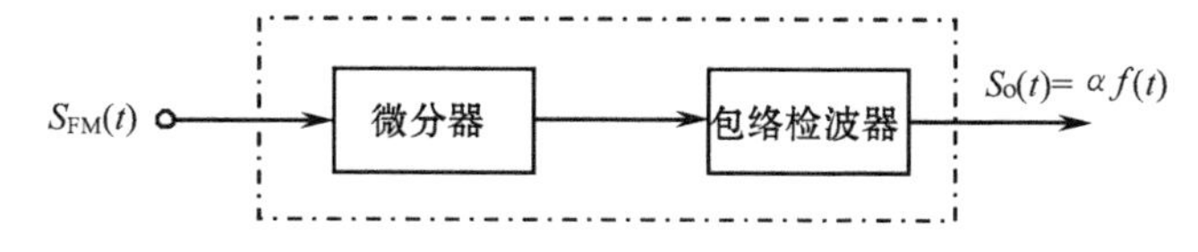

图 3.5－8　鉴频器的数学模型

设调频波为

$$S_{FM}(t) = A\cos[\omega_0 t + K_f \int f(t)dt] \tag{3.5-50}$$

经过微分电路后，有

$$\frac{d[S_{FM}(t)]}{dt} = -A[\omega_0 + K_f f(t)]\sin[\omega_0 t + K_f \int f(t)dt] \tag{3.5-51}$$

可见，调频信号经微分后变成了调幅调频波，其幅度变化为

$$A(t) = A[\omega_0 + K_f f(t)] \tag{3.5-52}$$

经过包络检波器并隔除直流分量后，输出为

$$S_o(t) = AK_f f(t) \tag{3.5-53}$$

得到的输出信号 $S_o(t)$ 正比于调制信号 $f(t)$。

3.5.4　调频系统的抗噪声性能

在讨论调频系统的解调方法时已经指出，窄带调频信号的解调可以采用相干解调和非相干解调，而宽带调频只能采用非相干解调。下面首先讨论窄带调频采用相干解调时的抗噪声性能，而窄带调频非相干解调的性能和宽带调频一起讨论。

一、NBFM 的抗噪声性能

当接收端考虑噪声影响时，窄带调频信号的相干解调器模型如图 3.5-9 所示。

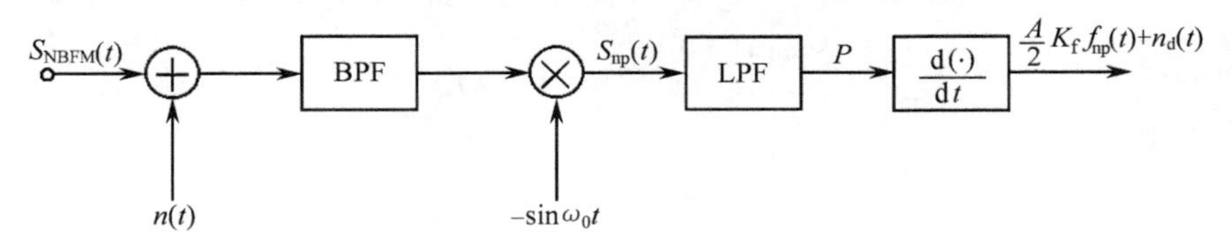

图 3.5-9　含有噪声的 NBFM 相干解调器模型

因为调频波是一个等幅波，所以接收机解调器输入端的信号功率为

$$S_i = A^2/2 \tag{3.5-54}$$

输入噪声为带通噪声，带宽为 $B_{FM} = 2W_m$，设噪声功率谱为 $n_0/2$，则输入噪声功率为

$$N_i = \frac{1}{\pi}\int_{\omega_0-W_m}^{\omega_0+W_m} \frac{n_0}{2}d\omega = \frac{n_0 W_m}{\pi} \tag{3.5-55}$$

所以输入信噪比为

$$(S_i/N_i)_{NBFM} = \frac{\pi A^2}{2n_0 W_m} \tag{3.5-56}$$

由图 3.5-3 可求出输出信号功率为

$$S_o = \frac{1}{4}A^2 K_f^2 \overline{f^2(t)} \tag{3.5-57}$$

由式(2.5-22)可知，平稳随机过程通过乘法器后其功率谱为

$$S_{np}(\omega) = \frac{1}{4}[S_{ni}(\omega+\omega_0) + S_{ni}(\omega-\omega_0)] \tag{3.5-58}$$

所以 $S_{np}(t)$ 信号通过低通和微分器后，其功率谱为

$$S_{nd}(\omega) = \frac{1}{4}[S_{ni}(\omega+\omega_0) + S_{ni}(\omega-\omega_0)]\omega^2 \quad |\omega| < W_m \tag{3.5-59}$$

其中微分器的传输函数为

$$H(\omega) = j\omega \tag{3.5-60}$$

所以

$$|H(\omega)|^2 = \omega^2 \tag{3.5-61}$$

假定输入为白噪声,对式(3.5-59)积分,可得输出噪声功率为

$$N_o = \frac{n_0 W_m^3}{12\pi} \tag{3.5-62}$$

输出信噪比为

$$(S_o/N_o)_{NBFM} = \frac{3\pi A^2 K_f^2 \overline{f^2(t)}}{n_0 W_m^2} \tag{3.5-63}$$

这时信噪比增益为

$$G_{NBFM} = \frac{6K_f^2 \overline{f^2(t)}}{W_m^2} \tag{3.5-64}$$

当单音调制时,

$$\Delta\omega = K_f |f(t)|_{max}, \beta_{FM} = \frac{\Delta\omega}{\omega_m}$$

$$G_{NBFM} = 6\left(\frac{\Delta\omega}{\omega_m}\right)^2 \frac{\overline{f^2(t)}}{|f(t)|_{max}^2} \tag{3.5-65}$$

又因为

$$\overline{f^2(t)}/|f(t)|_{max}^2 = \frac{1}{2} \tag{3.5-66}$$

所以

$$G_{NBFM} = 3\beta_{FM}^2 \tag{3.5-67}$$

二、宽带调频的抗噪声性能

宽带调频一般是用非相干解调,通常采用的是鉴频器。含有噪声的非相干解调器数学模型如图 3.5-10 所示。

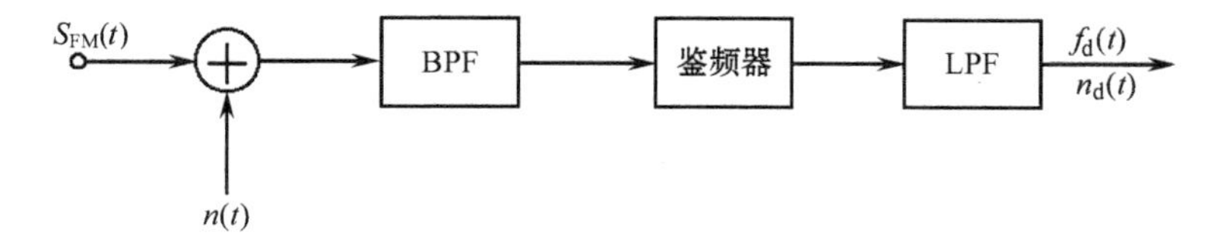

图 3.5-10　含噪声的 WBFM 非相干解调器模型

因为宽带调频信号也是等幅波,故其输入信号功率为

$$S_i = A^2/2 \tag{3.5-68}$$

因为 WBFM 的带宽 $W_{FM} \approx 2\Delta\omega$。设白噪声的功率谱密度为 $n_0/2$, 通过 BPF 后输入到鉴频器的噪声功率为

$$N_i = \frac{1}{\pi}\int_{\omega-\Delta\omega}^{\omega+\Delta\omega} \frac{n_0}{2} d\omega = \frac{n_0 \Delta\omega}{\pi} \tag{3.5-69}$$

因此其输入信噪比为

$$(S_i/N_i)_{FM} = \frac{\pi A^2}{2n_0\Delta\omega} \tag{3.5-70}$$

由式(3.5－53)知,鉴频器的输出电压与输入调频波的瞬时频偏成正比,假设鉴频器的灵敏度为 K_D,K_D 的单位是 V/Hz(伏/赫),则输出信号为

$$S_d(t) = K_D K_f f(t) \tag{3.5-71}$$

因而其输出功率为

$$S_o = K_D^2 K_f^2 \overline{f^2(t)} \tag{3.5-72}$$

现在来计算输出噪声功率。假定此时 $f(t)=0$,未受调制的载波信号和噪声相混合可得

$$\begin{aligned} S_i(t) + n_i(t) &= A\cos(\omega_0 t + \theta_0) + [n_c(t)\cos(\omega_0 t + \theta_0) - \\ &\quad n_s(t)\sin(\omega_0 t + \theta_0)] = [A + n_c(t)]\cos(\omega_0 t + \theta_0) - \\ &\quad n_s(t)\sin(\omega_0 t + \theta_0) = A(t)\cos[\omega_0 t + \psi(t)] \end{aligned} \tag{3.5-73}$$

其中包络变化为

$$A(t) = \{[A + n_c(t)]^2 + n_s^2(t)\}^{1/2} \tag{3.5-74}$$

相位变化为

$$\psi(t) = \cot\left[\frac{n_s(t)}{A + n_c(t)}\right] \tag{3.5-75}$$

在假定输入信噪比很大的条件下,式(3.5－74)和式(3.5－75)可近似为

$$A(t) \approx A_0 + n_c(t) \tag{3.5-76}$$

$$\psi(t) \approx \frac{n_s(t)}{A} \tag{3.5-77}$$

由前面分析可知,鉴频器由一个微分器和一个包络检波器组成,微分器的输出为

$$n_d(t) = K_D \frac{d\psi(t)}{dt} = \frac{K_D}{A}\frac{dn_s(t)}{dt} \tag{3.5-78}$$

因为

$$n_s(t) \leftrightarrow S_{ns}(\omega)$$

所以

$$\frac{dn_s(t)}{dt} \leftrightarrow \omega^2 S_{ns}(\omega)$$

由式(2.6－11)可知,窄带高斯噪声的功率谱为

$$S_{ns}(\omega) = \begin{cases} S_{ni}(\omega + \omega_0) + S_{ni}(\omega - \omega_0) & |\omega| < \Delta\omega \\ 0 & |\omega| > \Delta\omega \end{cases} \tag{3.5-79}$$

上式的功率谱的情况如图 3.5－11 所示。

因此

$$S_{nd}(\omega) = \begin{cases} \dfrac{K_D^2}{A^2}\omega^2 S_{ns}(\omega) = \dfrac{n_0 K_D^2\,\omega^2}{A^2} & |\omega| < W_m \\ 0 & |\omega| > W_m \end{cases} \tag{3.5-80}$$

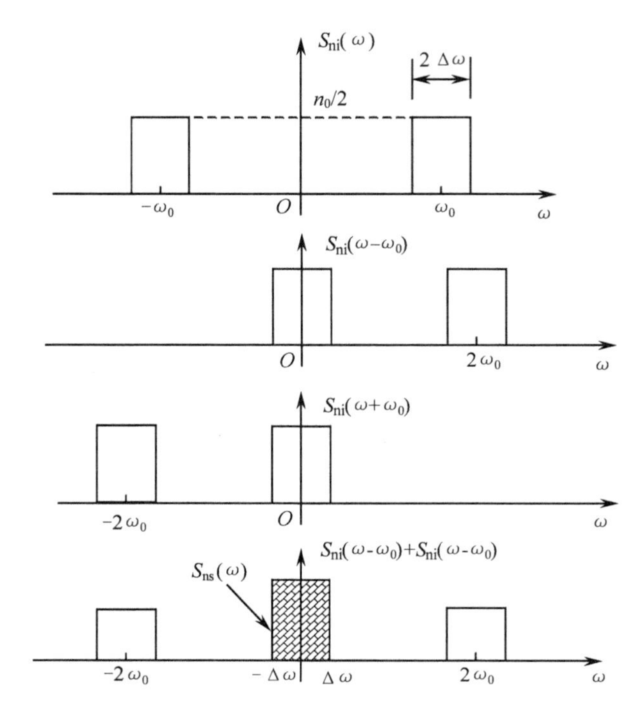

图 3.5－11 鉴频器输出噪声功率谱密度

由式(3.5－80)可知,鉴频器输出的噪声功率谱与 ω^2 成正比,即是抛物线型的,如图 3.5－12 所示。这是调频的一个重要特性。

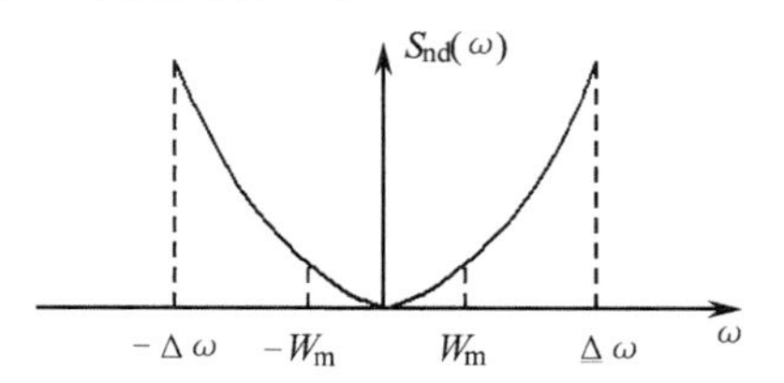

图 3.5－12 鉴频器输出的噪声功率谱

通过包络检波,最后输出的噪声功率为

$$N_o = \frac{1}{2\pi}\int_{-W_m}^{W_m} S_{nd}(\omega)\mathrm{d}\omega = \left(\frac{K_D}{A}\right)^2 \frac{1}{2\pi}\int_{-W_m}^{W_m} \omega^2 [S_{ni}(\omega+\omega_0) + S_{ni}(\omega-\omega_0)]\mathrm{d}\omega = \frac{K_D^2 n_0 W_m^3}{3\pi A^2} \tag{3.5-81}$$

输出信噪比为

$$(S_o/N_o)_{FM} = \frac{3\pi A^2 K_f^2 \overline{f^2(t)}}{n_0 W_m^3} \tag{3.5-82}$$

其信噪比增益为

$$G_{FM} = \frac{6\Delta\omega K_f^2 \overline{f^2(t)}}{W_m^3} =$$

$$6\left(\frac{\Delta\omega}{W_m}\right)^3 \frac{\overline{f^2(t)}}{|f(t)|^2_{max}} \tag{3.5-83}$$

当单音调制时，$\frac{\Delta\omega}{W_m}=\frac{\Delta\omega}{\omega_m}$，$\frac{\Delta\omega}{\omega_m}=\beta$，$\frac{\overline{f^2(t)}}{|f(t)|^2_{max}}=1/2$，于是有

$$G_{FM} = 3\beta_{FM}^3 \tag{3.5-84}$$

从式(3.5-83)可见，G 与最大频偏 $\Delta\omega$ 的三次方成正比。通过对宽带调频的抗噪声性能的分析可知，增加频偏可以提高输出信噪比，从而使宽带调频的抗噪声性能优于调幅系统。由于调频的带宽 $W_{FM}\approx 2\Delta\omega$，因此 $\Delta\omega$ 的增加，会使系统带宽加宽，从而使解调器的输入噪声功率 N_i 增加，输入信噪比 $(S_i/N_i)_{FM}$ 下降。当解调器的输入信噪比下降至某一数值时，输出信噪比将急剧下降。这种情况下，增加频偏不仅不会有好处，反而带来坏处，这种现象称为“门限效应”。这个数值 $(S_i/N_i)_{th}$ 称为宽带调频系统的门限值。理论和实践给出了这个门限值通常为

$$(S_i/N_i)_{th} = 10(\text{dB}) \tag{3.5-85}$$

当解调器输入信噪比 $(S_i/N_i)_{FM}$ 大于 $(S_i/N_i)_{th}$ 时，称之为大信噪比的条件。这时输出信噪比 (S_o/N_o) 与输入信噪比呈线性关系，且 β_{FM} 越大，性能越好。但当输入信噪比低于门限值时，称为小信噪比条件。$(S_o/N_o)_{FM}$ 将随 (S_i/N_i) 的下降而急剧下降。且 β_{FM} 越大，其输出信噪比有可能越小。同时还发现 β_{FM} 越大，出现门限效应的输入信噪比门限值越高。

在3.4.2节讨论调幅系统的非相干解调时，也曾提到过门限效应。但是，它不如调频系统非相干解调时的现象严重。为了降低接收调频波的门限值，可采用频率反馈解调器或锁相环解调器，它们均有良好的抗噪声性能。如图3.5-13所示为频率反馈解调器和锁相环解调器。

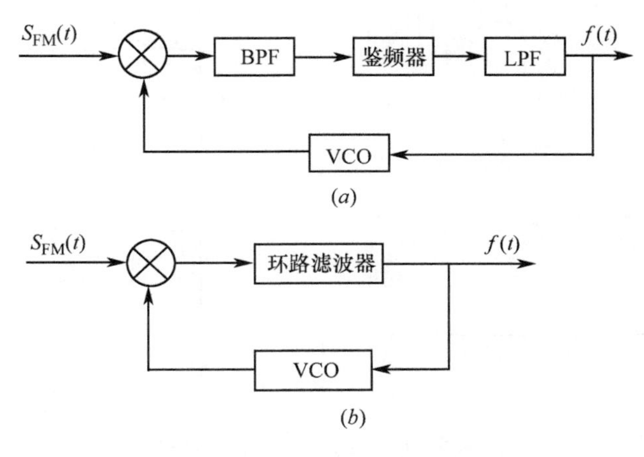

图3.5-13　环路解调器

(a) 频率反馈解调器；(b) 锁相环解调器。

3.5.5　调频中的预加重和去加重

由图3.5-12和式(3.5-80)可见，调频解调器输出的噪声功率谱 $S_{nd}(\omega)$ 为抛物线形状，它与 ω^2 成正比。但是解调器输出的信号并不存在这种关系。实际中的许多信号，例如

话音、音乐等,它们的功率谱随频率的增加而减小,其中大部分能量集中在低频范围内。这样,对于信号$f(t)$频谱中的高频端,由于输出噪声功率的加重,从而使输出信噪比降低,即在信号功率密度最小的频率范围噪声功率谱却最大,这对解调器输出信噪比显然是不利的。

为了解决这一问题,在解调器后面加一特性为 $1/\omega^2$ 的所谓去加重网络,来抵消抛物线的影响,使解调后的噪声功率具有平坦特性。然而去加重的加入将会引起解调信号的频率失真,为了校正这个失真,在发送端调制器前首先插入一个与校正加重网络特性相反的预加重网络。图 3.5-14 所示为采用预加重和去加重措施的 FM 系统。

图 3.5-14 带有加重网络的 FM 系统

图中 $H_p(\omega)$表示预加重网络的传输函数;$H_d(\omega)$表示去加重网络的传输函数。图中 K 为系统增益。$H_p(\omega)$与 $H_d(\omega)$满足如下关系

$$H_d(\omega) = \frac{1}{H_p(\omega)} \tag{3.5-86}$$

通常采用如图 3.5-15(a)所示的 RC 网络作为预加重网络,它的传输函数的幅频特性近似如图 3.5-15(b)所示。在频率 f_1 与 f_2 之间具有微分特性,而在较低的频率范围内则是平坦的。相应的去加重网络及幅频特性如图 3.5-15(c)、(d)所示。在调频广播中通常取 $f_1 = 2.5\text{kHz}(RC = 75\mu s)$。

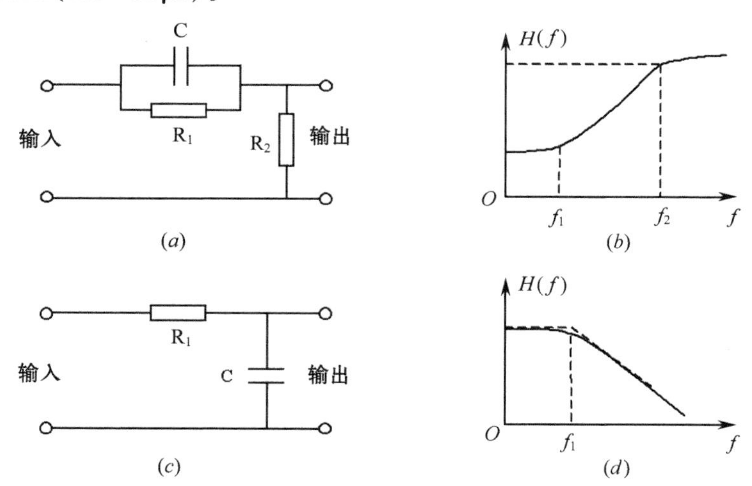

图 3.5-15 去加重和预加重网络

(a) RC 预加重电路;(b) 预加重电路的幅频特性;(c) 去加重电路;(d) 去加重电路的幅频特性。

在调频系统加入预加重和去加重后,解调输出信噪比必有改善。去加重后噪声功率谱密度如图 3.5-16 所示。通过计算噪声功率的减少量即可算出信噪比的改善值。

由式(3.5-80)可知,解调器输出噪声功率谱密度为

$$S_{nd}(\omega) = \frac{K_D^2 n_0 f^2}{A^2} \tag{3.5-87}$$

图 3.5 − 15(*d*)所示的去加重网络传递函数为

$$H(f) = \frac{1}{1 + \mathrm{j}\dfrac{f}{f_1}} \tag{3.5-88}$$

故去加重的噪声功率为

$$N_o' = \int_{-f_m}^{f_m} S_{nd}(\omega) \mid H(f) \mid^2 \mathrm{d}f = \frac{2n_0 K_D^2}{A^2}\int_0^{f_m} \frac{f^2}{1+\left(\dfrac{f}{f_1}\right)^2}\mathrm{d}f \tag{3.5-89}$$

这里f_m为信号的最高频率。

未加去加重网络时，输出噪声功率为

$$N_o = \frac{2n_0 K_D^2}{A^2}\int_0^{f_m} f^2 \mathrm{d}f \tag{3.5-90}$$

因此，当信号不失真时，信噪比改善值为

$$R_{FM} = \frac{N_o}{N_o'} = \frac{(f_m/f_1)^3}{3[(f_m/f_1) - \arctan(f_m/f_1)]} \tag{3.5-91}$$

例如，$f_m = 15\mathrm{kHz}$，$f_1 = 2.1\mathrm{kHz}$，则可算出信噪比改善值为 13dB，R_{FM}随(f_m/f_1)变化曲线如图 3.5 − 17 所示。

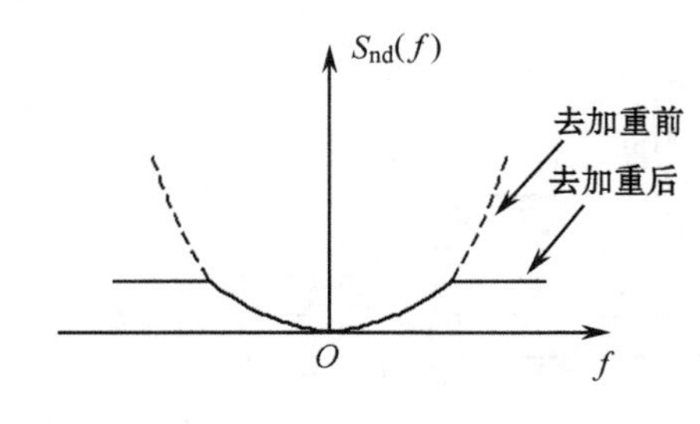

图 3.5 − 16 去加重后的噪声功率谱

图 3.5 − 17 采用预加重后的信噪比改善

由于预加重网络的作用是提升高频分量，因此调频后的最大频偏就有可能增加，而超出原有信道所容许的频带宽度，为了保持预加重频偏不变，所以在预加重后加入信号衰减因子 *K*。*K* 满足如下条件

$$K^2 = 1\Big/\left[1 + \left(\frac{f_{rms}}{f_1}\right)^2\right] \tag{3.5-92}$$

f_{rms}为$f(t)$的均方根带宽。

按式(3.5 − 92)选择 *K* 时，接收机的输出信号将按K^2减少，因为 *K* 是整个路径的电压增益。在此情况下，式(3.5 − 91)可以改写为

$$R_{FM} = \frac{N_o}{N_o'} = \frac{K^2(f_m/f_1)^3}{3[(f_m/f_1) - \arctan(f_m/f_1)]} \tag{3.5-93}$$

这样必然会使信噪比的改善有所下降。

应该指出,预加重技术不但在调频系统中得到了实际应用,而且也应用在其它音频传输和录音系统中。

3.5.6 调频系统的专用芯片

一、低功耗调频调制器芯片

MC2831A 和 MC2833 是用于无线电话和调频通信设备的单片调频单元。两种芯片的功能相近。这里主要介绍 MC2833,它主要包括音频放大器和压控振荡器,并有两支辅助晶体管用作信号的放大,此电路的特点是:

(1) 工作电源电压范围宽(2.8V ~9.0V)。

(2) 低的漏极电流(I_{CC} =2.9mA)。

(3) 外围的元件少。

(4) 可实现 600MHz 以下直接射频输出,输出功率为 -30dBm。

(5) 若使用片上的晶体管进行功率放大,可获得 +10dBm 功率输出。

图3.5 -18 所示是用 MC2833 构成的一种实际调频电路,它的载波频率为 49.7MHz。

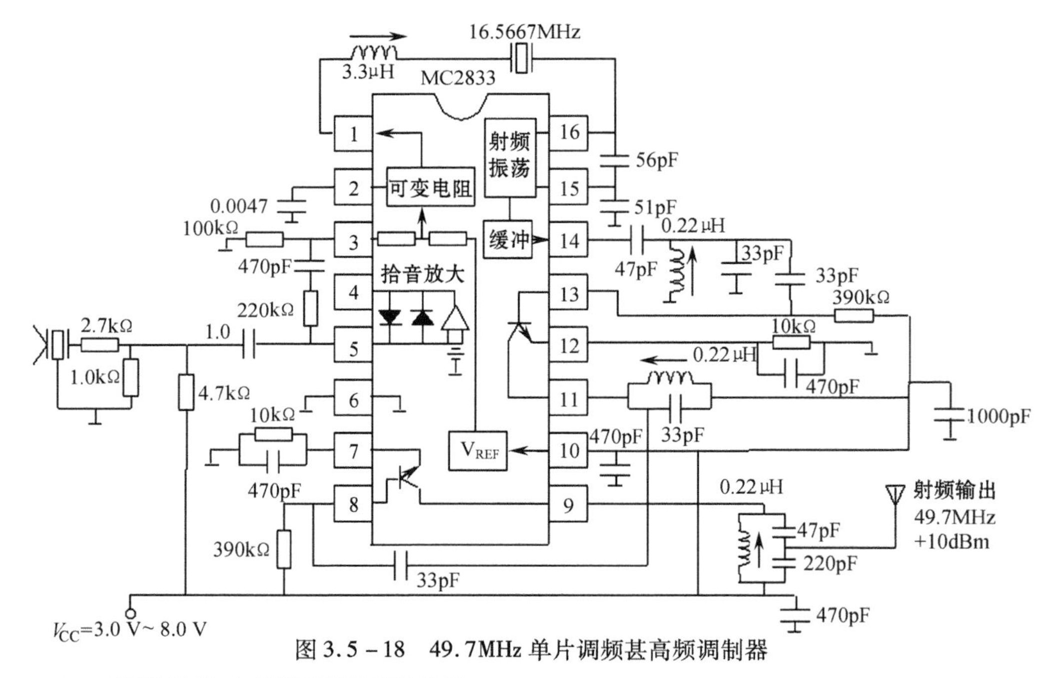

图3.5 -18 49.7MHz 单片调频甚高频调制器

二、高增益低功耗调频解调器芯片

调频解调芯片有 MC3357、MC3359、MC3361 等。下面主要介绍 MC3359 芯片,此芯片包括振荡器、本振、放大、限幅器、自动功率控制(AFC)、正交鉴频器运算放大器、静噪、静噪开关和扫描控制等,通常用于两次变频的窄带接收机,中频滤波器选用 455kHz 陶瓷滤波器。此芯片特点是,供电电压低,V_{CC} =6V,电流为 3.6mA,灵敏度高,外接元件少,功能强。其典型应用电路如图 3.5 -19 所示。

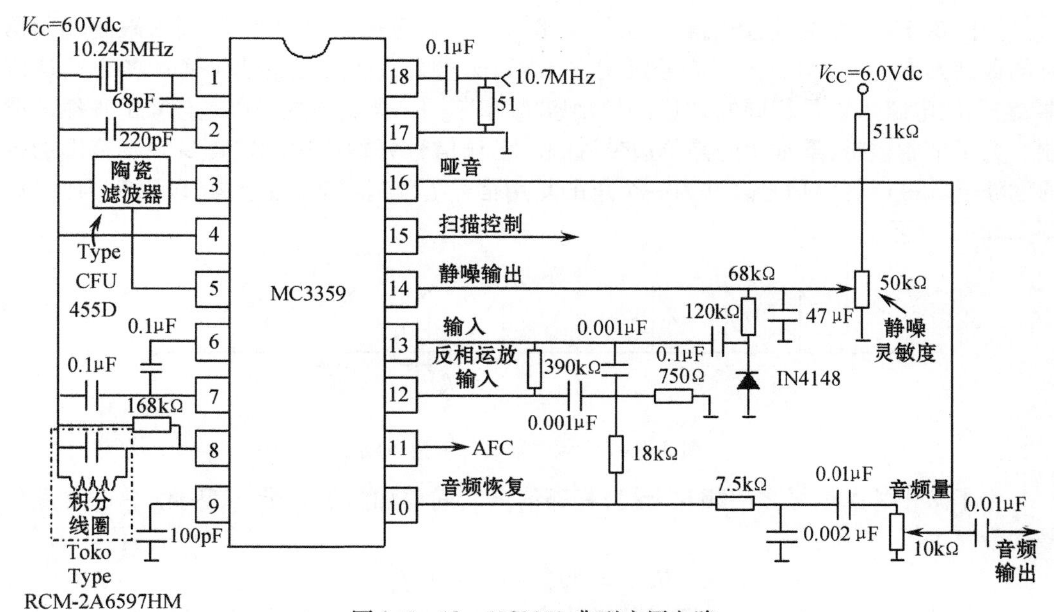

图 3.5-19　MC3359 典型应用电路

3.6　频分复用(FDM)

信道复用，就是利用一条信道同时传输多路信号的一种技术，信道复用的目的就是为了提高通信的有效性。

通常在通信系统中，信道所能提供的带宽往往大于传输一路信号所需的带宽。因此，一个信道只传送一路信号有时是非常浪费的。为了能充分利用信道的带宽，就提出了信道频分复用的问题。

所谓频率复用是指多路信号在频率位置上分开，但同时在一个信道内传输。因此，频率复用信号在频谱上不会重叠，但在时间上是重叠的。频分复用的理论基础就是调制定理，也就是将调制信号的频谱经调制后搬移到不同的位置上去。

一、频分多路复用

频分多路复用的实现方法如图 3.6-1 所示。

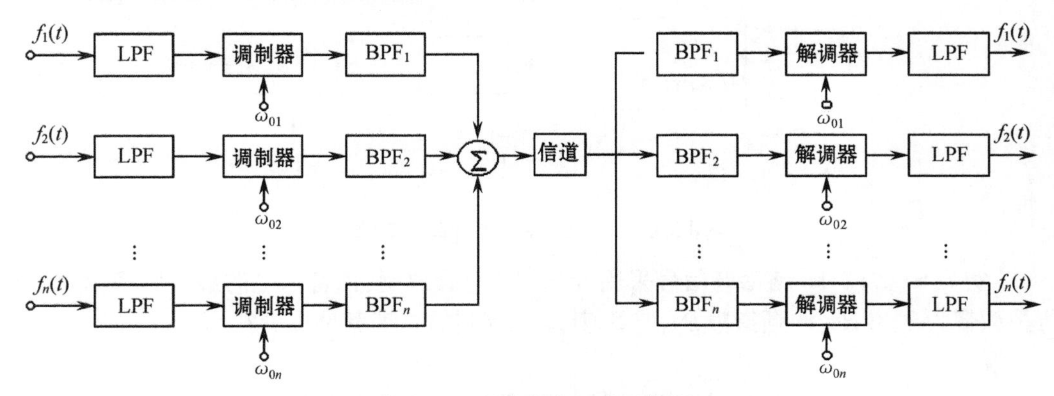

图 3.6-1　频分复用实现框图

由图3.6-1可见,发送端需传送的n路信号首先通过低通滤波器,用来限制调制信号的最高频率为f_m,例如音频信号限制在3.4kHz左右。然后各路信号通过各自的调制器,它们的电路可以是相同的,但所用的载波频率不同。调制方式可以是任意的连续波调制。为了节省边带,最常用的是单边带调制。已调信号分别通过限定自身频率范围的带通滤波器。最后各路信号合并为一个总的复用信号$f_s(t)$。其频谱结构(以SSB为例)如图3.6-2所示。

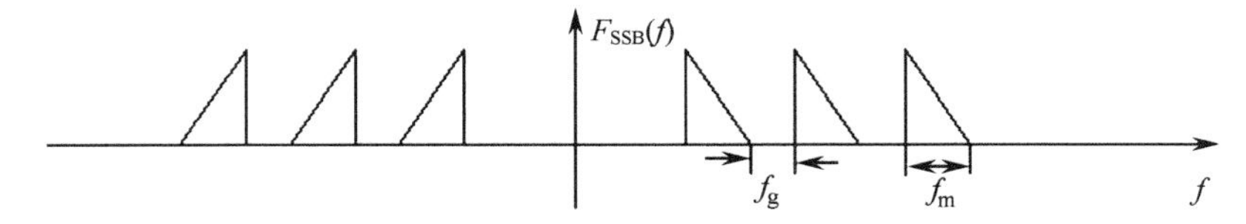

图3.6-2 频率复用的频谱组成

为了防止邻路信号之间相互干扰,相邻信道之间需加防护频带f_g,因此,总的复用信号的带宽为

$$B_{SSB} = Nf_m + (N-1)f_g \tag{3.6-1}$$

合并后的复用信号可直接通过信道传输,也可以经过再次调制后进行传输。

在接收端,可利用相应的带通滤波器来分离出各路信号,并通过各自的解调器和低通滤波器恢复出各路的调制信号。

频分复用系统的最大优点是信道利用率高,容许复用的路数多,同时分路也很方便,它是目前模拟通信系统中采用的最主要的一种复用方式。例如,无线电广播、电视广播、模拟通信电台都广泛采用频分复用方法。

频分复用的缺点是设备复杂;若信道存在非线性时,会产生路间干扰。

二、复合调制

在复用系统中采用两种或两种以上的调制方式称该系统为复合调制系统。复合调制通常分为两类:一类用于频分复用,属于连续波-连续波复合调制系统,例如SSB/FM;另一类用于时分复用,属于脉冲-连续波调制,例如PAM/AM,PCM/FM等。

图3.6-3所示为SSB/FM复合调制系统,第一次采用SSB调制,第二次采用调频。这种方法可以提高系统抗干扰能力。复合调制的总带宽可按逐级调制进行计算。

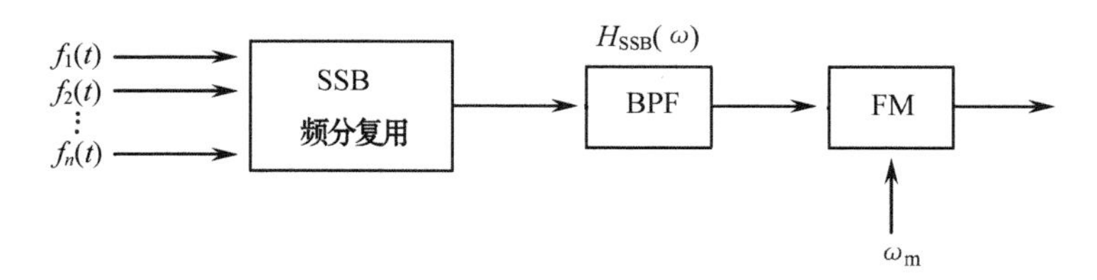

图3.6-3 SSB/FM复合调制系统

【例3.6-1】 10路话音信号采用SSB/FM复合调制,话音信号的最高频率为4kHz,防护频带为0.5kHz,调频指数$\beta_{FM}=5$,其复合调制的总带宽是多少?

解:

$$B_{SSB} = 10 \times 4 + 9 \times 0.5 = 44.5(\text{kHz})$$

$$B_{FM} = 2(\beta + 1)B_{SSB} = 2 \times 6 \times 44.5 = 534(\text{kHz})$$

习　题

3-1　已知调制信号 $f(t) = A_m \sin \omega_m t$，载波 $C(t) = A_0 \cos \omega_0 t$：

（1）试写出标准调幅波 AM 的表达式。

（2）画出时域波形（设 $\beta = 0.5$）及频谱图。

3-2　设一调幅信号由载波电压 $100\cos(2\pi \times 10^6 t)$ 加上电压 $50\cos(12.56t)\cos(2\pi \times 10^6 t)$ 组成。

（1）画出已调波的时域波形。

（2）试求并画出已调信号的频谱。

（3）求已调信号的总功率和边带功率。

3-3　设调制信号 $f(t)$ 为

$$f(t) = A_m\cos(200\pi t)$$

载波频率为 10kHz，试画出相应的 DSB 和 SSB 信号波形图及 $\beta_{AM} = 0.75$ 时的 AM 信号的波形图。

3-4　试画出双音调制时双边带（DSB）信号的波形和频谱。其中调制信号为

$$f_1(t) = A\cos\omega_m t,\ f_2(t) = A\cos 2\omega_m t \text{ 且 } \omega_0 \gg \omega_m$$

3-5　已知调幅波的表达式为

$$S(t) = 0.125\cos(2\pi \times 10^4 t) + 4\cos(2\pi \times 1.1 \times 10^4 t) + 0.125\cos(2\pi \times 1.2 \times 10^4 t)$$

试求其中

（1）载频是什么？

（2）调幅指数为多少？

（3）调制频率是多少？

3-6　已知调制信号频谱如题 3-6 图所示，采用相移法产生 SSB 信号。试根据题 3-6 图画出调制过程各点频谱图。

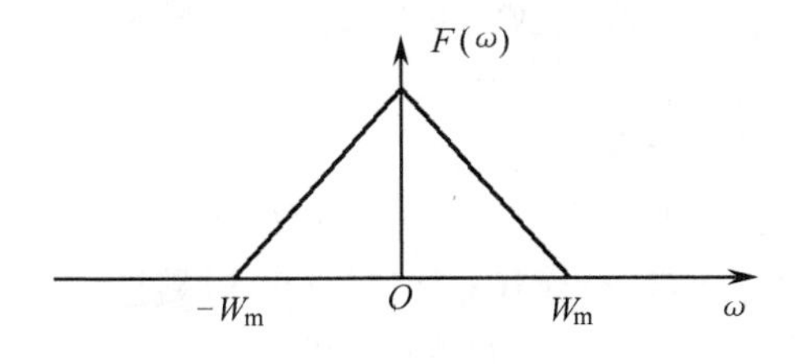

题 3-6 图

3-7　设一 DSB 信号 $S_{DSB}(t) = f(t)\cos\omega_0 t$，用相干解调恢复 $f(t)$ 信号。若本地载波是一个周期为 n/f_0 的周期性信号 $P(t)$，其中 n 为整数，并假设 $f(t)$ 的频谱范围为 0～5kHz，$f_0 = 1$MHz，试求不失真恢复 $f(t)$ 时，n 的最大值为多少？

3-8　设一双边带信号 $S_{DSB}(t) = f(t)\cos\omega_0 t$，用相干解调恢复 $f(t)$，本地载波为 $\cos(\omega_0 t + \phi)$，如果所恢复的信号是其最大可能值的 90%，相位中的最大允许值是多少？

3-9　将调幅信号通过题 3-9 图所示的残留边带滤波器产生 VSB 信号。当 $f(t)$ 为

(1) $f(t)=A\sin(100\pi t)$

(2) $f(t)=A[\sin(100\pi t)+\cos(200\pi t)]$

(3) $f(t)=A[\sin(100\pi t)\cos(200\pi t)]$

时,试求所得 VSB 信号表达式。若载频为 10kHz,载波幅度为 4 时,试画出所有 VSB 信号频谱。

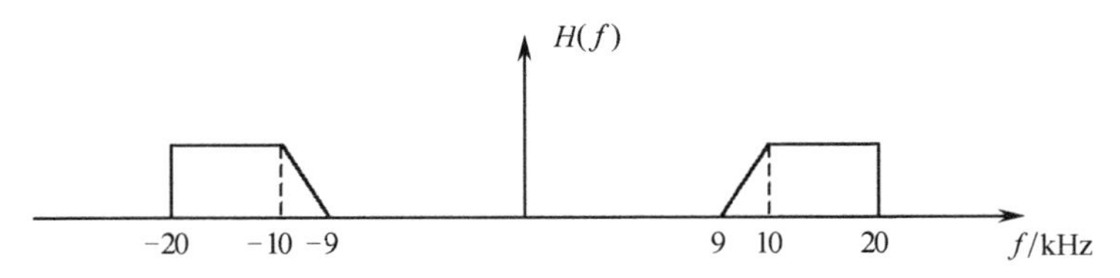

题 3-9 图

3-10 试给出题 3-10 图所示三级产生上边带信号的频谱搬移过程,其中 f_{01} = 50kHz,f_{02} = 5MHz,f_{03} = 100MHz,调制信号为话音频谱 300Hz ~ 3000Hz。

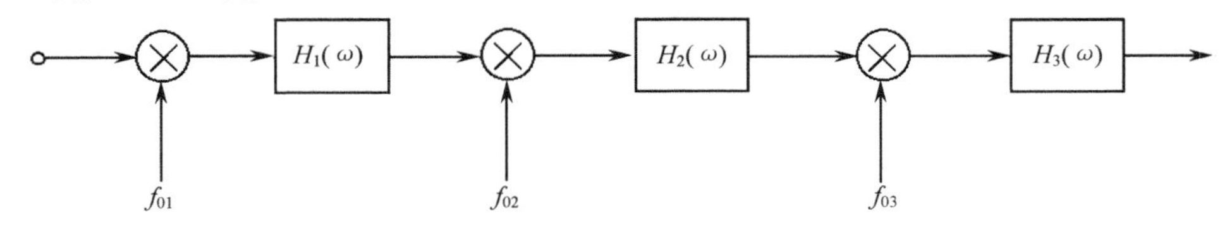

题 3-10 图

3-11 某接收机的输出噪声功率为 10^{-9}W,输出信噪比为 20dB,由发射机到接收机之间总传输损耗为 100dB。

(1) 试求用 DSB 调制时发射功率应为多少?

(2) 若改用 SSB 调制,问发射功率应为多少?

3-12 已知 DSB 系统的已调信号功率为 10kW,调制信号 $f(t)$ 的频带限制在 5kHz,载频频率为 100kHz,信道噪声双边带功率谱为 $n_0/2=0.5\times10^{-3}$W/Hz,接收机输入信号通过一个理想带通滤波器加到解调器。

(1) 写出理想带通滤波器传输函数的表达式。

(2) 试求解调器输入端的信噪比。

(3) 试求解调器输出端的信噪比。

(4) 求解调器输出端的噪声功率谱,并画出曲线。

3-13 已知调制信号 $f(t)=\cos(10\pi\times10^3 t)$ V,对载波 $C(t)=10\cos(20\pi\times10^6 t)$ V 进行单边带调制,已调信号通过噪声双边功率密度谱为 $n_0/2=0.5\times10^{-9}$W/Hz 的信道传输,信道衰减为 1dB/km。试求若要接收机输出信噪比为 20dB,发射机设在离接收机 100km 处,此发射机最低发射功率应为多少?

3-14 已知调制信号 $f(t)=\cos(2\pi\times10^4 t)$,现分别采用 AM($\beta=0.5$)、DSB 及 SSB 传输,已知信道衰减为 40dB,噪声双边功率谱 $n_0/2=5\times10^{-11}$W/Hz。

(1) 试求各种调制方式时的已调波功率。

(2) 当均采用相干解调时,求各系统的输出信噪比。

(3) 在输入信号功率 S_i 相同时(以 SSB 接收端的 S_i 为标准),再求各系统的输出信噪比。

3－15　已知一角调信号为 $S(t)=A\cos[\omega_0 t+100\cos\omega_m t]$

（1）如果它是调相波，并且 $K_p=2$，试求 $f(t)$。

（2）如果它是调频波，并且 $K_f=2$，试求 $f(t)$。

（3）它们的最大频偏是多少？

3－16　已知载频为1MHz，幅度为3V，用单正弦信号来调频，调制信号频率为2kHz，产生的最大频偏为4kHz，试写出该调频波的时域表达式。

3－17　已知 $f(t)=5\cos(2\pi\times10^3 t)$，$f_0=1\text{MHz}$，$K_{FM}=1\text{kHz/V}$，求：

（1）β_{FM} 是多少？

（2）写出 $S_{FM}(t)$ 表达式及其频谱式。

（3）最大频偏 Δf_{FM} 是多少？

3－18　100MHz 的载波，由频率为 100kHz，幅度为 20V 的信号进行调频，设 $K_f=50\pi\times10^3\text{rad/V}$。试用卡森准则确定已调信号带宽。

3－19　已知 $S_{FM}(t)=10\cos(\omega_0 t+3\cos\omega_m t)$，其中 $f_m=1\text{kHz}$：

（1）若 f_m 增加到 4 倍（$f_m=4\text{kHz}$），或 f_m 减为 1/4（$f_m=250\text{Hz}$）时，求已调波的 β_{FM} 及 B_{FM}。

（2）若 A_m 增加 4 倍，求 β_{FM} 及 B_{FM}。

3－20　用 10kHz 的正弦波信号调制 100MHz 的载波，试求产生 AM、SSB 及 FM 波的带宽各为多少？假定最大频偏为 50kHz。

3－21　已知 $S_{FM}(t)=100\cos(2\pi\times10^6 t)+5\cos(4000\pi t)$ 伏，求：已调波信号功率、最大频偏、最大相移和信号带宽。

3－22　一载波被正弦波信号 $f(t)$ 调频，调制常数 $K_f=30000$。对下列各种情况确定载波携带的功率和所有边带携带的总功率：

（1）$f(t)=\frac{1}{2}\cos2500t$。

（2）$f(t)=2.405\cos3000t$。

3－23　用题 3－23 图所示方法产生 FM 波。已知调制信号频率为 1kHz，调频指数为 1。第一载频 $f_1=100\text{kHz}$，第二载频 $f_2=9.2\text{MHz}$。希望输出频率为 100MHz，频偏为 80kHz 的 FM 波。试确定两个倍频次数 n_1 和 n_2（变频后取和频）。

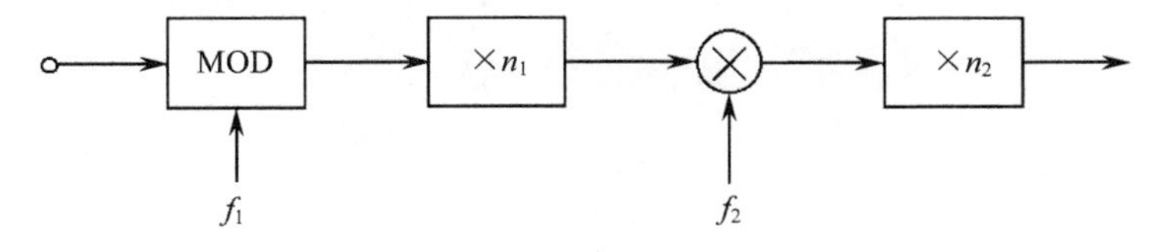

题 3－23 图

3－24　某 FM 波 $S_{FM}(t)=A\cos(\omega_0 t+25\sin6000\pi t)$ 加于鉴频跨导为 $K_b=0.1\text{ V/kHz}$ 的鉴频器上，试求其输出信号的平均功率。

3－25　设用窄带调频传输随机消息，均方根频率偏移 $\Delta\omega_{rms}$ 等于信号最大频率范围 ω_m 的 1/4，设接收机输入信噪比为 20dB，试求可能达到的输出信噪比。

3－26　用鉴频器来解调 FM 波，调制信号为 2kHz，最大频偏为 75kHz，信道中的

$n_0/2 = 5\text{mW/Hz}$,若要求得到 20dB 的输出信噪比,试求调频波的幅度是多少?

3-27 设用正弦信号进行调频,调制频率为 15kHz,最大频偏为 75kHz,用鉴频器解调,输入信噪比为 20dB,试求输出信噪比。

3-28 设发射已调波 $S_{FM}(t) = 10\cos(10^7 t + 4\cos 2000\pi t)$,信道噪声双边功率谱为 $n_0/2 = 2.5 \times 10^{-10}\text{W/Hz}$,信道衰减为 0.4dB/km,试求接收机正常工作时可以传输的最大距离是多少千米?

3-29 将 10 路频率范围为 0~4kHz 的信号进行频分复用传输,邻路间防护频带为 500Hz,试求采用下列调制方式时的最小传输带宽:

(1) 调幅(AM)。

(2) 双边带调幅(DSB)。

(3) 单边带调幅(SSB)。

3-30 有一频分复用系统,传输 60 路话音信号,每路频带限制在 3400Hz 以下,若防护频带为 500Hz,副载波用 SSB 方式,主载波用 FM 方式且最大频偏为 800kHz,求该系统所需最小传输带宽。

第四章　信源编码

通信系统可以分为模拟通信系统和数字通信系统两大类。数字通信具有许多模拟通信无法比拟的优点，特别是与计算机技术相结合，显示出了强大的生命力，已经成为现代通信发展的主流。信源编码是数字通信系统的重要组成部分，它的作用一方面是把信源发出的模拟信号转换成以二进制为代表的数字式信息序列，完成模拟信号数字化。另一方面为了使传输更有效，把与传输内容无关的冗余信息去掉，完成信源的数据压缩。

人类感觉器官可以接受的信息，如话音、图像等大多数是以模拟形式出现的。在利用数字通信系统传输这些模拟信号时，首先要将模拟信号数字化，然后再用数字通信方式传输。上一章讨论的正弦波调制，如调幅（AM）、调频（FM）和调相（PM），采用的载波是正弦波，已调信号在时间上是连续的，它们均属于模拟调制。而脉冲调制，如脉冲幅度调制（PAM）、脉冲相位调制（PPM）和脉冲宽度调制（PWM）等，虽然已调波在时间上被抽样离散化了，但各自的调制参数（如脉冲的幅度、相位和宽度等）却是按照信源的规律连续地变化，所以仍然属于模拟调制的范畴。如果在调制过程中采用抽样、量化、编码等手段，使已调波不但在时间上是离散的，且在幅度变化上用数字来体现，这便是模拟信号数字化。最常用的模拟信号数字化方法是脉冲编码调制（PCM）。

一般地讲，经过 PCM 得到的数字信号，其数码率比较高，例如图像信号、亮度信号 Y 的抽样频率一般选为 13.5MHz，每个抽样值量化后用 8b 编码，数码率为 $13.5\times8=108$Mb/s。两个色差信号 R－Y、B－Y 的抽样频率分别为 6.75MHz，每个抽样值用 8b 编码，数码率为 54Mb/s。在不采用任何压缩措施的情况下，总的数码率高达 $108+54+54=216$（Mb/s）。从理论上讲，PCM 二进制传输信道每 1Hz 带宽能传输的最高码率是 2b/s。这相当于要求信道提供不低于 108MHz 的带宽，这个带宽是现有视频信号带宽的 10 倍以上。为了提高通信系统传输的有效性，在许多实际的通信系统中，一般不采用 PCM 方式直接传输，而是对数字化后的信源先进行数据压缩，然后再传输，这就是信源压缩编码。

本章在介绍抽样定理的基础上，首先讨论了模拟信号数字化的基本方法，即脉冲编码调制（PCM）和增量调制（ΔM），然后介绍了几种常用数字调制方法。随着计算机技术和网络通信技术的飞速发展，传统的单一媒体（如数据）通信已经无法满足当今多元化信息的发展需求，图、文、声并茂的多媒体通信已经成为当今通信发展的方向。为了适应这一发展的要求，在本章的最后，讨论了对多媒体通信具有特别重要意义的图像及声音的压缩编码技术。

4.1　抽样定理

抽样又可称为取样或者采样。抽样定理是任何模拟信号（话音、图像以及生物医学信号等）数字化的理论基础。实质上，抽样定理讨论的是一个时间连续的模拟信号经过抽样变成离散序列之后,如何用这些离散序列样值不失真地恢复原来的模拟信号这样一个问题。

4.1.1 理想低通信号抽样定理

理想低通抽样定理:一个频带有限的低通信号 $f(t)$,若在 ω_m 以上没有频率分量,则它可以被分布在均匀时间间隔 T_S 上的抽样值惟一地确定,但抽样间隔不能超过 π/ω_m(s,秒),即

$$T_S \leqslant \frac{\pi}{\omega_m}$$

亦即

$$T_S \leqslant \frac{1}{2f_m}$$

式中,ω_m 是被抽样信号的最高角频率。由于抽样时间是等间隔的,所以该定理叫做均匀抽样定理。最大抽样间隔 T_S 叫做奈奎斯特间隔,最小抽样角频率 $\omega_S = 2\omega_m = 2\pi/T_S$ 叫做奈奎斯特速率。

抽样定理告诉我们,当被抽样信号 $f(t)$ 的最高频率为 f_m 时,则 $f(t)$ 的全部信息都包含在其抽样间隔不大于 $1/2f_m$ 秒的均匀抽样里。这就意味着在信号最高频率分量的每一个周期内,起码要抽样两次。下面来证明这个定理。

首先假设抽样脉冲为理想的单位冲激序列,表示为

$$\delta_T(t) = \sum_{n=-\infty}^{\infty} \delta(t - nT_S) \tag{4.1-1}$$

其频谱为

$$\delta_T(t) \leftrightarrow \delta_T(\omega) = \omega_S \sum_{n=-\infty}^{\infty} \delta(\omega - n\omega_S) \tag{4.1-2}$$

它的时域和频域波形如图 4.1-1(c)所示。再假设信号 $f(t)$ 的频谱为 $F(\omega)$,它的最高角频率为 ω_m,如图 4.1-1(b)所示。抽样过程实际上就是信号 $f(t)$ 与单位冲激序列 $\delta_T(t)$ 进行乘法运算的过程,数学模型如图 4.1-1(a)所示。若抽样信号用 $f_S(t)$ 来表示,有

$$f_S(t) = f(t) \times \delta_T(t) = f(t) \sum_{n=-\infty}^{\infty} \delta(t - nT_S) \tag{4.1-3}$$

利用卷积定理,时域的乘积等于频域的卷积,可得 $f_S(t)$ 的傅里叶变换

$$F_S(\omega) = \frac{1}{2\pi}[F(\omega) * \delta_T(\omega)] = \frac{1}{2\pi}\left[F(\omega) * \omega_S \sum_{n=-\infty}^{\infty} \delta(\omega - n\omega_S)\right] = \frac{1}{T_S} \sum_{n=-\infty}^{\infty} F(\omega - n\omega_S) \tag{4.1-4}$$

式(4.1-4)表明,抽样信号的频谱 $F_S(\omega)$ 等于无穷多个间隔为 ω_S 的原信号频谱 $F(\omega)$ 的叠加,如图 4.1-1(d)所示。从式(4.1-4)可以看出,$F_S(\omega)$ 中包含了 $F(\omega)$ 的全部信息。如果 $\omega_S < 2\omega_m$,在 $F_S(\omega)$ 中势必造成频谱混叠,不能从 $F_S(\omega)$ 中获得 $F(\omega)$。这说明最小抽样速率应为信号带宽的两倍,即要求 $\omega_S \geqslant 2\omega_m$,也就是 $T_S \leqslant 1/2f_m$。

在接收端,就可以用截止角频率为 ω_m 的理想低通滤波器(LPF)从 $F_S(\omega)$ 中滤出被抽样信号的频谱。这个还原过程相当于 $F_S(\omega)$ 与 LPF 的传输函数 $H(\omega)$ 相乘,因此理想低通滤波器的输出为

$$F_S(\omega)H(\omega) = \frac{1}{T_S}F(\omega)$$

或

$$F(\omega) = T_S F_S(\omega)H(\omega)$$

理想低通滤波器 LPF 的冲激响应 $h(t)$ 和传输函数 $H(\omega)$ 波形如图 4.1-1(e)所示。LPF 的传输函数可以写为

$$H(\omega) \leftrightarrow h(\tau) = \frac{\omega_m}{\pi}Sa(\omega_m t) \tag{4.1-5}$$

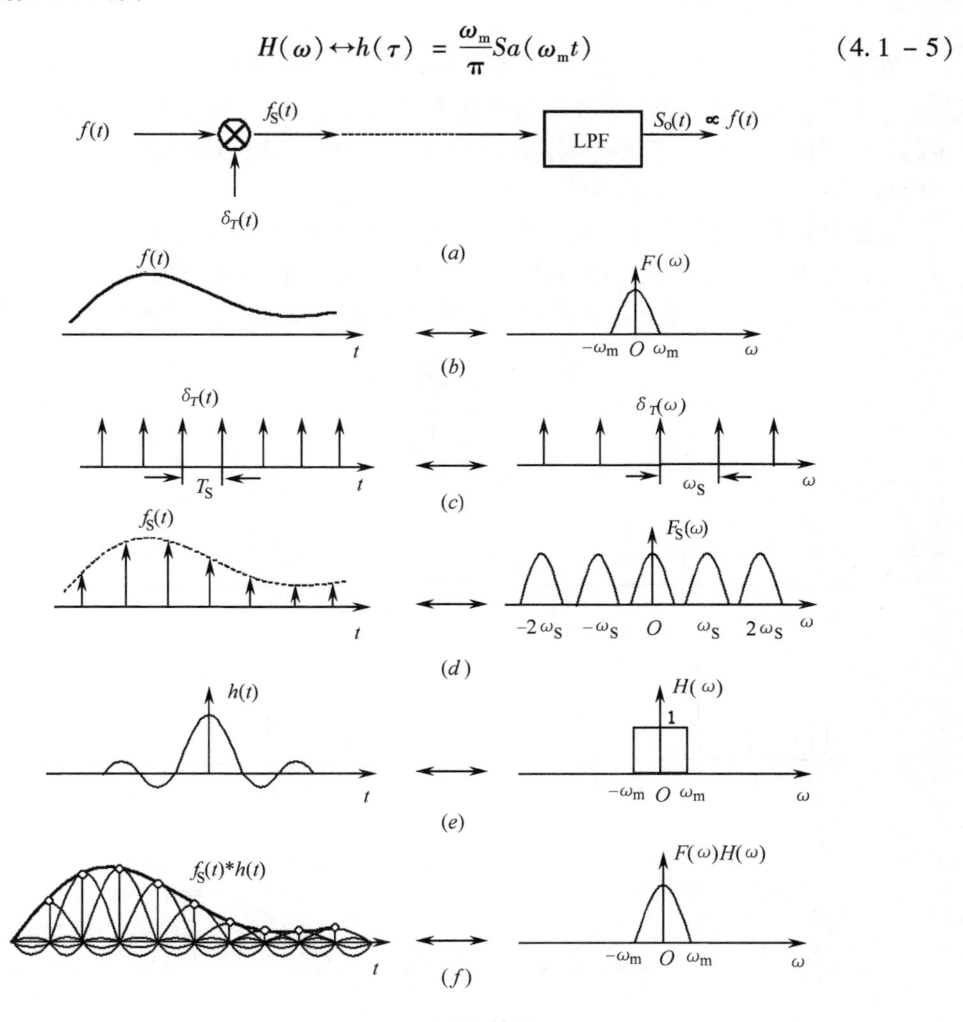

图 4.1-1　理想抽样

(a) 数学模型;(b) 低通信号;(c) 矩形脉冲序列;
(d) 抽样信号;(e) 理想低通滤波器;(f) 恢复出的低通信号。

根据式(4.1-5)和卷积定理,可以从抽样后的信号中恢复出被抽样信号 $f(t)$。

$$f(t) = T_S f_S(t) * \frac{\omega_m}{\pi}Sa(\omega_m t) =$$

$$\frac{T_S\,\omega_m}{\pi}\sum_{n=-\infty}^{\infty}f(nT_S)\delta(t-nT_S)*Sa(\omega_m t)=$$

$$\frac{T_S\,\omega_m}{\pi}\sum_{n=-\infty}^{\infty}f(nT_S)Sa[\omega_m(t-nT_S)] \tag{4.1-6}$$

该式表明,任何一个时间连续、频带有限的模拟信号,都可以用其离散抽样值精确地恢复。这样就证明了低通抽样定理。在实际中,由于不存在严格的带限信号和理想低通滤波器,因此实际的抽样频率一般都大于 $2f_m$。

4.1.2 自然抽样

在前面证明抽样定理的过程中,抽样脉冲序列采用的是理想冲激序列 $\delta_T(t)$,所以称为理想抽样。但是实际抽样电路不能产生真正的理想冲激序列,生成的抽样脉冲具有一定的持续时间。在脉冲宽度持续期间,抽样脉冲的幅度可以随被抽样信号幅度变化,也可以保持不变。前者称为自然抽样,后者称为平顶抽样。

若抽样过程不是用理想冲激序列,而是用宽度为 τ 秒、幅度为 A、重复周期为 T_S 秒的矩形脉冲序列 $p(t)$ 与信号 $f(t)$ 相乘积来完成,称这种抽样为自然抽样,其数学模型如图 4.1-2(a)所示。由于抽样脉冲序列 $p(t)$ 是周期信号,因此可以用傅里叶级数展开。

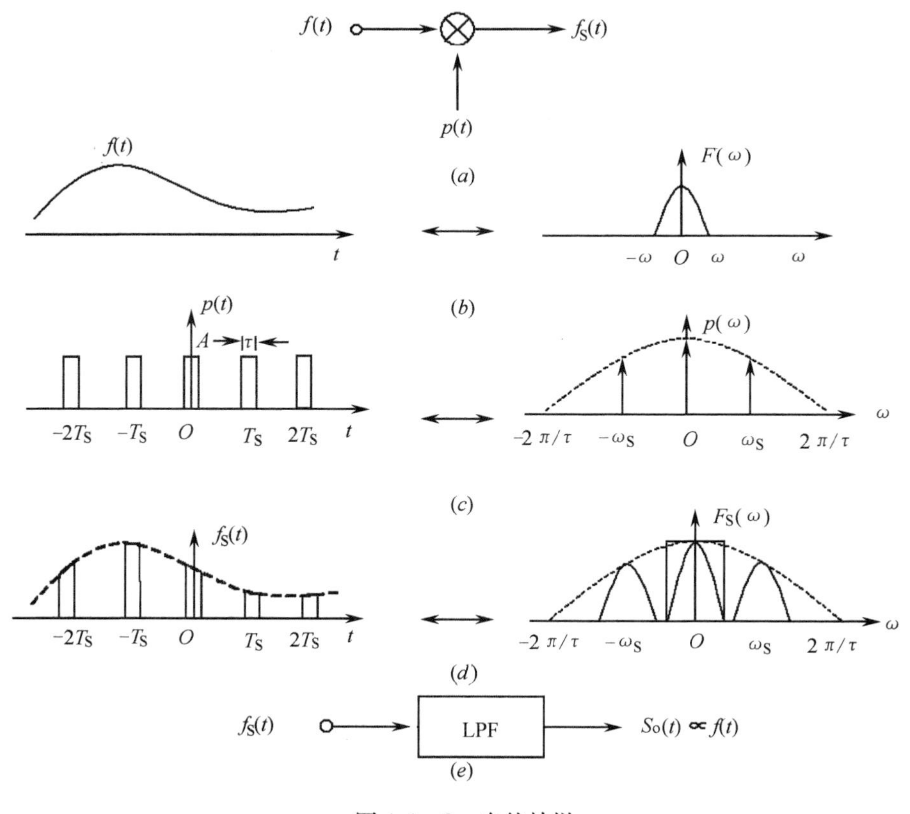

图 4.1-2 自然抽样

(a) 抽样过程;(b) 低通信号;(c) 矩形抽样脉冲序列;(d) 抽样信号;(e) 抽样恢复过程。

$$p(t) = \frac{A\tau}{T_S}\sum_{n=-\infty}^{\infty} Sa\left(\frac{n\omega_S\tau}{2}\right)e^{jn\omega_S t} \tag{4.1-7}$$

对上式进行傅里叶变换，得到矩形抽样脉冲序列的频谱为

$$p(\omega) = \frac{2\pi A\tau}{T_S}\sum_{n=-\infty}^{\infty} Sa\left(\frac{n\omega_S\tau}{2}\right)\delta(\omega - n\omega_S) \tag{4.1-8}$$

根据频率卷积定理，时域的乘积等于频域的卷积，可得已抽样信号 $f_S(t)$ 的频谱

$$F_S(\omega) = \frac{1}{2\pi}P(\omega) * F(\omega) = \frac{A\tau}{T_S}\sum_{n=-\infty}^{\infty} Sa\left(\frac{n\omega_S\tau}{2}\right)F(\omega - n\omega_S) \tag{4.1-9}$$

图 4.1-2(*b*) ~ (*d*) 给出了自然抽样过程的时域波形和频谱。从式(4.1-9)可知，只要使 $\omega_S \geqslant 2\omega_m$，已抽样信号的频谱就不会重叠。$f_S(t)$ 的频谱 $F_S(\omega)$ 是 $F(\omega)$ 在 $\omega = n\omega_S$ 点上的搬移，并且受到函数 $Sa(\omega\tau/2)$ 加权。因此从 $f_S(t)$ 可以无失真地恢复出信号 $f(t)$。让 $F_S(\omega)$ 通过截止频率为 ω_m 的低通滤波器，则 LPF 的输出为

$$S_o(\omega) = \frac{A\tau}{T_S}F(\omega) \tag{4.1-10}$$

$$S_o(t) = \frac{A\tau}{T_S}f(t) \tag{4.1-11}$$

从上式中看出由自然抽样恢复出的信号 $S_o(t)$ 与原被抽样信号 $f(t)$ 只有大小的差别，因而不会产生失真。应当指出，自然抽样的特点是抽样脉冲 $p(t)$ 的"顶部"随 $f(t)$ 而变化，即自然抽样脉冲顶部保持了 $f(t)$ 的"自然"变化规律。由于自然抽样过程使脉冲序列 $p(t)$ 的幅度随有用信号 $f(t)$ 变化，所以又称为脉冲幅度调制(PAM)。PAM 信号在时间上虽然是离散的，但是脉冲幅度的变化仍然是连续的(模拟的)，因此 PAM 仍然属于模拟调制。

自然抽样的优点是，$F_S(\omega)$ 的幅值随着频率的提高而逐渐地衰减，在较高频率上其能量可以忽略，已调信号的带宽是有限的。而且当脉冲的宽度越宽，频谱的衰减越快，所需的传输带宽也就越小。因此在传输自然抽样信号时，不像传输理想抽样信号那样需要无穷大的带宽。然而，这个频域中带宽的改善是用时域中的损失为代价换取的。由于自然抽样脉冲有一定的宽度，不像理想抽样的冲激宽度为零。因此，传输自然抽样信号比传输理想抽样信号需要更长的时间。所以在时分复用时，自然抽样只能同时传送有限个信号，而理想抽样则可以同时传送任意多个信号。

以上讨论的是利用矩形脉冲作为抽样脉冲序列，实际上，任意形状的脉冲序列都可以作为抽样脉冲序列。若任意形状的脉冲波形为 $q(t)$，由它组成的脉冲序列 $s_q(t)$ 为

$$s_q(t) = \sum_{n=-\infty}^{\infty} q(t - nT_S) \tag{4.1-12}$$

式中，T_S 为脉冲序列周期。

经过自然抽样的信号用 $f_S(t)$ 表示，有

$$f_S(t) = f(t) \times s_q(t) = f(t)\sum_{n=-\infty}^{\infty} q(t - nT_S) \tag{4.1-13}$$

由于 $s_q(t)$ 是一个周期性序列，可用复数傅里叶级数展开。

$$s_q(t) = \sum_{n=-\infty}^{\infty} C_n e^{jn\omega_S t} \tag{4.1-14}$$

式中 C_n 是傅里叶系数

$$C_n = \frac{1}{T_S}\int_{-\frac{T_S}{2}}^{\frac{T_S}{2}} q(t)\mathrm{e}^{-\mathrm{j}n\omega_S t} \tag{4.1-15}$$

由式(4.1-13)和式(4.1-14)可以得到$f_S(t)$的表达式为

$$f_S(t) = \sum_{n=-\infty}^{\infty} f(t)C_n\mathrm{e}^{\mathrm{j}n\omega_S t}$$

其频谱为

$$F_S(\omega) = \sum_{n=-\infty}^{\infty} C_n F(\omega - n\omega_S) \tag{4.1-16}$$

它也是由一系列 $F(\omega)$ 的频谱搬移叠加构成,并以 C_n 加权。只要抽样频率满足 $\omega_S \geqslant 2\omega_m$,在接收端经低通滤波器滤波后可以得到

$$S_o(t) = C_0 f(t)$$

上面的推导表明,用任意形状的脉冲序列抽样同样可以无失真地恢复原始信号$f(t)$,差别仅是一个常数。

4.1.3 平顶抽样

在自然抽样中,抽样信号$f_S(t)$中的每一个抽样脉冲顶部形状随信号$f(t)$变化。因此,在抽样脉冲的整个时间宽度内体现了$f(t)$的信息。但是,从抽样定理知道,只要1s内有$2f_m$个抽样,抽样值就包含了信号$f(t)$的全部信息。所以我们来讨论另外一种抽样,即平顶抽样。在平顶抽样中抽样速率$f_S \geqslant 2f_m$,抽样脉冲的形状不随信号变化,其幅度正比于$f(t)$的瞬时抽样值。由于平顶抽样信号仅包含被抽样信号$f(t)$的瞬时信息,因此也称为瞬时抽样。

平顶抽样是将$f(t)$先进行理想抽样,然后再将抽样值通过一个冲激响应是矩形的网络,形成一系列幅度为抽样瞬时值,具有一定宽度的脉冲序列。平顶抽样的数学模型如图4.1-3(a)所示。下面,根据平顶抽样的数学模型,分析抽样过程。

设$q(t)$是幅度为A、宽度为τ的矩形脉冲,其频谱为

$$q(t) \leftrightarrow Q(\omega) = A\tau Sa\left(\frac{\tau\omega}{2}\right) \tag{4.1-17}$$

已知理想抽样信号的频谱为

$$F_S(\omega) = \frac{1}{T_S}\sum_{n=-\infty}^{\infty} F(\omega - n\omega_S) \tag{4.1-18}$$

根据图4.1-3(a)和式(4.1-17)、式(4.1-18)可以得到平顶抽样输出信号的频谱为

$$F'_S(\omega) = \frac{A\tau}{T_S}\sum_{n=-\infty}^{\infty} Sa\left(\frac{\tau\omega}{2}\right)F(\omega - n\omega_S) \tag{4.1-19}$$

式(4.1-19)表明,在平顶抽样时,加权项 $Sa(\omega\tau/2)$ 使频谱分量发生了变化。将图4.1-2(d)所示的自然抽样信号频谱 $F_S(\omega)$ 和图4.1-3(d)所示的平顶抽样信号频谱 $F'_S(\omega)$ 相比较,可以看出两者非常相似,而实际上它们之间的差别极大。这是因为在自然抽样中,$F_S(\omega)$是 $F(\omega)$ 周期性地重复组成,除了幅度有所下降以外,$F(\omega)$ 的形状没有改

变。而在平顶抽样信号频谱 $F'_S(\omega)$ 中，由于 $Q(\omega)$ 沿频率逐点相乘的作用，使每一个 $F(\omega)$ 的形状都发生了变化。这个情况也可以从式(4.1－9)和式(4.1－19)的比较中看出。在式(4.1－9)中，任何一个给定的周期内 $Sa(n\omega_S\tau/2)$ 都是常数，而在式(4.1－19)中，乘积因子 $Q(\omega)$ 却是频率的函数。

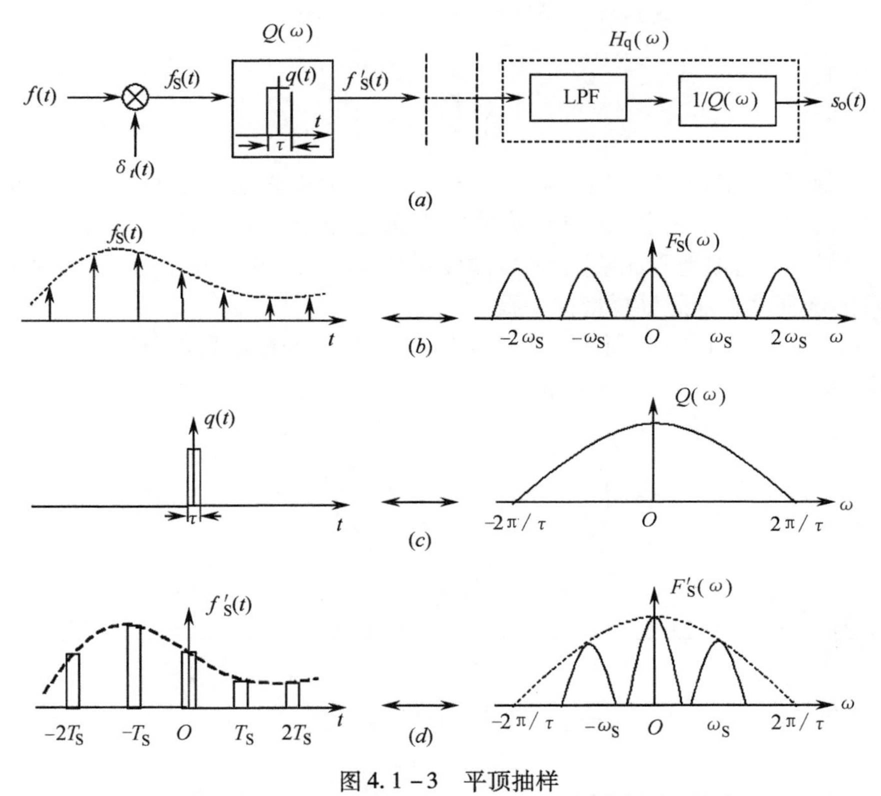

图 4.1－3　平顶抽样

(*a*) 数学模型；(*b*) 抽样信号；(*c*) $Q(\omega)$ 网络；(*d*) 平顶抽样输出信号。

从瞬时抽样值恢复信号 $f(t)$ 时，接收端不能像自然抽样那样只用一个截止频率为 ω_m 的低通滤波器，否则输出频谱将是 $F(\omega)Q(\omega)$，而不是 $F(\omega)$。为了从瞬时抽样值不失真地恢复出信号 $f(t)$，接收端可以采用两种方法。一种方法是让 $f'_S(t)$ 通过一个传输函数为 $H_q(\omega)$ 的复合滤波器(或叫做均衡网络)，$H_q(\omega)$ 的幅频特性如图 4.1－4 所示。该复合滤波器由一个截止频率为 ω_m 的理想低通滤波器和一个传输函数等于 $1/Q(\omega)$ 的网络组成。复合滤波器的传输函数 $H_q(\omega)$ 可以表示为

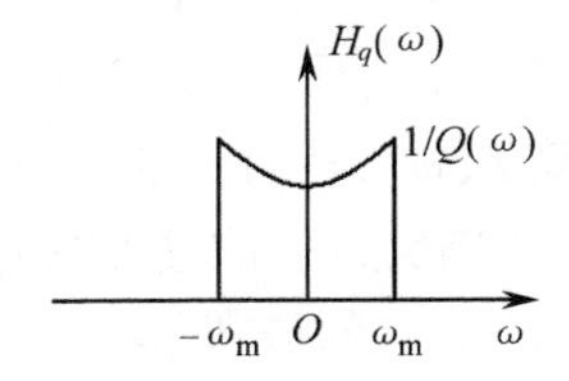

图 4.1－4　复合滤波器传输函数 $H_q(\omega)$

$$H_q(\omega) = \begin{cases} \dfrac{1}{Q(\omega)} & |\omega| < \omega_m \\ 0 & \text{其它频率} \end{cases} \tag{4.1-20}$$

经复合滤波器 $H_q(\omega)$ 后,输出信号频谱为

$$S_o(\omega) = F'_S(\omega) \cdot H_q(\omega) = \frac{1}{T_S}F(\omega) \tag{4.1-21}$$

于是有

$$S_o(t) = \frac{1}{T_S}f(t) \tag{4.1-22}$$

可见经过均衡以后,输出信号 $S_o(t)$ 与 $f(t)$ 成正比,即无失真地恢复了 $f(t)$。需要指出的是,如果抽样脉冲 $q(t)$ 变窄,达到其脉冲宽度远远小于抽样时间间隔,这时 $Q(\omega)$ 在 $|\omega| \leqslant \omega_m$ 范围可以近似地看成常数,复合滤波器特性简化为截止频率为 ω_m 的理想低通滤波器,$f(t)$ 的恢复就和理想抽样情况一致。

第二种方法如图 4.1-5 所示。先用 $f'_S(t)$ 乘以理想冲激序列 $\delta_T(t)$,得到 $f_S(t)$,再经过理想低通滤波器便可恢复出所需信号 $f(t)$。

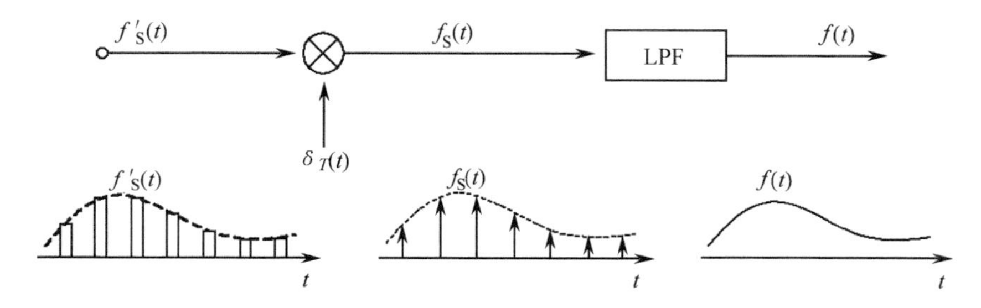

图 4.1-5 由 $f'_S(t)$ 恢复 $f(t)$

4.1.4 带通信号的抽样*

前面讨论了低通信号的抽样,而实际中遇到的许多信号都是带通信号。那么,对于带通信号,其抽样速率应该如何选择呢?下面我们来讨论这个问题。

设带通信号 $f(t)$ 的最低角频率为 ω_l,最高角频率为 ω_h,带宽为 $W = \omega_h - \omega_l$,频谱 $F(\omega)$ 如图 4.1-6(a)所示。我们先来分析一种特殊的带通信号,该带通信号的特点是:最高角频率 ω_h 是带宽 W 的整数倍(最低角频率 ω_l 也自然为带宽 W 的整数倍)。现在用 $\delta_T(t)$ 对 $f(t)$ 进行抽样,抽样频率选为 $2W$,$\delta_T(t)$ 的频谱 $\delta_T(\omega)$ 如图 4.1-6(b)所示。$F_S(\omega)$ 等于 $F(\omega)$ 与 $\delta_T(\omega)$ 的卷积,如图 4.1-6(c)所示。从图中可以看到,在 $F_S(\omega)$ 中的边带频谱没有发生混叠。要想恢复原始信号,只要让抽样信号通过一个理想带通滤波器(通带范围 $\omega_l \sim \omega_h$),就可重新获得 $F(\omega)$,从而恢复 $f(t)$。这说明,带通信号的抽样频率 ω_S 并不要求达到 $2\omega_h$,只要达到 $2W$,即为带通信号带宽的两倍即可。

设带通信号 $f(t)$ 的频谱为 $F(\omega)$。它的最高角频率 ω_h 可以表示成

$$\omega_h = nW + kW \qquad 0 < k < 1 \tag{4.1-23}$$

式中,n 是小于 ω_h/W 的最大整数。

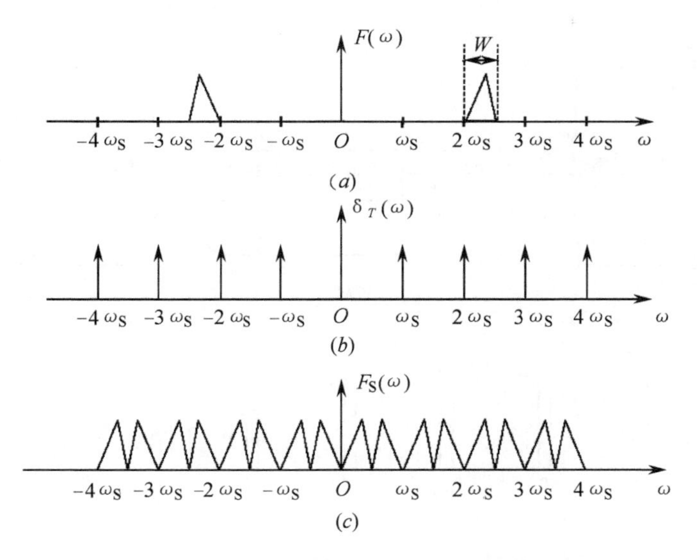

图 4.1－6　$\omega_h = nW$ 时带通信号的抽样频谱

(a) 带通信号频谱;(b) 冲激序列;(c) 带通抽样信号。

4.2　时分复用(TDM)

抽样定理告诉我们,时间和幅度都连续变化的基带信号可以被时间上离散的抽样脉冲值所代替。一般而言,抽样脉冲是相当窄的,因此已抽样信号只占用了有限的时间。而在两个抽样脉冲之间将空出较大的时间间隔,我们可以利用这些时间间隔传输其它信号的抽样值,达到用一条信道同时传输多个基带信号的目的。这样按照一定的时序依次循环地传输各路消息的方法,称为时分复用(TDM),或称时分多路复用。

4.2.1　时分复用原理

下面我们用图 4.2－1 来说明 N 路 PAM 信号时分复用原理。图 4.2－1(a)是时分复用系统原理框图。N 路信号 $f_1(t)$,$f_2(t)$,…,$f_N(t)$,经过输入低通滤波器 LPF 之后变成严格带限信号,被加到发送转换开关的相应位置。转换开关每 T_S 秒按顺序依次对各路信号分别抽样一次。已抽样信号 $f_1(t)$、$f_2(t)$ 的波形分别画在图 4.2－1(b)及4.2－1(c)中,都是单极性 PAM 信号。最后合成的多路 PAM 信号如图 4.2－1(d)所示,它是 N 路抽样信号的总和。在一个抽样周期 T_S 内,由各路信号的一个抽样值组成的一组脉冲叫做一帧,而一帧中相邻两个抽样脉冲之间的时间间隔称为一个时隙,用 T_1 表示为

$$T_1 = \tau + \tau_g = \frac{T_S}{N} \tag{4.2-1}$$

式中,τ 是抽样脉冲宽度;τ_g 叫做防护时隙,用来避免邻路抽样脉冲的相互重叠。合成的多路 PAM 信号按顺序送入信道。在送入信道之前,根据信道特性可先进行调制,将信号变换成适于信道传输的形式。在接收端,有一个与发送端转换开关严格同步的接收转换开关,顺序地将各路抽样信号分开并送入相应的低通滤波器,恢复出各路调制信号。

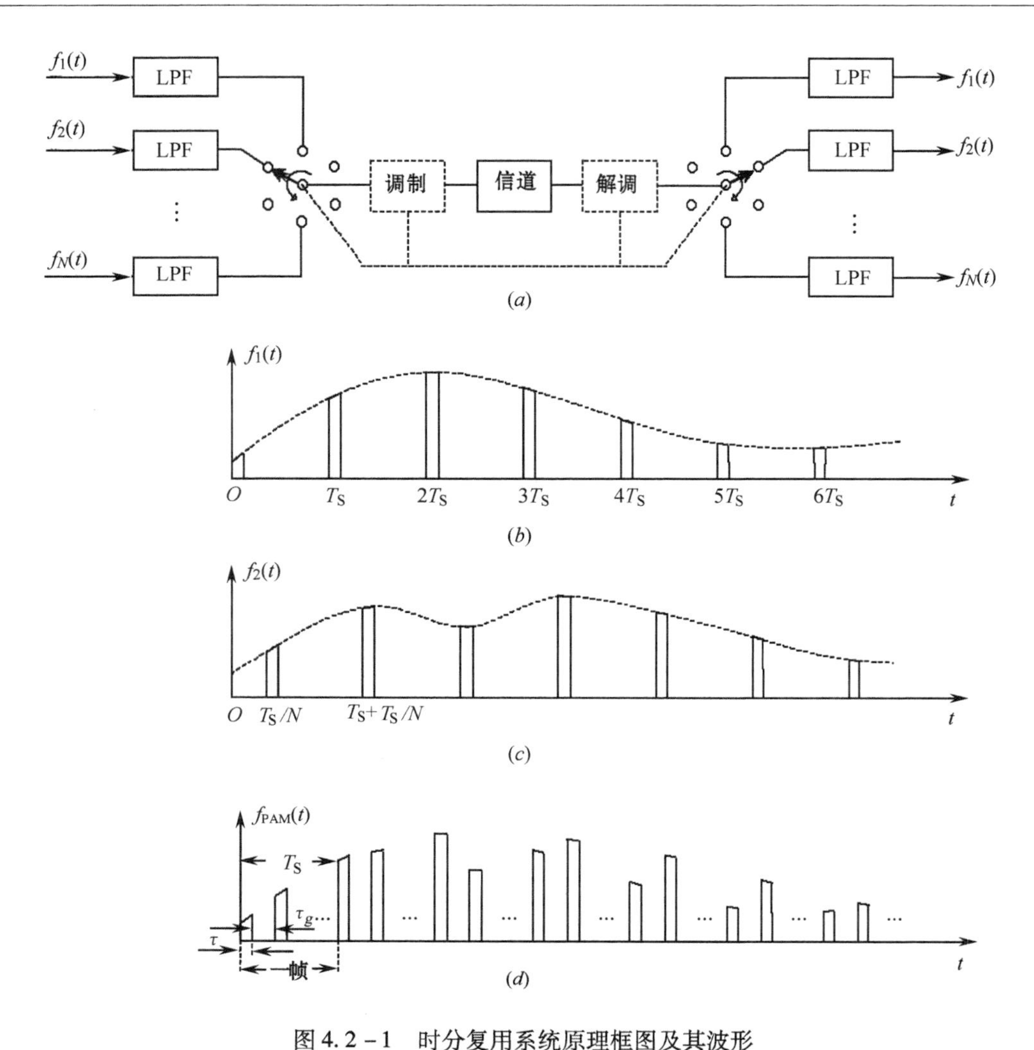

图 4.2－1　时分复用系统原理框图及其波形

(a) 框图;(b) $f_1(t)$ 抽样信号;(c) $f_2(t)$ 抽样信号;(d) 时分复用后的波形。

在时分多路中,发送端的转换开关和接收端的转换开关必须同步。有关同步信息的产生和识别的方法将在第八章详细地讨论。

4.2.2　传输 TDM－PAM 信号所需的信道带宽

从式(4.1－9)及图 4.1－2 可知,PAM 信号的频谱占据着整个频率轴。所以要使 PAM 信号波形不失真,则传输信道应用无穷大的带宽,以使 $F(\omega)$及其所有的搬移频谱都能传输过去。然而,在 PAM 系统中,我们感兴趣的不是脉冲的波形,而是脉冲的幅度,即 PAM 信号所携带的信息。只要脉冲的高度信息没有丢失,则脉冲波形的任何失真都是无关紧要的。这样传输 TDM－PAM 信号就不需要无穷大信道带宽了。

若每路基带信号的频率范围为 $0\sim f_m$,则 N 路时分复用的 PAM 信号由每秒 $2Nf_m$ 个脉冲组成。由抽样定理可知,频带限制在 f_m(Hz)的连续信号可以由每秒 $2f_m$ 个抽样值来代替。因此每秒 $2Nf_m$ 个抽样值也就确定地对应着一个频带宽度为 Nf_m(Hz)的连续信号。

换句话说，可以认为这 $2Nf_m$ 个抽样值是由频带限制在 $0 \sim Nf_m$ 的连续信号经抽样得到。所以传输 N 路时分复用 PAM 信号所需要的信道带宽 B 至少应该等于 Nf_m，即应满足下式

$$B \geqslant Nf_m \tag{4.2-2}$$

4.3　脉冲编码调制(PCM)

数字信号以其抗干扰能力强，远距离再生中继时噪声不累积，易于存储，易于加密，易于用大规模集成电路实现等诸多优点，已成为当今通信和计算机领域中主要的信息表示方式。由于人类感觉器官可以接受的信息，如话音、图像等大多数是以模拟形式出现的，所以要利用数字信号的各种优点，首先必须将模拟信号数字化。

脉冲编码调制(PCM)是一种最常用的模拟信号数字化方法，也是其它信源压缩编码的基础。它主要由抽样、量化、编码三个部分组成。图 4.3-1 是 PCM 系统框图。

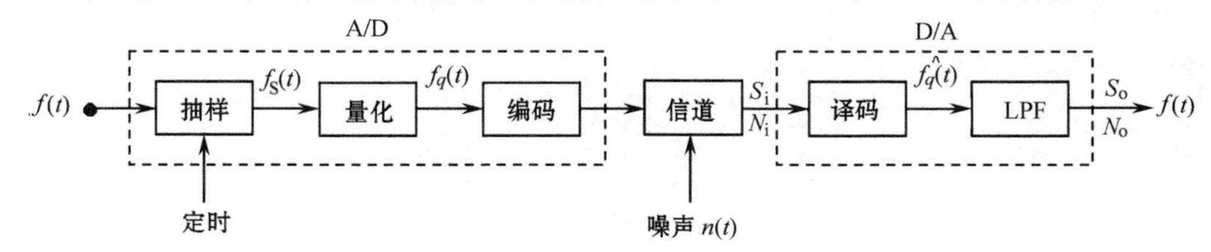

图 4.3-1　PCM 系统框图

由 4.1 节的讨论可知，经过抽样以后，信号在时间上被离散化了，但是其幅度仍是连续取值，故仍为模拟信号。利用预先规定的有限个电平值来表示模拟抽样值的过程称为“量化”。量化的结果使信号的幅度由连续值变为离散值。可以说量化过程实现了模拟信号向数字信号的实质转换。把经量化得到的信号电平值转换成数字代码的过程称为“编码”，最简单、最常见的是二进制自然编码。这种对模拟信号进行抽样、量化、编码的过程称为脉冲编码调制(PCM)，或简称为脉码调制。采用这种调制方式的传输系统称为 PCM 系统。

在发送端抽样、量化、编码实际上构成了一个模/数转换器(A/D)，用来实现模拟信号的数字化。图 4.3-2 是抽样、量化、编码过程的示意图。根据抽样定理，$f(t)$ 经过抽样后变成了时间离散、幅度连续的信号 $f_S(t)$。将其送入量化器，就得到了量化输出信号 $f_q(t)$。图 4.3-2 中，采用了“四舍五入”法将每一个连续抽样值归结为某一临近的整数值，即量化电平，这里采用了 8 个量化级，将图 4.3-2(b)中 7 个准确样值 4.2、6.3、6.1、4.2、2.5、1.8、1.9 分别变换成 4、6、6、4、3、2、2。显然，量化后的离散样值可以用一定位数的代码来表示，也就是对其进行编码。因为只有 8 个量化电平，所以可用 3 位二进制码来表示。如果有 M 个量化电平，需要的二进制码位数 n 为

$$M = 2^n \tag{4.3-1}$$

图 4.3-2(d)给出了用自然二进制码对量化样值进行编码的结果。如果用 μ 进制脉冲进行编码，n 个码元所代表的量化电平数目为

$$M = \mu^n \tag{4.3-2}$$

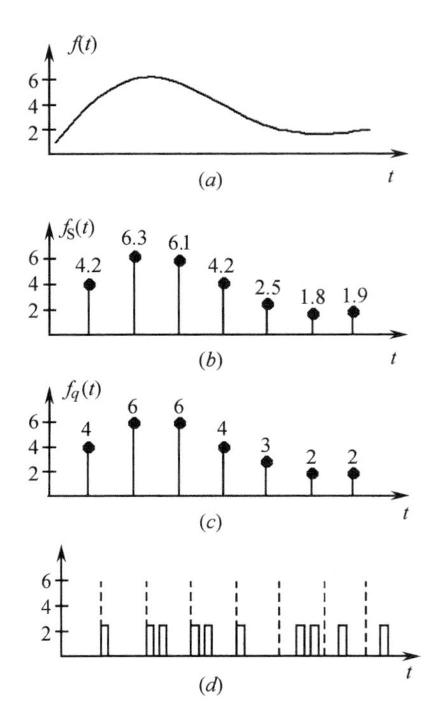

图4.3-2 PCM抽样、量化、编码波形图
(a) 模拟信号;(b) 模拟抽样值;(c) 量化样值;(d) 编码波形。

在接收端,由译码、低通滤波器构成了一个数/模转换器(D/A),把数字代码还原成为量化样值,并经低通滤波器后恢复成人类感觉器官能够感知的模拟信号。下面我们分别讨论信号量化和编、译码的工作原理。

4.3.1 量化

量化过程实质上就是用有限个离散电平值表示模拟抽样值的过程。它先对输入信号的取值范围进行"分级"或"分层",得到 M 个离散电平值,然后把模拟抽样信号归入最接近的电平值。我们把相邻两个离散电平值之间的差距称为量化间隔,或量化阶距。量化可以分成均匀量化和非均匀量化。

一、均匀量化

把输入信号的取值范围按等间隔划分的量化,称为均匀量化。均匀量化间隔是一个常数,它的大小由输入信号的变化范围和量化电平数决定。当信号的取值范围和量化电平数确定之后,量化间隔也就确定了。若输入信号幅度最大值和最小值分别为 b 和 a,量化电平数为 M,则均匀量化间隔 Δ 为

$$\Delta = \frac{b-a}{M} \tag{4.3-3}$$

通常,量化器输入是模拟抽样信号 $f_S(t)=f(nT_S)$,量化过程将准确样值 $f(nT_S)$ 变换成 M 个量化电平 $q_1,q_2,\cdots,q_M$ 之一,即有

$$f_q(nT_S) = q_i \qquad 若\ x_{i-1} \leqslant f(nT_S) \leqslant x_i \tag{4.3-4}$$

式中，$x_i(i=1,2,\cdots,M)$是量化区间的端点值，并有 $x_0=a,x_M=b$。将量化器的输入信号和输出信号幅度的关系曲线称为量化特性曲线。采用四舍五入法的均匀量化特性曲线如图4.3－3所示。图中f为输入信号电压，f_q为输出信号电压。

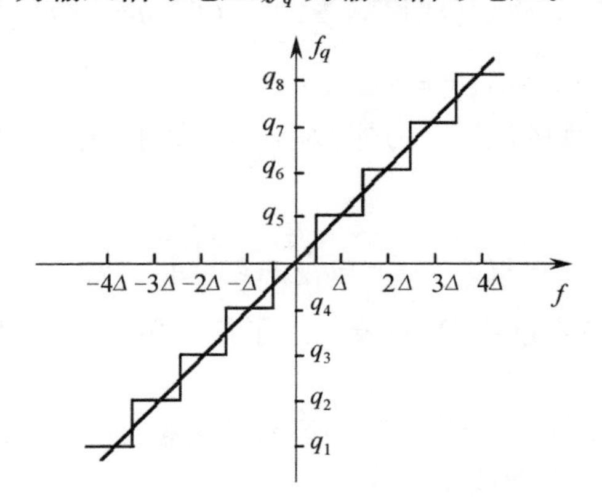

图4.3－3　均匀量化特性曲线

由于用量化样值取代了准确的抽样值，所以量化过程会在重现信号中引入不能消除的误差。这种误差称为“量化误差”，它对通信的影响，就好像是在系统中引入了附加噪声。在话音传输中，这种噪声表现为背景噪声；在图像传输中，这种噪声会使连续变化的灰度值出现不连续的情况。

二、量化噪声

信号的量化过程实质上是用阶梯信号来近似原信号的过程，所以信号的抽样值和量化值之间存在一定的误差，这种误差的大小是随机的，我们把这种由量化误差产生的噪声称为量化噪声。量化噪声是PCM系统中固有的噪声分量，与信道无关，无法在重现信号中消除，因此应该采取措施尽量使它减小。下面的分析表明，量化噪声的幅度与量化间隔（又叫做量化阶距）有关。图4.3－4给出了输入信号$f(t)$、量化信号$f_q(t)$和量化误差$e(t)$的波形图。其中量化误差$e(t)$为

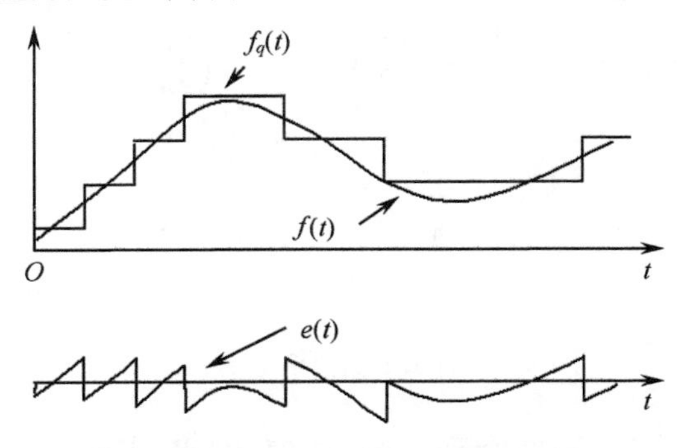

图4.3－4　量化误差信号的波形图

$$e(t)=f(t)-f_q(t) \tag{4.3-5}$$

由于采用了四舍五入的量化方法，故量化误差的范围是$-\Delta/2\leqslant e(t)\leqslant\Delta/2$。

下面我们讨论量化噪声和量化信噪比。

若输入信号$f(t)$在$[a,b]$范围内取值，并被划分成M个量化级，量化间隔为Δ。当信

号$f(t)$在$(x_i-\Delta/2, x_i+\Delta/2)$范围内变化时,对应的量化电压为$q_i$。根据式(4.3-5),可以写出量化噪声功率

$$N_q = \mathrm{E}[e^2(t)] = \sum_{i=1}^{M}\int_{x_{i-1}}^{x_i}(f-q_i)^2 p(f)\mathrm{d}f \tag{4.3-6}$$

式中,E是求统计平均;$x_i=a+i\Delta$;$q_i=a+i\Delta-\Delta/2$。

$p(f)$为信号$f(t)$值出现的概率。另外,为了书写简单,省略了时间因子。量化器输出信号的功率为

$$S_o = \mathrm{E}[f_q^2(t)] = \sum_{i=1}^{M}(q_i)^2\int_{x_{i-1}}^{x_i}p(f)\mathrm{d}f \tag{4.3-7}$$

式(4.3-6)和式(4.3-7)告诉我们,只要知道了信号振幅的概率密度函数,便可以计算出量化器输出信噪比S_o/N_q。

【例4.3-1】 设一有M个量化电平的均匀量化器,输入信号幅度在区间[-a,a]具有均匀概率密度函数,试求量化信噪比S_o/N_q。

解:由式(4.3-6)得量化噪声功率为

$$N_q = \sum_{i=1}^{M}\int_{x_{i-1}}^{x_i}(f-q_i)^2\frac{1}{2a}\mathrm{d}f =$$

$$\sum_{i=1}^{M}\int_{a+(i-1)\Delta}^{a+i\Delta}\left(f-a-i\Delta+\frac{\Delta}{2}\right)^2\frac{1}{2a}\mathrm{d}f =$$

$$\sum_{i=1}^{M}\left(\frac{1}{2a}\right)\left(\frac{\Delta^3}{12}\right) = \frac{M\Delta^2}{24a} \tag{4.3-8}$$

对于均匀量化,有

$$2a = M\Delta \tag{4.3-9}$$

所以

$$N_q = \frac{\Delta^2}{12} \tag{4.3-10}$$

又由式(4.3-7)可以得到输出信号的平均功率

$$S_o = \sum_{i=1}^{M}(q_i)^2\frac{\Delta}{2a} = \frac{M\Delta^2}{12}(M^2-1)\left(\frac{\Delta}{2a}\right) = \frac{M^2-1}{12}\Delta^2 \tag{4.3-11}$$

因此,量化信噪比为

$$\frac{S_o}{N_q} = M^2-1 \tag{4.3-12}$$

当$M\gg1$,上式变成

$$\frac{S_o}{N_q} \approx M^2 \tag{4.3-13}$$

若取$M=2^n$,即用n位二进制码来表示一个抽样值,以dB表示的量化信噪比为

$$\frac{S_o}{N_q} \approx 10\lg M^2 = 20n\lg 2 \approx 6n(\mathrm{dB}) \tag{4.3-14}$$

这表明,每增加一位编码,量化信噪比可以提高6dB。

均匀量化的量化间隔是固定不变的,与输入信号样值的大小无关。而在实际的数字通信系统中,输入信号的强度都有一定的变化范围。例如,对话音进行数字传送时,不同

的通话人可能利用同一个传输设备,从轻声细语到狂呼怒吼,话音强度的变化可达40dB以上。为了保证量化后信号的再现,要求量化器对不同大小的信号都要有足够的量化信噪比。如果我们按照大话音信号选取量化间隔,当输入信号 $f(t)$ 较小时,则量化信噪比也就很小。例如,量化间隔为1V,那么量化误差最大瞬时值等于量化间隔的一半,即0.5V。当信号幅度为10V时,量化误差为信号幅度的5%,当信号幅度为1V时,则量化误差为信号幅度的50%,这样会造成小信号时信噪比小,大信号时信噪比大。为了保证小信号时也有足够的量化信噪比,在均匀量化中就必须极大地增加量化级数。

例如,话音传输标准要求在信号动态范围大于40dB的情况下,量化信噪比不能低于26dB。由式(4.3-14)可得

$$26 \leqslant 6n - 40 \tag{4.3-15}$$

计算得到,$n \geqslant 11$,也就是说每个样值至少要编11位二进制码。这一方面使设备的复杂性增加,另一方面又使二进制码的传输速率过高,占用的频带过宽。同时,在大信号时量化信噪比又显得太大,造成不必要的浪费。解决这个问题的办法就是采用非均匀量化。

三、非均匀量化

非均匀量化的基本思想是,使量化间隔随信号幅度的大小变化。在大信号时,量化间隔取大一点,而小信号时,量化间隔取小一点。这样就可以保证在量化级数(编码位数)不变的条件下,提高小信号的量化信噪比,扩大输入信号的动态范围。

实际中,非均匀量化器通常由压缩器和均匀量化器组成。图4.3-5是非均匀量化的PCM系统框图。在发送端,先对抽样信号进行压缩,然后再进行均匀量化。压缩器对小信号起放大作用,而对大信号起压缩作用,其结果等效于对输入信号进行非均匀量化。压缩特性曲线如图4.3-6所示。其中,x 是归一化的压缩器输入电压,y 是归一化的压缩

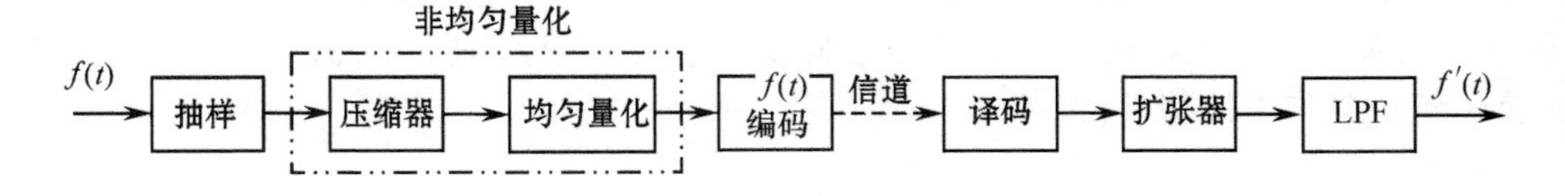

图4.3-5　非均匀量化的PCM系统框图

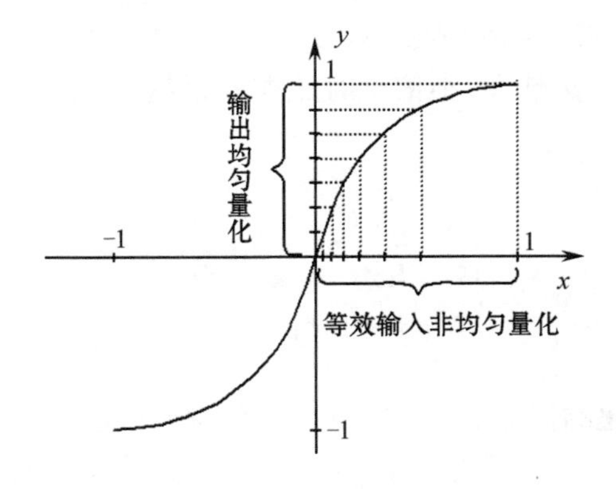

图4.3-6　压缩特性曲线

器输出电压,即

$$x = \frac{\text{压缩器的输入电压}}{\text{压缩器可能的最大输入电压}} \tag{4.3-16}$$

$$y = \frac{\text{压缩器的输出电压}}{\text{压缩器可能的最大输出电压}} \tag{4.3-17}$$

从图4.3-6中可以看到对输出信号y进行均匀量化,等效于对输入信号x进行非均匀量化。图4.3-7给出了对信号脉冲进行压缩和扩张的例子。在压缩前小信号脉冲量化为2,而压缩之后变为5,从而提高了量化信噪比。对于大信号脉冲,压缩前、后量化电平都是8,信噪比没有变化。这实质上等于扩展了输入信号的动态范围。为了避免信号失真,在输出端再用扩张器恢复信号。扩张器具有和压缩器相反的特性曲线。

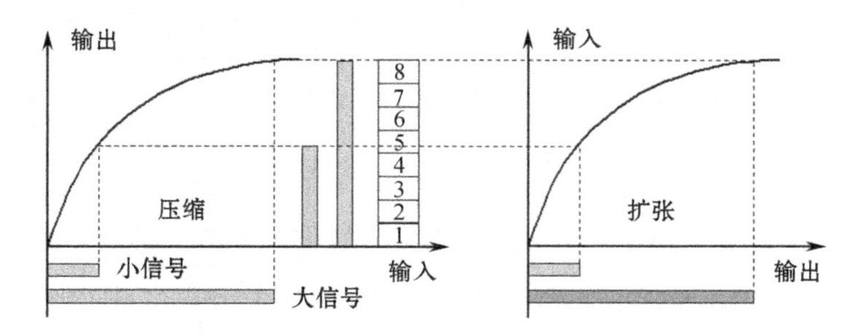

图4.3-7 对脉冲信号的压缩和扩张过程

压缩扩张特性的选取与输入信号的统计特性有关。对于话音信号,应在很宽的范围内,保证信噪比不低于26dB。世界各国广泛采用的两种压缩律是μ压缩律和A压缩律,简称为μ律和A律。美国、日本以及加拿大等国采用μ律,我国和欧洲各国均采用A律。ITU-T在C.711建议中给出了这两种压缩率的标准,并规定国际间通信一律采用A律。下面介绍μ律和A律特性。

μ律:

$$|y| = \frac{\ln(1+\mu|x|)}{\ln(1+\mu)} \qquad -1 \leqslant x \leqslant 1 \tag{4.3-18}$$

式中,x和y分别是如式(4.3-16)和式(4.3-17)所定义的归一化输入输出电压。μ为压缩参数,是一个正常数。μ越大,小信号时压缩效果越好。$\mu=0$,对应于均匀量化。目前常用$\mu=255$。

A律:

$$|y| = \begin{cases} \dfrac{A|x|}{1+\ln A} & 0 \leqslant |x| \leqslant \dfrac{1}{A} \\ \dfrac{1+\ln A|x|}{1+\ln A} & \dfrac{1}{A} \leqslant |x| \leqslant 1 \end{cases} \tag{4.3-19}$$

当$A=1$时,对应均匀量化的情况。A的取值在100附近可以得到满意的压缩特性。A越大,小信号压缩效果越好。当x很小时,y与x成线性关系;当较大时,y与x近似成对数关系。

在实际的电路中,常采用折线来代替压缩特性曲线。应用最广泛的是13折线A律

$(A=87.6)$和15折线μ律$(\mu=255)$。图4.3-8是$A(A=87.6)$律13折线压缩特性曲线。它先将x轴上(0,1)区间内的归一化输入幅度不均匀地分成8段,分段按1/2递减规律进行,即分段点依次为1/2,1/4,…,1/128。然后,再将y轴上(0,1)区间内的归一化输出信号幅度均匀地分成8段,即每段长1/8。最后,把x轴和y轴上对应分段的交点连接起来,得到了8段直线。从各段的斜率计算可知,第1、2段直线的斜率都等于$1/8\div 1/128=16$(见表4.3-1),因此可以连成一条线。这样对于正向而言,实际上得到了7段不同斜率的直线。同样,对于负向,也有与正向对称的一组直线,由于负向的第1、2段与正向的第1、2段的斜率也相同且相连,所以这4段实际上是一条直线。在正、负两个方向上我们总共得到13段直线,这13段直线构成的折线称为13折线。

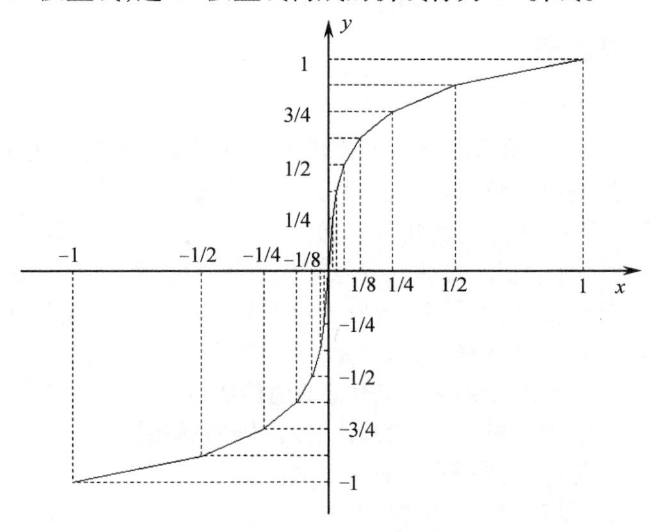

图4.3-8　A律13折线压缩曲线

表4.3-1　段落参数

y轴段落端点	0	$\frac{1}{8}$	$\frac{2}{8}$	$\frac{3}{8}$	$\frac{4}{8}$	$\frac{5}{8}$	$\frac{6}{8}$	$\frac{7}{8}$	1
x轴段落端点	0	$\frac{1}{128}$	$\frac{1}{64}$	$\frac{1}{32}$	$\frac{1}{16}$	$\frac{1}{8}$	$\frac{1}{4}$	$\frac{1}{2}$	1

段落序号	1	2	3	4	5	6	7	8
量化间隔	$\frac{1}{2048}$	$\frac{1}{2048}$	$\frac{1}{1024}$	$\frac{1}{512}$	$\frac{1}{256}$	$\frac{1}{128}$	$\frac{1}{64}$	$\frac{1}{32}$
量化间隔(以Δ计)	Δ	Δ	2Δ	4Δ	8Δ	16Δ	32Δ	64Δ
段落长度	$\frac{1}{128}$	$\frac{1}{128}$	$\frac{1}{64}$	$\frac{1}{32}$	$\frac{1}{16}$	$\frac{1}{8}$	$\frac{1}{4}$	$\frac{1}{2}$
段落长度(以Δ计)	16Δ	16Δ	32Δ	64Δ	128Δ	256Δ	512Δ	1024Δ
斜　率	16	16	8	4	2	1	1/2	1/4

对于每一段直线,再均匀划分成16个量化等级。这样x和y都被分成了8(段)×16(级)=128个量化级。由于y是均匀分割的,每段的量化间隔都是1/128。对于x轴上的

8段,由于每段的长度不同,因此各段的量化间隔也不同。如果将 x 轴上各段的量化间隔分别记为 $\Delta V_1, \Delta V_2, \cdots, \Delta V_8$,那么第一段的量化间隔最小,有 $\Delta V_1 = (1/128) \div 16 = 1/2048$,它对应的是小信号的情况。第8段的量化间隔最大,$\Delta V_8 = (1/2) \div 16 = 1/32$,它对应的是大信号的情况。这表明,在保证小信号量化间隔相同的情况下,128级非均匀量化相当于2048级均匀量化。如果我们用第一段的量化间隔1/2048作一个计量单位,记为 Δ,可以将 x 轴上各段的量化间隔用 Δ 表示出来,有 $\Delta V_1 = 1/2048 = \Delta, \Delta V_2 = \Delta, \Delta V_3 = 1/1024 = 2\Delta, \cdots, \Delta V_8 = 1/32 = 64\Delta$,这表明第8段与第1段的量化间隔相差64倍,即大信号的量化间隔是小信号量化间隔的64倍。表4.3-1列出了8个段落的端点坐标、序号、各段量化间隔、段落长度和斜率等参数。

4.3.2 编译码原理

一、编码

在PCM中,把量化后的信号电平转换成代码的过程称为编码。为了保证较好的通信质量,应该选择合适的编码位数,这不仅关系到通信质量的好坏,而且还涉及到设备的复杂程度。编码位数的多少,决定了量化分级数的多少。换句话说,若量化分级数一定,则编码所需的位数也就被确定了。在输入信号变化范围一定时,选用的编码位数越多,量化分层越细,量化噪声越小,通信质量也就越好。但是,编码位数的增加会使总的传输码率增加,同时也会增加设备的复杂程度,从而带来一些新的问题。在话音传输中,当编码位数增加到7位~8位时,就可以获得比较理想的通信质量。

在码位安排上,一般均按极性码、段落码、段内码的顺序排列。下面,结合4.3.1节中讨论的13折线非均匀量化,说明PCM编码方法。

在13折线中,无论是正向还是负向,都有8个直线段,每个直线段中又有16个均匀量化级,因此可以用8位二进制码对一个信号抽样值进行量化和编码。设这8位二进制码为 $C_7C_6C_5C_4C_3C_2C_1C_0$,各位码安排如下:

C_7:极性码,表示信号样值的极性。正极性时 $C_7=1$,负极性时 $C_7=0$。

$C_6C_5C_4$:段落码,代表8个段落的起点电平,以表明信号样值被归入哪一段。

$C_3C_2C_1C_0$:段内码,代表每一段落中的16个均匀划分的量化级。

表4.3-2给出了段落码及段内码与对应的电平值的关系。表中,电平值的大小均以第1段的量化间隔 Δ 作单位。

表4.3-2　段落码、段内码与其电平值的关系

段落序号	段落码			段落起点电平/Δ	段内码对应电平值/Δ				段落长度/Δ
	C_6	C_5	C_4		C_3	C_2	C_1	C_0	
1	0	0	0	0	8	4	2	1	16
2	0	0	1	16	8	4	2	1	16
3	0	1	0	32	16	8	4	2	32
4	0	1	1	64	32	16	8	4	64
5	1	0	0	128	64	32	16	8	128
6	1	0	1	256	128	64	32	16	256
7	1	1	0	512	256	128	64	32	512
8	1	1	1	1024	512	256	128	64	1024

二、常用二进码

最常用的二进码有自然码、格雷码和折叠二进码。它们如表 4.3－3 所列。

表 4.3－3　常用二进码

样值脉冲极性	自然二进码				格雷码				折叠二进码				量化值
正极性部分	1	1	1	1	1	0	0	0	1	1	1	1	15
	1	1	1	0	1	0	0	1	1	1	1	0	14
	1	1	0	1	1	0	1	1	1	1	0	1	13
	1	1	0	0	1	0	1	0	1	1	0	0	12
	1	0	1	1	1	1	1	0	1	0	1	1	11
	1	0	1	0	1	1	1	1	1	0	1	0	10
	1	0	0	1	1	1	0	1	1	0	0	1	9
	1	0	0	0	1	1	0	0	1	0	0	0	8
负极性部分	0	1	1	1	0	1	0	0	0	0	0	0	7
	0	1	1	0	0	1	0	1	0	0	0	1	6
	0	1	0	1	0	1	1	1	0	0	1	0	5
	0	1	0	0	0	1	1	0	0	0	1	1	4
	0	0	1	1	0	0	1	0	0	1	0	0	3
	0	0	1	0	0	0	1	1	0	1	0	1	2
	0	0	0	1	0	0	0	1	0	1	1	0	1
	0	0	0	0	0	0	0	0	0	1	1	1	0

自然二进码是最普通的二进制代码。若 n 位自然二进码组成的码字（$a_{n-1}, a_{n-2}, \cdots, a_1, a_0$），则码字对应的量化电平为

$$V = a_{n-1}2^{n-1} + a_{n-2}2^{n-2} + \cdots + a_1 2^1 + a_0 2^0 = \sum_{i=0}^{n-1} a_i 2^i \tag{4.3-20}$$

自然二进码的优点是简单易记。缺点是对于双极性信号进行编码时，不如折叠二进码方便，而且传输错码引起的误差较大。

格雷二进码的特点是相邻两个电平的码字之间的距离始终保持为 1，因此格雷码也称为单位距离码。所谓距离是指两个不同的码字之间对应码位上码元不同的个数。在传输过程中，如果格雷码的某一码元产生误码，原码字会被其相邻的码字所代替，因此误码造成的误差值较小。

折叠二进码是从自然二进码演变过来的。由表 4.3－3 可以看到，除最高位之外，码字的下半部分是上半部分以量化范围的中线对折而成，折叠二进码正是由此得名。最高位上半部分全为“1”，下半部分全为“0”。对于双极性信号编码时，我们正可以利用这种特点，用最高位表示信号的正、负，而用其余码位表示信号的绝对值。因此采用折叠二进码可以大为简化编码的过程。

折叠二进码与自然二进码相比，另一个优点是，在传输过程中如果出现误码，对小信号的影响较小。例如由大信号（1111）误传为（0111），从表 4.3－3 可见，对自然二进码解码后得到的样值脉冲与原信号相比，误差为 8 个量化级。而对于折叠二进码为 15 个量化级。显然，大信号发生误码时，对折叠二进码影响大。如果误码发生在小信号时，由

(1000)误传为(0000),这时情况就不相同了,自然二进码误码造成的误差还是8个量化级,而折叠二进码误码造成的误差却只有1个量化级。而实际中小信号出现的概率比大信号出现的概率大得多。

在实际工程中,编码由编码器来实现。由于集成电路技术的飞速发展,目前仅一片PCM编码器就可以同时完成从抽样、量化、压扩和编码的各项工作。实际应用的编码器种类较多,其中折叠式逐次比较编码器是目前应用较多的一种。下面结合A律13折线法,说明逐次比较型编码器的编码原理。

三、逐次比较型编码原理

编码器的任务就是要把输入的样值脉冲转换成为相应的8位二进制代码。在这8位代码中,除了第1位用作极性码之外,其余的7位二进制代码通过逐次与预先规定好的标准电流(或电压)进行比较确定,这些标准电流(或电压)称为权值电流(或电压),记为I_w。当样值脉冲到来时,用逐步逼近的方法有规律地与各标准电流I_w相比较,每比较一次输出一位码。逐次比较型编码器的原理框图如图4.3-9所示。

首先,输入的抽样脉冲一方面通过极性判决电路,以确定极性码C_7,规定:当样值为正时,C_7为"1",反之,C_7为"0"。另一方面抽样脉冲还通过全波整流电路,变为单极性脉冲I_S。比较器将样值电流I_S和标准电流I_w相比较,从而实现非线性量化和编码。每比较一次输出一位二进代码,规定:当$I_S > I_w$时,输出为"1";反之,当$I_S < I_w$时,输出为"0"。由于逐次比较型编码器要编7位码(极性码除外),因此需要将I_S和I_w比较7次。编码顺序是,先编出3位段落码$C_6C_5C_4$,然后再编出4位段内码$C_3C_2C_1C_0$。

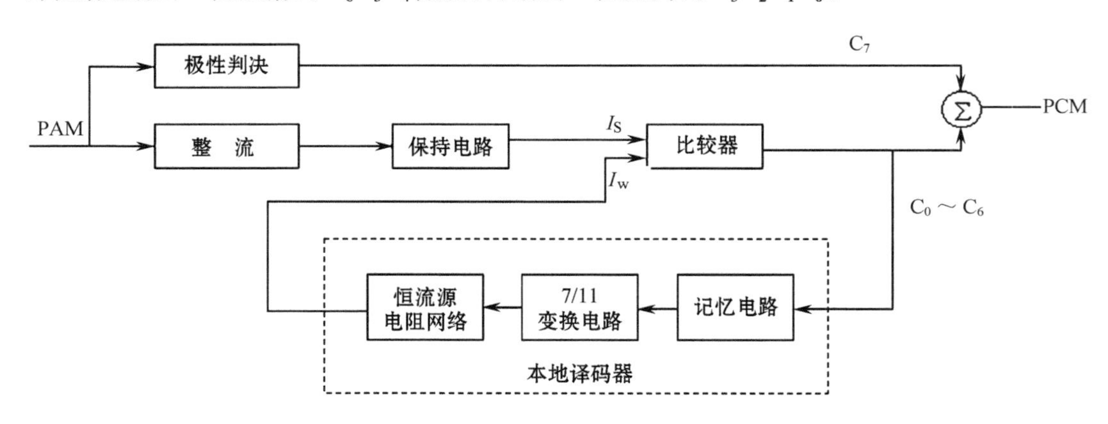

图4.3-9 逐次比较型编码器的原理框图

段落码的具体编码过程见表4.3-4。编写段落码的第1次比较确定C_6。从表4.3-2可知,段落码的1~4段与5~8段的分界值是128Δ,因此取$I_w = 128\Delta$,以决定样值是落入1~4段还是落入5~8段。若$I_S < I_w$,则$C_6 = 0$,表示信号值落在1~4段;反之若当$I_S > I_w$,$C_6 = 1$,表示信号值在5~8段。第2次比较确定C_5,根据第1次比较的结果,将已确定的4段再一分为二,I_w取这4段的中点值,以确定样值在该4段中的哪两段。第3次比较确定C_4,以确定信号样值落入了2段中的哪一段。

段内码的编码方法与段落码类似,也是使I_S与I_w相比较,编出4位段内码$C_3 \sim C_0$。下面通过一个例子说明编码过程。

表 4.3－4　段落码的编码过程

<table>
<tr><td rowspan="4">$C_6=1$,
抽样值在 5～8 段
←……$I_w=128\Delta$……→
$C_6=0$
抽样值在 1～4 段</td><td rowspan="2">$C_5=1$,抽样在 7、8 段
←……$I_w=512\Delta$……→
$C_5=0$,抽样在 5、6 段</td><td>$C_4=1$,　抽样在第 8 段
←……$I_w=1024\Delta$……→
$C_4=0$,　抽样在第 7 段</td></tr>
<tr><td>$C_4=1$,　抽样在第 6 段
←……$I_w=256\Delta$……→
$C_4=0$,　抽样在第 5 段</td></tr>
<tr><td rowspan="2">$C_5=1$,抽样在 3、4 段
←……$I_w=32\Delta$……→
$C_5=0$,抽样在 1、2 段</td><td>$C_4=1$,　抽样在第 4 段
←……$I_w=64\Delta$……→
$C_4=0$,　抽样在第 3 段</td></tr>
<tr><td>$C_4=1$,　抽样在第 2 段
←……$I_w=64\Delta$……→
$C_4=0$,　抽样在 1 段</td></tr>
</table>

【例 4.3－2】 设编码器输入的抽样脉冲值为 1270Δ,采用逐次比较型编码将它按 13 折线 A 律编出 8 位码。

解:

(1) 确定极性码 C_7

因为输入信号抽样值为正极性,故 $C_7=1$。

(2) 确定段落码 $C_6C_5C_4$。

第 1 次比较:取 $I_w=128\Delta$。

$I_S=1270\Delta>I_w=128\Delta$,故 $C_6=1$,说明样值在 5～8 段。

第 2 次比较:根据表 4.3－4,5～8 段的中点分界值是 512Δ,故取 $I_w=512\Delta$。

$I_S=1270\Delta>I_w=512\Delta$,故 $C_5=1$,说明样值在该 4 段中的 7～8 段。

第 3 次比较:取 I_w 为 7～8 段的中点分界值,$I_w=1024\Delta$。

$I_S=1270\Delta>I_w=1024\Delta$,故 $C_4=1$,说明样值在第 8 段。

(3) 确定段内码 $C_3C_2C_1C_0$。

段内码是在已确定输入信号所处段落的基础上,用来表示输入样值信号处于该段的哪一量化级上。上面已经确定输入信号处于第 8 段,该段有 16 个量化级。由表 4.3－2 可知,该段的量化间隔为 64Δ。故 C_3 的标准电流应该选择为

$$I_w=\text{段落起点电平}+8\times(\text{该段量化间隔})=$$
$$1024\Delta+8\times64\Delta=1536\Delta$$

第 4 次比较:$I_S=1270\Delta<I_w=1536\Delta$,故 $C_3=0$。

同理,确定 C_2 的标准电流应该选择为

$$I_w=\text{段落起点电平}+4\times(\text{该段量化间隔})=$$
$$1024\Delta+4\times64\Delta=1280\Delta$$

第 5 次比较:$I_S=1270\Delta<I_w=1280\Delta$,故 $C_2=0$。

确定 C_1 的标准电流应该选择为

$$I_w = \text{段落起点电平} + 2 \times (\text{该段量化间隔}) =$$
$$1024\Delta + 2 \times 64\Delta = 1152\Delta$$

第 6 次比较：$I_s = 1270\Delta > I_w = 1152\Delta$，故 $C_1 = 1$。

确定 C_0 的标准电流应该选择为

$$I_w = \text{段落起点电平} + 3 \times (\text{该段量化间隔}) =$$
$$1024\Delta + 3 \times 64\Delta = 1216\Delta$$

第 7 次比较：$I_S = 1270\Delta > I_w = 1216\Delta$，故 $C_0 = 1$。

经过上述的 7 次比较，输出结果 $C_7C_6C_5C_4C_3C_2C_1C_0 = 11110011$。说明输入信号抽样值处于第 8 段的第三个量化级，其量化电平为 1216Δ，量化误差 $= 1270\Delta - 1216\Delta = 54\Delta$。顺便指出，除极性码之外，非均匀量化的 7 位码组 1110011，对应于均匀量化的 11 位码组为 10011000000。

在图 4.3-9 中，本地译码器的作用是提供比较所需要的标准电流值 I_w。它由记忆器、7/11 变换电路和恒流源组成。记忆电路用来存储二进制代码，因为除第一次比较之外，其余各次比较都要依据前面的比较结果来确定标准电流 I_w 的值。7/11 变换电路就是前面非均匀量化中所说的数字压缩器。因为采用非均匀量化的 7 位非线性码等效于 11 位线性码，而比较器只能编 7 位码，反馈到本地译码器的全部码也只有 7 位，恒流源有 11 个基本权值电流支路，需要 11 个控制脉冲来进行控制，所以必须经过变换，把 7 位码变成 11 位码。恒流源用来产生各种标准电流值。另外保持电路的作用是保证在整个比较过程中输入信号的幅度不变。

PCM 接收端译码器的工作原理与本地译码器基本相同，惟一不同之处是接收端译码器在译出幅度的同时，还要恢复出信号的极性，这里我们不再重复。

4.3.3 PCM 系统的抗噪声性能

在 PCM 系统中，存在着两种性质完全不同的噪声。一种是量化过程中形成的量化噪声；另一种是在传输过程中经信道混入的加性高斯白噪声。因此通常将 PCM 系统输出端总的信噪比定义为

$$\left(\frac{S_o}{N_o}\right)_{PCM} = \frac{S_o}{N_q + N_e} = \frac{S_o/N_q}{1 + N_e/N_q} \tag{4.3-21}$$

式中，S_o 表示系统输出端信号的平均功率；N_q 表示系统输出端量化噪声的平均功率；N_e 表示系统输出端信道加性噪声的平均功率。

量化噪声是为了实现模拟信号数字化而人为引进的。它的存在使量化后的样值 $f_q(t)$ 与原始信号的抽样值 $f_S(t)$ 间出现了误差 $e(t) = f_S(t) - f_q(t)$。因此即使译码时没有出现任何差错，输出信号与原始信号的样值也存在误差。这种误差对原始信号而言就相当于一种噪声，即为量化噪声。

加性高斯白噪声对 PCM 系统的影响表现在最后可能造成 PCM 译码的错误，也就是造成“误码”。由于误码，使接收端恢复的量化脉冲与发送的量化脉冲产生了差异，这也就相当于引入了噪声。

虽然两种噪声最终的结果都是使恢复后的信号与原始信号存在差异，但是两种噪声

相互独立,所以可以分开讨论。

一、量化噪声的影响

前面我们已经分析了发送端的量化信噪比。根据式(4.3-11)和式(4.3-12)有

$$\frac{S_o}{N_q} = M^2 - 1 \approx M^2 \tag{4.3-22}$$

对于二进制编码,有

$$\frac{S_o}{N_q} = 2^{2n} \tag{4.3-23}$$

其中 n 是二进制代码的位数。

对于一个频带限制在 f_m 的信号,PCM 的编码过程是将一个抽样脉冲转换成为一组(n 个)二进制脉冲。而这 n 个脉冲只能占据原来分配给单个抽样脉冲的时间间隔。根据抽样定理,这就要求系统每秒至少传输 $2nf_m$ 个脉冲。这样单路 PCM 系统传输信道带宽 B 应满足

$$B \geqslant nf_m \tag{4.3-24}$$

将式(4.3-24)代入式(4.3-23),有

$$\frac{S_o}{N_q} = 2^{2(B/f_m)} \tag{4.3-25}$$

可见,PCM 输出端的量化信噪比与系统的信道带宽成指数关系。因此,当传输信号一定时,若要提高 PCM 系统的量化信噪比,可以增加编码的位数。但这是用扩展信道带宽为代价换取的。这个结论告诉我们在通信系统中可靠性和有效性可以互换。

二、加性噪声的影响

加性噪声对 PCM 系统性能的影响表现在接收端的误码上。出现误码时,将造成发送与接收量化脉冲值的误差。误差的大小对各码位来说是不均匀的。若用 n 位自然二进制码进行编码,均匀量化阶距为 Δ,则编码最低位到最高位的权值分别为 $2^0, 2^1, \cdots, 2^{i-1}, 2^i, \cdots, 2^{n-1}$。若误码出现在最低位,误差为一个 Δ,误差出现在第 i 位上,其误差为 $\pm(2^{i-1}\Delta)$。当最高位发生误码时,造成的误差最大,为 $\pm(2^{n-1}\Delta)$。各个码位上产生误码时引起的量化误差见表 4.3-5。

表 4.3-5 各误码码位误差

误码码位	1	2	3	…	i	…	n
量化误差	$2^0\Delta$	$2^1\Delta$	$2^2\Delta$	…	$2^{i-1}\Delta$	…	$2^{n-1}\Delta$

在加性高斯白噪声的情况下,每位码元出现的差错都是相互独立的。在一个码组中,只有一个码元发生错码所造成的平均误码功率 σ_e^2 为

$$\sigma_e^2 = \frac{1}{n}\sum_{i=1}^{n}(2^{i-1}\Delta)^2 = \frac{2^{2n}-1}{3n}\Delta^2 \approx \frac{2^{2n}}{3n}\Delta^2 \tag{4.3-26}$$

在实际中每位码元出错的概率为误码率 P_e。一个 n 位长的码字中仅有一位出错的概率近似为 $C_n^1 P_e = nP_e$,所以因误码引起的噪声功率为

$$N_e = \sigma_e^2 n P_e \approx \frac{2^{2n}\Delta^2}{3}P_e \tag{4.3-27}$$

由于误码脉冲与信号的抽样脉冲一样通过接收端低通滤波器，因此两者受到的衰减是一样的，由式(4.3－11)和式(4.3－27)可以得到由加性噪声决定的接收端输出信噪比

$$\frac{S_o}{N_e}=\frac{1}{4P_e} \tag{4.3-28}$$

从式(4.3－28)可见，由加性噪声引起的信噪比与误码率 P_e 成反比。当 $P_e \ll 1$，一个码字中同时出现多于一位错误的概率极小，它对平均误码功率的影响可以忽略不计。

将式(4.3－10)、式(4.3－23)及式(4.3－26)代入式(4.3－21)，得到 PCM 系统总的输出信噪比

$$\left(\frac{S_o}{N_o}\right)_{PCM}=\frac{M^2}{1+4\cdot M^2\cdot P_e}=\frac{2^{2n}}{1+4\cdot P_e\cdot 2^{2n}} \tag{4.3-29}$$

式(4.3－29)说明，当误码率较低时，例如 $P_e<10^{-6}$，PCM 系统的输出信噪比主要取决于量化信噪比 S_o/N_q。当信道中信噪比较低时，即误码率 P_e 较高时，PCM 系统的输出信噪比取决于误码率，且随误码率 P_e 的提高而下降。一般来说，$P_e=10^{-6}$ 是很容易实现的，所以加性噪声对 PCM 系统的影响往往可以忽略不计，这说明 PCM 系统抗加性噪声的能力是非常强的。

4.3.4 PCM 编解码器芯片*

由于脉冲编码调制(PCM)技术在数字通信系统中得到了广泛的应用，PCM 编码器的芯片经过了一个飞速发展的更新换代过程。第一代集成化 PCM 编码器中模拟电路采用双极性工艺，而数字电路采用 MOS 工艺，由两个芯片才能组成一个 PCM 编码器。第二代单片 PCM 编译码器采用 NMOS 工艺，在一个芯片上集成一个编码器或解码器。因此，若要组成一个 PCM 编译码器，需要两片 PCM 集成电路。第三代单片 PCM 编译码器采用 NMOS 或 CMOS 工艺，在同一个芯片上集成一个编码器和一个解码器，而且在同一芯片上还带有收发开关电容话音滤波器，从而使单片 PCM 基群复用设备技术取得了重大革新。目前 PCM 专用大规模集成电路已形成了系列产品。表 4.3－6 列出了一些典型的单片编译码器的型号及主要特性。

在这里我们简单地介绍 MC145557 编译码芯片，对其它芯片感兴趣的读者可以参考有关资料。

PCM 编译码器采用 MC145557 专用大规模集成电路，如图 4.3－10 所示。它采用 *A* 律压扩编码方式，含发送带宽和接收低通开关电容滤波器，内部提供基准电压源，采用 CMOS 工艺。MC145557 的管脚如图 4.3－10(*a*)所示，内部组成框图如图 4.3－10(*b*)所示。

下面简述 MC145557 的管脚定义。

(1) V－：输入－5V 电压。

(2) GnDA：模拟地。

(3) Fr0：接收信号输出。

(4) V＋：输入＋5V 电压。

(5) FSr：接收 8kHz 帧同步输入。

(6) DIr：接收数据输入。

(7) CPrd/CPs：接收数据时钟输入/时钟选择控制。

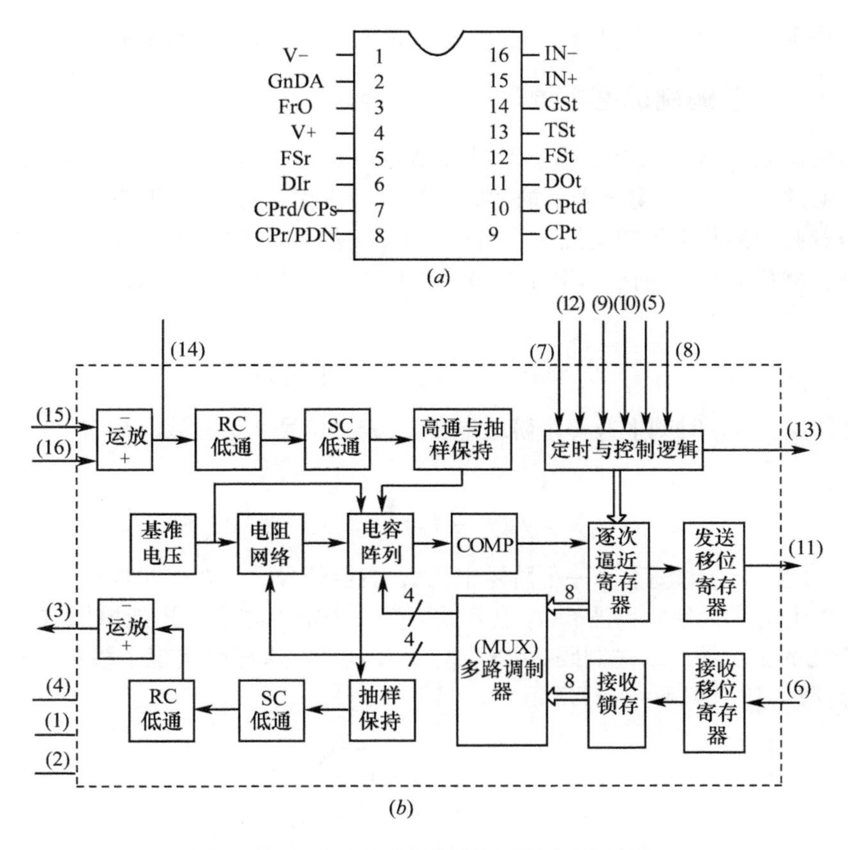

图 4.3－10 MC145557 的管脚图和原理框图

(8) CPr/PDN：接收主时钟输入/降低功耗控制。在固定数率工作模式下为2048kHz。

(9) CPt：发送主时钟输入，在固定数率工作模式下为 2048kHz。

(10) CPtd：发送数据时钟输入。

(11) DOt：发送数据时钟输出。

(12) FSt：发送 8kHz 帧同步输入。

(13) TSt：发送时隙指示。

(14) GSt：发送增益控制。

(15) IN+：发送信号同相输入。

(16) IN-：发送信号反相输入。

MC145557 编译码器所需的定时脉冲均由定时部分提供。74LS04、74LS74 时钟源产生 2048kHz 的主时钟信号。由 74LS161、74LS20 和 74LS138 产生两个时序相差 3.91μs (1/256000s) 的 8kHz 帧同步信号。

4.4 增量调制(ΔM)

增量调制(ΔM)是 PCM 的特殊形式，也是一种常用的模拟信号数字化的基本方法。

在 PCM 中，信号的抽样值用多位二进制码来表示，为了减少量化噪声，则需要减少量化阶距,从而使码位增加,设备复杂。采用增量调制的出发点就是要减少码位,简化设备。

4.4.1 增量调制的基本原理

在增量调制(ΔM)中,对于每一个抽样值可以只用一位编码。但这一位码并不用于表示抽样值的大小,而是用于表示抽样时刻波形的变化趋向,即模拟信号波形斜率的变化信息。增量调制的基本思想是用一个阶梯波$f_q(t)$去逼近模拟带限信号$f(t)$,在抽样时刻t_i,将当前抽样值$f(t_i)$与前一时刻阶梯波的取值$f_q(t_i-T_S)$相比较,如图 4.4-1(a)所示。

若

$$f(t_i) > f_q(t_i - T_S) \qquad \text{编码为“1”}$$

同时让$f_q(t)$在$t=t_i$时刻上升一个阶距电压Δ,表示信号波形在该时刻有上升的趋势。

若

$$f(t_i) > f_q(t_i - T_S) \qquad \text{编码为“0”}$$

同时让$f_q(t)$在$t=t_i$时刻下降一个阶距电压Δ,表示信号波形在该时刻有下降的趋势。

按照以上的规则使阶梯波$f_q(t)$上升或下降一个阶距电压Δ逼近模拟信号,并根据增量$e(t)$变化的正负编出二进制码,用“0”或“1”码表示,这样就实现了模拟信号的增量编码,其编码波形如图 4.4-1(c)所示。

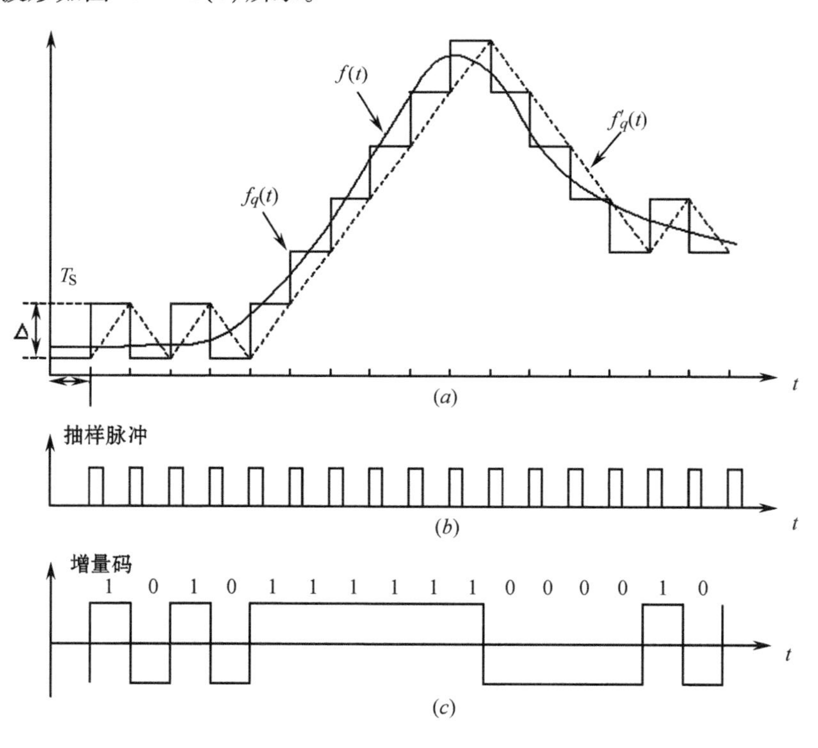

图 4.4-1 增量调制波形及编码

(a) 用阶梯波逼近模拟带限信号;(b) 抽样脉冲;(c) 编码波形。

图 4.4-2 是 ΔM 系统的原理框图，图中的判决器根据增量 $e(t)$ 的正负完成二进制编码。当 $e(t)>0$ 时，判决器输出一个正脉冲作为“1”码；当 $e(t)<0$ 时，判决器输出一个负脉冲作为“0”码。这样增量调制就将模拟信号 $f(t)$ 转换成了二进制码流 $p(t)$。

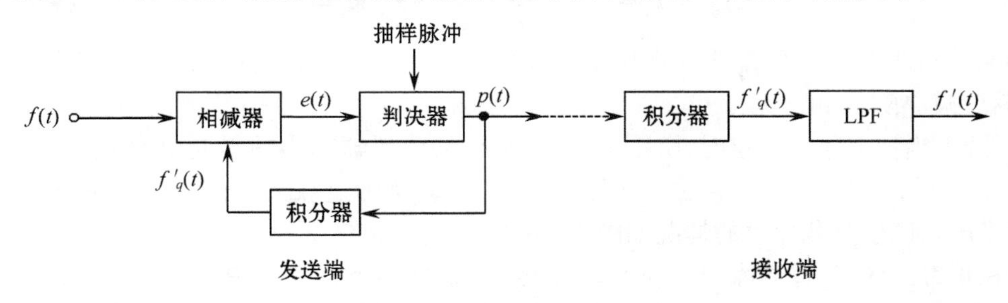

图 4.4-2　增量调制系统框图

在接收端，译码器每收到一个“1”码，就使输出上升一个阶距电压 Δ，每收到一个“0”码，就使输出下降一个阶距电压 Δ，这样就可以近似地复制出阶梯波形。完成这种功能的译码器可以用一个积分器来实现。这种积分器输出的波形不是像 $f_q(t)$ 那样的阶梯波，而是如图 4.4-1(a) 中虚线所示的斜变波 $f'_q(t)$。这种斜变波经低通滤波器之后就变得十分接近于信号 $f(t)$。

4.4.2　量化噪声和过载噪声

与 PCM 系统相类似，由于量化阶距 Δ 的存在，因此增量调制系统必然也存在量化误差 $e(t)$，量化误差可以表示成

$$e(t)=f(t)-f'_q(t) \tag{4.4-1}$$

$e(t)$ 的波形如图 4.4-3 所示。根据 4.4.1 节对 ΔM 的分析可知，在正常情况下其量化误差 $e(t)$ 在区间 $(-\Delta,+\Delta)$ 内变化，而不像 PCM 那样，由于量化时按四舍五入近似而使误差在区间 $(-\Delta/2,+\Delta/2)$ 内变化。

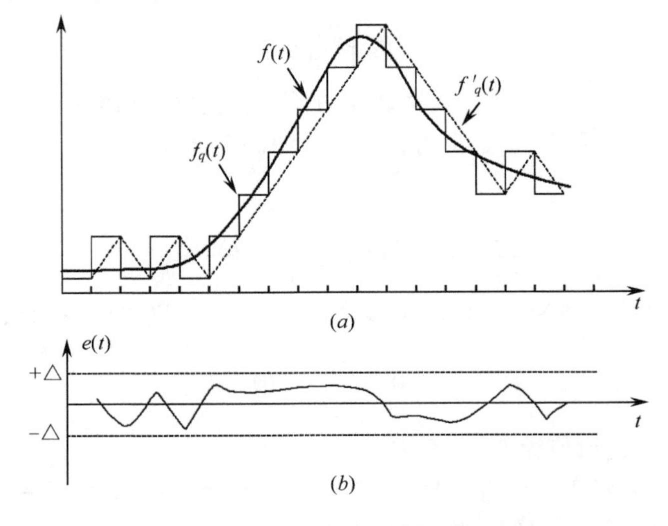

图 4.4-3　ΔM 系统的量化误差

(a) 用阶梯波逼近模拟带限信号；(b) 量化误差。

若假设 $e(t)$ 在取值区间$(-\Delta, +\Delta)$内呈均匀分布，其误差信号功率（量化噪声功率）的平均值为

$$N_q' = \mathrm{E}[e^2(t)] = \int_{-\Delta}^{\Delta} e^2 \cdot \frac{1}{2\Delta}\mathrm{d}e = \frac{\Delta^2}{3} \tag{4.4-2}$$

式(4.4-2)表明，ΔM 的量化噪声功率与量化阶距电压的平方成正比。因此若要想减小 N_q'，就应减小阶距电压 Δ。

然而，当抽样速率一定时，阶距电压太小，会使译码器输出的斜变波形 $f_q'(t)$ 跟不上信号 $f'(t)$ 的变化，从而产生更大的失真。这种失真称为过载失真，它所产生的噪声称为过载噪声。产生过载噪声的情况如图 4.4-4 所示。

在正常工作时，过载噪声必须加以克服。过载噪声的产生是由于斜变波的最大斜率跟不上信号斜率的变化。下面，我们来讨论不发生过载失真的条件。

由图 4.4-1(a)可见，$f_q'(t)$ 每隔 T_S 时间增长 Δ，因此其最大可能的斜率为 Δ/T_S。而模拟信号 $f(t)$ 的斜率为 $\mathrm{d}f(t)/\mathrm{d}t$。为了不发生过载失真，必须使信号的最大可能斜率小于斜变波的斜率，即有

$$\left|\frac{\mathrm{d}f(t)}{\mathrm{d}t}\right|_{\max} \leqslant \frac{\Delta}{T_S} \tag{4.4-3}$$

式中，$\left|\frac{\mathrm{d}f(t)}{\mathrm{d}t}\right|_{\max}$ 是信号 $f(t)$ 的最大斜率。当输入是单音频信号 $f(t)=A\cos\omega t$ 时，有

$$\left|\frac{\mathrm{d}f(t)}{\mathrm{d}t}\right|_{\max} = A\omega \tag{4.4-4}$$

在这种特殊的情况下，不发生过载失真的条件为

$$A\omega \leqslant \Delta f_S \tag{4.4-5}$$

从式(4.4-5)可见，当模拟信号的幅度或频率增加时，都可能引起过载。为了控制量化噪声，则量化阶距电压 Δ 不能过大。因此若要避免过载噪声，在信号幅度和频率都一定的情况下，只有提高频率 f_S，即使 f_S 满足

$$f_S \geqslant \frac{A}{\Delta}\omega \tag{4.4-6}$$

一般情况下，$A \gg \Delta$，为了不发生过载失真，f_S 的取值远远高于 PCM 系统的抽样频率。例如，ΔM 系统的动态范围 $(D)_{\Delta M}$ 定义为最大允许编码幅度 $A_{\max}=\Delta f_S/2\pi f$ 与最小可编码电平 $A_{\min}=\Delta/2$ 的之比，即

$$(D)_{\Delta M} = 20\log\frac{A_{\max}}{A_{\min}} = 20\log\frac{f_S}{\pi f} \tag{4.4-7}$$

若设话音信号的频率为 $f=1\mathrm{kHz}$，并要求其变化的动态范围为 40dB，则有

$$20\log\frac{f_S}{\pi f} = 40$$

因此不发生过载，f_S 的取值为 $f_S \approx 300\mathrm{kHz}$。

在 PCM 系统中，对于频率为 1kHz 的话音信号进行抽样，抽样频率为 2kHz。与之相比，ΔM 系统的 f_S 比 PCM 系统的抽样频率大很多。

需要指出的是，在 ΔM 系统中所说的抽样频率，实际上是系统最终输出的二进制码元

速率，它与抽样定理中定义的抽样速率物理意义是不同的。

在抽样频率和量化阶距电压都一定的情况下，为了避免发生过载，输入信号的频率和幅度关系应保持在图4.4-5中过载特性所示的临界线之下。

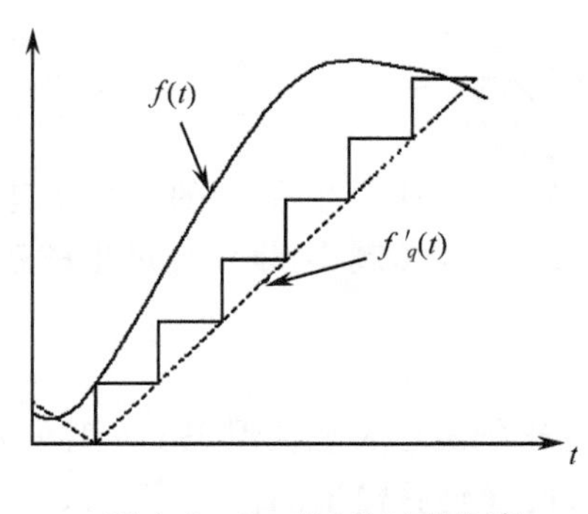

图4.4-4　ΔM的过载失真

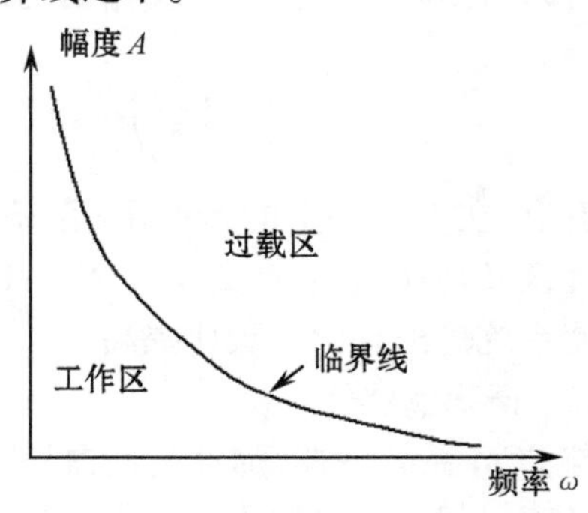

图4.4-5　过载特性

在临界情况下，有

$$A_{\max} = \frac{\Delta f_S}{2\pi f} \tag{4.4-8}$$

该式说明，输入信号所允许的最大幅度与 Δf_S 成正比，与输入信号的频率成反比，因此输入信号幅度的最大允许值必须随信号频率的上升而下降。频率增加1倍，幅度必须下降6dB。这正是增量调制不能实用的原因。在实际应用中，多采用ΔM的改进型——总和增量调制（Δ-ΣM）系统和数字压扩调制。

4.4.3　增量调制系统的抗噪声性能

与PCM系统相同，增量调制系统的抗噪声性能也要从两个方面来讨论。

一、量化信噪比

由式(4.4-2)我们得到，ΔM系统量化误差 $e(t)$ 所产生的平均噪声功率 $N'q = \Delta^2/3$。但 N_q' 不是增量调制系统最终输出的量化噪声平均功率，它仅是误差信号的幅度均方值。从误差信号的波形(图4.4-3)中可以粗略地看到，$e(t)$ 的最高频率为 f_S，最低频率可以任意地小。所以 $e(t)$ 的频谱可以看成是从0频开始，一直延伸到 f_S。假定量化噪声功率在 $[0, f_S]$ 内均匀分布，则 $e(t)$ 的功率谱密度为

$$S_q(f) = \frac{N_q'}{f_S} = \frac{\Delta^2}{3f_S} \tag{4.4-9}$$

由图4.4-1(a)可知，接收端译码后的信号 $f_q'(t)$ 还要经过低通滤波器平滑以后输出。若LPF的截止频率为信号的最高频率 f_m，则系统输出的量化噪声平均功率 N_q 为

$$N_q = S_q(f) \cdot f_m = \frac{\Delta^2}{3} \cdot \frac{f_m}{f_S} \tag{4.4-10}$$

在信号不过载的情况下，以正弦信号为例，输入信号允许的最大幅度 $A_{\max} = (\Delta f_S)/(2\pi f)$，所以系统输出信号功率 S_o 为

$$S_o = \frac{A_{max}^2}{2} = \frac{\Delta^2 f_S^2}{2\omega^2} = \frac{\Delta^2 f_S^2}{8\pi^2 f^2} \tag{4.4-11}$$

由此可以得到临界条件下系统输出的最大量化信噪比为

$$\left(\frac{S_o}{N_q}\right)_{max} = \frac{3}{8\pi^2} \cdot \frac{f_S^3}{f^2 \cdot f_m} \approx 0.04\frac{f_S^3}{f^2 \cdot f_m} \tag{4.4-12}$$

可以看出,在f_m、f一定的情况下,系统的输出量化信噪比与抽样频率f_S的立方成正比。其物理意义是:f_S的值越高,$f'(t)$与$f(t)$逼近得越好,量化误差越小,量化噪声也就越小,从而使系统输出量化信噪比提高。

二、误码信噪比

与PCM系统一样,加性高斯白噪声对ΔM系统的影响最终表现在误码上。我们将由加性噪声引起的信噪比称为误码信噪比。由于误码,使译码后输出的信号产生误差。在ΔM中,不管是“0”码错为“1”码,还是“1”码错为“0”码,产生的误差信号绝对值都相同,幅度都是$2E$。如图4.4-6所示。

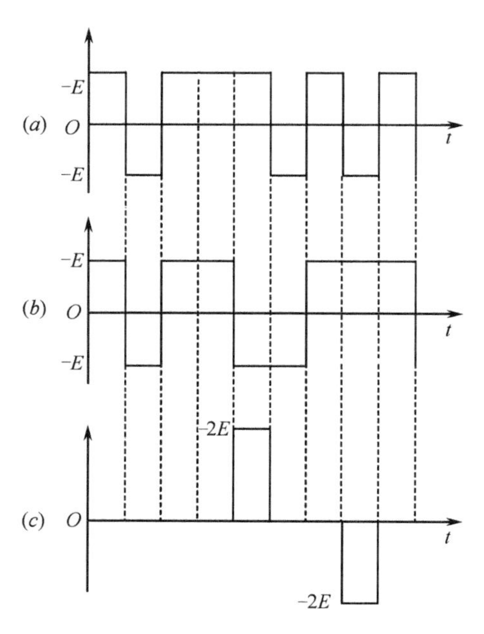

图4.4-6 ΔM系统误码波形说明

(a) 发送码;(b) 接收码;(c) 误差脉冲。

若假设每个误码相互独立,且误码的可能性相等,误码率为P_e,则误差脉冲产生的平均噪声功率为

$$N_e' = (2E)^2 P_e \tag{4.4-13}$$

同样,N_e'也不是系统最终的输出误差功率N_e。因为误差脉冲还要经过积分器和低通滤波器才能到达输出端。我们先来求误差脉冲在积分器输入端的功率谱密度。

由于误差脉冲宽度是T_S,其等效功率谱带宽为$f_S/2$,则积分器输入端误差脉冲的功率谱为

$$S_e(f) = \frac{N_e}{f_S/2} = \frac{8E^2P_e}{f_S} \tag{4.4-14}$$

根据功率谱的性质，误差脉冲经过积分器，输出的功率谱密度为

$$S_o(\omega) = S_e(\omega) \cdot |H(\omega)|^2 \tag{4.4-15}$$

式中，$H(\omega)$是积分器的传输函数。从式(4.4-15)可知，为了求积分器输出的功率谱密度$S_o(\omega)$，必须先求积分器的传输函数。

系统中，积分器的作用是将幅度为E，宽度为T_S的矩形脉冲转换成幅度为阶距电压Δ的三角波，如图4.4-7所示。

从图4.4-7可以求得积分器输入信号$f_1(t)$和输出信号$f_2(t)$的傅里叶变换为

$$f_1(t) \leftrightarrow F_1(\omega) = ET_S Sa\left(\frac{\omega T_S}{2}\right)e^{-j\frac{\omega T_S}{2}}$$

$$f_2(t) \leftrightarrow F_2(\omega) = \frac{\Delta}{j\omega} Sa\left(\frac{\omega T_S}{2}\right)e^{-j\frac{\omega T_S}{2}}$$

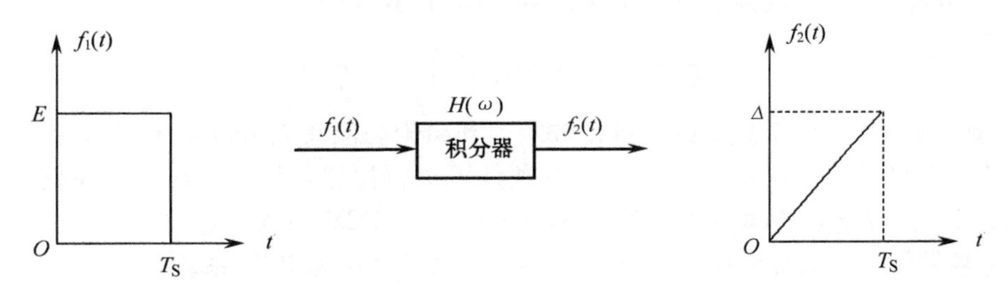

图4.4-7 积分器的输入输出波形

由此得到积分器的传输函数

$$H(\omega) = \frac{F_2(\omega)}{F_1(\omega)} = \frac{\Delta}{ET_S} \cdot \frac{1}{j\omega} \tag{4.4-16}$$

将上式代入式(4.4-14)得到积分器输出的噪声功率谱密度

$$S_o(\omega) = S_e(\omega) \cdot |H(\omega)|^2 = \frac{8E^2P_e\Delta^2}{f_SE^2T_S^2} \cdot \frac{1}{j\omega} = \frac{2\Delta^2P_ef_S}{\pi^2f^2} \tag{4.4-17}$$

设LPF的通带为$f_L \sim f_m$，则系统最终的输出噪声功率为

$$N_e = \int_{f_m}^{f_L} S_o(t)\mathrm{d}f = \int_{f_m}^{f_L} \frac{2\Delta^2P_ef_S}{\pi^2f^2}\mathrm{d}f = \frac{2\Delta^2P_ef_S}{\pi^2} \cdot \left(\frac{1}{f_L} - \frac{1}{f_m}\right) \tag{4.4-18}$$

一般情况下，$f_L \ll f_m$，所以系统输出的加性噪声功率为

$$N_e = \frac{2\Delta^2P_ef_S}{\pi^2f_L} \tag{4.4-19}$$

由式(4.4-11)和式(4.4-19)，可以求得由加性噪声决定的输出信噪比为

$$\left(\frac{S_o}{N_e}\right)_{\Delta M} = \frac{\Delta^2P_ef_S^2}{8\pi^2f^2} \Big/ \frac{2\Delta^2P_ef_S}{\pi^2f_L} = \frac{f_Sf_L}{16P_ef^2} \tag{4.4-20}$$

式(4.4-20)告诉我们，在f、f_L和f_S一定的条件下，加性噪声决定的信噪比与误码率

成反比。

同时考虑到量化信噪比和误码信噪比，则 ΔM 系统总的输出信噪比为

$$\left(\frac{S_o}{N_q+N_e}\right)_{\Delta M}=\frac{3f_L\cdot f_S^3/f^2}{8\pi^2 f_L f_m+48P_e f_S^2} \tag{4.4-21}$$

当误码率很小时，ΔM 系统的输出信噪比主要由量化信噪比决定。

4.4.4 PCM 和 ΔM 的性能比较

前面我们对最基本的 PCM 和 ΔM 系统作了比较详细的讨论。下面来比较无误码时(或误码极低时)PCM 和 ΔM 系统的性能。

对于 PCM 系统，其性能可以用式(4.3-14)估计，即有

$$\frac{S_o}{N_q}=6n \quad (\text{dB}) \tag{4.2-22}$$

而对于 ΔM 系统来说，其性能可以按式(4.4-12)估算，即有

$$\frac{S_o}{N_q}\approx 10\lg\left(0.04\frac{f_S^3}{f^2 f_m}\right) \quad (\text{dB}) \tag{4.4-23}$$

显然，很难从这两个式子的直接比较中得到结论。但我们可以在相同信道宽度的条件下，也就是两者有相同信道传输速率的条件下进行比较。设这个传输速率为 f_b，对于 ΔM 系统，f_b 就等于系统的抽样频率，即有 $f_S=f_b$；对于 PCM 系统而言，通常有 $f_b=2nf_m$，其中 f_m 是基带信号的最高频率，n 是编码位数。当 ΔM 系统和 PCM 系统有相同的传输速率时，可以将 $f_s=f_b=2nf_m$ 代入式(4.4-23)，可得

$$\frac{S_o}{N_q}\approx 10\lg\left[0.04\frac{(2nf_m)^3}{f^2 f_m}\right]=10\lg\left[0.32n^3\left(\frac{f_m^2}{f^2}\right)\right] \quad (\text{dB}) \tag{4.4-24}$$

因为 $f\leqslant f_m$，且话音信号的能量主要集中在 800Hz～1000Hz 这一段中，故取 $f=1000\text{Hz}$，$f_m=3000\text{Hz}$，则式(4.4-24)变成

$$\frac{S_o}{N_q}\approx 30\lg 1.42n \quad (\text{dB}) \tag{4.4-25}$$

在不同的 n 值情况下，PCM 与 ΔM 系统的比较曲线如图 4.4-8 所示。由图可以看出，在相同的传输速率下，如果 PCM 系统的编码位数 n 小于 4，则它的性能将比 $f=$

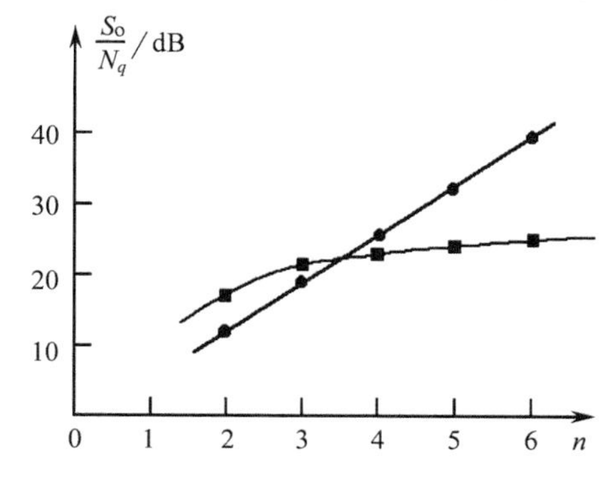

图 4.4-8 不同 n 值 PCM 与 ΔM 性能的比较曲线

1000Hz, $f_m = 3000$Hz 的 ΔM 系统差；如果 $n>4$，PCM 的性能将超过 ΔM 系统，且随 n 的增大，性能越来越好。

4.5　其它的脉冲数字调制

4.5.1　总和增量调制(Δ－ΣM)

通过4.4节对增量调制的讨论可知，从物理上讲，增量调制发送端送出的脉冲序列，实际上携带着模拟输入信号波形的斜率信息(又称为微分信息)。从式(4.4－4)及式(4.4－5)可以看到，ΔM 不发生过载的条件还与信号的频率有关。由于 ΔM 系统的抽样周期 T_S 及量化阶距 Δ 总是一定的，无法做到无穷小，因此在有些情况下，ΔM 编码不能反映出原信号波形斜率的变化。例如，当输入模拟信号变化非常缓慢，其变化幅度又不超过 Δ/2 时，ΔM 输出信号便无法反映原信号这种微量的变化信息。又如，当输入信号波形变化十分剧烈，即信号有十分陡峭的斜率时，ΔM 系统有可能跟不上信号斜率的变化，从而丢失信号的斜率信息。由此说明，ΔM 系统对于频率较低或频率较高的输入信号，都有可能丢失微分信息。总和增量调制(Δ－ΣM)克服了 ΔM 系统对频率的敏感性，改进了 ΔM 的系统性能，其系统框图如图4.5－1所示。

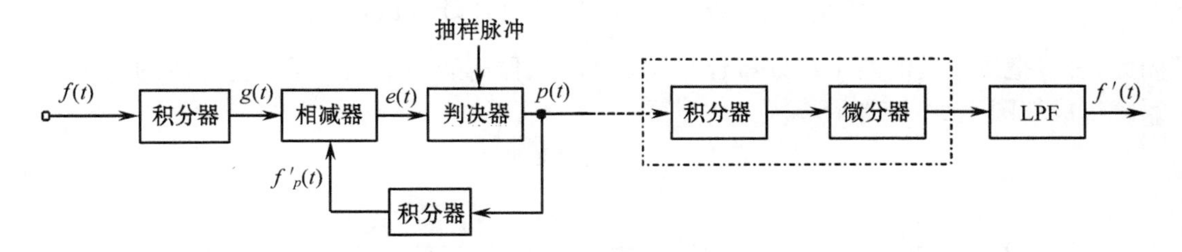

图4.5－1　Δ－ΣM 系统原理框图

总和增量调制的基本思想是，在发送端让输入信号 $f(t)$ 先通过一个积分器，使平坦的信号具有一定的斜率，然后再送入基本 ΔM 系统，相当于微分。先积分后微分，两者相互抵消，即 Δ－ΣM 中所携带的是输入信号的幅度信息。在接收端，为了恢复出原来的信号，再增加一级微分器。由于接收端的积分器和微分器的相互抵消作用，实际上，在 Δ－ΣM 系统的接收端只需要一个低通滤波器就可以恢复出原信号。

与 ΔM 相类似，总和增量调制也会发生过载现象。在 ΔM 中，不发生过载的条件是

$$\left|\frac{\mathrm{d}f(t)}{\mathrm{d}t}\right|_{\max} \leqslant \frac{\Delta}{T_S} \tag{4.5-1}$$

而在 Δ－ΣM 系统中，输入信号先经过积分器，然后再进行增量调制。这时图4.5－1中减法器的输入信号是

$$g(t) = \int_0^1 f(t)\,\mathrm{d}t \tag{4.5-2}$$

因此，总和增量调制系统不发生过载的条件应是

$$\left|\frac{\mathrm{d}g(t)}{\mathrm{d}t}\right|_{\max} \leqslant \frac{\Delta}{T_S} \tag{4.5-3}$$

考虑到式(4.5-2),上式可以改写成

$$|f(t)|_{\max} \leqslant \frac{\Delta}{T_S} \tag{4.5-4}$$

如输入为正弦信号 $f(t)=A\sin\omega t$,这时不发生过载的条件为

$$A \leqslant \frac{\Delta}{T_S} \tag{4.5-5}$$

或

$$f_S \geqslant \frac{A}{\Delta} \tag{4.5-6}$$

将它们与式(4.4-5)及式(4.4-6)相比较,可以看出,总和增量调制不发生过载的条件与信号的频率无关。因此 Δ-ΣM 不仅适合于传输缓慢变化的信号,也适合于传输高频信号。实际上,它特别适合于传输具有近似平坦功率谱的信号。

由于两个信号积分后的结果相减,与先相减而后再积分是等效的,所以图 4.5-1 中的差值信号 $e(t)$ 可以写成

$$e(t) = \int f(t)\mathrm{d}t - \int p(t)\mathrm{d}t = \int [f(t) - p(t)]\mathrm{d}t \tag{4.5-7}$$

因此,可以把发送端的两个积分器合并成为在相减器后的一个积分器。合并后的 Δ-ΣM 系统组成如图 4.5-2 所示。

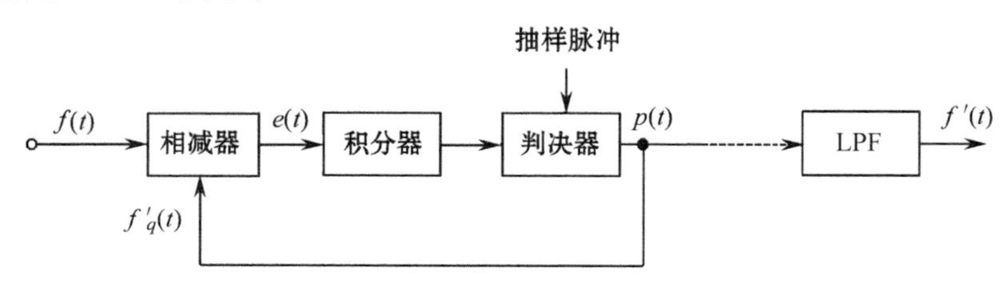

图 4.5-2 Δ-ΣM 系统组成

4.5.2 数字压扩增量调制

在增量调制系统中,量化阶距 Δ 是固定不变的。因此,当输入信号出现剧烈变化时,系统就会过载。为了克服这一缺点,希望 Δ 值能随 $f(t)$ 的变化而自动地调整大小,这就是自适应增量调制(AΔM)的概念。

自适应增量调制的基本思想是要求量化阶距 Δ 随输入信号的平均斜率变化。若输入信号斜率增加,Δ 值就自动地增加,以减小斜率过载。如果输入信号变化缓慢,平均斜率减小,Δ 值就自动地减小,以扩大系统的动态范围。

目前,自适应增量调制的种类很多,采用较为广泛的是数字压扩增量调制系统。该系统的全称是数字检测、音节压缩和扩张增量调制。数字检测指的是,自适应地改变量化阶距 Δ 的控制信息是由数字电路构成的检测装置提供的。音节压扩指的是,量化阶距 Δ 并不瞬时地随输入信号幅度变化,而是按输入信号的音节改变。

人的话音除了有频率变化的不同之外，还有音量大小变化的不同。从波形上看，音量大小的变化使话音信号的包络不断地变化。音节是指话音信号包络变化的一个周期，这个周期并不是固定的。经过大量的统计试验，可以得到这个周期的一个统计平均值。对于话音信号，一个音节约为 10ms，也就是说，话音信号包络的平均变化速率约为 100Hz。Δ 值按音节改变意味着在一个音节内，量化阶距 Δ 值基本保持不变。但在不同的音节内，Δ 值将是变化的。因为试听的结果表明，Δ 的变化时间为一个音节效果最好。

数字压扩增量调制系统的组成如图 4.5－3 所示。与 ΔM 系统相比较，这里增加了数字检测电路、平滑电路和脉冲幅度调制（PAM）电路。

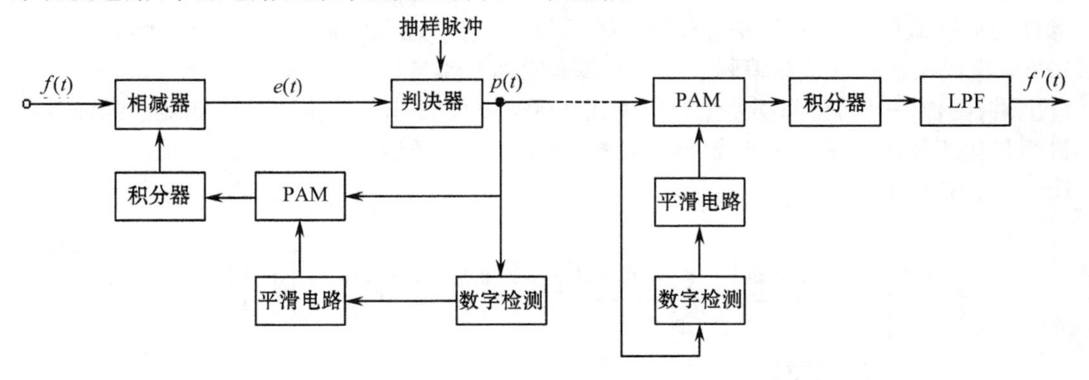

图 4.5－3　数字压扩增量调制系统框图

根据 ΔM 的原理可知，若输入信号的斜率很大，ΔM 编码输出信号中就会出现连“1”或连“0”码，连“1”或连“0”码的数越多，说明信号的斜率就越大。可见，编码输出信号中包含着斜率大小的信息。数字检测器的作用就是检测连“1”或连“0”码的长度。当它检测到一定长度的连“1”或连“0”码时，就输出一定宽度的脉冲，连“1”或连“0”码越多，检测器输出的脉冲宽度就越宽。然后，将这个输出脉冲加到平滑电路进行音节平均。平滑电路实际上是一个积分电路，它的时间常数与话音信号的音节相近（为 5ms～20ms）。因此，它的输出信号是一个以音节为时间常数缓慢变化的控制电压，其电压的幅度与话音信号的平均斜率成正比。在这个电压的作用下，PAM 使输入端的数字码流脉冲幅度得到加权。控制电压越大，PAM 输出的脉冲幅度就越高，反之就越低。这就相当于本地译码输出信号的量化阶距随控制电压的大小线性地变化。由于控制电压在音节内已被平滑，因此可以认为在一个音节内它基本上是不变的，在不同的音节内才发生变化。

在话音信号中，当 $f_S = 32\text{kHz}$ 时，可用四连码检测，也就是当连“1”或连“0”数大于 4 时，ΔM 增大，直到设计的最大值 Δ_{max}；而当连“1”或连“0”小于 4 时，Δ 减小，直到设计的最小值 Δ_{min}。$\Delta_{max}/\Delta_{min}$ 称为压扩比。当压扩比变化达到 100 倍时，可扩大动态范围 40dB，满足了话音传输动态范围的要求。

4.5.3　差值脉冲编码调制（DPCM）

前面所述的增量调制可用于传输话音信号，但是不能用来传送图像信号。因为图像信号的瞬时斜率变化比较大，容易产生过载。另外，图像信号从黑到白或者从白到黑常有突变情况，不像话音信号那样有音节特性，所以也不能采用按音节压扩方法。在图像编码中一般采用差值脉码调制(DPCM)来压缩码率。DPCM 综合了增量调制和脉冲编码调制的特点。我们知道,ΔM 是将信号 $f(t)$ 与其近似式 $f_q(t)$ 之差用一位二进制码表示。在 DPCM 中仍采用 $f(t)$ 与 $f_q(t)$ 之差作为编码信号。与 ΔM 不同的是,对于差值信号不是仅用一位二进制码表示,而是采取 PCM 编码方式,对它进行抽样、量化,并用 n 位二进制码表示。这种调制编码方法被称为差值脉冲编码调制(DPCM),简称为差值脉码调制,也称为增量脉码调制。可见,ΔM 是 DPCM 的一种特殊形式。

在对信号进行 DPCM 编码时,一个非常关键的问题是如何获取近似值 $f_q(t)$。在图像编码中,由于图像信号相邻像素之间的抽样值十分接近,所以通常是利用已经传输的图像像素的抽样值作为当前待传像素抽样的近似值,这个近似值通常被称为预测值。所以,DPCM 编码又被称为预测编码。当前待传像素抽样值与预测值之差称为预测误差。从统计上讲,图像信号的预测误差主要集中在 0 附近一个很小的范围内。因此对于预测误差进行量化所需用的量化电平数要比直接传送图像抽样值本身减少很多。图 4.5-4 是 DPCM 系统方框图。

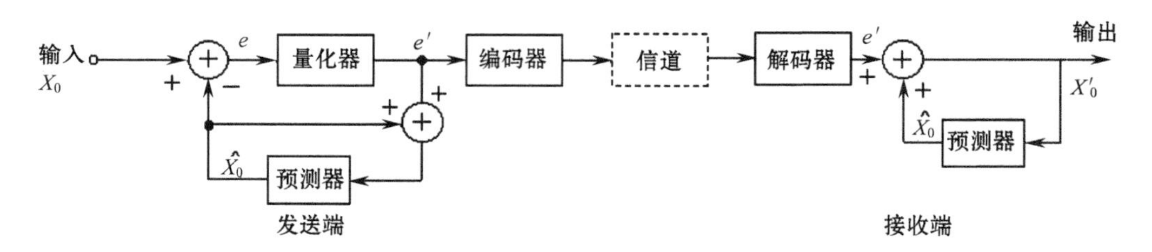

图 4.5-4 DPCM 系统方框图

4.5.4 自适应差分脉码调制(ADPCM)

自适应差分脉码调制(ADPCM)是继 DPCM 之后充分利用了线性预测的高效编码方式,它是自适应量化与自适应的智能化技术。用于话音编码时,在无明显质量降级前提下,可将 64kb/s 标准话音 PCM 压缩到 32kb/s,甚至可以低至 16kb/s,以及质量级别较低的 8kb/s、2.4kb/s 也可采用 ADPCM。

由 ADPCM 提供的低比特率或极低比特率编码,特别适用于信道拥挤和昂贵传输费用的传输系统,如卫星、微波,尤其是 TDMA、蜂窝无线通信系统。

ADPCM 充分利用了话音波形的统计特性和人耳听觉的特性,其设计思路为:

(1) 可能在话音信号中消除冗余。

(2) 对消除冗余后的信号,已明显而且离散的方式,从自适应角度进行最佳编码。

图 4.5-5 为 ADPCM 编码器的简化方框图,它由 PCM 码/线性码变换器、自适应量化器、自适应逆量化器、自适应预测器及量化适配器组成。首先将输入的 8 位非线性 PCM 码变为 12 位线性码,线性 PCM 信号与预测信号相减获得预测误差信号,自适应量化器将差值信号进行量化并编成 4 位 ADPCM 码。

ADPCM 码流通过自适应逆量化器产生量化差值信号。量化差值信号与信号预测值相加形成再建信号。自适应量化器对再建信号及量化差值信号进行运算,形成对输入

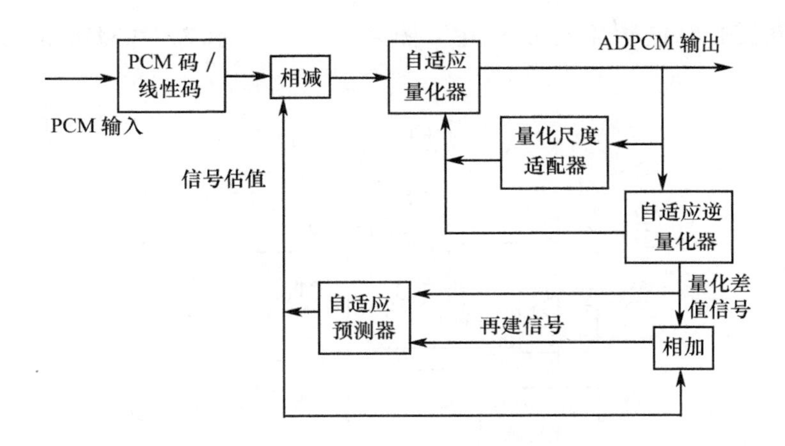

图4.5-5 ADPCM编码器简化框图

PCM信号的预测信号估值。量化尺度适配器为定标因子速度控制自适应电路,编码器中的量化器和逆量化器的自适应均受量化适配器的控制。为了适应话音、数据和信令等不同信号的统计特性,一般定标器采用快速(话音)和慢速(数据)两种自适应模式。自适应的速度受快速和慢速标度因子的组合控制,此控制由量化尺度适配器的自适应控制完成。控制参数通过对输出ADPCM码的适当滤波获得。

ADPCM码的译码器如图4.5-6所示。它由自适应逆量化器、自适应预测器、线性码/PCM码变化器、量化尺度适配器以及同步编码调整器组成。

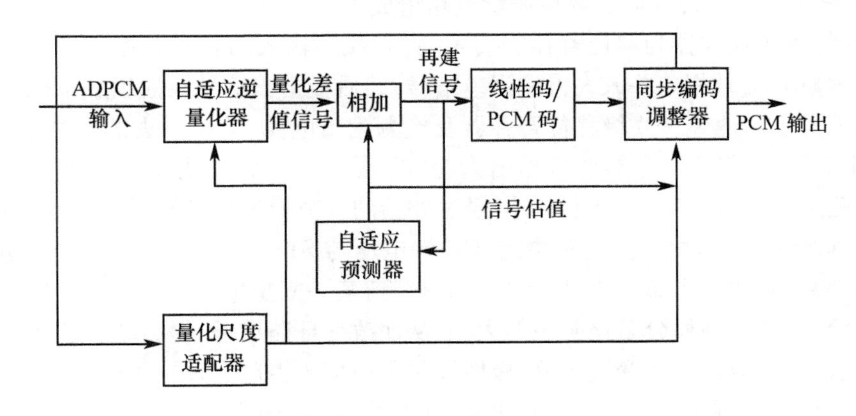

图4.5-6 ADPCM译码器框图

译码器中的译码过程与编码器的部分电路相同,只是多了一个同步编码调整电路,其作用是使级联工作时不产生误差积累。

ADPCM在卫星通信中得到广泛应用。

4.5.5 增量调制解调器芯片*

MOTOROLA公司生产的连续可变斜率增量调制解调器(CVSD)电路芯片共有4种,它们是MC3417、MC3418、MC3517和MC3518。相同功能的芯片还有HARRIS公司生产的HC55564、HC55536等。这些芯片主要应用在低传输数码率的军事、野外及保密数字电话

通信设备和 ΔM 程控数字交换机中。图 4.5－7 所示为 MC3418 的原理功能框图。

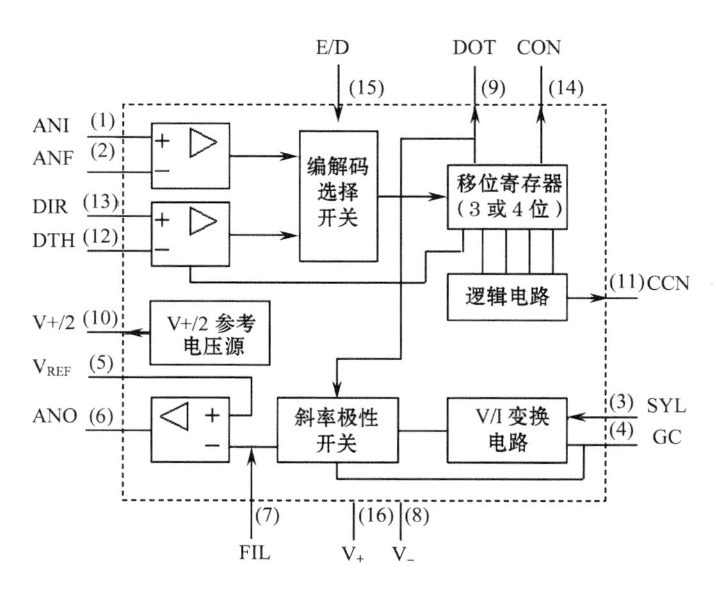

图 4.5－7　MC3418 原理功能框图

该电路由模拟比较器、数字比较器、电压或电流转换运算放大器、积分运算放大器、极性选择开关、4 位移位寄存器及数字逻辑电路组成。

编码时，模拟比较器与移位寄存器接通，从 ANI 端输入的音频模拟信号与从 ANF 端输入的本地解码信号相减并放大得到误差信号，然后根据该信号极性编成信码从 DOT 端输出。该信码在片内经过 4 级移位寄存器及检测逻辑电路，监视过去的 4 位信码是否为连“1”或连“0”，当移位寄存器各级输出为全“0”或全“1”时，表明积分运放增益过小，检测逻辑电路从 CON 端输出负极性脉冲，经过外接的音节滤波器平滑后得到量化阶距控制电压输入到 SYL 端，这由内部电路决定，GC 端电压与 SYL 端相同，这就相当于量化阶距控制电流加到 GC 端。该端外接调节电阻，调整到某一固定电位，改变此电阻即改变 GC 端输入电流，以此控制积分量化阶距的大小，从而改变环路增益，提高动态范围。

GC 端输入电流经 V/I 变换运放，极性开关则由信码控制。外接积分滤波器与片积分运放相连，可以用单积分，也可以用双积分，其形式与参数由使用要求而定。在积分器上得到的本地译码信号送回到 ANF 端与输入信号再进行比较，以此完成整个编码过程。

解码时，E/D 端接低电平，模拟比较器与后面电路断开，而数字比较器与后面电路接通。信码由 DIR 端输入，经数字比较器整形后送到移位寄存器，后面的工作过程与编码时相同，只是解调后不再送回 ANF 端，而直接送入接收滤波器而获得音频输出。

这种模拟话音数字方法具有电路简单，数码率低（通常为 16kb/s～32kb/s）等特点，但音质不如 PCM 数字话音。MC3417，3418 与 MC3517，3518 除工作温度不同外（前者为 0～75℃，后者为 －55℃～125℃），其它性能和引出端均互相兼容。

4.6 话音压缩编码*

4.6.1 话音和声音压缩编码

根据应用场合的不同,可以将音频信号分为话音信号和声音信号两大类。话音信号通常又被称为语音信号,一般是指人讲话时发出的声音,其频谱范围通常为0.3kHz~3.4kHz。话音信号是公用电话交换网及公用移动电话网传输的对象。在传输速率一定的情况下,衡量话音压缩算法好坏的主要指标是重建信号的可懂度和自然度。而声音信号是指人的听觉器官所能分辨的声音,通常又称其为自然声,例如它可能是乐器声、鸟鸣声等,其频谱从3Hz、4Hz一直扩展到20kHz以上。对声音压缩的基本要求是高的抽样率,好的时间/频率分辨率,大的动态范围和低的失真度,且对音源的性质没有任何假设。数字声音在计算机存储、音频处理和高保真传输等领域得到了广泛的应用。声音压缩与话音压缩相比,它们处理的对象——声音与话音有不同的特性。话音有一个高效的人声产生模型,并且人声的频谱比自然声要窄得多;而类似的模型对声音却不存在。因此声音压缩与话音压缩采用的方法也不同。由于本书的篇幅有限,无法对各种音频编码方法一一加以介绍。下面,我们先对目前广泛应用的音频编码方法作一简单的介绍。然后,在4.6.2小节中,讨论线性预测编码(LPC)的基本原理。对其它音频编码方法感兴趣的读者可以参考有关的书籍和资料。

从编码方法上讲,话音压缩编码可以分为波形编码、参量编码和混合编码三大类。波形编码方法使用最早,基本思想是尽可能地保持话音波形不失真。这种方法可以获得较高的话音质量,但数据压缩量不大。常见的话音编码国际标准有脉冲编码调制(PCM)的μ律或A律压缩,自适应差分脉码调制(ADPCM);子带编码的自适应脉码调制(SB-ADPCM)。

参量编码是以前面提到的人声产生模型为基础,根据输入话音信号分析出模型参数,并传送给接收端,接收端根据得到的模型参数重新合成话音信号。这种编码方法并不是忠实地反映输入话音信号的原始波形,而是着眼于人耳的听觉特性,以保证解码话音信号的可懂度和自然度为目标。参量编码可以大大地降低编码速率,例如,可低于2.4kb/s。这时人耳主观感觉尚可,但合成的话音波形与原始波形相差很远,故话音质量下降很大。最常用的参量编码方法有线性预测编码LPC(Linear Prediction Coding)。

混合编码是把波形编码的高质量和参量编码的低数据率相结合,因此可以得到较高的话音质量和较好的压缩效果,这是话音编码的发展方向。

对于声音压缩编码,国际标准化组织(ISO)推出的MPEG-1(Moving Picture Experts Group)声音编码算法作为一种开放、先进、可分级的编码技术,是高保真声音压缩领域的第一个国际标准(ISO 11172-3)。MPEG系列标准是关于视频和音频的压缩标准,有关图像压缩的内容将在4.7节中介绍。MPEG-1声音编码算法按照复杂度和压缩比递增分为一、二、三层。第一层的复杂度最低,在每声道192kb/s速率提供高质量的声音,第二层有中等复杂度,可在128kb/s的速率提供近CD质量的声音,第三层结合了MUSICAM(Masking Pattern Universal Subband Integrated Coding And Multiplexing)和ASPEC的优点,可在每声道低于128kb/s的速率获得满意的质量。在使用时,可以根据不同的应用要求,使用不同的层来构成音频编码器。

由于 MUSICAM 只能传送两个声道,为此 MPEG 开展了低码率多声道编码方面的研究,将多声道扩展信息附加到 MPEG－1 音频数据帧结构的辅助数据段中,这样可以将声道扩展到5.1个,即3个前声道(左L、中C和右R)、2个环绕声道(左LS和右RS)和1个超低音声道 LFE(常称为0.1),由此形成了 MPEG－2 音频编码标准(ISO 13818－3)。MPEG－2 音频编码标准通常被称为 MUSICAM 环绕声。

ISO 于1998年公布的 MPEG－4 声音编码标准将话音合成与自然音编译码相结合,更加注重多媒体系统的交互性和灵活性。MPEG－4 支持 2kb/s ～64kb/s 的自然声编码,在技术上借鉴了已有的音频编码标准,如 G.723、G.728、MPEG－1 及 MPEG－2 等。为了在整个传输速率范围内得到较高的音频质量,规定了三种类型的编译码器:

(1) 参量编译码器,用于低比特率从 2kb/s～10kb/s 的话音编码。

(2) 码激励线性预测编译码器,用于中比特率 6kb/s～16kb/s 的话音编码。

(3) 采用以 MPEG－2 音频编码和矢量量化技术的编译码器,用于高达 64kb/s 的声音编码。MPEG－4 的可伸缩的音频编码器示意图如图4.6－1所示。

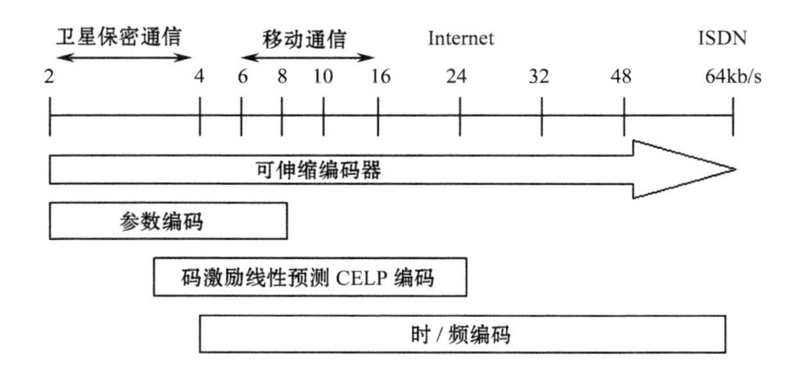

图4.6－1　2kb/s～64kb/s 的 MPEG－4 音频编码层次结构

表4.6－1给出了主要的音频压缩编码类型、编码方式、应用范围以及相应的国际标准等。

表4.6－1　音频压缩编码类型、编码方式、应用范围以及相应的国际标准

	算法	名称	数码率	标准	应用范围	话音质量
波形编码	PCM(A/μ律)	脉冲编码调制	64kb/s	G.711	用电话 ISDN	4.3
	ADPCM	自适应差分脉码调制	32kb/s	G.721		4.1
	SB－ADPC	子带－自适应差分脉码调制	48/56/64kb/s	G.722		4.5
参量编码	LPC	线性预测编码	2.4kb/s		保密话音	2.5
混合编码	CELPC	码激励 LPC	8kb/s		移动通信 话音信箱	3.0
	RPE－LTP	规则脉冲激励长时预测 LPC	12.2kb/s			3.8
	LD－CELP	低延时码激励 LPC	16kb/s	G.728	ISDN	4.0
声音编码	MPEG		128kb/s		CD	5.0

表中,话音质量是采用主观评价标准对编码算法评价的结果。国际上最常采用的话音编码主观评价标准是平均评价分 MOS(Mean Opinion Score),它将话音分为 5 个等级:5 分为优,4 分为良,3 分为中,2 分为差,1 分为不可接受。4 分表示话音编码的质量高,又称为“网络级质量”。若话音编码使可懂度很高,但自然度(即讲话人的特征)不够,以至于难以分辨讲话人时,称此话音编码质量为“合成级质量”,MOS 不会超过 3 分。而 3.5 分则可达到“通信级质量”,这时虽然可以发现话音质量下降,但不影响自然交谈。

4.6.2　线性预测编码(LPC)

线性预测编码是以话音信号产生的数学模型为基础,根据输入话音信号分析出模型参数,然后在解码端根据这些模型参数恢复话音,是一种完全不同于波形编码的中、低速参量编码方法。

人类发音时,有清音和浊音之分。发浊音时声带振动,发清音时声带不振动。浊音存在有振动的基本频率(称为基音),而清音虽然不存在基音,却包含着丰富的频率分量,类似于白噪声,具有平坦的频谱。因此,清音可以用白噪声作为激励源(发音源),而浊音可以用周期脉冲作激励源(发音源)。在发音过程中,发音器官如口腔、鼻腔等相当于一个滤波器,对声波信号起滤波作用。这个滤波器的参数随发音器官的运动缓慢变化,因此是一个时变滤波器。如果在很短的一段时间里(约 10ms ~ 30ms)内观察人的话音,可以发现发音器官几乎不发生变化。这表明时变滤波器的参数在很短的一段时间内不会发生变化。因此,我们可以每隔一定的时间间隔(如 20ms),提取一次时变滤波器的参数,并将这些参数和有关激励源(发音源)的信息一同编码发送出去,它们共同描述了 20ms 内的话音信号。这样可以把话音看成是由一个激励源激励一个参数缓慢变化的滤波器而产生的,当激励源采用具有一定周期的脉冲源时,输出的是浊音;而用白噪声作激励源时,则输出的是清音。话音产生模型如图 4.6-2 所示。增益参数 G 表示发音量的大小。

参量编码最重要的是如何得到时变滤波器的参数。由于话音信号相邻抽样值之间相关性很强,因此总可以用过去的抽样值来预测当前的抽样值。这种技术称为线性预测。只要预测误差足够的小,就能获得惟一的一组预测参数。

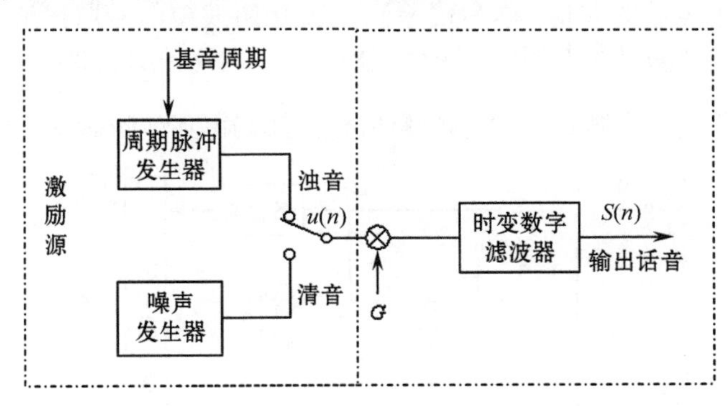

图 4.6-2　话音产生模型

在工程中,将话音收、发电路的组合称为声码器。LPC 声码器如图 4.6-3 所示。

在 LPC 发送端,根据讲话当时(20ms 内),判断话音是清音还是浊音。如果为浊音,则进一步判断出它的基音周期为多少。同时用线性预测法分析出时变滤波器的参数。然

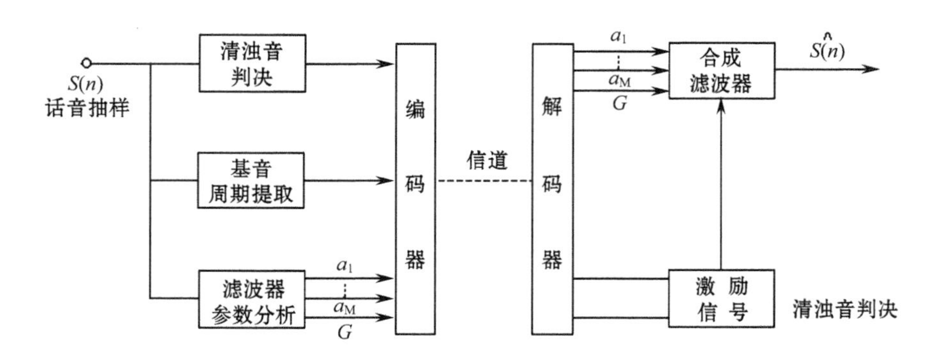

图 4.6-3 LPC 声码器

后,再将清浊音判定、浊音周期以及时变滤波器的参数编成二进制码一起向信道传送。在接收端,把从信道得到的二进码解码,获得编码参数,而后根据这些参数重建话音。发送端从原始话音求得参数的过程,被称为 LPC 分析。而在接收端,根据这些参数重建或者说恢复话音的过程,被称为 LPC 合成。

需要指出的是,由于 LPC 每隔 20ms 传送一次参数编码,而不是话音抽样值,因此所需的比特率要比传送话音抽样值低得多(如 PCM 要 64kb/s),从而实现了话音信号的压缩。这样得到的话音与真实话音相比差别很大。因为在 20ms 内,发音器官并非一点不变,且话音本身也远比清音、浊音复杂得多。因此用上述方法得到的完全是“合成”话音。这种合成话音的自然度很差,即很难识别讲话人是谁,但不影响可懂度。它的最大优点是数码率很低,可以低于 5kb/s(低于 2kb/s 仍然可以使用)。这种编码算法并不忠实地反映输入信号的原始波形,而是着眼于人类的听觉特性,以确保解码话音的可懂度和清晰度。

在 LPC 声码器中,浊音激励信号采用周期脉冲,清音激励信号采用白噪声。这种模型较为简单,是一种粗糙的近似。因此导致合成话音的质量不高,话音的自然度往往会丧失。残差激励线性预测编码 RELPC(Residual Excited Linear Prediction Coding)是 LPC 的一种改进型,属于混合编码。基本思想是:在传送时变滤波器线性预测参数的同时,还传送话音信号与预测信号的差值(称为残差),也就是用残差信号取代清、浊音作为激励信号。图4.6-4 是残差激励线性预测编码的原理框图。在这种编码器中,通过 LPC 分析计算出滤波器参数,并把这些参数送入本地预测滤波器,解码得到预测话音 $\hat{S}(n)$, $\hat{S}(n)$与输入

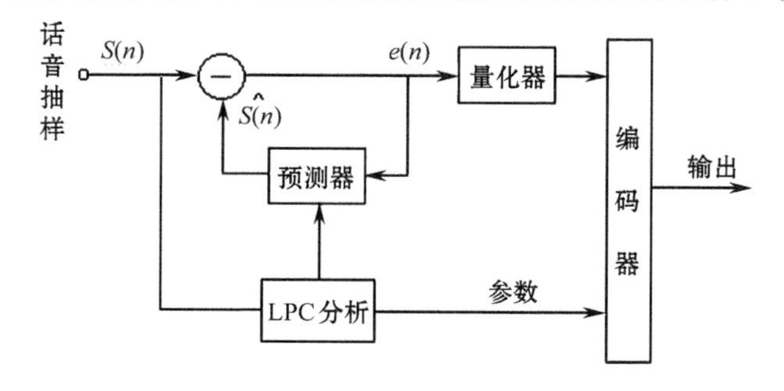

图 4.6-4 RELPC 原理框图

话音信号 $S(n)$ 相减得到残差激励信号 $e(n)$。将 $e(n)$ 量化后再与时变滤波器参数一起送入信道。在接收端,通过译码获得编码参数,然后利用这些参数就可以得到合成话音。

RELPC 方案比 LPC 方案话音质量好的原因在于,残差信号也被量化编码了。因此,在接收端能重建与发端原始话音极为相似的波形,从而可以保证重建话音的自然度。但是这种方法所需的比特率较高,例如,要高于 16kb/s。

4.7　图像信号压缩编码*

在本章的一开始我们就提到,图像信号经过数字化以后,数码率极高,可达 216Mb/s。因此,直接将 PCM 数字图像用于传输与存储显然是不可取的,必须进行数据压缩。图像压缩编码系统的原理如图 4.7－1 所示。

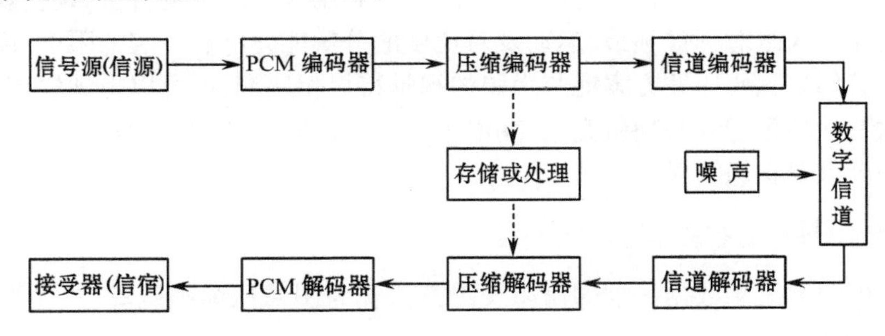

图 4.7－1　图像压缩编码系统框图

4.7.1　图像压缩机理

能够进行图像压缩的机理主要来自两个方面,一是图像信号中存在着大量的冗余度可供压缩,这种冗余度在解码之后可无失真地恢复;二是利用人眼的视觉特性,在不被主观视觉察觉的容限内,通过减少信号的精度,以一定的客观失真换取数据压缩。

图像信号的冗余度存在于结构和统计两个方面。图像信号结构上的冗余度表现为很强的空间(帧内的)和时间(帧间的)相关性。例如,一张拍摄于办公室的照片,图中的某些区域(如背景中的一堵墙)可能是完全相同或者显示出规则模式,这种在一幅图像中的相似性被称为空间相关或空间冗余。对于一部摄制于办公室的视频录像(每秒 25 帧),因工作人员在工作时不怎么移动,所以各帧图像之间的差别极小,这说明视频序列图像中存在着高度的相似性,这种图像间的相似性被称为时间相关或时间冗余。统计试验证明,图像信号在相邻像素间、相邻行间、相邻帧间存在着极强的相关性。

图像信号统计上的冗余度来源于被编码信号概率分布的不均匀性。例如,在预测编码系统中,传输的是预测误差信号,它是当前待传像素样值与它的预测值之差。由于预测值是通过该像素之前已经传出的几个邻近的像素值预测出来的,而图像相邻像素间又有很强的相关性,因此得到的预测误差很小。试验表明,预测误差大多集中在 0 值附近,形成如图 4.7－2 所示的拉普拉斯分布。这种不均匀的概率分布对变字长压缩编码极为有利。在编码时,对出现概率高的预测误差信号(如 0 及小预测误差)采用短码,对于出现概率低的大预测误差用长码,因而使总的平均码长要比采用固定码长编码短很多。这被

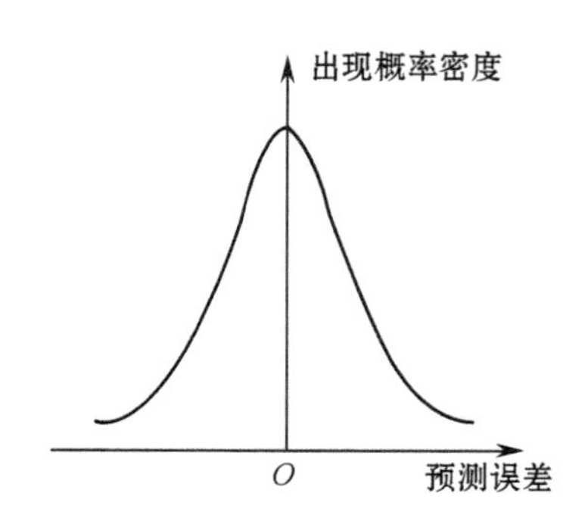

图 4.7－2　预测误差信号的 Laplace 分布

称为统计编码或概率匹配编码、熵编码。

由于图像的最终接受者是人的眼睛，因此充分利用人眼的视觉特性，是实现码率压缩的第二个途径。人眼对图像细节、运动及对比度的分辨能力都有一定的限度，超过这个限度毫无意义。如果编码压缩方案能与人眼的视觉特性相匹配，就可以得到较高的压缩比。对人眼视觉特性的生理和心理研究，长期以来一直是计算机视觉、图像处理和图像压缩编码研究的一个重要思想源泉。

4.7.2　图像压缩编码算法分类

能够实现图像信息数据压缩的信源编码方法称为图像压缩编码算法，主要的编码算法如图 4.7－3 所示。

PCM 方法将模拟图像信号转换成数字信号，其它的编码方法则减少这个数字信号的冗余信息。预测编码基于图像数据的空间和时间冗余特性，用相邻的已知像素或图像块来预测当前的像素值或图像块，这些相邻像素或图像块可以是同行的，也可以是前几行或前几帧的。预测编码的主要缺点在于对传输误差敏感。单个比特的误码可以造成图像大面积的失真，还可能影响多个图像帧。

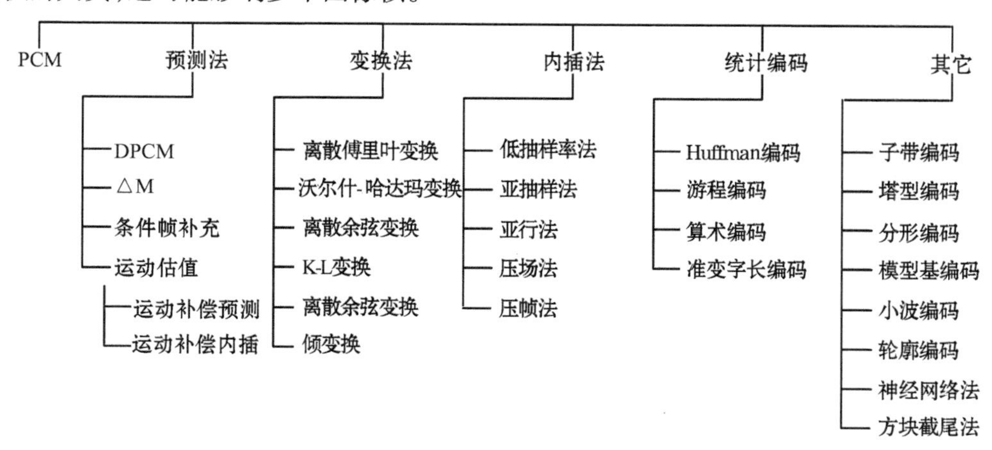

图 4.7－3　图像编码算法分类

与预测编码相比，变换编码是消除图像数据空间相关性的一种更有效的方法，它使图像数据在变换域上最大限度地不相关。尽管图像变换本身并不带来数据的压缩，但由于变换之后，变换系数之间的相关性明显降低，图像的大部分能量只集中到少数几个变换系数上，再采用适当的量化和熵编码可以有效地压缩图像的数据量。图像经变换后，系数的空间分布和频率特性有可能与人眼的视觉特性相匹配，因此可以利用人类的生理和心理特点来得到较好的编码系统。另外变换编码对图像的统计特性和传输误码不敏感。变换编码的缺点是计算量较大，但这可以利用快速算法和 DSP(Digital Signal Processing)器件加以克服。预测编码和变换编码相结合是一种较好的图像压缩编码方案，因此在许多图像压缩标准中均加以利用。

统计编码的效率取决于编码数据的统计特性。例如，Huffman 编码要求某些符号出现非常频繁，而游程编码则希望游程经常出现，而且相当长。通常，Huffman 编码与游程编码常同变换编码一起使用。

20 世纪 80 年代中后期，相关科学的迅速发展和新兴学科的不断涌现，为图像编码的发展注入了新的活力。人们对图像信息需求的急剧增加也有力地促进了图像压缩编码技术的进步。许多研究人员结合模式识别、计算机图形学、计算机视觉、神经网络、小波分析和分形几何等理论开始探索图像压缩的新途径。同时，关于人类的生理视觉和心理视觉的研究成果也为人们打开了新视野，许多新型的图像压缩编码方法相继提出，构成了第二代图像编码技术。传统的图像压缩编码技术以信息论和数字信号处理技术为理论基础，出发点是消除图像数据中的相关性。其压缩能力已接近极限，压缩比再难提高。例如对于静止图像而言，这类方法的压缩比一般为 10～20 倍。第二代的图像编码方法不局限于 Shannon 信息论的框架，而是充分利用人类视觉系统的生理和心理特性以及信源的各种性质，以期获得更高的压缩比。这类方法一般要对图像进行预处理，将图像数据根据视觉敏感性进行分割。第二代图像编码方法目前对静止图像可以获得 30～60 倍的压缩比，但重建的图像质量不能令人满意。原因之一在于人类对自身的视觉特性了解仍然较为肤浅，不能仅仅利用人眼的视觉特性获得高压缩比的图像编码方法。原因之二是图像的分裂合并算法并未提供一种良好的机制来利用人眼的视觉特性，本身也有许多地方需要改进。然而，第二代图像编码方法强调利用人眼视觉特性的思想，对今后的图像编码方法的研究势必产生深刻的影响。比较有代表性的第二代图像编码方法有：1985 年 Kunt M. 提出的利用人眼视觉特性的图像编码方法，1988 年 Barnsley M. 提出的基于迭代函数系统的分形图像编码方法，1989 年 Mallat S.、Daubeche I. 将小波理论应用于图像编码的方法，以及 20 世纪 90 年代初发展起来的基于模型的图像编码方法等。

由于本书篇幅有限，无法详细地介绍各种图像压缩编码方法，有兴趣的读者可以参考有关书籍和资料。

4.7.3　图像压缩编码标准简介

近十年来，图像编码技术得到了迅速的发展和广泛的应用，并且趋于成熟，其标志就是几个关于图像编码的国际标准的制定。这些图像编码标准融合了各种传统的图像编码算法的优点，是对传统图像编码技术的总结，代表了当前图像编码的发展水平。

1. JPEG 静止图像编码标准

JPEG(Joint Photographic Experts Group)是联合图像专家组的简称，成立于 1986 年。在 1987—1988 年间，JPEG 在 12 个提案中，选择了 DCT 变换编码的方法作为其标准的骨架。在 1988—1989 年间，对其技术内容进行进一步地精炼和统一。于 1991 年 3 月公布了ISO/TEC 10918号关于“连续色调静止图像的数字压缩编码”的建议草案(ITU-T T.81),常称为JPEG标准。

JPEG标准规定了基本系统和扩展系统两个部分。一个符合JPEG标准的编解码器至少要满足基本系统的指标。在基本系统中,每幅图像被分解为相邻的8×8图像块。对每个图像块采用离散余弦变换(DCT),得到64个变换系数,它们代表了该图像块的频率成分。然后,再用一个非均匀量化器来量化变换系数。量化器的量化步长对不同频率位置的DCT系数是不同的。由于人类的视觉系统对高频区域的失真不敏感,所以在这些频率位置上可以用较大的量化步长,以获得较大的压缩比。对DCT系数量化后,再用Z字形(Zigzag)扫描将系数矩阵变成一维符号序列,而后再进行Huffman编码,分配较长的码字给那些出现概率较小的符号。

除了基本系统之外,JPEG还包括“扩展系统”,它可提供更多的算法、更高精度的像素值和更多的Huffman码表等。利用扩展系统可以提供多种服务,使不同等级的图像在各种带宽的网络上传输。

JPEG采用的是帧内编码技术,它只考虑了图像的空间冗余度,因此是面向静止图像的编码标准。

2. H.261会议电视图像编码标准

H.261是ITU-T第十五研究组在1990年12月针对可视电话和会议电视、窄带ISDN等要求实时编解码和低延时提出的一个编码标准,即“P×64kb/s视听业务的视频编解码器”。该标准的比特率为P×64kb/s,这里P是整数,范围从1到30,对应的比特率从64kb/s到1.92Mb/s。

H.261大体上分为两种编码模式:帧内模式和帧间模式。对于平缓运动的人物图像,帧间模式将占主导地位;而对于画面切换频繁和运动剧烈的序列图像,则采用帧内模式。采用哪一种模式,编码器须作出判断。基本的判断准则是:哪一种模式给出较小的编码比特,那么就采用哪种模式。图像序列的第一帧采用帧内模式,类似于JPEG标准,对8×8图像块作DCT变换、量化。量化后的数据一路编码输出,另一路经反量化和反DCT进入帧存储器(简称“帧存”,Frame Memory)构成反向回路。当整帧处理完毕之后,帧存中就重建了一帧图像,用于帧间预测编码。然后,对当前帧的每个8×8图像块作运动补偿,并在帧存的对应窗中计算当前块相当于前一帧的位置偏差,所得的结果称为运动矢量。对运动矢量进行编码、传输,同时还对经过运动补偿的块预测残差图像信号作DCT、量化和变长编码。解码的过程类似,步骤相反。H.261采用的是一个典型的混合编码方案,它为以后的MPEG-1、MPEG-2奠定了基础。

3. MPEG-1存储介质图像编码标准

MPEG(Moving Picture Experts Group)是活动图像专家组的简称,是从属于ISO的一个工作组。MPEG-1标准(ISO/IEC 11172)由该专家组提出并于1992年底通过,主要是为了数字存储介质中的视频、音频信息压缩,应用于CD-ROM、数字录音带、计算机硬盘和可擦写光盘等存储介质。比特率不超过1.5Mb/s,传输信道可以是ISDN和LAN等。

MPEG-1对视频图像的编码过程类似于H.261标准,不同点是在MPEG-1中引入了双向运动补偿。MPEG-1将视频序列图像分成图像组(GOP)和三种类型的画面:帧内图(I－Picture);预测图(P－Picture);双向预测图(B－Picture)。它们之间的关系如图4.7－4所示。

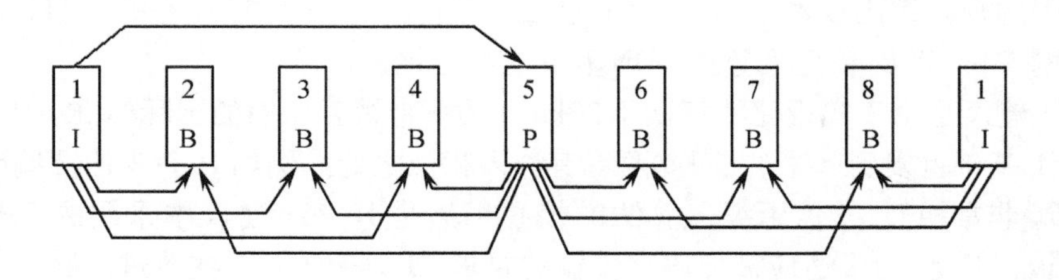

图4.7－4　MPEG－1标准中的帧间预测

I图像编码方法与JPEG相类似,对原始图像数据直接进行DCT变换,然后再进行量化。

P图像的编码采用类似于H.261的预测编码方法。对图像的每一个16×16的宏块(MB),从前面的I图像或P图像中寻找最佳匹配块,得到运动矢量。然后对经过运动补偿的预测差值数据作DCT、量化和编码。值得注意的是,运动估计可以在原始的图像序列上进行,而无须借助于帧存储器。这是因为MPEG－1应用的场合是存储介质,不要求实时的编码,可以事先对运动矢量计算一次并记录下来。

对B图像的编码比较复杂,即要用到前面的I图像或P图像,又要用到其后的I图像或P图像。B图像本身从不用于预测。对于每一个MB,都计算前后两个运动矢量,估计根据前后两个最佳匹配,选择运动补偿方式:从前面的I图像或P图像补偿;从后面的I图像或P图像补偿;从前后两个方向补偿。试验证明,双向运动补偿能获得较低的比特率和较高的图像质量,因此MPEG－1标准的性能优于H.261。

4. MPEG－2一般视频编码标准

尽管MPEG－1标准通过参数变更途径可以提供很宽比特率范围,但该标准主要的目的却是低于1.5Mb/s的CD－ROM的应用。为了满足高比特率、高质量的视频应用,MPEG在1994年发布了MPEG－2标准(ISO/IEC 138180),它特别适用于数字电视(NT-SC/PAL),比特率在3Mb/s～10Mb/s之间,也可以进一步扩展到高清晰度电视(HDTV),比特率不超过30Mb/s。

与MPEG－1标准一样,MPEG－2也有三种图像类型,即I图像、P图像和B图像。在P图像和B图像中,图像数据适当地进行运动补偿,DCT变换,然后再进行量化。它与MPEG－1的主要差别在于对隔行视频的处理方式上。例如,在某些地方,场间运动补偿要比帧间运动补偿好;而在另一些地方则相反。类似地,用于场数据的DCT在某些地方比用于帧数据的DCT的质量可能有所改进。因此,对于场或帧运动补偿和场或帧DCT进行选择在MPEG－2中成为改进图像质量的一个关键性措施。此外,MPEG－2标准还提供了图像等级选择编码方式。这种方式对提供多种清晰度的图像业务非常有用。MPEG－2还有支持扩充到高清晰度电视(HDTV)格式图像编码的能力,可以说它是迄今为止关于活动图像编码最完善的标准。

在MPEG－2之后,ISO曾试图为高清晰度电视(HDTV)制定MPEG－3压缩编码标准,但由于MPEG－2的高速发展,MPEG－3已被淘汰。

5. H.263 极低码率的编码标准

H.261、MPEP－1、MPEG－2 标准的信号是在较高速率的数字网上传输。能否研制一种极低码率的视频编码技术，在公共交换电话网上传输，是人们所关心的课题。因为公共交换电话网廉价，普及率远远超过 ISDN 和其它数字网。

H.263 建议是用于实现比特率低于 20kb/s 的窄带视频压缩的国际标准。由于H.263 是在 H.261 基础上发展起来的，因此两者有许多相似之处。例如 H.263 信源编码基本框图与 H.261 非常相似，其信源编码算法的核心仍然是 H.261 建议中采用的 DPCM/DCT 混合编码器。但是，为了适应极低码率传输的要求，H.263 作了一些改进。除了与 H.261 相类似的混合编码器之外，H.263 还参照 MPEG 标准引入了 I 帧、P 帧和 PB 帧三种帧模式和帧间编码、帧内编码两种编码模式。其中，I 帧总是以帧内模式编码，P 帧（以及 PB 帧中的 P 图）可以采用帧间或帧内模式进行编码。具体选用哪种模式由运动补偿算法决定。PB 帧中的 B 图像总是选用帧间模式编码采用双向预测。

为了进一步提高压缩比，H.263 较 H.261 又采取了一些新的措施：例如取消了 H.261 中的可选环路滤波器，将运动补偿精度提高到半像素精度；改进了运动估值方法，充分利用了运动矢量的相干性来提高预测质量，减轻块效应；精简了部分附加信息的编码，提高了编码效率；采用三维 Huffman 编码、算术编码来进一步提高压缩比等。

6. MPEG－4 多媒体通信编码标准

多年来，国际上通信科学和技术的发展迅速，宽带网和多媒体通信已确定为 21 世纪的发展主流。目前宽带 B－ISDN 和它的两大支柱 SDH 及 ATM 技术已初具规模。而多媒体技术相对需要更多、更快地进行研究和探讨。1998 年 11 月公布的 MPEG－4 就是针对多媒体通信制定的国际标准。MPEG－4 旨在建立一种能被窄带、宽带网络、无线网络、多媒体数据库等各种存储和传输设备所广泛支持的通用音、视频数据格式，它不仅针对一定比特率下的音、视频编码，同时更加注重多媒体系统的交互性和灵活性。

与音频编码类似，MPEG－4 视频编码也支持自然和合成视频对象。合成视频对象包括 2D、3D 动画和人面部表情动画。对于静止视频对象，MPEG－4 采用小波编码，可提供多达 11 级的空间分辨率和质量可伸缩性。对于运动视频对象，为了支持基于对象的编码，引入了形状编码模型；为了支持高的压缩比，MPEG－4 仍然采用了 MPEG－1、MPEG－2中的变换、预测混合编码框架。

纵观 MPEG 的发展过程，MPEG－1 使得 VCD 取代了传统的录像带；MPEG－2 将使数字电视最终完全取代现有的模拟电视，而高画质和音质的 DVD 也将取代现有的 VCD。MPEG－4 的出现势必对数字电视、动态图像、万维网（WWW）、实时多媒体键控、低比特率下的移动多媒体通信、内容存储和检索多媒体系统、Internet/Intranet 上的视频流与可视游戏、DVD 上的交互多媒体应用、演播电视等产生较大的推动作用，从而使数据压缩和传输技术更加规范化。

习 题

4－1 设以 3600 次/秒的抽样速率对信号

$$f(t) = 10\cos(400\pi t) \cdot \cos(2000\pi t)$$

进行抽样。

（1）画出抽样信号$f_S(t)$的频谱图。

（2）确定由抽样信号恢复$f(t)$所用理想低通滤波器的截止频率。

（3）试问$f(t)$信号的奈奎斯特抽样速率是多少？

（4）若将$f(t)$作为带通信号考虑，则此信号能允许的最小抽样速率是多少？

4-2　已知信号为$f(t)=\cos\omega_1 t+\cos 2\omega_1 t$，并用理想的低通滤波器来接收抽样后的信号。

（1）试画出该信号的时间波形和频谱图。

（2）确定最小抽样频率是多少？

（3）画出理想抽样后的信号波形和频谱组成。

4-3　已知信号频谱为理想矩形，如题4-3图所示，当它通过$H_1(\omega)$网络后再理想抽样，试求：

（1）抽样角频率是多少？

（2）抽样后的频谱组成如何？

（3）接收网络$H_2(\omega)$应如何设计才没有信号失真？

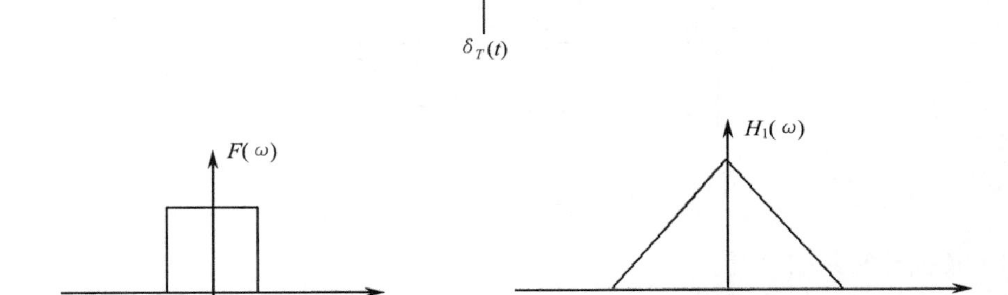

题4-3图

4-4　信号$f(t)$的最高频率为f_NHz，由矩形脉冲进行平顶抽样。矩形脉冲宽度为τ，幅度为A，抽样频率$f_S=2.5f_N$。试求已抽样信号的时间表示式和频谱表示式。

4-5　有10路具有4kHz最高频率的信号进行时分复用，并采用PAM调制。假定邻路防护时间间隔为每路应占时隙的一半，试确定其最大脉冲宽度为多少？

4-6　设以8kHz的速率对24个信道和一个同步信道进行抽样，并按时分组合。各信道的频带限制到3.3kHz以下，试计算在PAM系统内传送这个多路组合信号所需要的最小带宽。

4-7　如果传送信号$A\sin\omega t$，$A\leqslant 10$V。按线性PCM编码，分成64个量化级，试问

（1）需要用多少位编码？

（2）量化信噪比是多少？

4-8　信号$f(t)=9+A_m\cos\omega_m t$，$A\leqslant 10$，$f(t)$被量化到41个精确二进制电平，一个电

平置于$f(t)$的最小值。

(1) 试求所需要的编码位数 n。

(2) 如果量化电平变化范围的中心尽可能选择在信号变化的中心,试求量化电平的极值。

(3) 若 $A_m = 10V$,试求其量化信噪比。

4-9 采用二进制编码的 PCM 信号一帧的话路数为 N,信号最高频率为f_m,量化级数为M,试求出二进制编码信号的最大持续时间。

4-10 试说明下列函数哪些具有压缩特性,哪些具有扩张特性。式中 x 为输入信号幅度,y 为输出信号幅度。

(1) $y = x^2$

(2) $y = \tanh(\frac{x}{2})$

(3) $(y) = \int_0^x e^{-ZX} dx$

4-11 某信号波形如题4-11图所示,用$n=3$ 的 PCM 传输,假定抽样频率为 8kHz,并从 $t=0$ 时刻开始抽样。试标明:

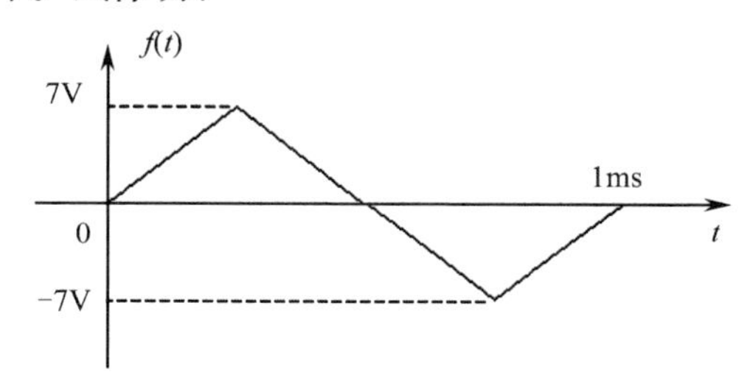

题 4-11 图

(1) 各抽样时刻的位置。

(2) 各抽样时刻的抽样值。

(3) 各抽样时刻的量化值。

(4) 将各量化值编成折叠二进制码和格雷码。

4-12 采用A律 13 折线编码,设最小的量化级为一个单位,已知抽样值为 +635 单位。

(1) 试求编码器输出的 8 位码组,并计算量化误差。

(2) 写出对应 7 位码(不包括极性码)的均匀量化 11 位码。

4-13 采用 13 折线 A 律编译码电路,设接收端收到的码为 01010011,若已知段内码为自然二进制码,最小量化单位为 1 个单位。

(1) 求译码器输出为多少单位电平?

(2) 写出对应 7 位码(不包括极性码)的均匀量化 11 位码。

4-14 信号$f(t)$的最高频率为$f_m = 25kHz$,按奈奎斯特速率进行抽样后,采用 PCM 方式传输,量化级数 $N=258$,采用自然二进码,若系统的平均误码率 $P_e = 10^{-3}$:

(1) 求传输 10 秒钟后错码的数目。

(2) 若 $f(t)$ 为频率 $f_m = 25kHz$ 的正弦波,求 PCM 系统输出的总输出信噪比

$(S_o/N_o)_{PCM}$。

4－15　某信号的最高频率为2.5kHz，量化级数为128，采用二进制编码，每一组二进制码内还要增加1b用来传递铃流信号。采用30路复用，误码率为10^{-3}。试求传输10秒后平均的误码率比特数为多少？

4－16　信号$f(t)=A\sin 2\pi f_0 t$进行ΔM调制，若量化阶距Δ和抽样频率选择得既保证不过载，又保证不至因信号振幅太小而使增量调制器不能正常编码，试证明此时要求$f_S > \pi f_0$。

4－17　设将频率为f_m，幅度为A_m的正弦波加到量化阶距为Δ的增量调制器，且抽样周期为T_S，试求不发生斜率过载时信号的最大允许发送功率为多少？

4－18　用Δ－ΣM调制系统分别传输信号$f_1(t)=A_m\sin\Omega_1 t$和$f_2(t)=A_m\sin\Omega_2 t$，在两种情况下取量化阶距Δ相同，为了不发生过载，试求其抽样速率，并与ΔM系统的情况进行比较。

第五章　数字信号的基带传输

在数字信息传输过程中，先把原始信源的消息转换成数字信号，然后在信道中进行传送。数字信号的传输可分为基带传输和频带传输两种方式。通常把从原始信源转换过来，未经调制的信号称为基带信号，它所占据的频带基本上从零频开始，例如 PCM、ΔM 信号。将基带信号直接在信道中传输的方式称为基带传输方式。为了适应信道传输而将基带信号进行调制，即将基带信号的频谱搬移到某一高频处，变为频带信号进行传输，这种传输频带信号的方式称为频带传输方式。

数字基带传输方式是数字通信中一种重要的通信方式，如目前的电话数字终端机和计算机输出的数字信号，都可直接在基带系统内传输，随着 ISDN 业务和程控交换系统的采用，基带传输的应用越来越广泛。而对基带传输系统的分析也是研究频带传输的基础。为了提高数字信号传输的有效性和可靠性，有必要对数字信号基带传输系统进行认真的研究和设计。

5.1　数字基带信号传输系统常用码型

数字基带信号是用数字信息的电脉冲表示，通常把数字信息的电脉冲的表示形式称为码型。不同形式的码型信号具有不同的频谱结构，合理地设计选择数字基带信号码型，使数字信息变换为适合于给定信道传输特性的频谱结构，便于数字信号在信道内传输。适于在有线信道中传输的基带信号码型又称为线路传输码型。

为适应信道的传输特性及接收端再生恢复数字信号的需要，基带传输信号码型设计应考虑如下一些原则：

（1）对于频带低端受限的信道传输，线路码型中不含有直流分量和较少的低频分量。

（2）便于从相应的基带信号中提取比特同步信息。

（3）尽量减小码型频谱中的高频分量，因为在对称电缆中同时有多个数字信道工作，因此高频成分越大，电磁耦合越紧，相互干扰越严重。

（4）所选码型应具有纠错、检错能力。

（5）码型变换设备要简单，易于实现。

数字基带的传输码型很多，并不是所有的码型都能满足上述要求，往往是根据实际需要进行选择，下面介绍几种常用的码型。

5.1.1　二元码

最简单的二元码中常用的波形是矩形波。它有两个电平值，分别对应二进制码“0”和“1”，常用的二元码如图 5.1－1 所示。

1. 单极性不归零码(NRZ)

这是一种最简单的基带数字信号波形。用正电平和零电平分别代表“1”码“0”码,如图5.1－1(a)所示。由于它含有直流分量,而一般有线信道低频传输特性比较差,零频附近的分量不易传送,不能提取同步信息。

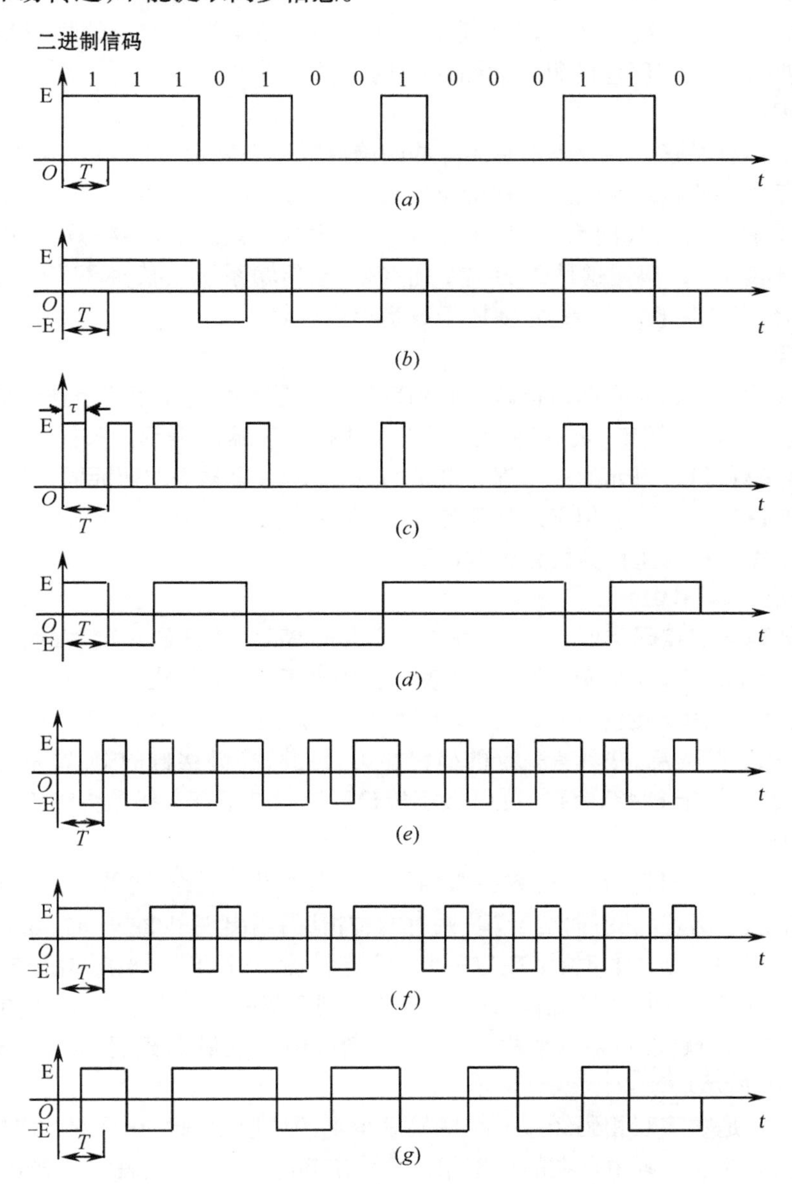

图5.1－1　常用二元码型

(a) 单极性不归零码;(b) 双极性不归零码;(c) 单极性归零码;
(d) 差分码;(e) 双相码;(f) CMI码;(g) 密勒码。

2. 双极性不归零码

用正、负两个电平分别表示“1”码和“0”码,如图5.1－1(b)所示。从信号的一般统计特性来看,由于“1”和“0”码出现的概率相等,所以波形无直流分量,可以在有线和电缆无接地的信道中远距离传输。这种码型抗干扰性能好,应用比较广泛。缺点是不能直接从中提取同步信息。

3. 单极性归零码(RZ)

用脉冲宽度 τ 小于码元宽度 T 的高电平表示“1”。用零电平表示“0”,如图 5.1-1(c)所示。每个脉冲总要在小于码元周期时间内回到零电平。此码的优点是当出现长串连“1”时,归零码仍有明显的码元间隔,有利于提取同步信息。

4. 差分码

差分码又称相对码。差分码不是用脉冲的绝对电平来表示“1”码和“0”码,而是利用相邻前后码元电平的相对变化来传送信息。对于“1”差分码,其相邻码元电平极性改变表示“1”,不变表示“0”,如图 5.1-1(d)所示。对于“0”差分码,其相邻码元电平极性改变为“0”码,不变为“1”码。这种码的主要优点是:当传输系统中某些环节引起基带信号反相时,也不会影响接收的结果,它多用于数字相位调制。

5. 双相码

双相码又称分相码或曼彻斯特码。此码型的特点是每个码元用两个连续极性相反的脉冲来表示。如“1”码用正、负脉冲表示;“0”码用负、正脉冲表示。如图 5.1-1(e)所示。由于双相码在每个码元的中间都有电平的跳变,所以容易提取码元同步信息,而且不受信源统计特性的影响。双相码适用于数据终端设备在短距离上的传输。在“以太”本地数据网中采用这种码型作为线路传输码型。

6. 传号反转码(CMI)

传号反转码与双相码类似,也是一种二电平非归零码。“1”码用交替的正、负电平表示,“0”码每个码元用固定的负、正电平来表示。相当于“1”码用交替的“00”和“11”两个码组表示;而“0”则用固定的“01”表示,如图 5.1-1(f)所示。这种码型的优点是:无直流分量,便于提取定时信息,并具有一定的检错能力,因此,在高次群的 PCM 系统中作为接口的码型,在速率低于 8448kb/s 的光纤数字传输系统中被推荐为线路传输码型。

7. 密勒码

密勒码又称延迟调制码,它是数字双相码的一种变形。在密勒码中,“1”码时,在每个码元周期中点处出现跳变,而对于“0”则有两种情况:当出现单个“0”时,在码元周期内不出现跳变;但若遇到连“0”时,则在前一个“0”结束,后一个“0”开始时出现电平跳变,由上述编码规则可知,当两个“1”之间有一个“0”时,则在第一个“1”的码元周期中点与第二个“1”的码元周期中点之间无电平跳变,此时密勒码中出现最大宽度,即两个码元周期。如图5.1-1(g)所示。

密勒码实际是数字双相码经过一级触发后得到的波形,因此,它是双相码的“0”差分形式。它可以克服双相码中存在的信源相位不确定问题。此外,该码中直流分量很少,频带窄。利用密勒码的脉冲最大宽度为两个码元,最小宽度为一个码元的特点,可以检测传输的误码或线路的故障。这种码最初被用于气象、卫星及磁带记录,现已开始用于低速的基带数传机。

5.1.2 三元码

三元码是指利用信号幅度的三种取值 +1、0、-1 来表示二进制数“1”和“0”。三元码并不是将二进制数变为三进制数，而是用三元码取代二进制数。三元码种类很多，常见的几种如图 5.1－2 所示。这些码被广泛用于脉冲编码调制的线路传输码型。

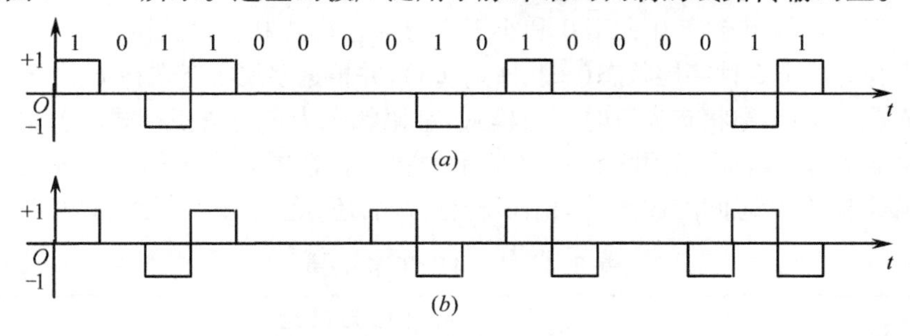

图 5.1－2　三元码型
(a) AMI 码；(b) HDB_3 码。

1. 传号交替反转码(AMI)

在 AMI 码中，二进制信息中“0”码仍为零电平；而“1”码用极性交替的正、负电平表示，如图 5.1－2(a)所示。这种基带信号无直流成分，低频成分也很小。为了便于提取同步，在 AMI 码中的正、负电平可采用半占空的脉冲，即“＋1”和“－1”的归零码。然而，AMI 码的一个严重缺点是出现长连“0”串时会使定时信号提取困难。

2. 三阶高密度双极性码(HDB_3)

HDB_3 码是 AMI 码的改进型，它可消除 AMI 码中长连“0”码所造成的同步提取困难的缺点。

HDB_3 码的编码是建立在 AMI 码基础上的，其编码规则为：

(1) 在二进制信息代码中，当连“0”码小于 4 个时，HDB_3 码编码规则同 AMI 码。

(2) 当码序列中出现 4 个连“0”，或超过 4 个连“0”时，把连“0”段按 4 个连“0”分组，既“0000”为一组。编码时将每组第 4 个“0”码变为“1”码，用 V 脉冲表示，V 脉冲的极性与前相邻的“1”码的极性相同。由于 V 脉冲破坏了 AMI 码极性交替的规律，故称 V 脉冲为破坏脉冲(符号)。而原来的二进制码元序列中所有的“1”码称为信码，用符号 B 表示。

(3) 为了使编码序列中不含有直流分量，需使 B 码和 V 码各自都应始终保持极性交替。当相邻两个 V 码之间有奇数个“1”码时，能保证 B 码与 V 码各自极性交替。当相邻两个 V 码之间有偶数个“1”时，不能保证 V 码极性交替，此时需将后一组 4 个连“0”的第一个“0”码变为“1”码，用 B′表示，称其为补码。B′的符号与前相邻“1”相反，而其后面的 V 码与 B′符号相同，这样就可以保证 B 码和 V 码的极性各自交替，如图 5.1－2(b)所示。

在接收端译码时，由两个相邻同极性码找出 V 码，即同极性码中的后面的那个码就是 V 码，由 V 码向前数第三个码如果不是零，就是补码 B′。把 V 码和 B′码去掉，剩下的就全是信码。再把其全波整流后即可变为单极性码。

HDB_3 码无直流分量，低频分量也很少，频带比较窄，即使有长连“0”码也能提取同步信号。但编、译码电路比较复杂，HDB_3 是目前应用最多的码型之一。

3. 4B3T 码

它是把 4 个二元码变换成 3 个三元码。这样可以提高编码传输效率，经济地利用信道。其编码方式是：

（1）将二元码按4位划分一组。

（2）每一个二元码组对应于表5.1－1中的一个三元码组。

（3）三元码组按其数字和大于0和小于0分为正模式和负模式两类。

（4）人为地规定6种字尾状态（±1，±2，±3），并根据字尾状态选择下一个码组采用正模式还是负模式，即字尾状态为正时选负模式，字尾状态为负时选正模式。若累计和为零，人为地确定字尾为－1。可以用图5.1－3所示的状态转移图来表示编码过程，图中圆圈中数字为字尾状态，各状态间的连接线画出了转移方向，还标注了下一码组的数字和。

表5.1－1　4B3T编码表

输　入	输出三元码组			
二元码组	正模式	数字和	负模式	数字和
0 0 0 0	0 － +	0	0 － +	0
0 0 0 1	－ + 0	0	－ + 0	0
0 0 1 0	－ 0 +	0	－ 0 +	0
1 0 0 0	0 + －	0	0 + －	0
1 0 0 1	+ － 0	0	+ － 0	0
1 0 1 0	+ 0 －	0	+ 0 －	0
0 0 1 1	+ － +	+1	－ + －	－1
1 0 1 1	+ 0 0	+1	－ 0 0	－1
0 1 0 1	0 + 0	+1	0 － 0	－1
0 1 1 0	0 0 +	+1	0 0 －	－1
0 1 1 1	－ + +	+1	+ － －	－1
1 1 1 0	+ + －	+1	－ － +	－1
1 1 0 0	+ 0 +	+2	－ 0 －	－2
1 1 0 1	+ + 0	+2	－ － 0	－2
0 1 0 0	0 + +	+2	0 － －	－2
1 1 1 1	+ + +	+3	－ － －	－3

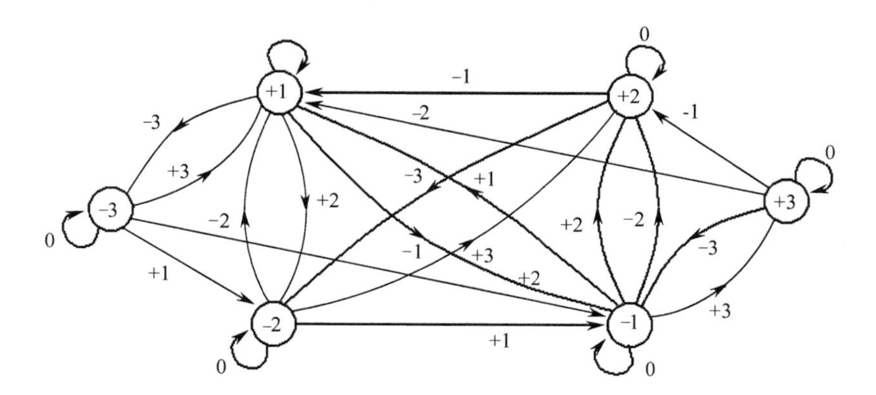

图5.1－3　4B3T编码过程状态转移图

下面列出 4B3T 编码的具体实例：

二进制码	0000	1000	0110	0111	1011	0101	1111	0000	0000	0000	1001	1000
三元码组	0 − +	0 + −	00 −	+ − −	+00	0 −0	+ + +	0 − +	0 − +	0 − +	+ −0	0 + −
数字和	0	0	−1	−1	+1	−1	+3	0	0	0	0	0
字尾状态												

+2 → +2 → +2 → +1 → −1 → +1 → −1 → +3 → +3 → +3 → +3 → +3 → +3

设起始状态的字尾状态为 +2，第一码组为 0000，选用三元码为 0 − +，数字和为 0，字尾状态不变，仍为 +2；第二组为 1000，三元码为 0 + −，数字和为 0，字尾状态仍为 +2；第三组信码为 0110，选用三元码为 00 −，数字和为 −1，依据状态转移图得到新的字尾状态为 +1；第四组信码为 0111，由于字尾状态为正，故选三元码为负模式 + − −，数字和为 −1，由状态转移图得其字尾状态为 −1。其它各码组依次类推。通常 4B3T 码的性能比 AMI 码好，这种码适用于较高速率的数据传输系统之中。双模式的 4B3T 码还可以有其它形式的编码表，可根据需要自行选择。

5.2　数字基带信号的功率谱密度

在数字基带传输过程中要想很好地传输信号，必须首先了解基带信号的频谱结构，而通常传输的数字基带信号一般是随机信号，因此不能用求确知信号频谱函数的方法来分析它的频谱特性，必须采用功率谱密度的方法进行分析。对于数字基带信号的功率谱密度的分析，在各种书籍中有不同的分析方法，但其结果是一样的。下面通过简单的数学推导，给出结论，并用简单的例子给予说明。

在基带传输中，基带信号传输时的波形并不一定是矩形波，而是根据需要来选定其波形。若任一二进制随机脉冲序列基带信号波形如图 5.2−1 所示，且假设随机脉冲序列是平稳、遍历的随机过程。

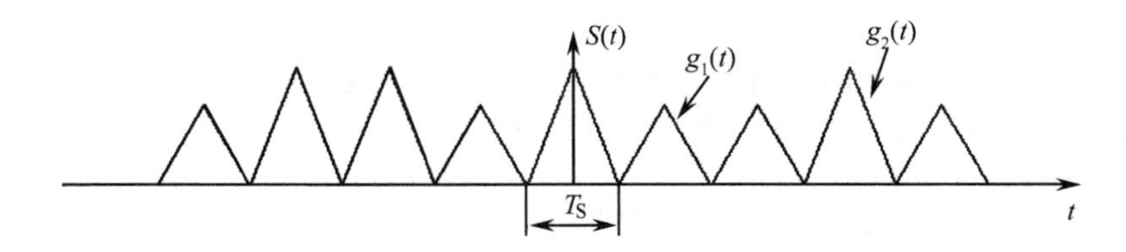

图 5.2−1　二进制随机脉冲序列

若以波形 $g_1(t)$ 代表二进制的“1”，其宽度为码元宽度 T_S；$g_2(t)$ 代表二进制的“0”，其宽度也为 T_S。设前后码元统计独立，在传输一个长的信息序列中，若设 $g_1(t)$ 出现的概率为 P，则 $g_2(t)$ 出现的概率显然为 $(1-P)$。那么，由每隔时间 T_S 随机出现的 $g_1(t-nT_S)$ 与 $g_2(t-nT_S)$ 组成了二进制随机序列 $S(t)$，它可写为

$$S(t) = \sum_{n=-\infty}^{\infty} S_n(t) \qquad (5.2-1)$$

式中

$$S_n(t) = \begin{cases} g_1(t - nT_S) & \text{概率为 } P \\ g_2(t - nT_S) & \text{概率为}(1 - P) \end{cases} \tag{5.2-2}$$

观察随机序列 $S(t)$，它可以分解为两个分量进行分析，一部分为过程的统计平均分量(又称稳态分量)$v(t)$，另一部分为交变分量(变动部分)$u(t)$。$v(t)$分量取决于每个码元内出现 $g_1(t)$和 $g_2(t)$的概率的加权平均，这对每个码元都是相同的。统计平均波形为 $v_n(t)$，所以稳态分量 $v(t)$是周期性信号，其周期为码元宽度 T_S。而交变分量 $u(t)$取决于 $g_1(t)$、$g_2(t)$随机出现的情况，而每个码元的交变分量为 $u_n(t)$，它可以用随机序列信号与稳态分量之差来表示。

统计平均分量为

$$v(t) = \sum_{n=-\infty}^{\infty} v_n(t) = \sum_{n=-\infty}^{\infty} [Pg_1(t - nT_S) + (1 - P)g_2(t - nT_S)] \tag{5.2-3}$$

而交变分量为

$$u(t) = S(t) - v(t) \tag{5.2-4}$$

对任一码元间隔内可能出现两种波形：一是出现 $g_1(t)$，概率为 P；另一种是出现 $g_2(t)$，概率为$(1-P)$，对于第 n 个码元为

$$u_n(t) = g_k(t - nT_S) - v_n(t) \tag{5.2-5}$$

故可写为

$$u_n(t) = \begin{cases} g_1(t-nT_S) - Pg_1(t-nT_S) - (1-P)g_2(t-nT_S) = \\ \quad (1-P)[g_1(t-nT_S) - g_2(t-nT_S)] \quad \text{概率为 } P \\ g_2(t-nT_S) - Pg_1(t-nT_S) - (1-P)g_2(t-nT_S) = \\ \quad -P[g_1(t-nT_S) - g_2(t-nT_S)] \quad \text{概率为}(1-P) \end{cases} \tag{5.2-6}$$

于是，随机序列的交变分量可写成

$$u(t) = \sum_{n=-\infty}^{\infty} b_n[g_1(t - nT_S) - g_2(t - nT_S)] \tag{5.2-7}$$

$$b_n = \begin{cases} 1 - P & \text{概率为 } P \\ -P & \text{概率为}(1 - P) \end{cases} \tag{5.2-8}$$

现在，我们分别计算稳态分量和交变分量的功率谱。由于稳态分量 $v(t)$是以码元宽度 T_S 为周期的周期函数，所以其功率谱可以直接写出

$$S_V(f) = \sum_{n=-\infty}^{\infty} f_S^2 | PG_1(mf_S) + (1 - P)G_2(mf_S) |^2 \delta(f - mf_S) \tag{5.2-9}$$

式中，$G_1(f)$、$G_2(f)$分别为 $g_1(t)$与 $g_2(t)$的傅里叶变换；$f_S = \dfrac{1}{T_S}$为码元传输速率。

对于交变分量的截断部分 $u_n(t)$为

$$u(t) = \sum_{n=-N}^{N} b_n[g_1(t - nT_S) - g_2(t - nT_S)] \tag{5.2-10}$$

则其频谱为

$$V_n(f) = \sum_{n=-N}^{N} b_n[G_1(f) - G_2(f)]e^{-j\pi f_n T_S} \tag{5.2-11}$$

而 $V_n(f)$的模平方的统计平均值为

$$\mathrm{E}[|V_n(f)|^2] = |G_1(f) - G_2(f)|^2 \sum_{n=-N}^{N} \mathrm{E}[b_n^2] = (2N+1)P(1-P)|G_1(f) - G_2(f)|^2 \qquad (5.2-12)$$

对于功率型信号,可用截断函数和统计平均的方法求其功率谱,即

$$S_u(f) = \lim_{T\to\infty} \frac{\mathrm{E}[|V_n(f)|^2]}{T} \qquad (5.2-13)$$

设截断时间 $T=(2n+1)T_S$ 取无穷大时,即 $T\to\infty$ 时求极限,有

$$S_u(f) = \lim_{T\to\infty} \frac{\mathrm{E}[|V_n(f)|^2]}{T} = \frac{P(1-P)|G_1(f) - G_2(f)|^2}{T_S} = f_S P(1-P)|G_1(f) - G_2(f)|^2 \qquad (5.2-14)$$

于是可以得到一个二进制的随机脉冲序列的双边功率谱密度为

$$S_f(f) = S_u(f) + S_v(f) = f_S P(1-P)|G_1(f) - G_2(f)|^2 + f_S^2 \sum_{m=-\infty}^{\infty} |PG_1(mf_S) + (1-P)G_2(mf_S)|^2 \cdot \delta(f - mf_S) \qquad (5.2-15)$$

式中,$G_1(f)$、$G_2(f)$ 分别为 $g_1(t)$ 与 $g_2(t)$ 的傅里叶变换;$f_S = \frac{1}{T_S}$ 为码元传输速率;$\delta(f-mf_S)$ 为出现在 mf_S 频率处的冲激函数;$G_1(mf_S)$ 和 $G_2(mf_S)$ 分别为 $g_1(t)$ 与 $g_2(t)$ 中处于 mf_S 处的谐波成分,其中 m 为整数。

由上式的双边功率谱可写出其单边功率谱密度

$$S_D(f) = 2f_S P(1-P)|G_1(f) - G_2(f)|^2 + f_S^2 |PG_1(0) + (1-P)G_2(0)|^2 \cdot \delta(f) + 2f_S^2 \sum_{m=1}^{\infty} |PG_1(mf_S) + (1-P)G_2(mf_S)|^2 \cdot \delta(f - mf_S) \quad (f \geqslant 0) \qquad (5.2-16)$$

由式(5.2-16)可看出,二进制随机脉冲序列的功率谱可能包括连续谱和离散谱两部分。用它们可以分别确定随机信号序列的带宽以及此随机序列含不含有定时同步信息。式中第一项为连续谱。由于 $g_1(t)$ 总不能等于 $g_2(t)$,即 $|G_1(f) - G_2(f)|$ 总不能为零,所以连续谱总是存在的。第二项是由平均分量产生的直流分量,第三项是由平均分量产生的离散谱,在一般情况下,它们都是存在的。但是当采用双极性码时,因 $g_1(t) = -g_2(t)$,即 $G_1(f) = -G_2(f)$ 且 $P=1/2$ 时,使式中第二项和第三项均为零,即直流分量和离散谱均为零,也就是说从双极性码中不能直接提取同步信号。

通过对数字基带信号的二进制随机脉冲序列功率谱密度的分析,我们不仅可求出其信号功率的分布,由此计算其平均功率,还可根据其信号功率分布,确定信号带宽,并对传输信道的频率特性提出相应的要求;同时还利用它的离散谱的存在与否,来决定采用什么

方法可从二进制随机序列中提取所需要的离散谱分量,以供同步信号使用。

下面通过两个例子来说明公式(5.2-15)的应用。

【例5.2-1】 计算单极性不归零波形组成的二进制随机脉冲序列的功率谱密度。

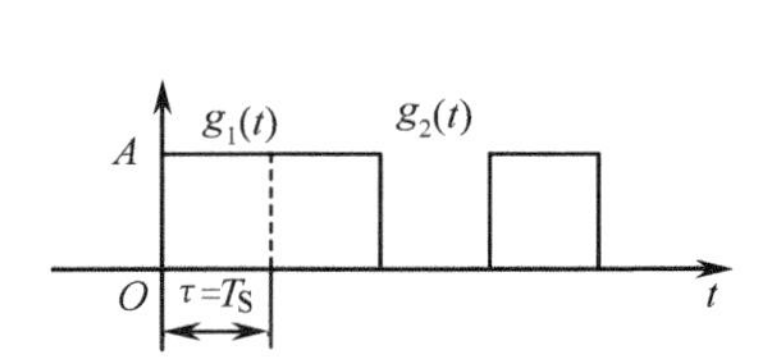

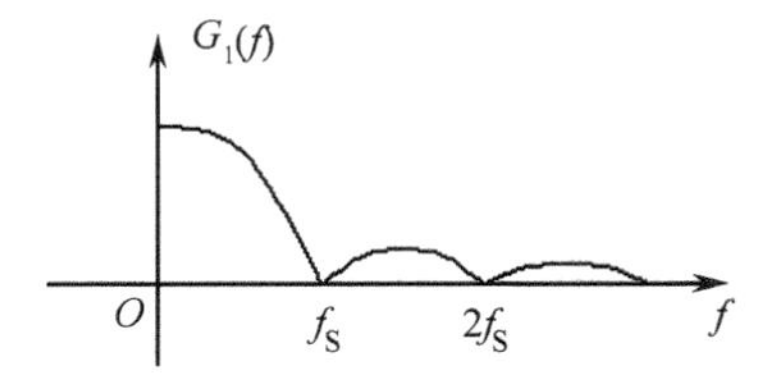

图5.2-2 例5.2-1示意图

解:这相当于

$$S_n(t) = \begin{cases} Ag_1(t-nT_S) & P = 1/2 \\ 0 & 1-P = 1/2 \end{cases} \tag{5.2-17}$$

其中

$$G_1(\omega) = A\tau \frac{\sin(\omega\tau/2)}{\omega\tau/2} = A\tau Sa(\omega\tau/2) \tag{5.2-18}$$

式中,A 与 τ 分别为单极性不归零波形的幅度和宽度。而

$$G_2(\omega) = 0 \tag{5.2-19}$$

因为 $\tau = T_S$,所以抽样函数的零点位置应在 $\omega T_S/2 = K\pi$,即 $f = Kf_S$(K 为整数)处,于是可得其单边功率谱密度为

$$S_D(f) = 2A^2T_SP(1-P)\mid Sa(\omega T_S/2)\mid^2 + PA^2\delta(f) \tag{5.2-20}$$

由上式可见,单极性不归零波形所组成的二进制随机脉冲序列的功率谱除在零频处有直流成分外而无其它离散谱;其连续谱为抽样函数模的平方,其零点位置正是离散谱的位置,故使离散谱为零。因此得出单极性不归零码不能提取同步信号的结论。

【例5.2-2】 计算单极性归零($\tau = T_S/2$)波形组成的二进制随机脉冲序列的功率谱密度。

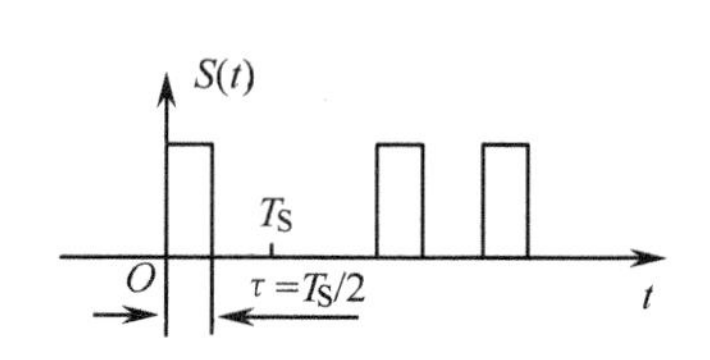

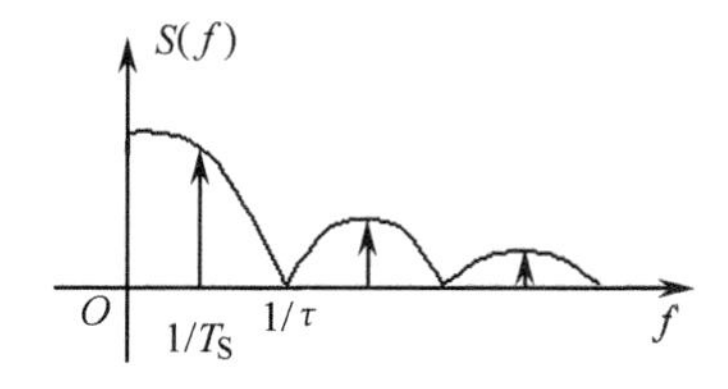

图5.2-3 例5.2-2示意图

由例5.2-1知:

$$G_1(\omega) = A\tau \frac{\sin(\omega\tau/2)}{\omega\tau/2} = A\tau Sa(\omega\tau/2) \tag{5.2-21}$$

$$G_2(\omega)=0 \tag{5.2-22}$$

设 $\tau=\dfrac{T_S}{2}$ 时

$$G_1(\omega)=\frac{AT_S}{2}\frac{\sin(\omega T_S/4)}{\omega T_S/4}=\frac{AT_S}{2}Sa(\omega T_S/4) \tag{5.2-23}$$

所以抽样函数的零点位置应在 $\omega T_S/4=K\pi$，即连续谱的零点位置应在 $f=2Kf_S$ 处。其示意图如图 5.2-3 所示。将式(5.2-21)和式(5.2-22)代入式(5.2-16)得

$$S_D(f)=\frac{A^2}{2}T_SP(1-P)\mid Sa(\omega T_S/4)\mid^2+\frac{PA^2}{4}\delta(f)+\frac{PA^2}{2}\sum_{m=1}^{\infty}\mid Sa\frac{m\pi}{2}\mid^2\delta(f-mf_S) \tag{5.2-24}$$

由上式可知单极性归零二进制随机序列的频谱特性除存在零频外还在 f_S 的奇数倍处出现离散谱。也就是说存在信号的基波分量，因此从单极性归零码能够提取同步信息。

5.3　数字基带信号的传输与码间串扰

5.3.1　数字基带传输系统

基带传输系统的一般组成如图 5.3-1 所示，它由四部分组成：发送滤波器、传输信道、接收滤波器和抽样判决器。

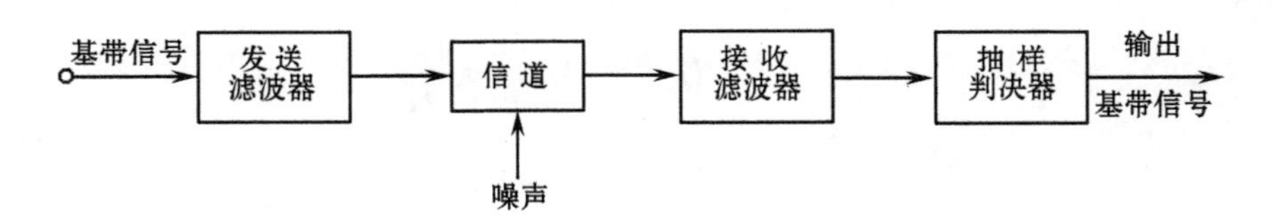

图 5.3-1　基带传输系统框图

由信源或信源编码器输出的基带信号一般最常见的是二进制脉冲序列。其波形往往为矩形脉冲，用来表示数字信号的“1”或“0”。在 5.1 节已讲过，这些信号一般不能直接在信道中传输，而需要一定的码型变换。发送滤波器完成这种变换并限制发送频带，阻止不必要的频率成分干扰相邻信道。信道是指用于基带传输的媒介，如电缆、光缆等，无论哪种传输媒介都会有噪声干扰。接收滤波器的作用是：一方面滤除带外噪声，另一方面对失真波形进行均衡。抽样判决器是在有噪声的背景下，对所接收的信号定时抽样，然后和判决电平相比较，对抽样值进行判决，使数字基带信号得到恢复和再生。

5.3.2　码间串扰

数字基带信号通过基带传输系统时，由于系统（主要是信道）传输特性不理想，会使信号波形发生畸变，或者由于信道中加性噪声的影响，也会造成信号波形的随机畸变，这些信号畸变会在接收端造成判决上的困难，有时会出现误码，这种现象称为码间串扰。如图 5.3-2 所示。

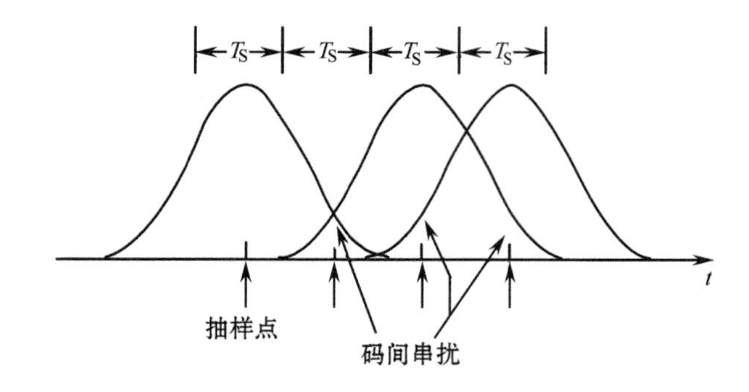

图 5.3－2 基带传输中的码间串扰

5.3.3 无码间串扰的基带传输特性

我们将基带传输系统简化为图 5.3－3。其中 $H(\omega)$ 代表整个基带传输特性(包括发

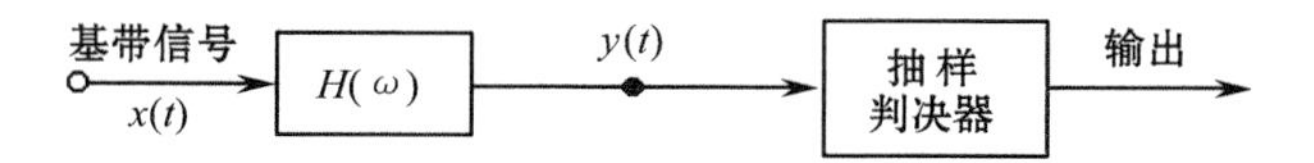

图 5.3－3 简化的基带传输系统

送滤波器、信道、接收滤波器)。现在讨论的问题是在识别点的波形 $y(t)$ 无码间串扰时，$H(\omega)$ 应具备什么特性。

如果 $H(\omega)$ 具有理想低通滤波器的特性时,则

$$H(\omega) = \begin{cases} e^{-j\omega t_0} & |\omega| \leqslant \dfrac{\pi}{T_S} \\ 0 & |\omega| > \dfrac{\pi}{T_S} \end{cases} \tag{5.3-1}$$

如果传输函数以幅度特性的绝对值 $|H(\omega)|$ 和相移特性 $\varphi(\omega)$ 来表示,可写为

$$|H(\omega)| = \begin{cases} 1 & |\omega| \leqslant \dfrac{\pi}{T_S} \\ 0 & |\omega| > \dfrac{\pi}{T_S} \end{cases} \tag{5.3-2}$$

$$\varphi(\omega) = \begin{cases} -\omega t_0 & |\omega| \leqslant \dfrac{\pi}{T_S} \\ 0 & |\omega| > \dfrac{\pi}{T_S} \end{cases} \tag{5.3-3}$$

则其冲激响应为

$$h(t) = \frac{1}{2\pi}\int_{-\infty}^{\infty} H(\omega)\cdot e^{j\omega t}d\omega = \frac{1}{2\pi}\int_{-\pi/T_S}^{\pi/T_S} e^{-j\omega t_0}\cdot e^{j\omega t}d\omega =$$

$$\frac{1}{2\pi}\int_{-\pi/T_S}^{\pi/T_S} e^{-j\omega(t-t_0)}d\omega =$$

$$\frac{1}{T_S}\cdot\frac{\sin\frac{\pi}{T_S}(t-t_0)}{\frac{\pi}{T_S}(t-t_0)}=\frac{1}{T_S}\cdot Sa\left[\frac{\pi}{T_S}(t-t_0)\right] \tag{5.3-4}$$

此式表明，当把单位冲激函数 $\delta(t)$ 加于具有理想低通特性的基带传输系统时，其输出波形

$$y(t)=\frac{1}{T_S}\cdot Sa\left[\frac{\pi}{T_S}(t-t_0)\right] \tag{5.3-5}$$

式中，$(t-t_0)$ 代表信号经过 LPF 后所产生的时间延迟，它在 $t=t_0$ 时使 $y(t)$ 达到最大值，若将观察输出响应的时间坐标原点延迟 t_0 秒，即令

$$y(\tau)=y(t-t_0) \tag{5.3-6}$$

则

$$y(\tau)=\frac{1}{T_S}Sa\left(\frac{\pi}{T_S}\tau\right) \tag{5.3-7}$$

其波形如图 5.3－4 所示。

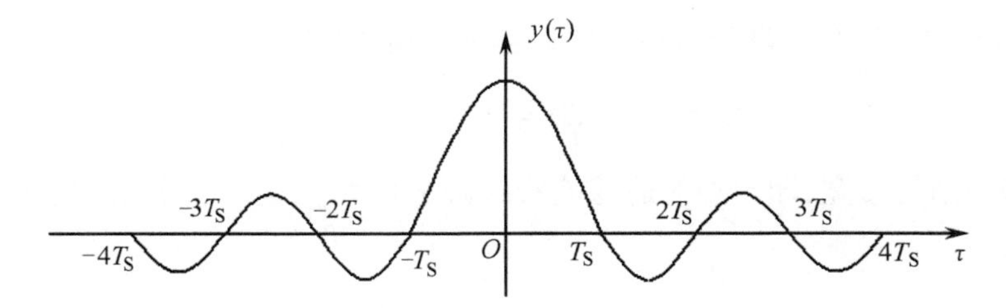

图 5.3－4　理想 LPF 基带传输系统输出波形

由图 5.3－4 可见其输出的时间响应波形具有下列特点：

(1) 输出波形 $y(\tau)$ 具有抽样函数 $Sa(x)=\sin x/x$ 形式，波形具有很长的拖尾，其幅度逐渐衰减，且在时间轴上出现许多零点。

(2) 波形的零点出现在 $\tau=KT_S$ 处（$K=0,\pm1,\pm2,\cdots$），即各零点之间的间隔均为 T_S。

利用以上特性，若将冲激脉冲序列

$$S_i(t)=\sum_n a_n\delta(t-nT_S) \tag{5.3-8}$$

加入到该基带传输系统输入端时，则其输出响应波形序列可表示为

$$S_o(t)=\sum_{n=-\infty}^{\infty}a_n\delta(t-nT_S)*y(t)=\sum_{n=-\infty}^{\infty}a_n y(t-nT_S) \tag{5.3-9}$$

其波形如图 5.3－5 所示。

由图 5.3－5 可见，在 $t=KT_S(k=0,\pm1,\pm2,\cdots)$ 各点上的抽样值仅分别与基带传输系统第 K 个输入信号的振幅 a_k（$n=k$ 时）有关，而与其它码元的取值无关，因为其它码元波形在此点的值均为零。因此若把冲激脉冲序列 $\sum a_n\delta(t-nT_S)$ 当作发送的数字基带信号，且接收端的抽样判决器在 $t=KT_S$ 时刻上逐点进行判决，就能正确地恢复原信号，且

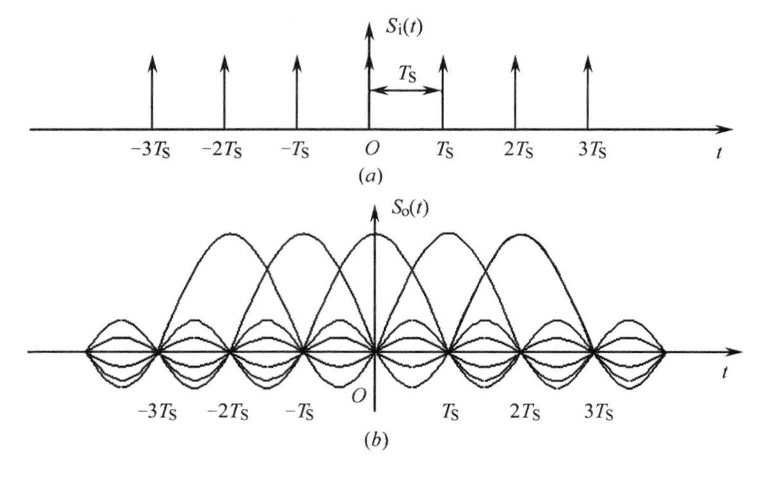

图 5.3-5 基带传输系统的输出响应

(a) 冲激序列;(b) 输出响应。

相互之间没有码间串扰。

由以上分析可知,具有理想低通特性的基带传输系统的带宽为

$$B_N = \frac{1}{2\pi} \cdot \frac{\pi}{T_S} = \frac{1}{2T_S} = \frac{f_S}{2} = \frac{R_B}{2} \tag{5.3-10}$$

B_N 也称为奈奎斯特带宽,即理想低通滤波器的截止频率。而此时码元传输速率即为奈奎斯特速率 R_B

$$R_B = 2B_N = \frac{1}{T_S} = f_S \tag{5.3-11}$$

而

$$T_S = \frac{1}{R_B} = \frac{1}{2B_N} \tag{5.3-12}$$

称为奈奎斯特间隔。

有时为了衡量系统的性能也采用频带利用率的概念,它是平均单位频带内的传码率。当数字基带信号通过理想低通滤波器时其频带利用率

$$\eta = \frac{R_B}{B_N} = \frac{\frac{1}{T_S}}{\frac{1}{2T_S}} = 2(\text{B/Hz}) \tag{5.3-13}$$

综上所述,当基带传输系统具有理想低通滤波器的特性时,以其截止频率两倍的速率传输数字信号,便能消除码间串扰,通常称为奈奎斯特定理。此时的理想低通滤波器的带宽即为奈氏带宽,此时的码元速率为奈氏速率,码元间隔 $1/2B_N$,即 T_S 为奈氏间隔,其最高频带利用率为 2B/Hz。

5.3.4 具有滚降幅度特性的低通滤波器

具有理想低通特性的基带传输系统虽可消除码间串扰,然而理想低通滤波器在工程上是不能实现的。即使可以设法去尽量逼近它的特性,在工程上也还是不适用的。这主要是因为这样的系统对定时要求太严，抽样时刻必须选在 $t = kT_S$ 处，若定时稍有偏差或信号速率有微小的“抖动”，因码间串扰就可能造成判决失误。

理想低通滤波器虽然不能实现，但它却给出了实现无码间串扰的条件，且有最高的频带利用率，具有较高的理论意义。这样就启发我们从可以实现的传输特性中去研究可否实现这个条件，达到无码间串扰。

由图5.3-4可见，抽样函数波形的特点是具有一系列等间隔的零点，我们感兴趣的也是这些抽样时间的函数值，而对其它非抽样时间上的数值可以不管。那么式(5.3-4)可以简化为

$$h(kT_S) = \begin{cases} 1 & k = 0 \\ 0 & k \text{是整数} \end{cases} \tag{5.3-14}$$

式中，T_S 表示相邻码元的间隔；kT_S 表示抽样时间。

式(5.3-14)为理想低通滤波器的时间响应的另一种表示式，即 $h(0)=1$ 是抽样函数的幅度，而 $h(kT_S)=0$ 是代表抽样函数的一系列零点。正是因为利用这些波形零点来传输数字信号，才能做到相邻码元间没有码元串扰。

现在讨论采用什么样的实际能够制作的滤波器，其传输特性同样也可以形成无码间串扰的波形。奈奎斯特本人曾对这个问题进行了研究，并推导出了无码间串扰的波形的幅度谱必须满足的条件，即数字基带信号通过具有滚降特性的实际滤波器，其传输函数为实函数，且对于 $\pm W_c$ 处奇对称，则无论其输出频谱为任何形状，都可以获得具有所需零点分布的脉冲信号，接收端仍按 T_S 间隔抽样判决而码间无串扰，其滚降滤波器的传输特性如图5.3-6所示。

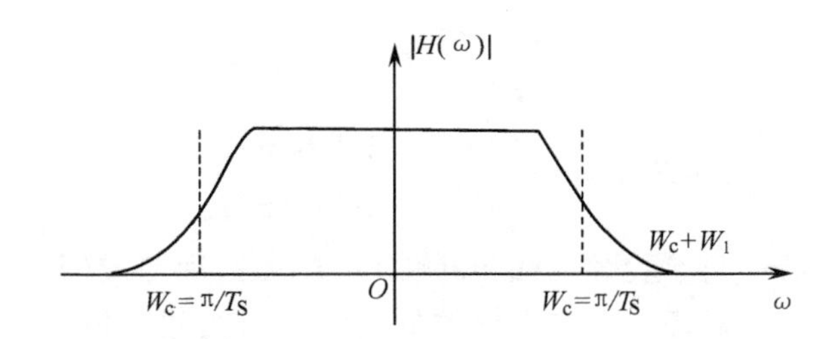

图5.3-6　具有滚降特性的滤波器的传输特性

采用较多的具有滚降特性的滤波器特性为升余弦特性。它形成的数字信号波形不但符合无码间串扰的条件，而且波形的拖尾也收敛较快，因此即使在抽样时间发生偏差时也不致产生很大的码间串扰。下面就来讨论其传输特性。

由于 $h(kT_S)$ 和 $H(\omega)$ 之间存在以下关系式，即

$$h(kT_S) = \frac{1}{2\pi}\int_{-\infty}^{\infty} H(\omega)\mathrm{e}^{\mathrm{j}\omega kT_S}\mathrm{d}\omega \tag{5.3-15}$$

将上式的积分区间按每段 $2\pi/T_S$ 进行分割，则上式可写成

$$h(kT_S) = \frac{1}{2\pi}\sum_{n=-\infty}^{\infty}\int_{(2n-1)\pi/T_S}^{(2n+1)\pi/T_S} H(\omega)\mathrm{e}^{\mathrm{j}\omega kT_S}\mathrm{d}\omega \tag{5.3-16}$$

再引入新的变量

$$\omega' = \omega - \frac{2n\pi}{T_S} \tag{5.3-17}$$

将其代入式(5.3－16),并用 $\omega' = \pm\frac{\pi}{T_S}$ 代替积分极限后可得

$$h(kT) = \frac{1}{2\pi}\sum_{n=-\infty}^{\infty}\int_{-\pi/T_S}^{\pi/T_S} H\left(\omega' + \frac{2n\pi}{T_S}\right)e^{j\omega' kT_S}e^{j2n\pi k}d\omega' =$$

$$\frac{1}{2\pi}\sum_{n=-\infty}^{\infty}\int_{-\pi/T_S}^{\pi/T_S} H\left(\omega' + \frac{2n\pi}{T_S}\right)e^{j\omega' kT_S}d\omega' \tag{5.3-18}$$

这里因为 n 和 k 都是整数,故 $e^{j2n\pi k}=1$,若将变量重新记为 ω,则

$$h(kT) = \frac{1}{2\pi}\sum_{n=-\infty}^{\infty}\int_{-\pi/T_S}^{\pi/T_S} H\left(\omega + \frac{2n\pi}{T_S}\right)e^{j\omega' kT_S}d\omega \tag{5.3-19}$$

式中的 $\sum_{n=-\infty}^{\infty} H\left(\omega + \frac{2n\pi}{T_S}\right)$ 是等效低通滤波器的传输函数。如果用 $H_{eg}(\omega)$ 来代表等效低通滤波器的传输函数,即

$$H_{eg}(\omega) = \sum_{n=-\infty}^{\infty} H\left(\omega + \frac{2n\pi}{T_S}\right) \tag{5.3-20}$$

那么式(5.3－19)可写为

$$h(kT) = \frac{1}{2\pi}\int_{-\pi/T_S}^{\pi/T_S} H_{eg}(\omega)e^{j\omega kT_S}d\omega \tag{5.3-21}$$

根据式(5.3－14)的条件,当 $k=0$ 时,可写成

$$h(0) = \frac{1}{2\pi}\int_{-\pi/T_S}^{\pi/T_S} H_{eg}(\omega)d\omega = 1 \tag{5.3-22}$$

$$H_{eg}(\omega) = \begin{cases} T_S & |\omega| \leqslant \pi/T_S \\ 0 & |\omega| > \pi/T_S \end{cases} \tag{5.3-23}$$

将式(5.3－23)与理想低通滤波器的幅频特性 $H(\omega)$,即与式(5.3－2)相比较,可发现它们具有相同的幅度频率特性。这个等效低通滤波器的截止角频率 $W_c = \pm\pi/T_S$(或者通带 $B=1/2T_S$),即等于奈奎斯特带宽。但是具有滚降特性的实际传输信道,其带宽将大于奈奎斯特带宽,但也很少有超过2倍奈奎斯特带宽的。因此,可在式(5.3－21)中只考虑2倍奈奎斯特带宽,即 $n=0$ 和 ±1,其频率范围为($-2\pi/T_S, 2\pi/T_S$)。于是 $H_{eg}(\omega)$ 可以写成

$$H_{eg}(\omega) = H\left(\omega - \frac{2\pi}{T_S}\right) + H(\omega) + H\left(\omega + \frac{2\pi}{T_S}\right) =$$

$$\begin{cases} T_S & |\omega| \leqslant \pi/T_S \\ 0 & |\omega| > \pi/T_S \end{cases} \tag{5.3-24}$$

由式(5.3－24)可见, $H_{eg}(\omega)$ 是由三段特性所合成的。其中,第一段是 $H(\omega)$,它的区间是($-\pi/T_S, \pi/T_S$);第二段是 $H(\omega-2\pi/T_S)$,它的区间是($\pi/T_S, 2\pi/T_S$),它与第三段 $H(\omega+2\pi/T_S)$ 是对称的;第三段的区间是($-2\pi/T_S, -\pi/T_S$),如图5.3－7所示。

因此,只要三段合成后具有理想低通滤波器的特征,即满足式(5.3－22)的条件,就

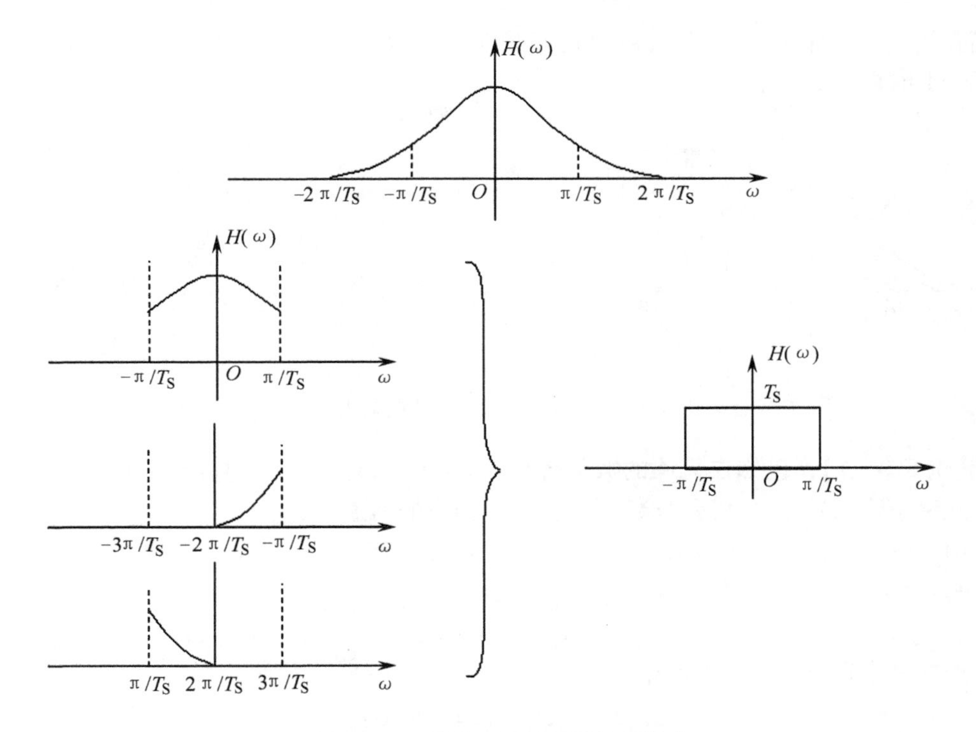

图 5.3-7　等效理想低通特性的构成

可保证无码间串扰存在。式(5.3-24)称为奈奎斯特第一准则。

需要指出,能够在一定区间上叠加出这样等效理想低通特性的传输函数并不是惟一的。

现在讨论升余弦特性的传递函数和时间响应,它们可以写成

$$H(\omega) = \begin{cases} \dfrac{T_S}{2}\left(1 + \cos\dfrac{\omega T_S}{2}\right) & |\omega| \leqslant 2\pi/T_S \\ 0 & |\omega| > 2\pi/T_S \end{cases} \tag{5.3-25}$$

$$h(t) = \frac{\sin\pi t/T_S}{\pi t/T_S} \cdot \frac{\cos(\pi t/T_S)}{1 - 4t^2/T_S^2} \tag{5.3-26}$$

如图 5.3-8 所示。

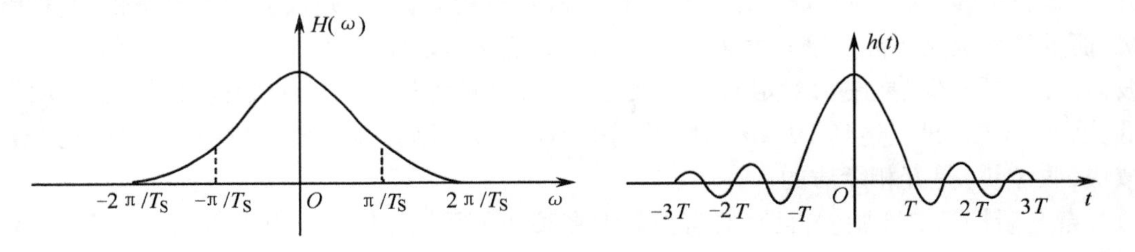

图 5.3-8　升余弦频率特性和时间响应

图 5.3-9 所示为余弦滚降特性及其相应的波形。α 为带宽扩展量 W_1 与奈奎斯特带宽 W_c 之比,即 $\alpha = W_1/W_c$ 称为滚降因子。$h(t)$ 衰减快慢与滚降因子 α 有关,α 越大,衰减越快,传输可靠性越高,但所需频带也越宽,则频带利用率就越低。因此,传输可靠性的

提高是用增加传输带宽或降低传输速率换来的。实际工程中可根据具体要求选取 α 值，$\alpha=1$ 时即为升余弦特性。

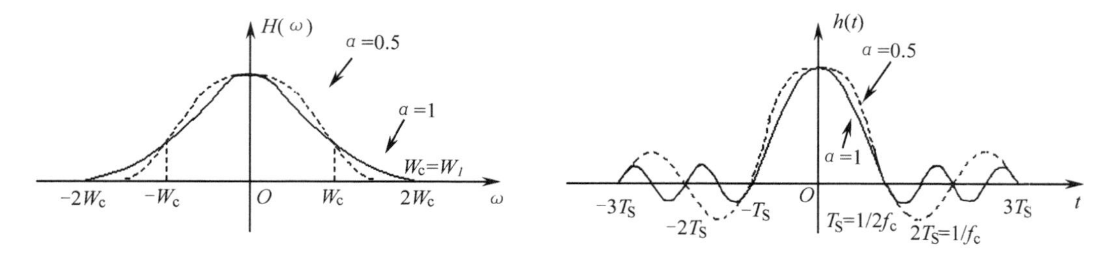

图 5.3-9 余弦滚降滤波器的输出波形

【例 5.3-1】 已知二元码的数据传输速率为 56kb/s 且采用基带信道传输，若按照以下几种滚降系数设计实际升余弦信道，求其相应的信道带宽。

(1) $\alpha = 0.25$　　(2) $\alpha = 0.5$　　(3) $\alpha = 0.75$　　(4) $\alpha = 1.0$

解：因为二进制码元的传输速率

$$R_b = 56\ \text{kb/s}$$

则采用理想信道时其奈奎斯特带宽为

$$B_N = R_B / 2 = 28\text{kHz}$$

而对于升余弦的实际信道可根据公式

$$B = (\alpha + 1)B_N$$

分别求出其四种情况下相对应的信道带宽为

(1) 35kHz　　(2) 42 kHz　　(3) 49 kHz　　(4) 56kHz

5.4 部分响应系统

为了消除码间串扰，我们可将基带传输系统的特性 $H(\omega)$ 设计成理想低通滤波器或等效理想低通特性（如升余弦滚降特性）。虽然理想低通特性的基带系统频带利用率高，可达到 2B/Hz，但因其冲激响应的波形是 $\sin x/x$ 型的，在第一个零点之后波形拖尾幅度较大，衰减收敛慢，从而对定时要求十分严格。若定时稍有偏差，则极易引起严重的码间串扰，而且物理上又不能实现。而采用等效的理想低通传输特性，例如采用升余弦特性的滤波器，虽然可减少“拖尾”，对定时也可放松要求，但是所需要的频带加宽，频带利用率降低，当 $\alpha=1$ 时，只能达到 1B/Hz 的频带利用率。由此可见，高的频带利用率与“尾巴”衰减快（收敛快）是互相矛盾的。

奈奎斯特第二准则告诉我们：有控制地在某些码元的抽样时刻引入码间串扰，而在其余码元的抽样时刻无码间串扰，就能使频带利用率提高并达到理论上的最大值，同时又可以加快“拖尾”的衰减速度，降低对定时精度的要求，通常把这种波形称为部分响应波形，即在抽样时刻，它利用了前后两个码元波形各自一部分的合成来判决，故而得名“部分响应”。利用这种波形进行传送的基带传输系统称为部分响应系统。

现在从一个实例来说明部分响应波形的一般特性。如前所述，具有理想低通滤波器特性的传输系统，其冲激响应为 $\sin x/x$ 波形，它虽然可以满足无码间串扰传输条件，而且能达到理论上的极限传输速率（2B/Hz），是频带利用率最高的波形。但是理想低通滤波器是不可实现的。如果我们让两个时间上相隔一个码元间隔 T_S 的 $\sin x/x$ 的波形相加，如图 5.4－1 所示。由于两个 $\sin x/x$（虚线所示）的“拖尾”正、负相反，相互抵消，从而使合成的波形的“尾巴”衰减加快。

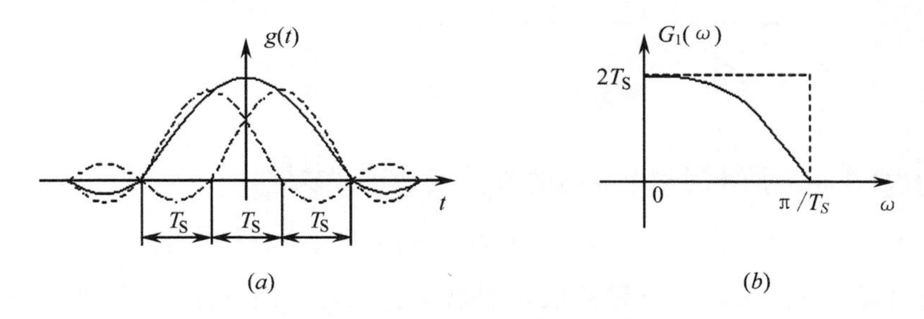

图 5.4－1　合成信号的波形及频谱
（a）波形；（b）频谱。

其合成波形 $g(t)$ 为

$$g(t)=\frac{\sin\frac{\pi}{T_S}\left(t+\frac{T_S}{2}\right)}{\frac{\pi}{T_S}\left(t+\frac{T_S}{2}\right)}+\frac{\sin\frac{\pi}{T_S}\left(t-\frac{T_S}{2}\right)}{\frac{\pi}{T_S}\left(t-\frac{T_S}{2}\right)} \tag{5.4-1}$$

进一步化简后得

$$g(t)=\frac{4}{\pi}\cdot\left[\frac{\cos\pi t/T_S}{1-4t^2/T_S^2}\right] \tag{5.4-2}$$

由此可见，$g(t)$ 的“尾巴”的幅度随 t 按 $1/t^2$ 变化，即 $g(t)$ 的尾巴幅度与 t^2 成反比，这说明它比 $\sin x/x$ 的波形收敛快，“拖尾”衰减也大。

对 $g(t)$ 进行傅里叶变换，求得其频谱函数 $G(\omega)$ 为

$$G(\omega)=\begin{cases}2T_S\cos\frac{\omega T_S}{2} & |\omega|\leqslant\frac{\pi}{T_S}\\ 0 & |\omega|>\frac{\pi}{T_S}\end{cases} \tag{5.4-3}$$

显而易见，$G(\omega)$ 是呈余弦型的，如图 5.4－1（b）所示（图中只画出正频率部分），可见其频谱宽度仍限制在（$-\pi/T_S$，π/T_S）之内，但却改变了陡然截止的频谱特性。

若用 $g(t)$ 作为传送波形，且传送码元的间隔为 T_S，则在抽样时刻上会发生串扰，但是这种串扰仅发生在发送码元与其前后码元之间，而与其它码元间不发生串扰，如图5.4－2 所示。从表面上看，此系统似乎无法传送速率为 $R_B=1/T_S$ 的数字信号。但是由于这种串扰是确定的，其影响可以消除，故此系统仍能以奈奎斯特速率 $R_B=1/T_S$ 传输数字信号，且不存在码间串扰。

设输入二进制码元序列 $\{a_K\}$，并设 a_K 的取值为 +1 和 −1，这样，当发送码元 a_K 时，

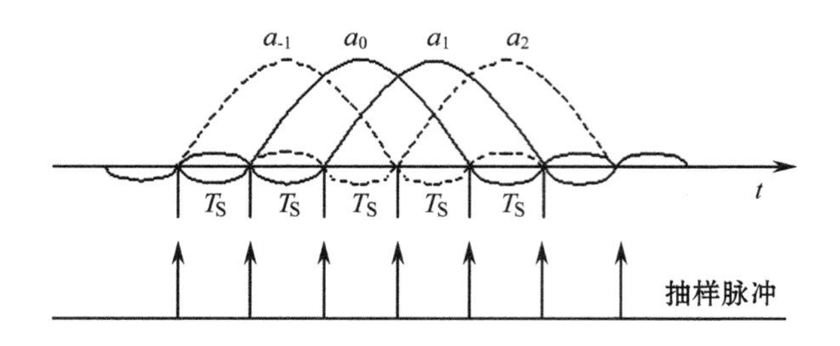

图 5.4-2 码间串扰的示意图

接收波形 $g(t)$ 在相应抽样时刻上获得的值 c_K 可由下式确定：

$$c_K = a_K + a_{K-1} \tag{5.4-4}$$

因此，c_K将可能取 0，±2 这样三种数值。如果 a_{K-1}码元已经确定，则在接收端根据收到的 c_K 再减去 a_{K-1}便可得到 a_K 的取值。上述这种判决方法在原理上虽然是可行的，但是若有一个码元在传输时发生错误，这种错误会相继影响到以后的码元接收，而造成判决上相继的错误。这种现象叫做差错传播。

为了克服差错传播现象，现在介绍一种比较实用的部分响应系统。通常，在这种系统中可先将要传的绝对码 a_K 变成相对码 b_K，然后再进行部分响应编码，即：

首先，让发送端的 a_K 变成 b_K，其规则为

$$a_K = b_K \oplus b_{K-1} \tag{5.4-5}$$

$$b_K = a_K \oplus b_{K-1} \tag{5.4-6}$$

这里，$\oplus$表示模 2 加。

然后，把$\{b_K\}$当作发送滤波器的输入码元序列，形成由式(5.4-2)决定的部分响应波形 $g(t)$ 序列，参照式(5.4-4)可得

$$c_K = b_K + b_{K-1} \tag{5.4-7}$$

显然，对式(5.4-7)作模 2 处理，则有

$$[c_K]_{\text{mod}_2} = [b_K + b_{K-1}]_{\text{mod}_2} = b_K \oplus b_{K-1} = a_K \tag{5.4-8}$$

此结果表明，对 c_K 作模 2 处理后便直接得到发送端的 a_K，此时不需要预先知道 a_{K-1}，故不存在差错传播现象。通常，把 a_K 变成 b_K 的过程称为预编码，而把 $c_K = b_K + b_{K-1}$（或 $c_K = a_K + a_{K-1}$）关系称为相关编码。因此，整个上述过程可概括为“预编码－相关编码－模 2 判决”过程。例如设 a_K 为 11101001，b_{k-1}的第一位为“0”，则有：

a_K	1 1 1 0 1 0 0 1
b_{K-1}	0 1 0 1 1 0 0 0
b_K	1 0 1 1 0 0 0 1
c_K	1 1 1 2 1 0 0 1
$[c_K]_{\text{mod}2}$	1 1 1 0 1 0 0 1

上述讨论的部分响应系统如图 5.4-3 所示。其中，图(a)为原理框图，图(b)为实际系统组成框图。

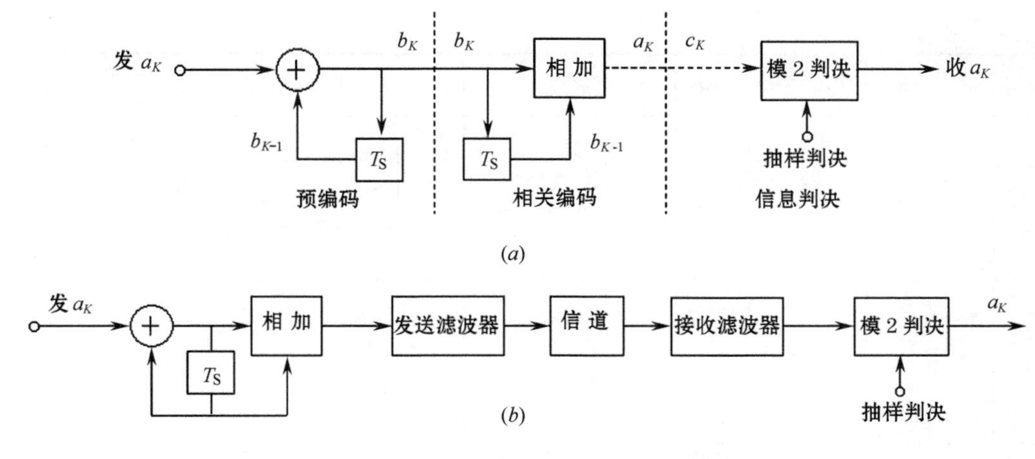

图 5.4－3　第Ⅰ类部分响应系统组成框图

(a) 原理框图；(b) 实际系统框图。

我们将上述例子推广到一般的部分响应系统，利用多个 $\sin x/x$ 脉冲延迟并加权叠加的方法，可以得到系统利用率最高，使波形"拖尾"衰减快，且能消除码间串扰的系统。由式(5.4－1)推广可知

$$g(t)=R_1\frac{\sin\frac{\pi}{T_S}t}{\frac{\pi}{T_S}t}+R_2\frac{\sin\frac{\pi}{T_S}(t-T_S)}{\frac{\pi}{T_S}(t-T_S)}+\cdots+$$

$$R_i\frac{\sin\frac{\pi}{T_S}(t-iT_S)}{\frac{\pi}{T_S}(t-iT_S)}+\cdots+R_N\frac{\sin\frac{\pi}{T_S}[t-(N-1)T_S]}{\frac{\pi}{T_S}[t-(N-1)T_S]} \tag{5.4-9}$$

式中，R_i 为加权系数，可取任意实数。由上式求得其频谱为

$$G(\omega)=\begin{cases}T_S\sum\limits_{i=1}^{N}R_i\mathrm{e}^{-\mathrm{j}\omega(i-1)T_S} & |\omega|\leqslant\frac{\pi}{T_S}\\ 0 & |\omega|>\frac{\pi}{T_S}\end{cases} \tag{5.4-10}$$

显然，$G(\omega)$ 在频域 $(-\pi/T_S,\pi/T_S)$ 内有非零值。根据式(5.4－10)，在表 5.4－1 中列出了常用的Ⅴ类部分响应系统。为了便于比较，我们将 $\sin x/x$ 的理想抽样函数也列入表内，并称其为 0 类。实际中最广泛应用的是第Ⅰ类和Ⅳ类。前面讨论的例子是第Ⅰ类部分响应系统。

表 5.4－1　部分响应波形及频谱

类别	R_1	R_2	R_3	R_4	R_5	$g(t)$	$\lvert G(\omega)\rvert$ $\lvert\omega\rvert\leqslant\pi/T$	二进制输入时抽样值电平数
0	1					T_S　t	O　$1/2T_S$　f	2

（续）

类别	R_1	R_2	R_3	R_4	R_5	$g(t)$	$\lvert G(\omega)\rvert \; \lvert\omega\rvert \leq \pi/T$	二进制输入时抽样值电平数
Ⅰ	1	1				t	$2T_S\cos\frac{\omega T_S}{2}$　O　$1/2T_S$　f	3
Ⅱ	1	2	1			t	$4T_S\cos^2\frac{\omega T_S}{2}$　O　$1/2T_S$　f	5
Ⅲ	2	1	-1			t	$2T_S\cos\frac{\omega T_S}{2}\sqrt{5-4\cos\omega T_S}$　O　$1/2T_S$　f	5
Ⅳ	1	0	-1			t	$2T_S\sin\omega T_S$　O　$1/2T_S$　f	3
Ⅴ	-1	0	2	0	-1	t	$4T_S\sin^2\omega T_S$　O　$1/2T_S$　f	5

5.5　无码间串扰基带传输系统的噪声性能分析

前面几节讨论了在无噪声影响时基带传输系统如何消除码间串扰，现在分析基带传输系统在无码间串扰时，由于加性高斯噪声的影响所造成的对码元错误判决的概率。

假设一个基带传输系统既无码间串扰，又无噪声干扰，只要接收端选择适当的判决电平，并保证抽样判决时刻基本正确，就不会发生判决错误。然而，当存在加性噪声时，即使无码间串扰，也难以保证判决器不产生错误判决。图 5.5－1 分别示出了信道存在加性噪声时对信号传输的影响。

图 5.5－1(a)为基带传输信号，图(b)为限带后无串扰信号，图(c)为通过信道叠加上噪声后的接收信号(其中 Q、R 两点噪声超过容限)，图(d)为再生定时脉冲，图(e)为再生判决后的信号。我们发现在 Q、R 处发生了误判。

由图 5.5－1 可见，当传送“1”码时，如果抽样时刻噪声有一个很大的负振荡与振幅相加，使抽样值低于判决电平(如 Q 点)，则接收端错判为“0”码；而传送“0”码时，如果抽样时刻有一个很大的正噪声振幅超过判决电平(如 R 点)，则接收端错判为“1”。通常把

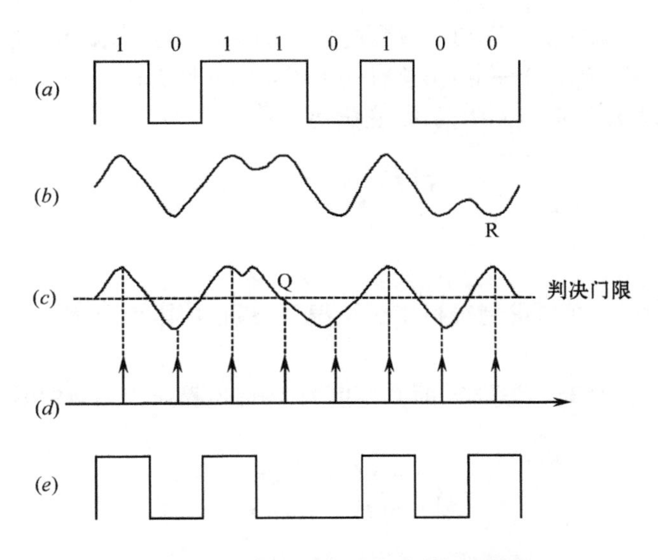

图5.5-1　信道噪声对信号传输的影响

(a) 基带信号；(b) 限带无串扰信号；

(c) 叠加噪声后的接收信号；(d) 定时脉冲；(e) 再生信号。

这些判决错误的概率称为误码率。

下面计算无码间串扰时信道噪声所引起的误码率。因为信道噪声通常被假设成平稳高斯白噪声，而接收滤波器又是一个线性网络，因此判决电路的输入噪声将是一个均值为零、方差为 σ_n^2 的高斯噪声，它的概率密度函数为

$$p(n) = \frac{1}{\sqrt{2\pi}\sigma_n}\exp\left[-\frac{n^2}{2\sigma_n^2}\right] \tag{5.5-1}$$

由图5.5-1可见，在噪声影响下发生误码将有两种差错形式。设通信系统中发送"1"的概率为 $P(1)$；发送"0"的概率为 $P(0)$。发送"1"时错判为"0"的条件概率为 $P(0/1)$，发送"0"时错判为"1"的条件概率为 $P(1/0)$，则总的误码率 P_e 为

$$P_e = P(1)P(0/1) + P(0)P(1/0) \tag{5.5-2}$$

若收到的信号加噪声的合成电压其抽样幅度为 V，判决门限为 b，且在抽样时刻，$V>b$ 时判为"1"，$V<b$ 时判为"0"，又可写为

$$P_e = P(1)P[(V<b)/1] + P(0)P[(V>b)/0] \tag{5.5-3}$$

如果 $P_1(V)$ 为发送"1"时在接收端判决电路输入的合成电压振幅 V 的概率密度函数；$P_0(V)$ 为发送"0"时收到合成电压振幅 V 的概率密度函数，则有

$$P_e = P(1)\int_{-\infty}^{b} P_1(V)\mathrm{d}V + P(0)\int_{b}^{+\infty} P_0(V)\mathrm{d}V \tag{5.5-4}$$

在一般情况下，都假定发送"1"和"0"的概率相等，即

$$P(1) = P(0) = \frac{1}{2} \tag{5.5-5}$$

于是有

$$P_e = \frac{1}{2}\left[\int_{-\infty}^{b} P_1(V)\mathrm{d}V + \int_{b}^{+\infty} P_0(V)\mathrm{d}V\right] \tag{5.5-6}$$

由式(5.5－6)可见,总的误码率与接收到的信号加噪声的合成振幅的概率密度和判决门限 b 有关。当 $P_1(V)$、$P_0(V)$ 一定时,总有一个门限值 b 使总的误码率最小,这个 b 值称为最佳判决门限。设 b_0 为最佳判决门限,它满足

$$\frac{\mathrm{d}P_e}{\mathrm{d}b}=\frac{1}{2}[P_1(b_0)-P_0(b_0)]=0 \tag{5.5-7}$$

所以有

$$P_1(b_0)=P_0(b_0) \tag{5.5-8}$$

式(5.8－8)说明,在二进制等概率的情况下,最佳门限就是 $P_1(V)$ 和 $P_0(V)$ 曲线交点所对应的 V 值。

若传输单极性信号时,发送“1”时其幅度为 A,信道噪声为高斯白噪声,则信号加噪声的表达式为

$$V=\begin{cases}A+n(t) & 发送“1”时\\ n(t) & 发送“0”时\end{cases} \tag{5.5-9}$$

于是有

$$P_1(V)=\frac{1}{\sqrt{2\pi}\cdot\sigma_n}\exp\left[-\frac{(V-A)^2}{2\sigma_n^2}\right] \tag{5.5-10}$$

$$P_0(V)=\frac{1}{\sqrt{2\pi}\cdot\sigma_n}\exp\left[-\frac{V^2}{2\sigma_n^2}\right] \tag{5.5-11}$$

图 5.5－2 画出了 $P_1(V)$ 和 $P_0(V)$ 的概率密度函数曲线。

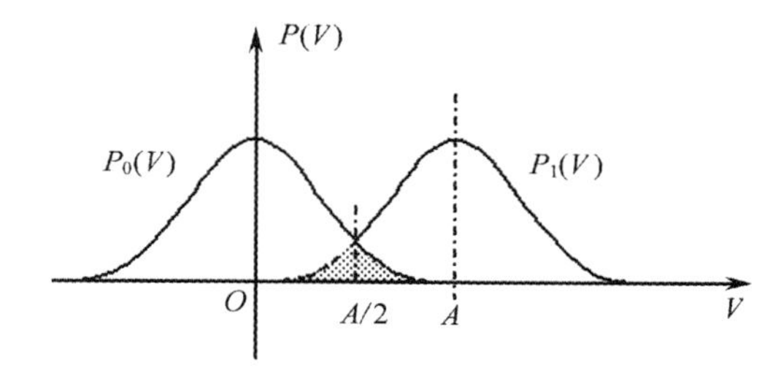

图 5.5－2　接收信号幅度的概率密度分布

由于高斯分布的对称性,两曲线交点信号 $V=A/2$ 处即最佳判决电平 $b_0=A/2$。

$$P_e=\frac{1}{2}\left[\int_{-\infty}^{A/2}P_1(V)\mathrm{d}V+\int_{A/2}^{+\infty}P_0(V)\mathrm{d}V\right] \tag{5.5-12}$$

由于高斯分布的对称性,图中两个阴影面积相等,故两个条件概率相等,即 $P(0/1)=P(1/0)$。如果发“1”和“0”的概率也相等,即 $P(0)=P(1)=1/2$,这时总的误码率为

$$P_e=\frac{1}{2}P(0/1)+\frac{1}{2}P(1/0)=P(0/1)=P(1/0)=$$

$$\int_{A/2}^{\infty}P_0(V)\mathrm{d}V=\int_0^{\infty}P_0(V)\mathrm{d}V-\int_0^{A/2}P_0(V)\mathrm{d}V \tag{5.5-13}$$

设 $u=\frac{1}{\sigma_n\sqrt{2}}$,则上式变为

$$P_e = \frac{1}{2}\left[1 - \frac{1}{\sqrt{\pi}}\int_0^{\frac{A}{2.\sqrt{2}\sigma_n}} e^{-u^2}du\right] = \frac{1}{2}\left[1 - \text{erf}\left(\frac{A}{2\sigma_n\sqrt{2}}\right)\right] =$$

$$\frac{1}{2}\text{erfc}\left(\frac{A}{2\sigma_n\sqrt{2}}\right) \qquad (5.5-14)$$

式中，$\text{erf}(x) = \frac{2}{\sqrt{\pi}}\int_0^x e^{-u^2}du$ 被称为误差函数；$\text{erf}(x) = 1 - \text{erf}(x)$ 是互补误差函数。

$x = \frac{A}{2\sqrt{2}\cdot\sigma_n}$ 若已知，则 erf(x)的值可由误差函数表查出。如果以 $S = A^2$ 表示信号的峰值功率，$N = \sigma_n^2$ 表示噪声平均功率，用 S/N 表示信噪比，式(5.5-14)可用下式表示：

$$P_e = \frac{1}{2}\text{erfc}\left(\frac{1}{2}\sqrt{\frac{S}{2N}}\right) \qquad (5.5-15)$$

根据式(5.5-15)可画出 P_e 与 S/N 的关系曲线，如图 5.5-3 所示。

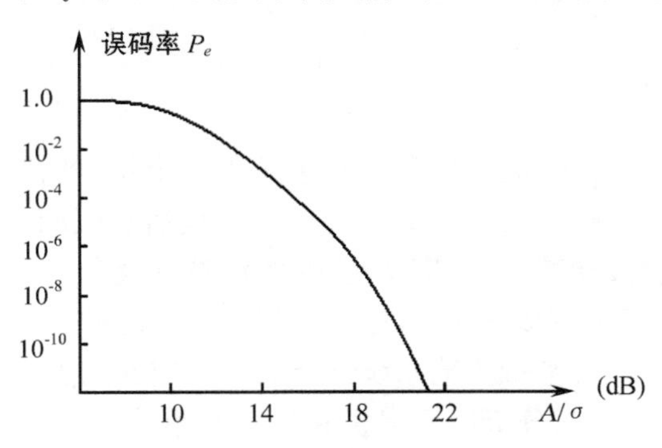

图 5.5-3　二进制码 P_e 与 S/N 的关系

5.6　发送和接收滤波器传输函数的最佳分配

从前面的分析可知，基带系统的误码率是受加性高斯噪声和码间串扰的影响。而在实际情况下，这两种“干扰”是同时存在的。因此最佳基带传输系统可认为是既能消除码间串扰又具有最好的抗噪声性能的理想传输系统。现在我们讨论如何设计这样一个最佳基带传输系统。

在不考虑加性噪声的情况下，基带传输系统总的传递函数 $H(\omega)$ 由发送滤波器和接收滤波器共同形成满足奈奎斯特准则的波形，便能消除码间串扰。假设信道为理想信道时，基带传输系统的总传输函数为

$$H(\omega) = H_T(\omega)\cdot H_R(\omega) \qquad (5.6-1)$$

其中，$H_T(\omega)$ 为发送滤波器的传输函数，$H_R(\omega)$ 为接收滤波器的传输函数。

由于高斯白噪声 $n(t)$ 是通过信道进入接收机的，所以接收滤波器除了使 $H(\omega)$ 满足奈奎斯特准则以外，还必须兼顾抑制噪声，使其影响最小。也就是说在 $H(\omega)$ 已确定的情

况下,如何选择接收滤波器的传递函数 $H_R(\omega)$,由选择 $H_R(\omega)$ 进而确定 $H_T(\omega)$。在6.3节将会讨论到,匹配滤波器可使输出噪声功率最小,从而获得最大的输出信噪比。也就是说,在加性高斯噪声下,为使差错概率最小(输出信噪比最大),就要使接收滤波器特性与输入信号的频谱共轭匹配。假设 $H(\omega)$ 已给定,那么就要求有下式成立

$$H_R(\omega) = H_T^*(\omega) \cdot e^{-j\omega t_0} \tag{5.6-2}$$

由式(5.6-1)和式(5.6-2)可得

$$|H_R(\omega)| = |H_R(\omega)|^{\frac{1}{2}} \tag{5.6-3}$$

满足上式的接收滤波器的相移特性可以任意选择,但只需使两个滤波器的总相移特性为线性相移特性,这样就得到

$$|H_T(\omega)| = |H_R(\omega)| = |H(\omega)|^{\frac{1}{2}} \tag{5.6-4}$$

由此可知,为了获得最佳基带传输系统,发送滤波器和接收滤波器的传递函数应相同,这给设计和制造带来方便。式(5.6-4)称为发送和接收滤波器的最佳分配设计。

5.7 眼 图

上述对基带传输系统的性能分析是在假定无码间串扰、抽样时刻准确以及仅考虑信道加性噪声影响的条件下得到的。但是在实际中完全消除码间串扰是十分困难的,因为码间串扰问题与发送滤波器特性、信道特性、接收滤波器及定时判决误差等因素有关。由于这些因素对基带传输系统中误码率的影响,目前尚未找到数字上便于处理的统计规律,还不能进行准确计算。评价基带传输系统性能的一种定性而方便的方法是用示波器观察接收端的基带信号波形,用来分析码间串扰和噪声对系统性能的影响。传输二进制脉冲时,在示波器屏幕上可以观察到类似人眼的图案,称之为"眼图"。这种用以分析基带传输系统性能的方法,称为眼图分析法。

观察波形的具体方法是:用一个示波器跨接到接收滤波器的输出端,抽样判决器之前,调整示波器的水平扫描周期,使其与接收码元的周期($T_S = 1/2f_m$)同步,利用示波器的余辉,人们即可观察到基带信号波形——"眼图",通过对眼图的观察能直观地了解到码间串扰和噪声的影响,从而估计系统性能优劣的程度。还可根据眼图来调整滤波器的特性,用以减少码间串扰。

二进制信号传输时所形成的"眼图"示于图5.7-1。无码间串扰和噪声干扰时,示波器显示的各个码元图形完全重合,示波器显示的迹线细而清晰,"眼睛"张开,如图5.7-1(a)。如果基带传输存在码间串扰和噪声影响时,示波器上显示的各个码元波形不能完全重合,扫描迹线粗而不清晰,"眼睛"闭合,如图5.7-1(b)。眼图中央的垂直线表示了最佳的抽样时刻,取值为±1。眼图中央的横轴位置即是最佳判决的门限电平。当基带传输系统存在码间串扰时,在抽样时刻得到的取值不再是±1,而是分布在比+1小或比-1大的附近位置,眼图将部分闭合,故眼图的"眼"睁的大小将反映码间串扰的强弱。

当同时考虑码间串扰和噪声的影响时,由于基带信号上叠加噪声,于是眼图的迹线就更不清晰了,"眼"睁得就更小了。

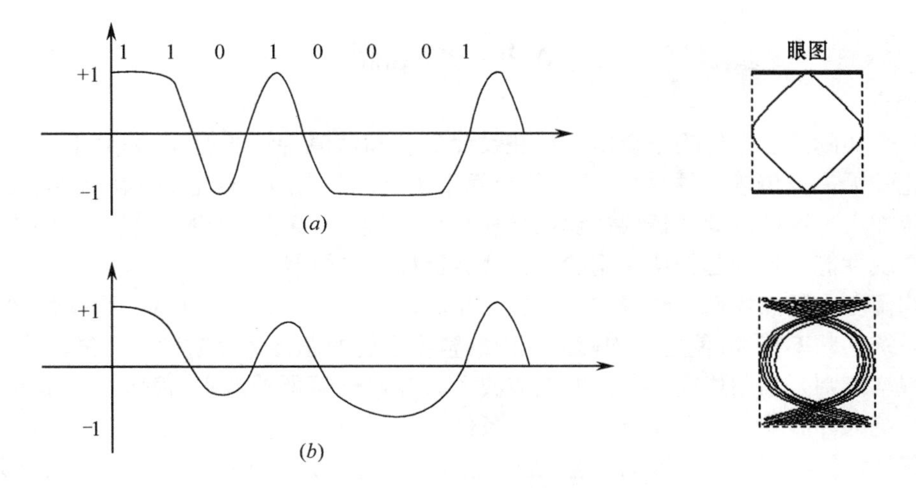

图 5.7-1　基带信号的波形及眼图
(a) 无码间串扰;(b) 有码间串扰。

为了说明眼图和系统性能之间的关系,我们将眼图简化成一个模型,如图 5.7-2 所示,由该图可看出:

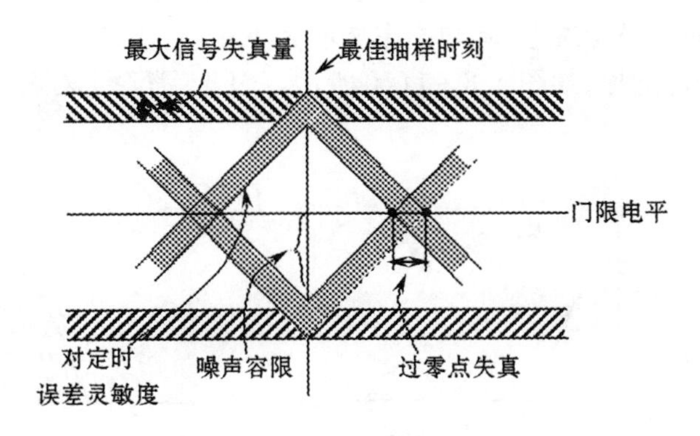

图 5.7-2　眼图模型

(1) 最佳抽样时刻:应选在眼睛张开的最大时刻。

(2) 对定时误差的灵敏度:可由眼图的斜边之斜率决定,斜边越陡,系统对定时误差越灵敏,即要求定时越准确。

(3) 过零点失真:图中倾斜阴影带与横轴相交的区域,表示零点位置的变动范围,其大小对提取定时信息有较大的影响。

(4) 最大信号失真量:眼图的阴影区的垂直高度表示了信号的畸变范围。

(5) 噪声容限:在抽样时刻上、下两阴影区的间隔距离之半,若噪声瞬时值超过这个容限就有可能发生错误判决。

(6) 图中央的横轴位置对应于判决门限电平。

以上所提到的眼图是信号为二进制脉冲时所得到的。如果基带信号为多进制脉冲时,所得到的应是多层次的眼图,这里不再详述。

5.8 均 衡

一个实际的基带传输系统由于存在设计误差和信道特性的变化,因而不可能完全满足理想的无失真传输条件,故实际系统码间串扰总是存在的。理论和实际证明:在基带传输系统插入一种可调滤波器,将能减少码间串扰的影响,甚至使实际系统的性能十分接近最佳系统性能。这种起补偿作用的可调滤波器称为均衡器。

均衡分为频域均衡和时域均衡。所谓频域均衡,利用可调滤波器的频率特性去补偿基带系统的频率特性,使包括均衡器在内的整个系统的总传输函数满足无失真传输条件。而时域均衡则是利用均衡器产生的响应波形去补偿已畸形的波形,使包括均衡器在内的整个系统的冲激响应满足无码间串扰的条件。

频域均衡属于网络设计的内容,比较直观且容易理解。在这里仅讨论时域均衡,因为时域均衡方法在数字通信中占有重要的地位。

时域均衡的基本思想可用图 5.8-1 所示的波形来简单说明。它是利用波形补偿的方法将失真的波形直接加以校正,而且通过观察眼图波形可直接进行调节。图 5.8-1(a)为基带传输中接收到的某一单个脉冲信号,由于信道不理想产生了失真,出现了“拖尾”,在各抽样点上,可能造成对其它码元信号的干扰,我们设法加上一个补偿波形。图 5.8-1(a)中的虚线为补偿波形,其与拖尾波形大小相等,极性相反,经过调整,可将原失真波形中的“尾巴”抵消掉,如图 5.8-1(b)所示。因此,消除了对其它码元的串扰,达到了均衡的目的。

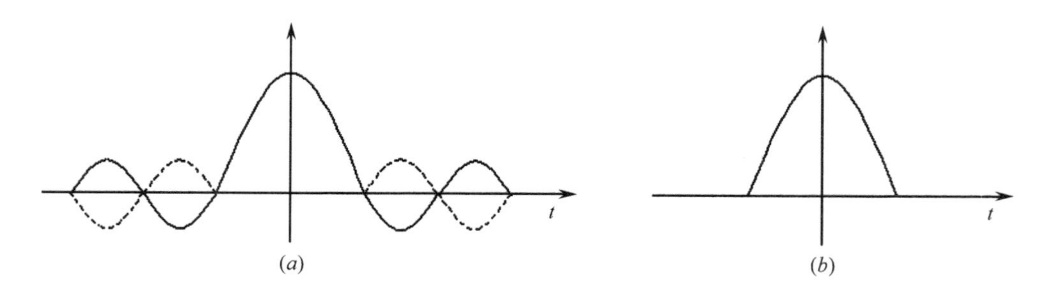

图 5.8-1 时域均衡的波形

(a) 波形补偿示意图;(b) 波形补偿后的波形。

目前时域均衡的最常用方法是在基带传输系统中加入一个横向滤波器,该时域均衡器是由带抽头的延时线、可变增益放大器和相加器组成,如图 5.8-2 所示。延迟线共 $2N$ 节,每节的延迟时间等于码元宽度 T_S。每个抽头的输出经可变增益放大器加权后相加输出。每个抽头的加权系数是可调的,设置为可以消除码间串扰的数值。假设有 $(2N+1)$ 个抽头,加权系数分别为 $C_{-N}, C_{-N+1}, \cdots, C_{N-1}, C_N$。输入波形的脉冲序列为 $\{x_k\}$,输出波形的脉冲序列为 $\{y_k\}$,则有

$$y_k = \sum_{i=-N}^{N} C_i x_{k-i} \qquad (k = -2N, \cdots, 0, \cdots, +2N) \tag{5.8-1}$$

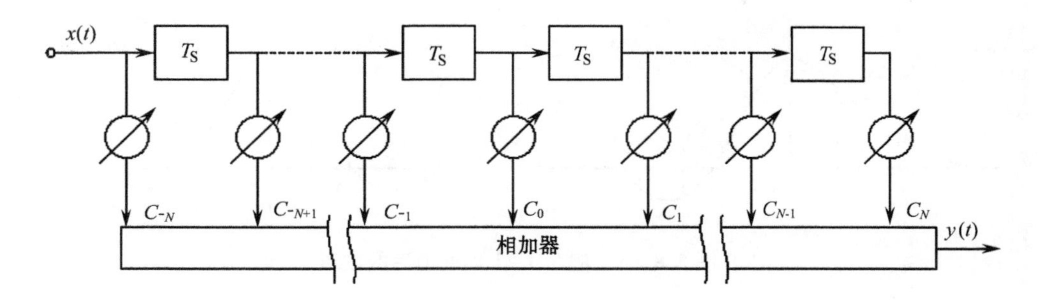

图 5.8－2　横向滤波器

输出序列可用矩阵进行计算，令

$$\boldsymbol{Y}^{\mathrm{T}} = [y_{-2N},\cdots y_0,\cdots,y_{2N}] \tag{5.8-2}$$

$$\boldsymbol{C}^{\mathrm{T}} = [C_{-N},\cdots C_0,\cdots,C_N] \tag{5.8-3}$$

$$\boldsymbol{X} = \begin{bmatrix} x_{-N} & 0 & 0 & \cdots & 0 & 0 \\ x_{-N+1} & x_{-N} & 0 & \cdots & 0 & 0 \\ \vdots & \vdots & \vdots & \cdots & \vdots & \vdots \\ x_N & x_{N-1} & x_{N-2} & \cdots & x_{N+1} & x_{-N} \\ \vdots & \vdots & \vdots & \cdots & \vdots & \vdots \\ 0 & 0 & 0 & \cdots & x_N & x_{N+1} \\ 0 & 0 & 0 & \cdots & 0 & x_N \end{bmatrix} \tag{5.8-4}$$

则

$$\boldsymbol{Y} = \boldsymbol{YC} \tag{5.8-5}$$

【例 5.8－1】　已知均衡前系统冲激响应如图 5.8－3 所示，$x_{-1}=\frac{1}{4}$，$x_0=1$，$x_1=-\frac{1}{2}$。假设均衡器采用三抽头横向滤波器，抽头系数为 $C_{-1}=-\frac{1}{4}$，$C_0=1$，$C_1=-\frac{1}{2}$，由式(5.8－5)可求得均衡器输出序列为

$$\boldsymbol{Y} = \boldsymbol{XC} = \begin{bmatrix} \frac{1}{4} & 0 & 0 \\ 1 & \frac{1}{4} & 0 \\ -\frac{1}{2} & 1 & \frac{1}{4} \\ 0 & -\frac{1}{2} & 1 \\ 0 & 0 & -\frac{1}{2} \end{bmatrix} \begin{bmatrix} -\frac{1}{4} \\ 1 \\ -\frac{1}{2} \end{bmatrix} = \begin{bmatrix} -\frac{1}{16} & 0 & \frac{5}{4} & 0 & -\frac{1}{4} \end{bmatrix}$$

由上述结果可知，虽然邻近抽样点的码间串扰已校正为零，相隔稍远的抽样时刻却出现了新的串扰，其原因是横向滤波器的抽头数太少。理论上，应有无限长的横向滤波器才能把失真波形完全校正。但因为实际信道仅使一个码元脉冲波形对邻近的少数几个码元产生串扰，故实际上只要有一二十个抽头的滤波器就可以了。抽头数太多又会给制造和

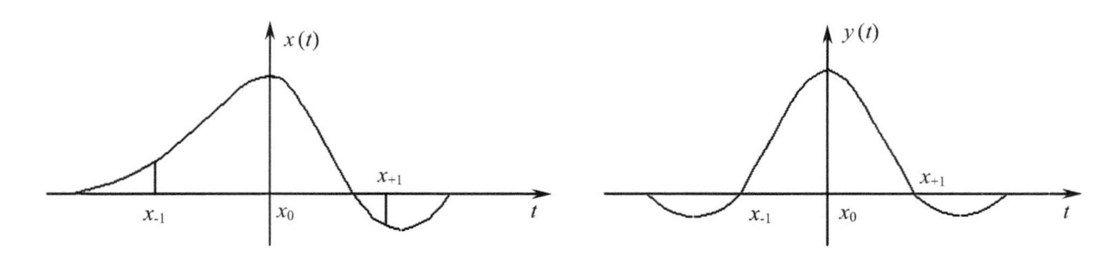

图5.8－3　例5.8－1均衡前后的波形

使用带来困难。

时域均衡器按调整方式分为手动均衡和自动均衡。自动均衡又分为预置式自动均衡、自适应均衡和盲均衡。

5.9　扰码与解扰

在数字通信系统中，为了便于提取比特同步信息，当数字基带信号出现较长的连“0”（或连“1”）码序列时，需将数字信息序列作“随机化”处理，变为伪随机序列，而限制连“0”（或连“1”）码的长度，这种“随机化”处理称为“扰码”。

从更广泛的意义上讲，扰码能使数字传输系统（不论是基带传输还是频带传输）对各种数字信息有透明性，这不但因为扰码能改善位定时恢复的质量，而且还因为它使信号频谱弥散而保持恒稳，能改善帧同步和自适应时域均衡等子系统的性能。

扰码虽然“扰乱”了数字信息的原有形式，但这种“扰乱”是有人为规律的，因而是可以解除的。在接收端解除这种“扰乱”的过程称为“解扰”。完成“扰码”和“解扰”的电路相应地称为扰码器和解扰器。

扰码原理是以线性反馈移位寄存器理论作为基础的。图5.9－1给出了一种由5级移存器及两个模2加构成的自同步扰码器和解码器的原理图，图（a）是扰码器，图（b）是解扰器。由图可见，扰码器是一个反馈电路，而解码器是一个前馈电路。

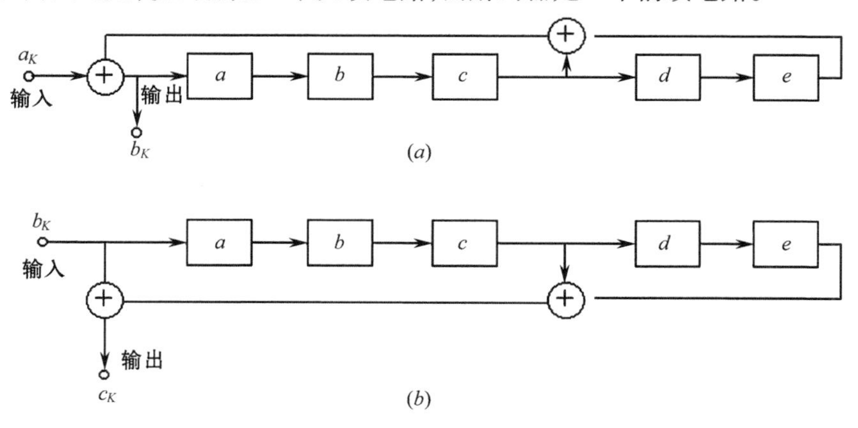

图5.9－1　自同步扰码器及解扰器

（a）扰码器；（b）解扰器。

设扰码器的输入数字序列为$\{a_K\}$,输出为$\{b_K\}$;解扰器的输入为$\{b_K\}$,输出为$\{c_K\}$,这里符号$\{a_K\}$表示二进制数字序列$\{a_0,a_1,\cdots a_K,\cdots\}$;符号$\{b_K\}$,$\{c_K\}$均与此类似。于是,由图5.9-1可看出,扰码器的输出为

$$b_K = a_K \oplus b_{K-3} \oplus b_{K-5} \quad (5.9-1)$$

而解扰器的输出为

$$c_K = b_K \oplus b_{K-3} \oplus b_{K-5} = a_K \quad (5.9-2)$$

由以上两式可看出解扰器的输出序列与扰码器的输入序列相同。

上面介绍的是自同步扰码器与解码器。所谓自同步是指接收端不需要同步电路,其缺点是对系统的误码性能有影响。在传输扰码序列过程中产生的单个误码,会使接收端解扰器输出多个误码,这种现象称为误码增殖。

习 题

5-1 已知信息代码为11000011000011,试画出其相应的差分码(参考码元为高电平),AMI码和HDB3码。

5-2 已知信息代码为110010110,试画出单极性不归零码、双极性不归零码、单极性归零码、差分码、双相码、CMI码和密勒码的波形。

5-3 已知二元信息代码为0110100001001100001,分别画出AMI码和HDB3码。

5-4 设随机二进制数字序列的"0"和"1"分别由$g(t)$和$-g(t)$组成,它们出现的概率分别为P与$1-P$,且码元速率为$f_S=\dfrac{1}{T_S}$。

(1) 求其功率谱密度及功率。

(2) 若$g(t)$的波形如题5-4图(a)所示,问该序列是否存在离散分量f_S?

(3) 若$g(t)$改为题5-4图(b)所示的波形,问该序列是否存在离散分量f_S?

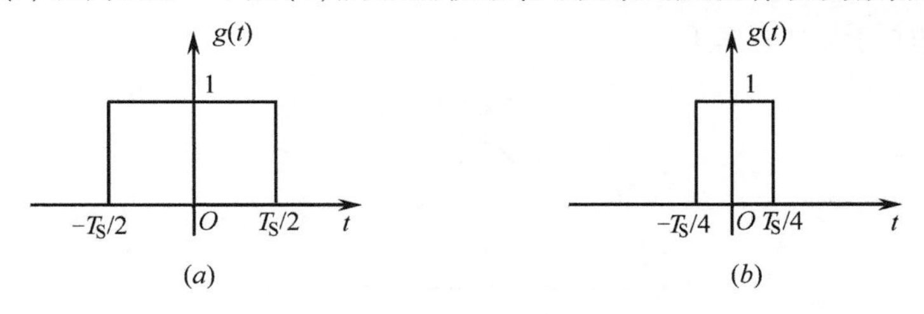

题5-4图

5-5 设基带传输总特性$H(\omega)$分别如题5-5图所示,若要求以$\dfrac{2}{T_S}$波特的速率进行数据传输,试检验各种$H(\omega)$是否满足消除抽样点上码间串扰的条件?

5-6 已知基带传输系统总特性

$$H(\omega)=\begin{cases}\tau_0(1+\cos\omega_0\tau) & |\omega|\leqslant\dfrac{\pi}{\tau_0}\\ 0 & |\omega|>\dfrac{\pi}{\tau_0}\end{cases}$$

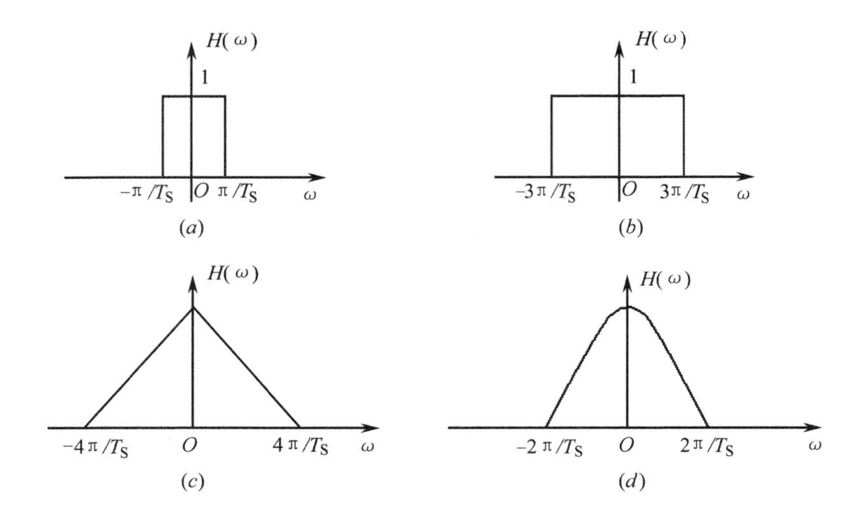

题5－5图

试求该系统最高的传输速率 R_B 及相应码元间隔 T_S。

5－7 某一具有升余弦传输特性，$\alpha=1$ 的无码间串扰传输系统，试求：

（1）该系统的最高无码间串扰的码元传输速率为多少？频带利用率为多少？

（2）若输入信号由单位冲激函数改为宽度为 T 的不归零脉冲，要保持输出波形不变，试求这时的传输特性表达式。

（3）若升余弦特性 $\alpha=0.25$；$\alpha=0.5$ 时，试求传输 PCM30/32 路的数字电话（数码率为 2048kb/s）所需要的最小带宽？

5－8 假定基带信号中出现“1”和“0”的概率分别是 1/3 和 2/3，信号是单极性归零脉冲，$A=2$V，如果噪声幅度的概率密度函数如题 5－8 图所示，试求：

（1）检测时的最佳判决门限。

（2）检测时的错误概率 P_e。

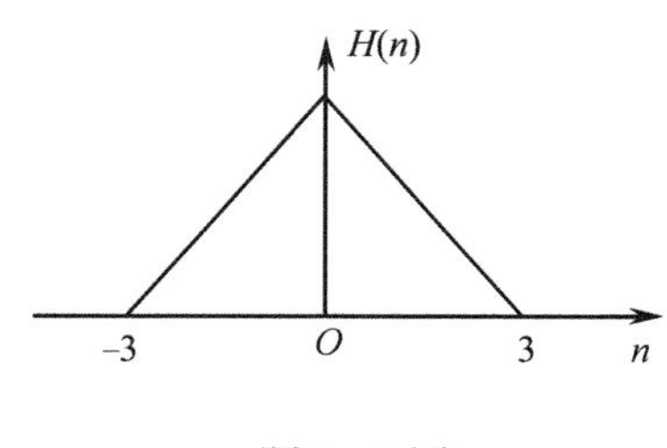

题5－8图

5－9 设有一 PCM 传输系统，其误码率不能低于 10^{-6}，试求在接收双极性码信号和单极性码信号时的最低信噪比。

5－10 已知某信道的截止频率为 1600Hz，其滚降特性为 $\alpha=1$。

（1）为了得到无串扰的信息接收，系统最大传输速率为多少？

（2）接收机采用什么样的时间间隔抽样，便可得到无串扰接收。

5－11 已知某信道的截止频率为 100kHz。码元持续时间为 10μs 的二元数据流，若采用滚降因子 $\alpha=0.75$ 的余弦频谱的滤波器后，能否在此信道中传输？

5－12　二元双极性冲激序列 01101001 经过具有 $\alpha=0.5$ 的余弦滚降传输特性的信道。

（1）画出接收端输出波形示意图，标出过零点的时刻。

（2）当示波器扫描周期分别为 $T_0=T_S$、$T_0=2T_S$，试画出其眼图。

（3）标出最佳抽样判决时刻、判决门限电平。

5－13　已知信元代码为 1101110011，若基带系统采用第Ⅰ类部分响应信号，试写出预编码和相关编码的运算规律。（设 b_{K-1} 为“0”）

第六章　数字信号的载波传输

前一章讨论了数字信号的基带传输，但多数信道（例如无线信道）并不适合传输基带信号。为使数字信号能在带通信道中传输，必须用数字信号对载波进行调制，其调制方式与模拟信号调制相类似。根据数字信号控制载波的参量不同也分为调幅、调频和调相三种方式。因数字信号对载波参数的调制通常采用数字信号的离散值对载波进行键控，故这三种数字调制方式被称为幅移键控（ASK）、频移键控（FSK）和相移键控（PSK）。

实际中应用哪种数字调制，视具体情况而定。CCITT 对数据传输的有关建议为：在速率小于 1200b/s 时采用 2FSK；速率在 1200b/s ~ 2400b/s 之间时采用 2PSK；速率大于 2400b/s 时，多采用多进制调相 MPSK，如 4PSK、8PSK 等。2ASK 出现最早，实现方法最简单，最初用于电报。但 2ASK 抗噪声能力差，目前在数字通信中用得较少，然而，它是研究其它数字调制方式的基础。

本章主要介绍二进制及多进制 ASK、FSK、PSK 调制的基本原理及抗噪声性能，在数字通信中，无论是数字基带传输还是数字载波传输，都存在着“最佳接收”的问题，因此本章还对最佳接收原理进行讨论。对新的、效率更高的现代调制方式将在第七章中讨论。

6.1　二进制数字调制

6.1.1　二进制幅移键控（2ASK）

在幅移键控中，载波幅度随调制信号而变化，即用二进制数字信号的“1”和“0”控制载波的通和断，所以又称之为通—断键控（OOK）。2ASK 信号的表达式可写为

$$S_{\mathrm{ASK}}(t) = \begin{cases} A\cos\omega_0 t & \text{“1”} \\ 0 & \text{“0”} \end{cases} \tag{6.1-1}$$

其典型的波形如图 6.1－1 所示。

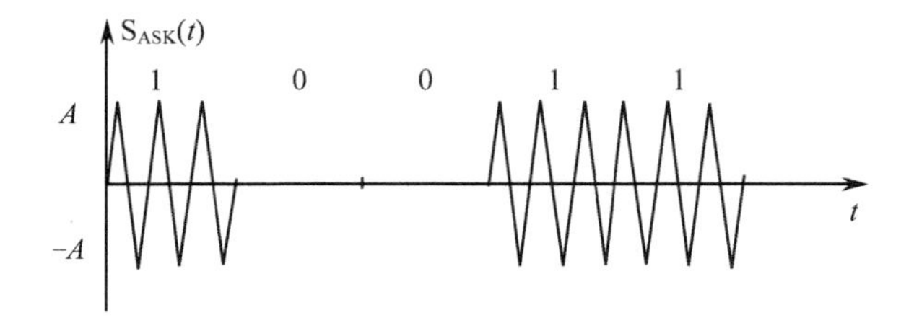

图 6.1－1　2ASK 的波形图

二进制幅移键控信号可采用两种产生方式：如图 6.1－2(a)所示的模拟调制法；如图 6.1－2(b)所示的键控法。

幅移键控的解调方法也有两种，如图 6.1－3 所示：图(a)为相干解调；图(b)为非相

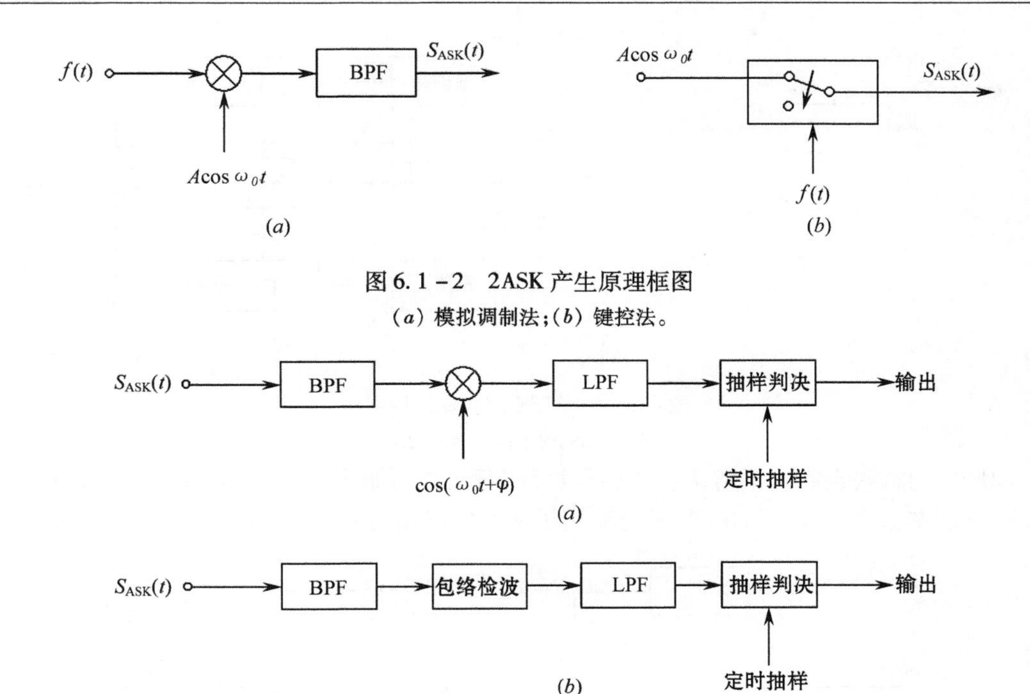

图 6.1－2　2ASK 产生原理框图

(a) 模拟调制法;(b) 键控法。

图 6.1－3　2ASK 信号的解调

(a) 相干解调;(b) 非相干解调。

干解调。

6.1.2　二进制频移键控（2FSK）

在二进制频移键控中载波的频率受调制信号的控制。二进制数字信号的“1”对应载波频率f_1,“0”对应于载频f_2,其时域表达式可写为

$$S_{PSK}(t) = \begin{cases} A\cos\omega_1 t & \text{“1”} \\ A\cos\omega_2 t & \text{“0”} \end{cases} \qquad (6.1-2)$$

2FSK 的时域波形如图 6.1－4 所示。

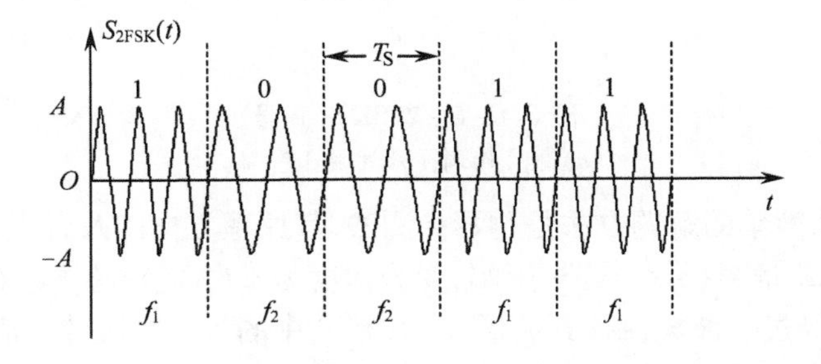

图 6.1－4　2FSK 信号的波形图

二进制频移键控信号也可由图 6.1－5 所示的两种方法产生:图(a)为模拟调频电路;图(b)为键控调频电路。

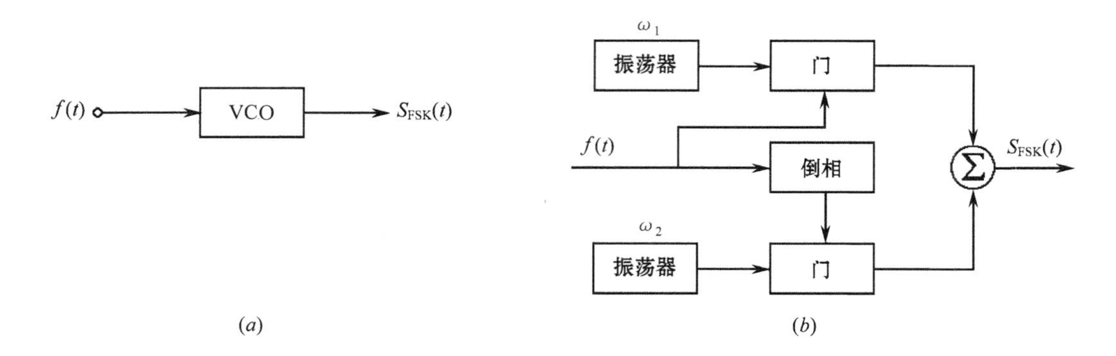

图 6.1－5 2FSK 产生原理框图

（a）模拟调频法；（b）键控法。

2FSK 的解调也有相干解调和非相干解调两种，分别如图 6.1－6（a）和图 6.1－6（b）所示，其基本原理与 2ASK 相同，只是使用了两套电路而已。

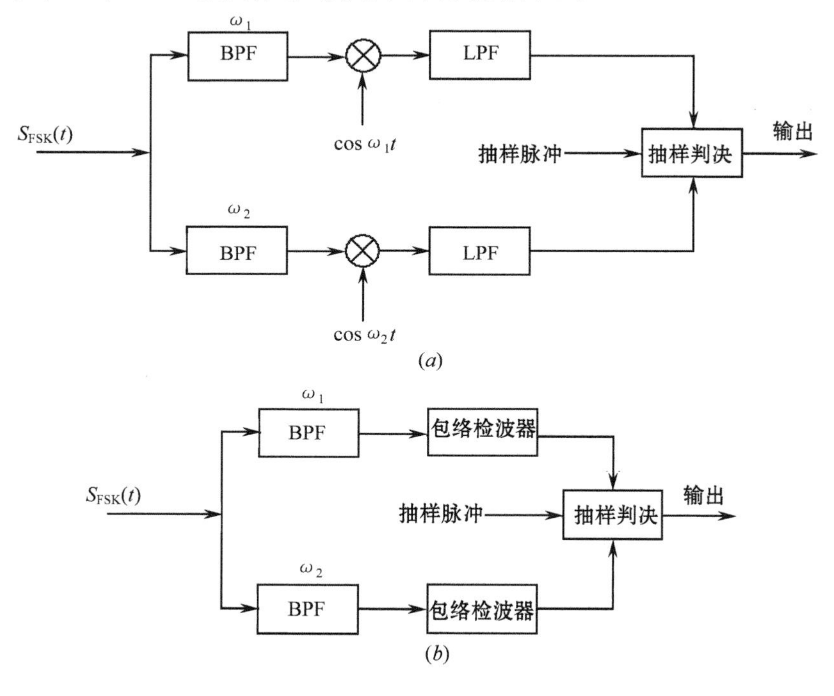

图 6.1－6 2FSK 解调器

（a）相干解调；（b）非相干解调。

另一种常用而简单的解调方法是过零检测法，其原理方框图及各点波形如图 6.1－7 所示。输入的 2FSK 信号（a 点）经过限幅，变为幅度为 $\pm E_C$ 的对称方波（b 波形），经过微分后波形为 C，再经过全波整流得到波形 d。波形 d 中的每个窄脉冲对应于波形 a 和 b 的零交点，所以限幅、微分加上全波整流电路称之为过零检测器。让波形 d 去触发一个脉冲展宽电路，便得到一系列宽度和幅度恒定的归零脉冲，如 e 点所示。而图 6.1－7（b）中的 e 上的直流成分显然与输入信号的零交叉点密度（或频率）成正比。所以经低通滤波器输出的信号反映了 2FSK 的两个不同的频率，即为原来的数字基带信号。

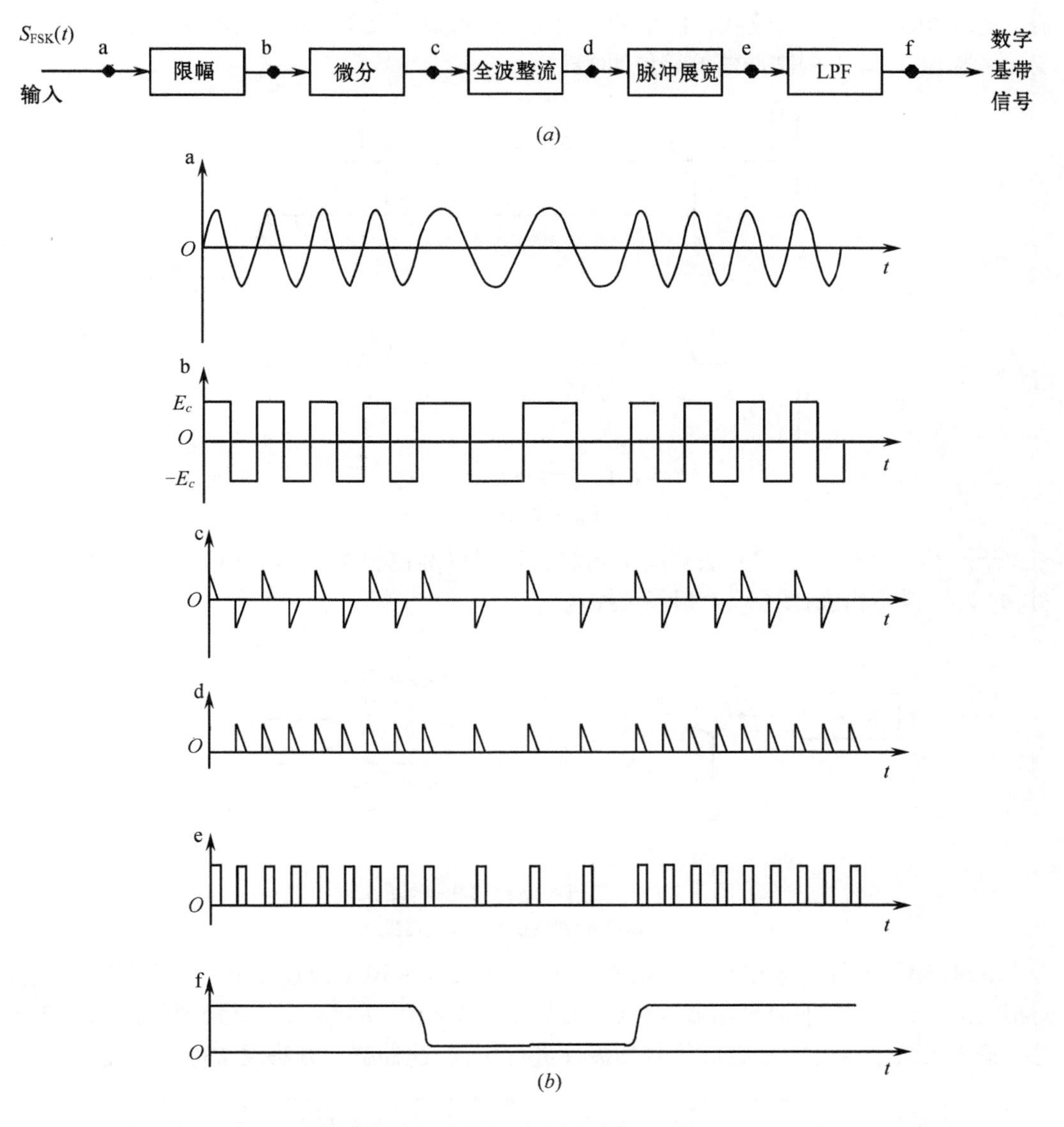

图 6.1－7　2FSK 信号的过零检测法

(a) 原理框图;(b) 各点波形。

6.1.3　二进制相移键控(2PSK)

相移键控是利用载波相位的变化来传递数字信息,通常可以分为"绝对调相"和"相对调相"两种方式。下面分别讨论。

一、二进制绝对调相 2PSK

所谓"绝对调相"是利用载波的不同相位直接去表示数字信息,其时域表达式为

$$S_{FSK}(t) = \begin{cases} A\cos\omega_0 t & \text{"1"} \\ A\cos(\omega_0 t + \pi) & \text{"0"} \end{cases} \tag{6.1-3}$$

最简单的数字信号的绝对调相波形如图 6.1－8 所示,图中所有数字信号的"1"对应载波

信号的 0 相位,而“0”对应载波信号的 π 相位(也可以反之)。以上两种相位取值是对固定参考相位 0(即未调制振荡的相位)而言的。

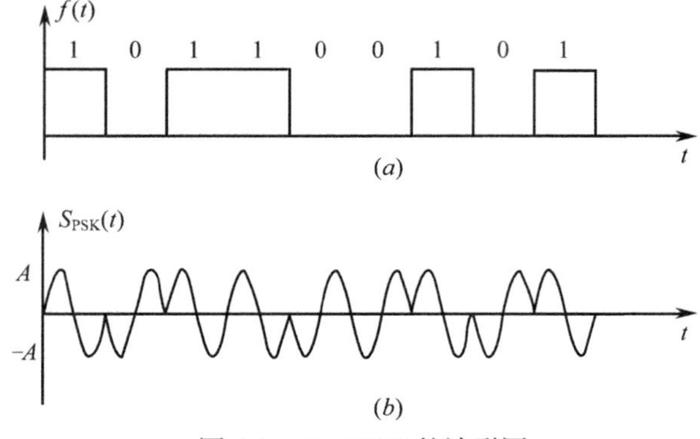

图 6.1 - 8 2PSK 的波形图

(a) 基带信号;(b) 2PSK 波形。

绝对移相信号产生的方法有模拟调制法和相移键控法两类,如图 6.1 - 9 所示,其中图(a)为模拟调相法,图(b)为相移键控法。

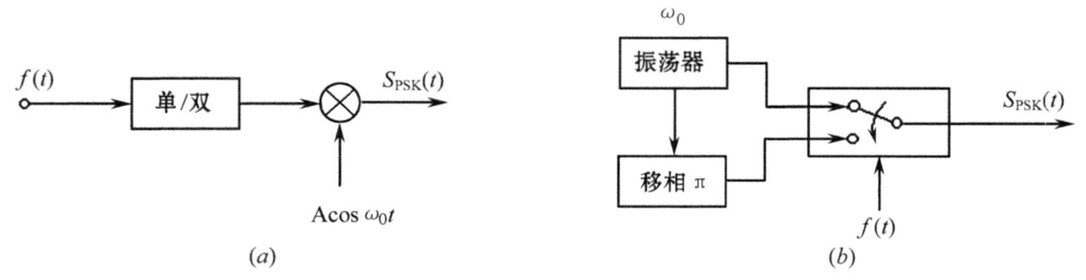

图 6.1 - 9 二进制绝对移相信号的产生

(a) 模拟调相法;(b) 相移键控法。

2PSK 信号同样可采用相干解调的方法,如图 6.1 - 10 (a)所示;另一种方法与模拟调相波的解调一样,采用鉴相器进行解调,如图 6.1 - 10 (b)所示。鉴相器的作用实质上是把输入已调信号与本地载波信号的极性进行比较,这种解调方法通常称为极性比较法。

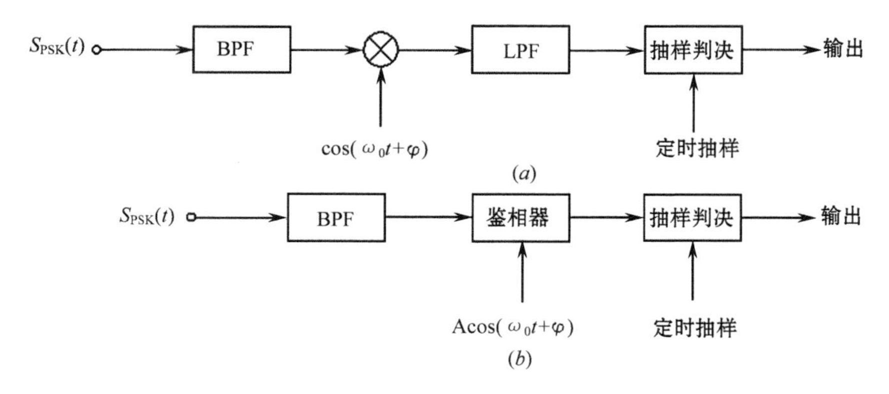

图 6.1 - 10 2PSK 信号的解调

(a) 相干解调;(b) 鉴相器解调。

二、二进制相对调相 2DPSK

在绝对调相方式中,发送端是以某一个相位作基准,然后用载波相位相对于基准相位的绝对值(0 或 π)来表示数字信号,因而在接收端也必须有这样一个固定的基准相位作参考。如果这个参考相位发生变化($0\to\pi$ 或 $\pi\to 0$),则恢复的数字信号也就会发生错误("1" →"0"或"0"→"1")。这种现象通常称为 2PSK 方式的"倒 π 现象"或"反向工作"。为了克服这种现象,实际中一般不采用 2PSK 方式,而采用相对调相 2DPSK 方式。

相对调相是利用前后相邻码元载波相位的相对变化来表示数字信号。相对调相值 $\Delta\phi$ 是指本码元的初相与前一码元的初相(或终相)的相位差。2DPSK 的波形如图 6.1 - 11 所示。

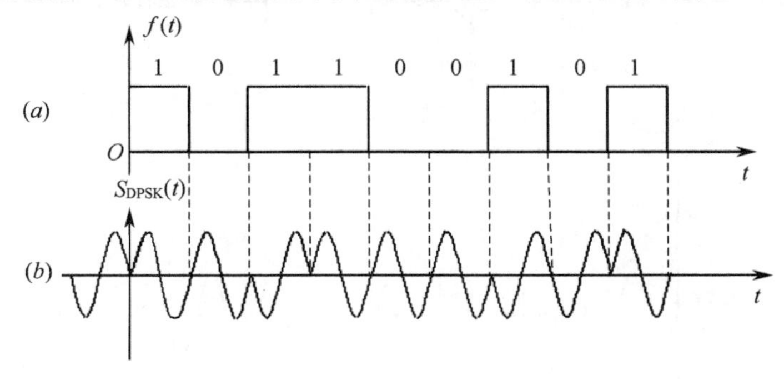

图 6.1 - 11　2DPSK 的波形
(a) 基带信号;(b) 2DPSK 波形。

2DPSK 的产生基本上类似于 2PSK,只是调制信号需要经过码型变换,将绝对码变为相对码。2DPSK 产生的原理框图如图 6.1 - 12 所示,图(a)为模拟调制方法,图(b)为键控方法。

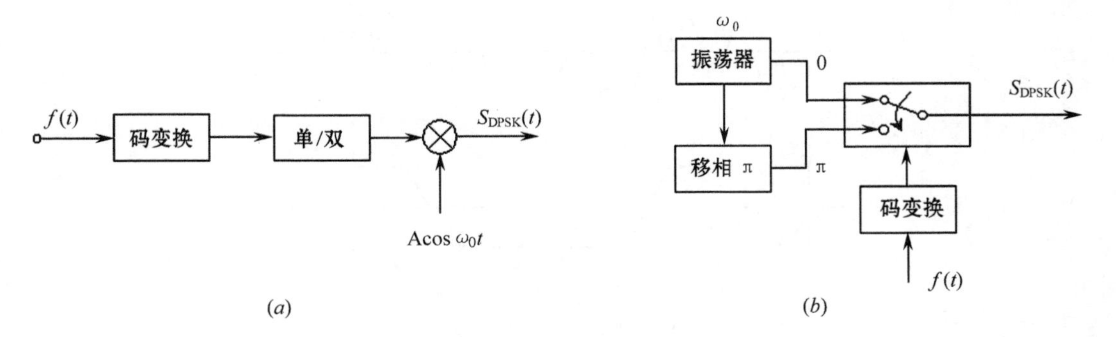

图 6.1 - 12　2DPSK 产生原理框图
(a) 模拟调制法;(b) 键控法。

2DPSK 信号的解调方法基本上同 2PSK,但解调后的信号为相对码,需进行码型变换,将相对码变换成为绝对码,如图 6.1 - 13 所示。

DPSK 解调采用最多的方法是差分相干解调,如图 6.1 - 14 所示。此方法不需要恢复本地载波,只需将 DPSK 信号延迟一个码元间隔 T_S,然后与 DPSK 信号本身相乘。相乘结果反映了码元的相对相位关系,经过低通滤波器后可直接进行抽样判决恢复出原始数字信息,而不需要差分译码。

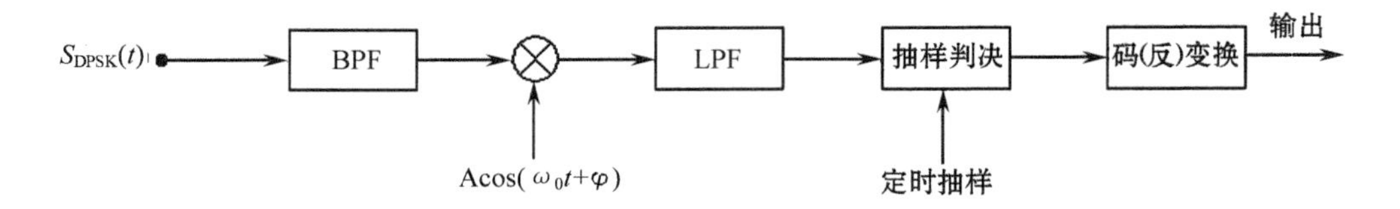

图 6.1－13 2DPSK 的相干解调

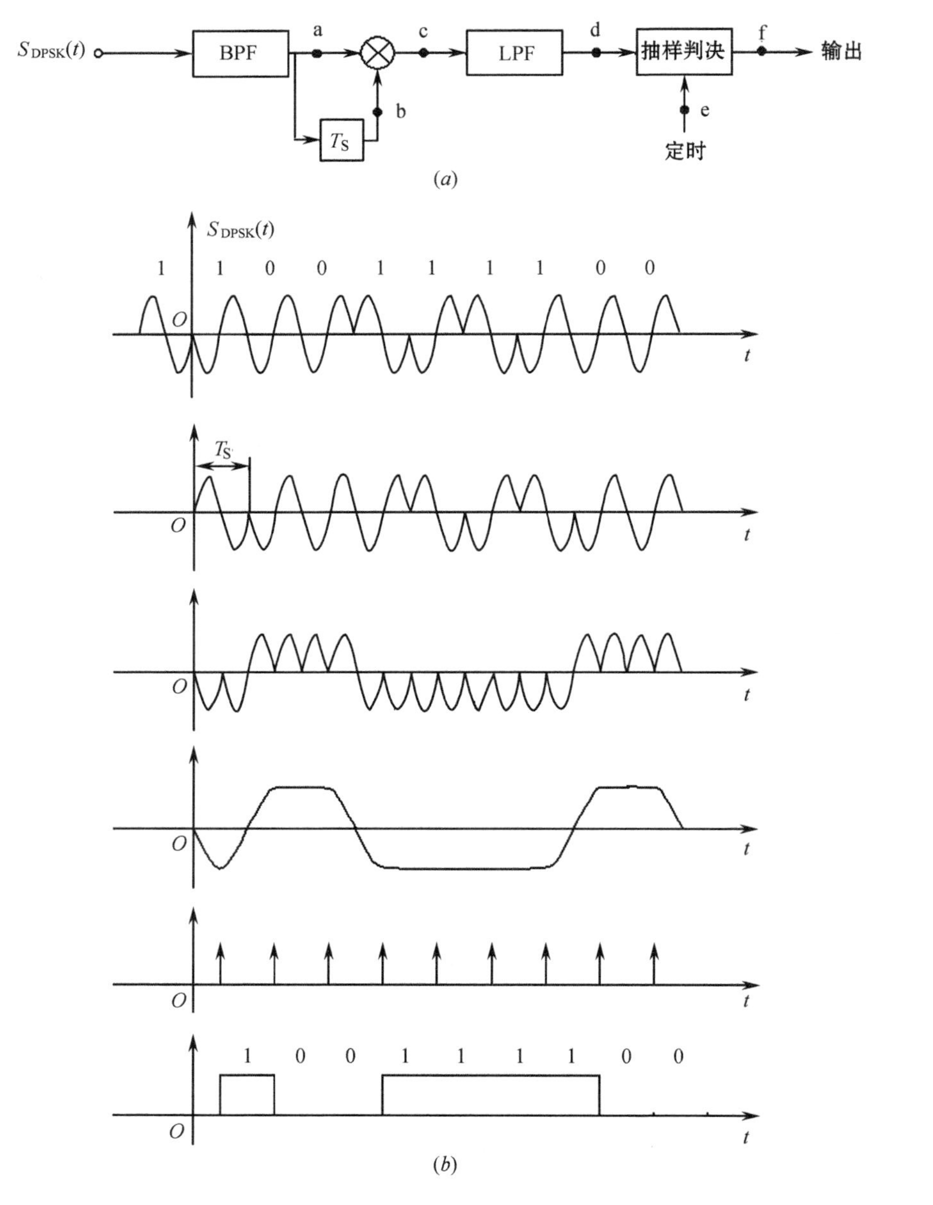

图 6.1－14 2DPSK 的差分相干解调

(a) 原理框图;(b) 各点波形。

6.2　二进制数字调制信号的频谱特性

二进制数字调制信号都是随机的功率性信号。因此,研究它们的频谱特性,应该讨论其功率谱密度。数字基带信号的功率谱的特性已在5.2节进行了分析。二进制数字调制后的功率谱仅是基带信号功率谱的搬移。限于篇幅,不进行详细讨论,只给出结论性的公式。

6.2.1　2ASK 的功率谱

设调制信号为一二进制数字序列,即

$$f(t) = \sum_n a_n g(t - nT_S) \tag{6.2-1}$$

则二进制幅移键控的一般时域表达式为

$$S_{ASK}(t) = \left[\sum_n a_n g(t - nT_S)\right]\cos\omega_0 t \tag{6.2-2}$$

其功率谱为

$$P_{ASK}(f) = \frac{1}{4}[S_f(f+f_0) + S_f(f-f_0)] \tag{6.2-3}$$

式中,$S_f(f)$为$f(t)$的功率谱。

当$f(t)$为1和0等概率出现的单极性矩形随机脉冲序列(码元间隔为T_S)时,有

$$S_f(f) = \frac{T_S}{4}Sa^2(\pi f T_S) + \frac{1}{4}\delta(f) \tag{6.2-4}$$

代入式(6.2 - 3)得

$$P_{ASK}(f) = \frac{T_S}{16}\{Sa^2[\pi(f+f_0)T_S] + Sa^2[\pi(f-f_0)T_S]\} + \frac{1}{16}[\delta(f+f_0) + \delta(f-f_0)] \tag{6.2-5}$$

其对应的功率谱如图6.2-1所示,图(a)为基带信号的功率谱,图(b)为已调信号的功率谱。

由图6.2-1可知:2ASK信号的带宽为调制信号带宽的两倍(通常基带信号的频谱只计主瓣),故其带宽为

$$B_{2ASK} = 2f_S = \frac{2}{T_S} \tag{6.2-6}$$

由第五章可知,为了限制频带,可以采用带限信号作为基带信号,即将基带信号变为余弦滚降信号再进行2ASK调制,如图6.2-2所示。这样可以压缩频带,其功率谱如图6.2-3所示。

由图6.2-3可知,基带信号带宽为$B=(\alpha+1)R_B/2$,其已调波带宽可写为

$$B_{ASK} = 2B = (\alpha+1)f_S = \frac{(\alpha+1)}{T_S} \tag{6.2-7}$$

式中,α为滚降系数。若基带信号为升余弦特性,则$\alpha=1$时,有

$$B_{\mathrm{ASK}} = \frac{\alpha + 1}{T_{\mathrm{S}}} = \frac{2}{T_{\mathrm{S}}} \tag{6.2-8}$$

若基带信号为时分多路复用,已调波带宽为

$$B_{\mathrm{ASK}} = \frac{2}{\tau} = 2R_{\mathrm{B}} \tag{6.2-9}$$

式中,τ 为全占空基带信号的脉冲宽度;R_{B} 为传码率。

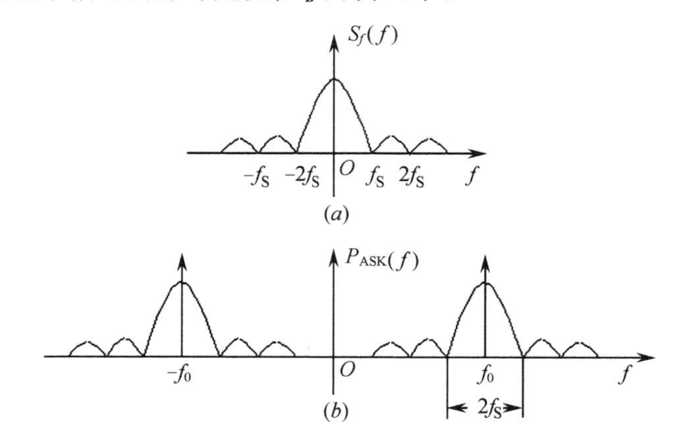

图 6.2-1　2ASK 的功率谱

(a) 基带信号的功率谱;(b) 已调信号的功率谱。

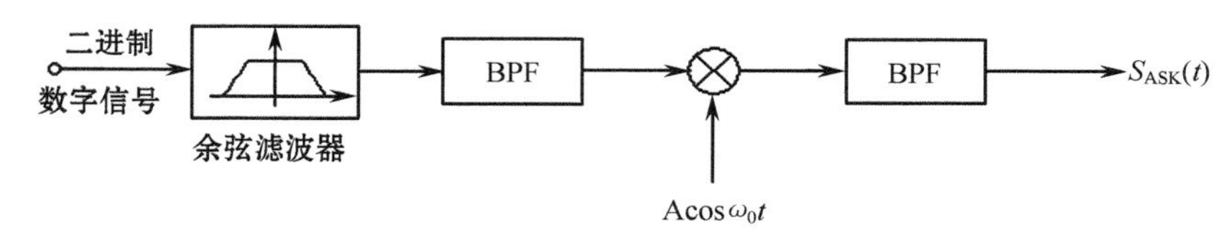

图 6.2-2　余弦滚降基带信号的 2ASK 产生

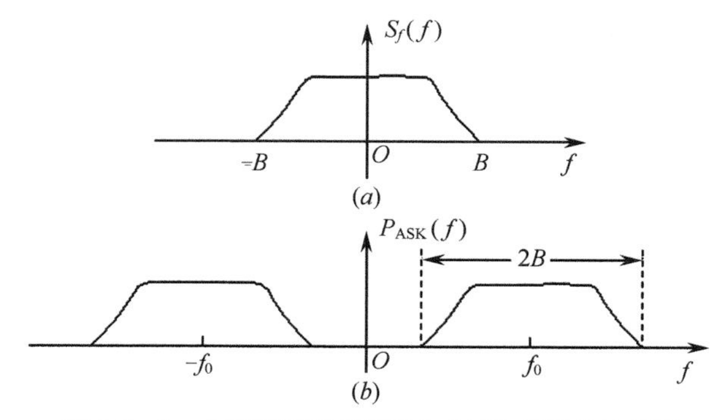

图 6.2-3　余弦滚降基带信号和 2ASK 信号的功率谱

(a) 余弦滚降基带信号的功率谱;(b) 2ASK 信号的功率谱。

6.2.2　2FSK 信号的功率谱

由于 2FSK 调制属于非线性调制,因此 2FSK 信号频谱特性的分析比较困难,目前还没有通用的方法。但是在一定条件下可采用近似的方法来研究 2FSK 的频谱。例如:将二进制频移键控信号看成两个幅移键控信号的叠加。设基带信号不含直流分量时,功率

谱可表示为

$$P_{\mathrm{FSK}}(f)=\frac{T_{\mathrm{S}}}{16}\{Sa^2[\pi(f-f_1)T_{\mathrm{S}}]+Sa^2[\pi(f+f_1)T_{\mathrm{S}}]+Sa^2[\pi(f-f_2)T_{\mathrm{S}}]+Sa^2[\pi(f+f_2)T_{\mathrm{S}}]\} \tag{6.2-10}$$

功率谱如图6.2－4所示。

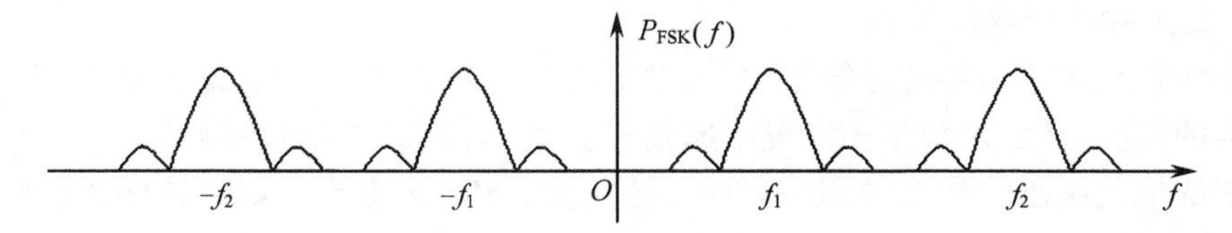

图6.2－4　2FSK功率谱示意图

若基带信号的带宽只取主瓣,已调波带宽为

$$B_{\mathrm{FSK}}=|f_2-f_1|+2f_{\mathrm{S}} \tag{6.2-11}$$

基带信号若经余弦滚降限带后,已调波带宽为

$$B_{\mathrm{FSK}}=|f_2-f_1|+(\alpha+1)f_{\mathrm{S}} \tag{6.2-12}$$

6.2.3　2PSK信号的功率谱

与模拟信号调制相类比,2ASK相当于AM,而2PSK实际上是一种DSB信号,即2PSK只比2ASK少载波分量。因此2PSK功率谱的表示式可写为

$$P_{\mathrm{PSK}}(f)=\frac{T_{\mathrm{S}}}{4}\{Sa^2[\pi(f-f_0)T_{\mathrm{S}}]+Sa^2[\pi(f+f_0)T_{\mathrm{S}}]\} \tag{6.2-13}$$

功率谱如图6.2－5所示。

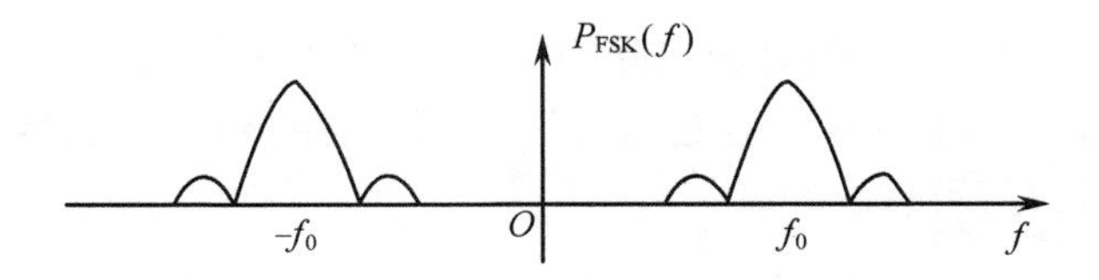

图6.2－5　2PSK的功率谱示意图

其带宽与2ASK相同,即

$$B_{\mathrm{PSK}}=2f_{\mathrm{S}}=\frac{2}{T_{\mathrm{S}}} \tag{6.2-14}$$

6.3　数字信号的最佳接收

对于二进制数字调制,根据它们的时域表达式及波形可以直接得到一些解调方法。但是在实际的二进制数字通信系统中,信号会受到干扰,特别是高斯白噪声的干扰。接收机的基本任务是从含有噪声干扰的接收信号中,恢复出原发送的二进制序列。采用什么样的解调方法使接收机达到最佳,这是我们所关心的问题。

所谓最佳,是指在遵循某一个判决准则条件下的最佳,它实际上是个相对概念,不同的准则会导出不同的最佳接收机，当然各种最佳准则之间有着内在的联系。

6.3.1 最佳接收准则

在数字通信系统中经常用到最大输出信噪比准则、最小均方误差准则和最大后验概率准则作为最佳接收准则。

一、最大输出信噪比准则

数字传输系统中传输的是数字信号，波形的失真与否并不重要，重要的是接收端能否作出正确的判决，从噪声背景中恢复出原信号。例如，在二进制数字调制系统中，接收端只要能正确地判决出信号是“1”还是“0”，就可恢复出脉冲波形。如果在输入信噪比相同的情况下，希望接收机输出信噪比最大，从而可以得到最小的误码率。这就是最大输出信噪比准则。为此，我们可在接收机内采用一种滤波器，当信号通过它时，在某一时刻 t_0 使输出信号的瞬时功率与噪声平均功率之比达到最大，这种滤波器称之为匹配滤波器，并由此可构成在最大输出信噪比准则下的最佳接收机。

二、最小均方误差准则

所谓最小均方误差准则是指接收机的系统均方误差值$\overline{\varepsilon^2(t)}$为最小，这里系统误差定义为

$$\varepsilon(t) = y(t) - y_o(t) \tag{6.3-1}$$

式中，$y_o(t)$是在没有噪声的理想情况下，接收机的输出；$y(t)$是在有噪声干扰时，接收机的实际输出。

若接收机的输入信号为 $S(t)$，在理想情况下，输入噪声为 0，输出信号应为 $y_o(t) = S(t)$。当有噪声时，接收机的输入端应是信号 $S(t)$ 和噪声 $n(t)$ 的混合波形 $X(t)$

$$X(t) = S(t) + n(t) \tag{6.3-2}$$

显然，当有噪声存在时，接收机的实际输出 $y(t)$ 将会偏离 $y_o(t)$，它的偏离值就是接收机的系统误差，若 $X(t)$ 是一个平稳过程，接收机是一个线性系统，因而相应的 $y(t)$ 和 $\varepsilon(t)$ 也是平稳随机过程，可表示为

$$y(t) = \int_{-\infty}^{\infty} X(t-\tau)h(\tau)\mathrm{d}\tau \tag{6.3-3}$$

式中，$h(\tau)$是接收机系统的冲激响应，由此可求得系统误差为

$$\varepsilon(t) = \int_{-\infty}^{\infty} X(t-\tau)h(t)\mathrm{d}\tau - y_o(t) \tag{6.3-4}$$

于是可求得均方误差为

$$\begin{aligned}\overline{\varepsilon^2(t)} &= \overline{\left[\int_{-\infty}^{\infty} X(t-\tau)h(\tau)\mathrm{d}\tau - y_o(t)\right]^2} = \\ &R_{y_o}(0) - 2\int_{-\infty}^{\infty} R_{Xy_o}(\tau)h(\tau)\mathrm{d}\tau + \\ &\int_{-\infty}^{\infty}\int_{-\infty}^{\infty} R_X(\tau-\eta)h(\tau)h(\eta)\mathrm{d}\tau\mathrm{d}\eta\end{aligned} \tag{6.3-5}$$

式中，$R_{y_o}(0)$是 $y_o(t)$ 的平均功率；$R_{Xy_o}(\tau)$是 $X(t)$ 和 $y_o(t)$ 的互相关函数；$R_X(\tau)$是$X(t)$的自相关函数。

可以证明，当系统的冲激响应 $h(t)$ 满足下式时

$$\int_{-\infty}^{\infty} h(\eta) R_X(\tau-\eta) \mathrm{d}\eta = R_{Xy_o}(\tau) \tag{6.3-6}$$

系统的均方误差可达到最小值为

$$\overline{[\varepsilon^2(t)]_{\min}} = R_{y_o}(0) - \int_{-\infty}^{\infty} R_{Xy_o}(\tau) h(\tau) \mathrm{d}\tau \tag{6.3-7}$$

满足式(6.3－7)条件的滤波器就是在最小均方误差准则下的最佳线性滤波器，也称为维纳滤波器。根据此准则建立的最佳接收机提供了最大的互相关函数。由于互相关函数越大，误码的概率越小，因此将这种接收机称为相关接收机。

三、最大后验概率准则

所谓后验概率是指收到混合波形 $X(t)$ 后，判断发送信号 $S(t)$ 在接收端可能出现的概率。而先验概率是指发送信号本身出现的概率，可用 $P(s)$ 来表示。根据学习过的条件概率的定义，后验概率可用条件概率 (S/X) 表示。由于 $X(t)$ 携带有关信息全部体现在后验概率上，因此接收机如果能够提供最大的后验概率，那么它就有可能获得最多的有用信息。根据最大后验概率准则建立起来的最佳接收机称为理想接收机。

在数字通信系统中，最常用的准则是最大输出信噪比准则，下面我们着重讨论在此准则下获得的最佳线性滤波器，即匹配滤波器。

6.3.2　匹配滤波器

在 6.3.1 节已提到，采用匹配滤波器能够在某一时刻 t_0 提供最大的输出信噪比。现在我们对匹配滤波器的传输特性进行讨论。

假定在线性滤波器的输入端加入信号和噪声的混合波形 $X(t)$，即

$$X(t) = S(t) + n(t) \tag{6.3-8}$$

设输入信号 $S(t)$ 的频谱为 $S(\omega)$，信道噪声为白噪声，其功率谱为 $S_n(\omega) = \frac{n_0}{2}$，滤波器的传输函数为 $H(\omega)$。那么，滤波器的输出为

$$y(t) = S_o(t) + n_o(t) \tag{6.3-9}$$

其中信号的输出为

$$S_o(t) = \frac{1}{2\pi}\int_{-\infty}^{\infty} S(\omega) H(\omega) \mathrm{e}^{\mathrm{j}\omega t} \mathrm{d}\omega \tag{6.3-10}$$

而输出噪声的平均功率为

$$\overline{n_o^2(t)} = \frac{1}{2\pi}\int_{-\infty}^{\infty} |H(\omega)|^2 \frac{n_0}{2} \mathrm{d}\omega = \frac{n_0}{4\pi}\int_{-\infty}^{\infty} |H(\omega)|^2 \mathrm{d}\omega \tag{6.3-11}$$

设 t_0 为某一抽样时刻，此时滤波器输出信号的瞬时功率为

$$|S_o(t_0)|^2 = \left|\frac{1}{2\pi}\int_{-\infty}^{\infty} H(\omega) S(\omega) \mathrm{e}^{\mathrm{j}\omega t_0} \mathrm{d}\omega\right|^2 \tag{6.3-12}$$

于是线性滤波器输出信号瞬时功率与噪声平均功率之比为

$$r_o = \frac{|S_o(t_0)|^2}{\overline{n_o^2(t)}} = \frac{\left|\frac{1}{2\pi}\int_{-\infty}^{\infty} S(\omega) H(\omega) \mathrm{e}^{\mathrm{j}\omega t_0} \mathrm{d}\omega\right|^2}{\frac{n_0}{4\pi}\int_{-\infty}^{\infty} |H(\omega)|^2 \mathrm{d}\omega} \tag{6.3-13}$$

现在，我们要求出 r_o 最大时，线性滤波器的传输函数 $H(\omega)$ 为何值？一般来说，这是一个

泛函求极值的问题。在这里可以利用许瓦尔兹(Schwartz)不等式来求解。这个不等式为

$$\left|\frac{1}{2\pi}\int_{-\infty}^{\infty}X(\omega)Y(\omega)\mathrm{d}\omega\right|^2 \leqslant \frac{1}{2\pi}\int_{-\infty}^{\infty}|X(\omega)|^2\mathrm{d}\omega\cdot\frac{1}{2\pi}\int_{-\infty}^{\infty}|Y(\omega)|^2\mathrm{d}\omega \tag{6.3-14}$$

若使该不等式成为等式,需满足下列条件,即

$$X(\omega) = KY^*(\omega) \tag{6.3-15}$$

这里 $Y^*(\omega)$ 是 $Y(\omega)$ 的共轭函数,K 为任意常数。

如果我们设 $X(\omega)=H(\omega)$,$Y(\omega)=S(\omega)\mathrm{e}^{\mathrm{j}\omega t_0}$,并代入式(6.3-14)得

$$\left|\frac{1}{2\pi}\int_{-\infty}^{\infty}S(\omega)H(\omega)\mathrm{e}^{\mathrm{j}\omega t_0}\mathrm{d}\omega\right|^2 \leqslant \frac{1}{2\pi}\int_{-\infty}^{\infty}|H(\omega)|^2\mathrm{d}\omega\cdot\frac{1}{2\pi}\int_{-\infty}^{\infty}|S(\omega)|^2\mathrm{d}\omega \tag{6.3-16}$$

将式(6.3-16)代入式(6.3-13)后,得

$$r_o \leqslant \frac{\frac{1}{4\pi^2}\int_{-\infty}^{\infty}|H(\omega)|^2\mathrm{d}\omega\cdot\int_{-\infty}^{\infty}|S(\omega)|^2\mathrm{d}\omega}{\frac{n_0}{4\pi}\int_{-\infty}^{\infty}|H(\omega)|^2\mathrm{d}\omega} =$$

$$\frac{\frac{1}{2\pi}\int_{-\infty}^{\infty}|S(\omega)|^2\mathrm{d}\omega}{\frac{n_0}{2}} = \frac{1}{n_0\pi}\int_{-\infty}^{\infty}|S(\omega)|^2\mathrm{d}\omega = \frac{2E}{n_0} \tag{6.3-17}$$

这里

$$E = \frac{1}{2\pi}\int_{-\infty}^{\infty}|S(\omega)|^2\mathrm{d}\omega \tag{6.3-18}$$

式中,E 为信号 $S(t)$ 的总能量。

由式(6.3-17)可知,此线性滤波器能给出的最大输出信噪比为

$$r_{\mathrm{omax}} = \frac{2E}{n_0} \tag{6.3-19}$$

为使 $r_o=r_{\mathrm{omax}}$,根据式(6.3-15),即可求出其最佳线性滤波器的传输特性为

$$H(\omega) = K\cdot S^*(\omega)\mathrm{e}^{-\mathrm{j}\omega t_0} \tag{6.3-20}$$

式中,$S^*(\omega)$ 为 $S(\omega)$ 的共轭复数。

由式(6.3-20)看出,当线性滤波器的传输函数为输入信号频谱的共轭复数时,可输出最大信噪比,这种滤波器就是最大信噪比准则下的最佳线性滤波器,也称之为匹配滤波器,所谓"匹配"是指滤波器的传输函数与信号频谱之间的匹配,匹配的结果使输出信噪比最大。

设 $K=1$,对式(6.3-20)进行傅里叶反变换可得匹配滤波器的冲激响应为

$$h(t) = \frac{1}{2\pi}\int_{-\infty}^{\infty}H(\omega)\mathrm{e}^{\mathrm{j}\omega t}\mathrm{d}\omega =$$

$$\frac{1}{2\pi}\int_{-\infty}^{\infty}S^*(\omega)\mathrm{e}^{-\mathrm{j}\omega t_0}\mathrm{e}^{\mathrm{j}\omega t}\mathrm{d}\omega =$$

$$\frac{1}{2\pi}\int_{-\infty}^{\infty}\left[\int_{-\infty}^{\infty}S(\tau)\mathrm{e}^{-\mathrm{j}\omega\tau}\mathrm{d}\tau\right]^*\mathrm{e}^{-\mathrm{j}\omega(t_0-t)}\mathrm{d}\omega =$$

$$\int_{-\infty}^{\infty}\left[\frac{1}{2\pi}\int_{-\infty}^{\infty}\mathrm{e}^{\mathrm{j}\omega(\tau-t_0+t)}\mathrm{d}\omega\right]S(\tau)\mathrm{d}\tau =$$

$$\int_{-\infty}^{\infty}S(\tau)\delta(\tau-t_0+t)\mathrm{d}\tau = S(t_0-t) \tag{6.3-21}$$

由此可见,匹配滤波器的冲激响应是信号 $S(t)$ 的镜像函数 $S(-t)$ 在时间轴上向右平移 t_0。

为了获得物理可实现的匹配滤波器,要求在 $t<0$ 时,$h(t)=0$,故式(6.3-21)可写成为

$$h(t) = \begin{cases} S(t_0-t) & t \geqslant 0 \\ 0 & t<0 \end{cases} \tag{6.3-22}$$

由上式可知,输入信号 $S(t)$ 必须在 t_0 时刻之前消失,即

$$S(t_0-t) = 0 \qquad t<0$$

$$S(t) = 0 \qquad t>t_0 \tag{6.3-23}$$

这就是说,如果输入信号在 T 时刻消失,则只有当 $t_0 \geqslant T$ 时,滤波器才是物理可实现的,一般总是选择 t_0 尽量小一些,以便迅速判决,通常取 $t_0=T$。

我们已经求出了匹配滤波器的冲激响应,那么信号通过此滤波器后的输出波形为

$$S_o(t) = \int_{-\infty}^{\infty}S(t-\tau)h(\tau)\mathrm{d}\tau =$$

$$\int_{-\infty}^{\infty}S(t-\tau)S(t_0-\tau)\mathrm{d}\tau =$$

$$R(t-t_0) \tag{6.3-24}$$

可见,匹配滤波器的输出信号波形是输入信号的自相关函数。当 $t=t_0$ 时,其值为输入信号的总能量 E,即有

$$R(t-t_0) = R(0) = E$$

【例 6.3-1】 设输入信号为单个矩形脉冲,求通过匹配滤波器后的输出波形。此单个矩形脉冲如图 6.3-1(a)所示,其表达式为

$$S(t) = \begin{cases} 1 & 0 \leqslant t \leqslant T \\ 0 & \text{其它} \end{cases}$$

解:先求输入信号的频谱为

$$S(\omega) = \int_{-\infty}^{\infty}S(t)\mathrm{e}^{-\mathrm{j}\omega t}\mathrm{d}t = \left(\frac{1}{\mathrm{j}\omega}\right)(1-\mathrm{e}^{-\mathrm{j}\omega T})$$

$$H(\omega) = S^*(\omega)\mathrm{e}^{-\mathrm{j}\omega\tau} = \left(\frac{1}{\mathrm{j}\omega}\right)(\mathrm{e}^{\mathrm{j}\omega T}-1)\mathrm{e}^{-\mathrm{j}\omega t_0}$$

$$h(t) = S(t_0-t)$$

若选 $t_0=T$,则有

$$H(\omega) = \left(\frac{1}{\mathrm{j}\omega}\right)(1-\mathrm{e}^{\mathrm{j}\omega T})$$

$h(t)$ 的波形如图 6.3-1(b)所示,匹配滤波器的输出波形为

$$S_o(t) = S(t)*h(t) = \int_{-\infty}^{\infty}S(t-\tau)h(\tau)\mathrm{d}\tau$$

用作图法或直接计算可求出匹配滤波器输出信号为

$$S_o(t)=\begin{cases}t & 0\leqslant t\leqslant T\\ 2T-t & T\geqslant t\geqslant 2T\end{cases}$$

其波形如图 6.3－1(*c*)所示。由图可见，当 $t=T$ 时，匹配滤波器输出幅度达到最大值，因此，在此时刻进行抽样判决，可以得到最大的输出信噪比。

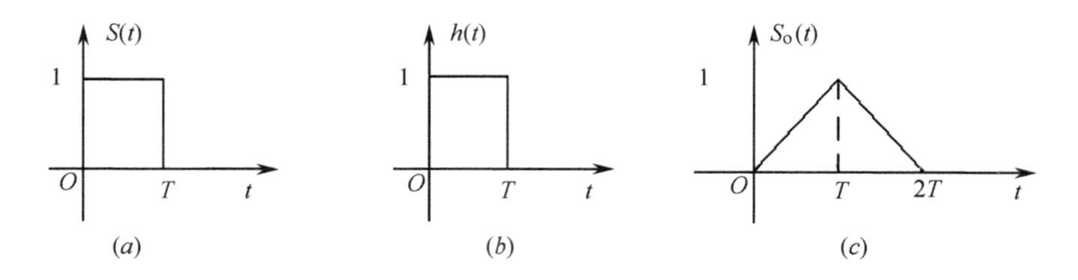

图 6.3－1　单个矩形脉冲通过匹配滤波器的波形

(*a*) 单个矩形脉冲；(*b*) $h(t)$ 波形；(*c*) 匹配滤波器的输出波形。

根据 $H(\omega)=\left(\frac{1}{\mathrm{j}\omega}\right)(1-\mathrm{e}^{-\mathrm{j}\omega T})$ 可以得到匹配滤波器的实现框图，如图 6.3－2 所示。

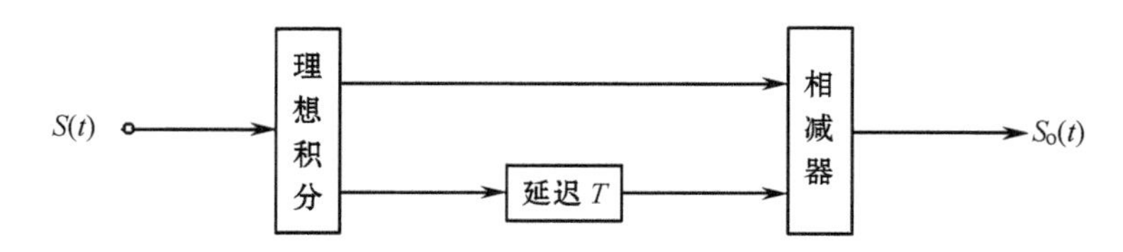

图 6.3－2　匹配滤波器方框图

由于匹配滤波器具有输出信噪比最大的特性，因此利用匹配滤波器构成的接收机，就是按照最大输出信噪比准则建立起来的最佳接收机，它在数字通信中得到广泛应用。

例如，在二进制数字通信中，传输的数字信号为 $S_1(t)$ 和 $S_2(t)$。因此，在接收机内应具有分别与 $S_1(t)$ 和 $S_2(t)$ 相匹配的滤波器 MF_1 和 MF_2，再分别经过线性包络检波器

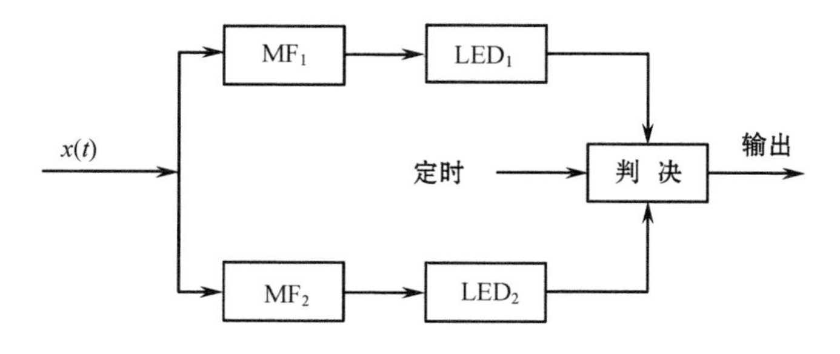

图 6.3－3　匹配滤波器接收机模型

LED_1 和 LED_2，送到判决电路进行比较，如图 6.3－3 所示。如果接收到的混合波形中含有 $S_1(t)$，则由于它与 MF_1 匹配，故在 t_0 时刻可得到最大输出信噪比。检波后信号电压显然要比 MF_2 输出的噪声电压大得多，因此可以判决为信号 $S_1(t)$。同理，如果接收到的信号中含有 $S_2(t)$，则通过 MF_2 和 LED_2 后，$S_2(t)$ 信号大，故判决为$S_2(t)$。

6.3.3 相关法接收

根据最小均方误差准则的定义,要求在接收机内将所接收到信号 $X(t)$ 和本地提供的信号样品 $S(t)$ 进行比较,计算两者之间的均方误差值 $\overline{\varepsilon^2(t)}$。当 $\overline{\varepsilon^2(t)}$ 值为最小时说明 $X(t)$ 和 $S(t)$ 之间最相似,因此可将 $X(t)$ 判决为 $S(t)$。其均方误差可表示为

$$\overline{\varepsilon^2(t)} = \frac{1}{T}\int_0^T [X(t) - S(t)]^2 \mathrm{d}t \tag{6.3-25}$$

假设我们讨论的是二进制调制系统,那么发送端发送的信号分别为 $S_1(t)$ 和 $S_2(t)$,经过信道传输后,由于噪声的影响,接收机的输入端得到的是信号加噪声的混合波形,分别为 $X_1(t)$ 和 $X_2(t)$。为了分辨出信号 $S_1(t)$ 和 $S_2(t)$,就要求在接收机内提供信号样品 $S_1(t)$ 和 $S_2(t)$。然后分别计算接收到的信号 $X(t)$ 和这两个信号样品之间的均方误差,即

$$\overline{\varepsilon_1^2(t)} = \frac{1}{T}\int_0^T [X(t) - S_1(t)]^2 \mathrm{d}t \tag{6.3-26}$$

$$\overline{\varepsilon_2^2(t)} = \frac{1}{T}\int_0^T [X(t) - S_2(t)]^2 \mathrm{d}t \tag{6.3-27}$$

然后,根据最小均方误差准则进行判决,当

$$\overline{\varepsilon_1^2(t)} < \overline{\varepsilon_2^2(t)} \qquad \text{判为 } S_1(t)$$

$$\overline{\varepsilon_1^2(t)} > \overline{\varepsilon_2^2(t)} \qquad \text{判为 } S_2(t)$$

根据式(6.3-26)和式(6.3-27)画出的数学模型,即为最小均方误差准则下的最佳接收机模型,如图6.3-4所示。

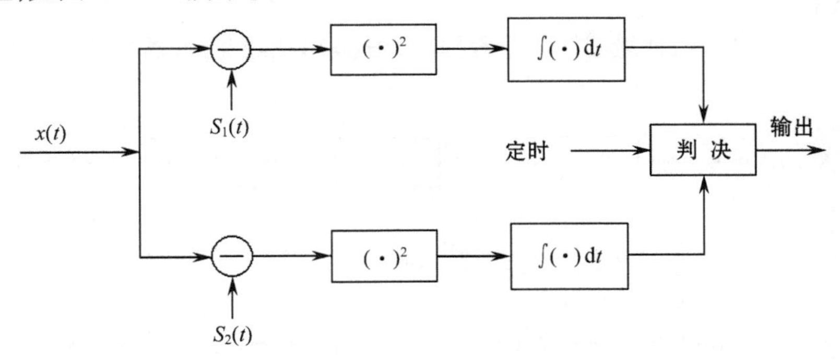

图6.3-4　均方误差接收机

我们将式(6.3-26)和式(6.3-27)进行化简,得

$$\overline{\varepsilon_1^2(t)} = \frac{1}{T}\int_0^T [X^2(t) - 2X(t)S_1(t) + S_1^2(t)] \mathrm{d}t \tag{6.3-28}$$

$$\overline{\varepsilon_2^2(t)} = \frac{1}{T}\int_0^T [X^2(t) - 2X(t)S_2(t) + S_2^2(t)] \mathrm{d}t \tag{6.3-29}$$

根据判决准则,若 $\overline{\varepsilon_1^2(t)} < \overline{\varepsilon_2^2(t)}$,则判为 $S_1(t)$,即

$$\frac{1}{T}\int_0^T [X^2(t) - 2X(t)S_1(t) + S_1^2(t)] \mathrm{d}t < \frac{1}{T}\int_0^T [X^2(t) - 2X(t)S_2(t) + S_2^2(t)] \mathrm{d}t \tag{6.3-30}$$

式中,假定$\frac{1}{T}\int_0^T S_1^2(t)\mathrm{d}t = \frac{1}{T}\int_0^T S_2^2(t)\mathrm{d}t = \frac{E}{T}$,其中$E$为码元信号的能量,$E/T$是它们的平均功率,则上式可简化为

$$\int_0^T X(t)S_1(t)\mathrm{d}t > \int_0^T X(t)S_2(t)\mathrm{d}t \quad 判为 S_1(t)$$

$$\int_0^T X(t)S_1(t)\mathrm{d}t < \int_0^T X(t)S_2(t)\mathrm{d}t \quad 判为 S_2(t)$$

由此可见,这时的最佳接收机可以用相关接收机来代替,其方框图如图 6.3-5 所示。

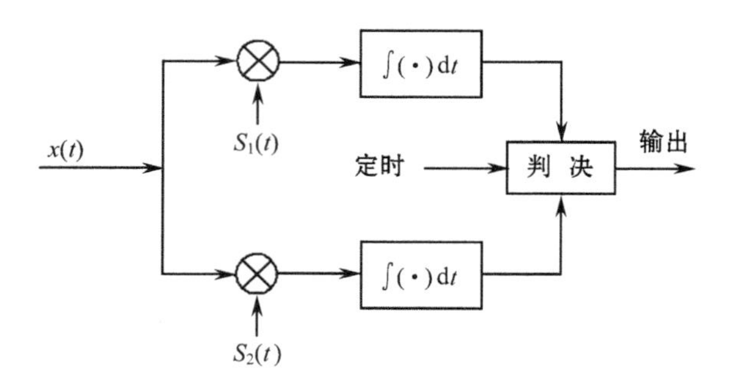

图 6.3-5 相关接收机模型

6.3.4 二进制数字信号的最佳接收

一、2ASK 系统

图 6.3-6 给出了两种最佳接收原理框图,图(a)为匹配滤波器接收,图(b)为相关接收。

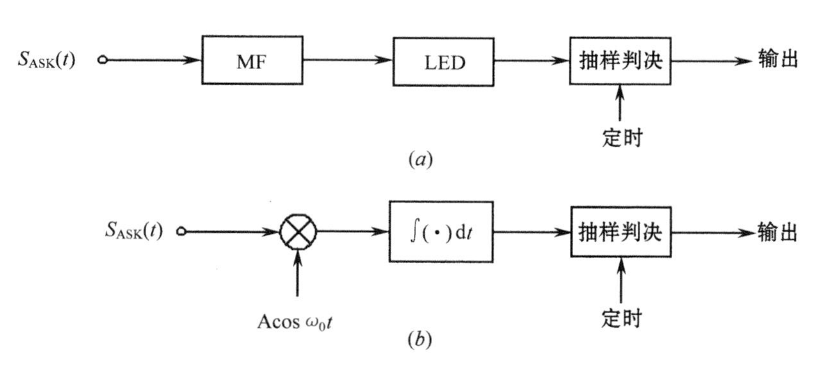

图 6.3-6 2ASK 系统的最佳接收

(a) 匹配滤波器接收;(b) 相关接收。

二、2FSK 系统

由图 6.3-3 可知,对二进制数字信号可进行最佳非相干解调。图 6.3-7 给出了用动态滤波器作为匹配滤波器的 FSK 最佳接收机模型。接收机解调器各点的波形如图 6.3-8所示。在 2FSK 信号输入后,动态滤波器(MF_1)将与相对应的频率(f_1)的波形相匹配,在其输出端得到一线性增长的振荡,在码元结束时刻能得到最大的信噪比;而另一个动态滤波器在码元结束时刻输出为零。因此,在每个码元结束时刻进行抽样判决,便能解

调出数字信息。同时,在码元结束后,将动态滤波器内储存的能量消除掉(清洗),以便等待下一个码元信号的到来。关于动态滤波器在这里不作详细介绍,请参考有关资料。

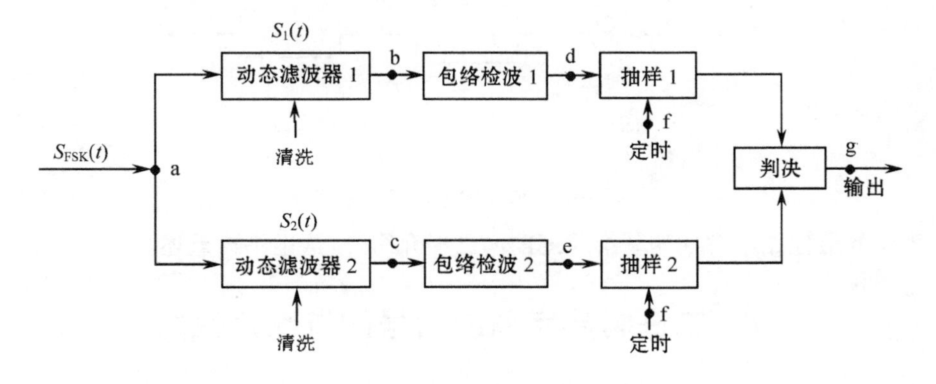

图 6.3-7 2FSK 的最佳非相干解调

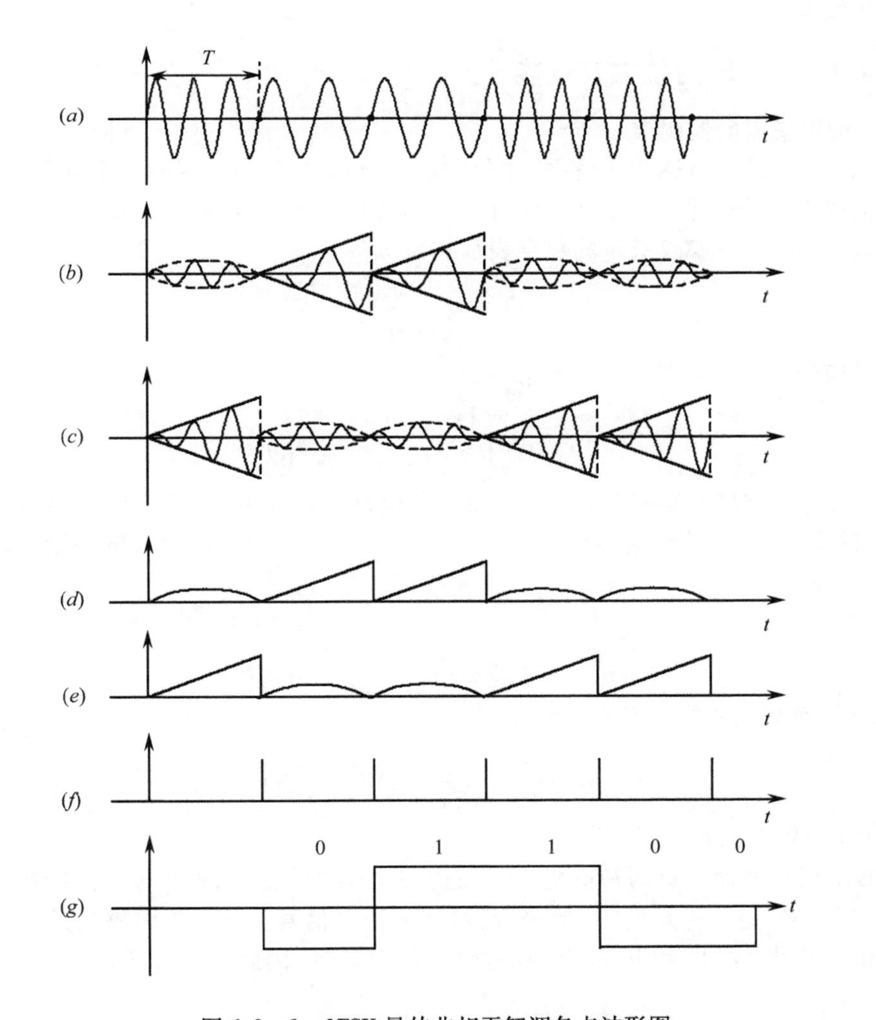

图 6.3-8 2FSK 最佳非相干解调各点波形图

三、2PSK 系统

2PSK 通常采用相关最佳接收系统，如图 6.3－9 所示。

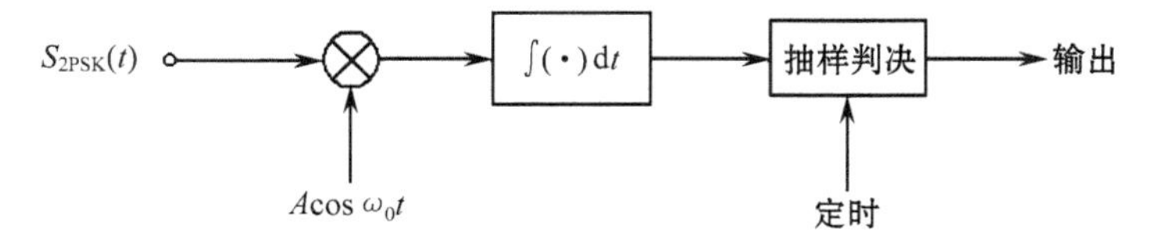

图 6.3－9 2PSK 的最佳接收原理框图

2PSK 的最佳相干解调的基本原理前面已经介绍过，这里不再重述。

6.4 二进制数字调制信号的抗噪声性能*

在数字通信系统中衡量系统可靠性的指标是误码率 P_e。因此，通常用误码率来衡量系统的抗噪声性能。

6.4.1 2ASK 的抗噪声性能

一、相干解调的误码率

图 6.1－3(*a*)是 ASK 相干解调的数学模型，欲求 ASK 相干解调的误码率 P_e，需要先求出在抽样判决前信号的电平及噪声分布，即分别求出相干解调器输出端的信号和噪声。

由式(6.1－1)可知 2ASK 的数字表示式为

$$S_{ASK}(t) = \begin{cases} A\cos\omega_0 t & \text{“1”} \\ 0 & \text{“0”} \end{cases} \tag{6.4－1}$$

接收端的信号经相干解调后（包括相乘和低通）得

$$X(t) = \begin{cases} A + n_c(t) & \text{发“1”} \\ n_c(t) & \text{发“0”} \end{cases} \tag{6.4－2}$$

式中，$n_c(t)$为窄带高斯噪声中的同相分量。它也是高斯分布，所以 $A+n_c(t)$也为高斯分布，只不过此时 $n_c(t)$的均值不是 0 而是 A。因此，在发“1”码时，$X(t)$的一维概率密度函数为

$$P_1(x) = \frac{1}{\sqrt{2\pi\sigma^2}}\exp\left[-\frac{(x-A)^2}{2\sigma^2}\right] \tag{6.4－3}$$

发“0”码时，$X(t)$的一维概率密度函数为

$$P_0(x) = \frac{1}{\sqrt{2\pi\sigma^2}}\exp\left[-\frac{x^2}{2\sigma^2}\right] \tag{6.4－4}$$

$P_1(x)$，$P_0(x)$如图 6.4－1 所示。

接收端出现的误码有两种情况：一种是发送端发“1”信号，由于噪声的影响使接收机错判为“0”信号；另一种是发“0”信号，而错判为“1” 信号。总的误码率应是这两种错误概率之和。通常，发“1”和发“0”的概率相等，都为 1/2。因此，平均误码率 P_e 为

$$P_e = \frac{1}{2\sqrt{2\pi\sigma^2}}\int_B^{+\infty}\exp\left[-\frac{(x-A)^2}{2\sigma^2}\right]dx +$$

$$\frac{1}{2\sqrt{2\pi\sigma^2}}\int_{-\infty}^{B}\exp\left[-\frac{x^2}{2\sigma^2}\right]dx \tag{6.4-5}$$

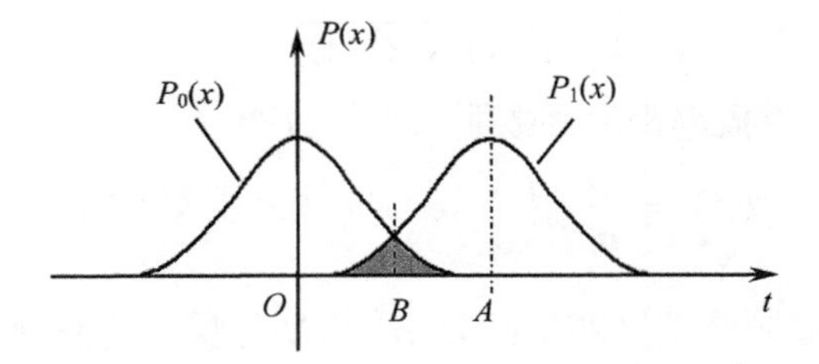

图 6.4－1　$P_1(x)$ 和 $P_0(x)$ 的曲线

为了求得最佳判决电平 B，以使 P_e 最小，要用上式对 B 求导，使其导数为 0，应用莱布尼兹（Leibniz）定理，得到最佳判决电平为

$$B = \frac{A}{2} \tag{6.4-6}$$

这个数值与 $P_1(x)$ 和 $P_0(x)$ 曲线的交点相对应，这时的 P_e 最小。将式（6.4－6）代入式（6.4－5），可以计算出 P_e 值。参考第五章基带的噪声性能分析，可得系统的总误码率为

$$P_e = \frac{1}{2}\text{erfc}\left[\frac{A}{2\sqrt{2\sigma^2}}\right] \tag{6.4-7}$$

式中，A 表示检测点的信号值；σ^2 表示检测点的噪声功率；$\text{erfc}[x]$ 为误差函数的补函数，而误差函数 $\text{erf}[x]$ 可查表得出。

令接收信号的信噪比 $r=\frac{A^2/2}{\sigma^2}$，则相干解调 ASK 的误码率为

$$P_e = \frac{1}{2}\text{erfc}\left[\frac{\sqrt{r}}{2}\right] \tag{6.4-8}$$

又因为当 $X \gg 1$ 时，$\text{erfc}(x)=\frac{e^{-x^2}}{\sqrt{\pi}x}$，所以在大信噪比时（$r \gg 1$）的情况下，系统的误码率可近似为

$$P_e \approx \frac{1}{\sqrt{\pi r}}e^{-r}/4 \tag{6.4-9}$$

二、非相干解调的误码率

求非相干解调 ASK 系统的误码率 P_e 要比相干解调系统复杂。因为首先需要求出包络检波器输入端的信号加窄带高斯噪声的包络概率密度函数，然后再求 P_e。

包络检波器的输入波形可表示为

$$X(t) = \begin{cases} A\cos\omega_0 t + n_i(t) & \text{“1”} \\ n_i(t) & \text{“0”} \end{cases} \tag{6.4-10}$$

式中

$$n_i(t) = n_c(t)\cos\omega_0 t - n_s(t)\sin\omega_0 t$$

即

$$X(t) = \begin{cases} [A + n_c(t)]\cos\omega_0 t - n_s(t)\sin\omega_0 t & \text{“1”} \\ n_c(t)\cos\omega_0 t - n_s(t)\sin\omega_0 t & \text{“0”} \end{cases} \tag{6.4-11}$$

其包络为

$$V(t) = \begin{cases} \sqrt{[A + n_c(t)]^2 + n_s^2(t)} & \text{“1”} \\ \sqrt{n_c^2(t) + n_s^2(t)} & \text{“0”} \end{cases} \tag{6.4-12}$$

发“1”时 $X(t)$ 包络的一维概率密度函数服从赖斯分布，即

$$P_1(\nu) = \frac{\nu}{\sigma^2} I_0\left(\frac{\nu}{\sigma^2}\right) \exp[-(\nu^2 + A^2)/2\sigma^2] \tag{6.4-13}$$

式中，$I_0\left(\frac{A\nu}{\sigma^2}\right)$是第一类零阶修正贝塞尔函数；$\sigma^2$ 为平均噪声功率；A 为接收信号的幅度。

发“0”时 $X(t)$ 包络的一维概率密度函数为瑞利分布，即

$$P_0(\nu) = \frac{\nu}{\sigma^2} \exp\left[-\left(\frac{\nu^2}{2\sigma^2}\right)\right] \tag{6.4-14}$$

$P_0(\nu)$ 和 $P_1(\nu)$ 的曲线如图 6.4-2 所示，设判决电平为 $A/2$，则 $\nu > A/2$ 判为“1”，$\nu < A/2$ 判为“0”。所以，发“1”错判为“0”的概率为

$$P_{e1} = P(\nu \leqslant A/2) = \int_0^{A/2} \frac{\nu}{\sigma^2} I_0\left(\frac{A\nu}{\sigma^2}\right) \exp\left[-\frac{(\nu^2 + A^2)}{2\sigma^2}\right] \mathrm{d}\nu \tag{6.4-15}$$

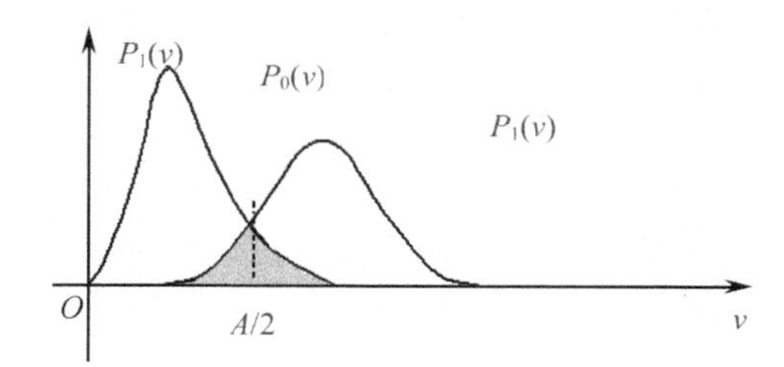

图 6.4-2 $P_0(\nu)$ 和 $P_1(\nu)$ 的曲线

同理，发“0”错判为“1”的概率为

$$P_{e0} = P(\nu > A/2) = \int_{A/2}^{\infty} \frac{\nu}{\sigma^2} \exp\left(-\frac{\nu^2}{2\sigma^2}\right) \mathrm{d}\nu \tag{6.4-16}$$

这里仍假设发“1”和发“0”的概率相等，均为 1/2，于是系统的总误码率为

$$P_e = \frac{1}{2} P_{e1} + \frac{1}{2} P_{e0} =$$

$$\frac{1}{2}\left\{\int_0^{A/2} \frac{\nu}{\sigma^2} I_0\left(\frac{A\nu}{\sigma^2}\right) \exp\left[-\frac{(\nu^2 + A^2)}{2\sigma^2}\right] \mathrm{d}\nu + \int_{A/2}^{\infty} \frac{\nu}{\sigma^2} \exp\left(-\frac{\nu^2}{2\sigma^2}\right) \mathrm{d}\nu\right\} \tag{6.4-17}$$

在大信噪比的情况下，可利用下列近似关系式

$X \gg 1$ 时，
$$I_0(x) \approx \frac{\mathrm{e}^x}{\sqrt{2\pi x}} \tag{6.4-18}$$

$X \gg 1$ 时，
$$\mathrm{erfc}(x) \approx \frac{\mathrm{e}^{-x^2}}{\sqrt{\pi x}} \tag{6.4-19}$$

则式(6.4-17)可写成

$$P_e = -\frac{1}{2} \mathrm{e}^{-\frac{A^2}{8\sigma^2}} + \frac{1}{4} \mathrm{erfc}\left[\frac{A}{2\sqrt{2\sigma^2}}\right] \approx \frac{1}{2} \mathrm{e}^{-\frac{A^2}{8\sigma^2}} \tag{6.4-20}$$

设 $r = \frac{A^2/2}{\sigma^2}$ 为接收信号的信噪比，则

$$P_e \approx \frac{1}{2}\mathrm{e}^{-\frac{r}{4}} \tag{6.4-21}$$

6.4.2　2FSK 的抗噪声性能

一、相干解调的误码率

2FSK 相干解调的噪声性能的分析与 2ASK 相似，而且 P_e 的最后结果表达式也相似。设接收信号通过带通滤波器后的输出为信号加窄带噪声，两路混合信号分别表示为

$$y_1(t) = \begin{cases} [A + n_{c1}(t)]\cos\omega_1 t - n_{s1}(t)\sin\omega_1 t & \text{“1”} \\ n_{c1}(t)\cos\omega_1 t - n_{s1}(t)\sin\omega_1 t & \text{“0”} \end{cases} \tag{6.4-22}$$

$$y_2(t) = \begin{cases} n_{c2}(t)\cos\omega_2 t - n_{s2}(t)\sin\omega_2 t & \text{“1”} \\ [A + n_{c2}(t)]\cos\omega_2 t - n_{s2}(t)\sin\omega_2 t & \text{“0”} \end{cases} \tag{6.4-23}$$

每路经相干解调由 LPF 输出分别为

$$x_1(t) = \begin{cases} A + n_{c1}(t) & \text{“1”} \\ n_{c1}(t) & \text{“0”} \end{cases} \tag{6.4-24}$$

$$x_2(t) = \begin{cases} n_{c2}(t) & \text{“1”} \\ A + n_{c2}(t) & \text{“0”} \end{cases} \tag{6.4-25}$$

由 2ASK 相干解调的噪声分析可知，$x_1(t)$ 和 $x_2(t)$ 在两路中的概率密度函数分别为

$$\left.\begin{aligned} P_1(x_1) &= \frac{1}{\sqrt{2\pi\sigma}}\exp\left[-\frac{(x_1 - A)^2}{2\sigma^2}\right] \quad \text{“1”} \\ P_0(x_1) &= \frac{1}{\sqrt{2\pi\sigma}}\exp\left[-\frac{x_1^2}{2\sigma^2}\right] \quad \text{“0”} \end{aligned}\right\} \tag{6.4-26}$$

$$\left.\begin{aligned} P_1(x_2) &= \frac{1}{\sqrt{2\pi\sigma}}\exp\left[-\frac{x_2^2}{2\sigma^2}\right] \quad \text{“1”} \\ P_0(x_2) &= \frac{1}{\sqrt{2\pi\sigma}}\exp\left[-\frac{(x_2 - A)^2}{2\sigma^2}\right] \quad \text{“0”} \end{aligned}\right\} \tag{6.4-27}$$

抽样判决时，发“1”时误判为“0”的概率为 P_{e1}，则

$$P_{e1} = P(x_1 < x_2) = P(A + n_{c1} - n_{c2} < 0) \tag{6.4-28}$$

令 $Z = A + n_{c1} - n_{c2}$，由于 $n_{c1}(t)$ 和 $n_{c2}(t)$ 是不相关的高斯噪声，则 Z 的平均值为 A，方差为 $\sigma_z^2 = 2\sigma^2(\sigma^2 = \overline{n_{c1}^2} = \overline{n_{c0}^2})$，于是 Z 的概率密度函数可表示为

$$P(z) = \frac{1}{\sqrt{2\pi\sigma}}\exp\left[-\frac{(Z - A)^2}{2\sigma_z^2}\right] \tag{6.4-29}$$

则

$$P_{e1} = \int_{-\infty}^{\infty} P(z)\,\mathrm{d}z = \frac{1}{2}\mathrm{erfc}\left(\frac{\sqrt{r}}{2}\right)$$

同理，可求出发“0”错判为“1”的概率为

$$P_{e0} = P(x_1 > x_2) = P(n_{c1} - A - n_{c2} > 0) = \frac{1}{2}\text{erfc}\left(\sqrt{\frac{r}{2}}\right) \tag{6.4-30}$$

当发送的信号“1”和“0”等概率时,则

$$P_e = P(1)P_{e1} + P(0)P_{e0} = \frac{1}{2}\text{erfc}\left(\sqrt{\frac{r}{2}}\right) \tag{6.4-31}$$

当 $r \gg 1$ 时

$$P_e \approx \frac{1}{\sqrt{2\pi r}}\text{e}^{-r}/2 \tag{6.4-32}$$

二、非相干解调的误码率

求非相干 FSK 解调的误码率,也可参照相干 ASK 的分析方法。两路 BPF 的输出分别同式(6.4-24)和式(6.4-25)。两路包络检波器的输出分别为

$$X_1(t) = \begin{cases} \sqrt{[A + n_{c1}(t)]^2 + n_{s1}^2(t)} & \text{“1”} \\ \sqrt{n_{c1}^2(t) + n_{s1}^2(t)} & \text{“0”} \end{cases} \tag{6.4-33}$$

$$X_2(t) = \begin{cases} \sqrt{n_{c2}^2(t) + n_{s2}^2(t)} & \text{“1”} \\ \sqrt{[A + n_{c2}(t)]^2 + n_{s2}^2(t)} & \text{“0”} \end{cases} \tag{6.4-34}$$

由 2ASK 的非相干解调分析可知,发“1”时,$X_1(t)$ 的概率密度函数 $P_1(X_1)$ 为赖斯分布;发“0”时,$P_0(X_1)$ 为瑞利分布。而另一路 $P_1(X_2)$ 为瑞利分布,$P_0(X_2)$ 为赖斯分布。

发“1”时,若 $X_1(t)$ 的抽样值 x_1 小于 $X_2(t)$ 的抽样值 x_2 就会产生误判,其错误的概率密度为

$$P_{e1} = P(x_1 < x_2) = \int_0^\infty P_1(x_1)\left[\int_{x_1}^\infty P_1(x_2)\text{d}x_2\right]\text{d}x_1 =$$

$$\int_0^\infty \frac{x_1}{\sigma^2}I_0\left(\frac{Ax_1}{\sigma^2}\right)\exp\left(-\frac{x_1^2}{\sigma^2}\right)\exp\left(\frac{A^2}{2\sigma^2}\right)\text{d}x \tag{6.4-35}$$

令 $t = \frac{\sqrt{2}x_1}{\sigma}$,$\alpha = \frac{A}{\sqrt{2}\sigma}$,代入式(6.4-35)得

$$P_{e1} = \frac{1}{2}\text{e}^{-\alpha^2/2}\int_0^\infty tI_0(\alpha t)\exp\left[-\left(\frac{t^2+\alpha^2}{2}\right)\right]\text{d}t \tag{6.4-36}$$

上式积分项称为 Q 函数。由 Q 函数的特性,有

$$Q(\alpha, 0) = \int_0^\infty tI_0(\alpha t)\exp\left[-\left(\frac{t^2+\alpha^2}{2}\right)\right]\text{d}t = 1 \tag{6.4-37}$$

于是得到

$$P_{e1} = \frac{1}{2}\text{e}^{-\alpha^2/2} = \frac{1}{2}\text{e}^{-r/2} \tag{6.4-38}$$

同理可求出发“0”时的错误概率为

$$P_{e0} = P(x_1 > x_2) = \int_0^\infty P_0(x_2)\int_{x_2}^\infty P_0(x_1)\text{d}x_1\text{d}x_2 = P_{e1} \tag{6.4-39}$$

当“1”和“0”等概率时,有

$$P_e = P(1)P_{e1} + P(0)P_{e0} = \frac{1}{2}\text{e}^{-r/2} \tag{6.4-40}$$

6.4.3 PSK 系统的抗噪声性能

一、PSK 信号的相干解调

接收信号经过 BPF 后输出的信号为

$$Y(t) = \begin{cases} A\cos\omega_0 t + n_c(t)\cos\omega_0 t - n_s(t)\sin\omega_0 t & \text{“1”} \\ -A\cos\omega_0 t + n_c(t)\cos\omega_0 t - n_s(t)\sin\omega_0 t & \text{“0”} \end{cases} \tag{6.4-41}$$

经相干解调后的 LPF 输出为

$$X(t) = \begin{cases} A + n_c(t) & \text{“1”} \\ -A + n_c(t) & \text{“0”} \end{cases} \tag{6.4-42}$$

由 2ASK 分析可知，$X(t)$ 的概率密度函数分别为

$$P_1(x) = \frac{1}{\sqrt{2\pi\sigma}}\exp[-(x-A)^2/2\sigma^2] \quad \text{“1”}$$

$$P_0(x) = \frac{1}{\sqrt{2\pi\sigma}}\exp[-(x+A)^2/2\sigma^2] \quad \text{“0”} \tag{6.4-43}$$

$P_1(X)$ 和 $P_0(x)$ 的曲线如图 6.4-3 所示，判决门限电平为 0，当发送信号“1”和“0”等概率时，系统的总误码率为

$$P_e = P(1)P_{e1} + P(0)P_{e0} = \frac{1}{2}\text{erfc}\left[\sqrt{\frac{A^2}{2\sigma^2}}\right] = \frac{1}{2}\text{erfc}(\sqrt{r}) \tag{6.4-44}$$

当 $r \gg 1$ 时，有

$$P_e \approx \frac{1}{2\sqrt{\pi r}}\text{e}^{-r} \tag{6.4-45}$$

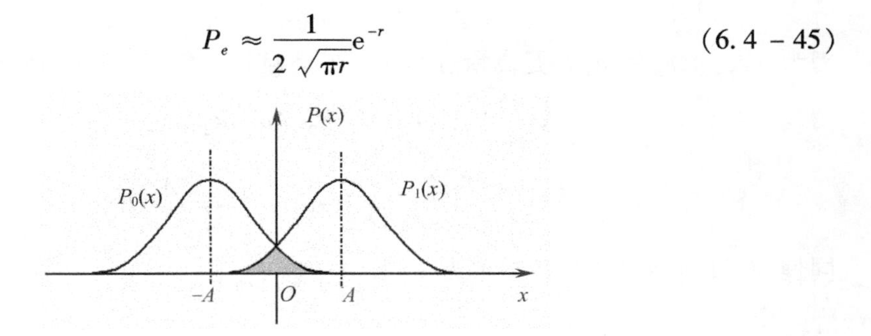

图 6.4-3　PSK 的 $P_1(x)$ 和 $P_0(x)$ 的曲线

二、DPSK 信号的差分相干解调

假定经 BPF 之后加入到乘法器的两路信号分别为

$$X_1(t) = A\cos\omega_0 t + n_{c1}(t)\cos\omega_0 t - n_{s1}\sin\omega_0 t = X_{c1}\cos\omega_0 t - n_{s1}\sin\omega_0 t = Y_1\cos(\omega_0 t + \varphi_1) \tag{6.4-46}$$

$$X_2(t) = A\cos\omega_0 t + n_{c2}(t)\cos\omega_0 t - n_{s2}\sin\omega_0 t = X_{c2}t\cos\omega_0 t - n_{s2}\sin\omega_0 t = Y_2\cos(\omega_0 t + \varphi_2) \tag{6.4-47}$$

两路相乘并通过 LPF 后的输出为

$$\rho = Y_1 Y_2\cos(\varphi_1 - \varphi_2) = x_{c1}x_{c2} + n_{s1}n_{s2} \tag{6.4-48}$$

然后经判决器判决，$\rho>0$ 判为“0”，$\rho<0$ 判为“1”，即

$$x_{c1}x_{c2}+n_{s1}n_{s2}>0 \qquad 判为“0”$$

$$x_{c1}x_{c2}+n_{s1}n_{s2}<0 \qquad 判为“1”$$

因此，发送“0”错判为“1”的概率为

$$P_{e0}=P(x_{c1}x_{c2}+n_{s1}n_{s2}<0) \tag{6.4-49}$$

利用恒等式

$$x_{c1}x_{c2}+n_{s1}n_{s2}=\frac{1}{4}\{[(x_{c1}+x_{c2})^2+(n_{s1}+n_{s2})^2]-[(x_{c1}-x_{c2})^2+(n_{s1}-n_{s2})^2]\}<0$$

可写为

$$\sqrt{(x_{c1}+x_{c2})^2+(n_{s1}+n_{s2})^2}<\sqrt{(x_{c1}-x_{c2})^2+(n_{s1}-n_{s2})^2}$$

令

$$R_1=\sqrt{(x_{c1}+x_{c2})^2+(n_{s1}+n_{s2})^2}=$$

$$\sqrt{(2A+n_{c1}+n_{c2})^2+(n_{s1}+n_{s2})^2}$$

$$R_2=\sqrt{(x_{c1}-x_{c2})^2+(n_{s1}-n_{s2})^2}=$$

$$\sqrt{(n_{c1}-n_{c2})^2+(n_{s1}-n_{s2})^2}$$

式(6.4-49)变为

$$P_{e0}=P(R_1<R_2) \tag{6.4-50}$$

因为 n_{c1}，n_{c2}，n_{s1} 和 n_{s2} 都是高斯过程，故 R_1 呈赖斯分布，R_2 呈瑞利分布，则

$$P_{e0}=\int_0^{\infty}P(R_1)\int_{R_1}^{\infty}P(R_2)\,\mathrm{d}R_1\mathrm{d}R_2=$$

$$\int_0^{\infty}\frac{R_1}{2\sigma^2}I_0\left(\frac{AR_1}{\sigma^2}\right)\exp\left[-\frac{R_1^2+2A^2}{2\sigma^2}\right]\mathrm{d}R_1=\frac{1}{2}\mathrm{e}^{-r} \tag{6.4-51}$$

同理，发“1”错判为“0”的概率为

$$P_{e1}=\frac{1}{2}\mathrm{e}^{-r} \tag{6.4-52}$$

当发送信号“1”和“0”等概率时，系统的总误码率为

$$P_e=P(1)P_{e1}+P(0)P_{e0}=\frac{1}{2}\mathrm{e}^{-r} \tag{6.4-53}$$

6.4.4 二进制最佳接收的噪声性能

因为匹配滤波器和相关接收两者是等效的，所以可以从两者中任选一种方法来分析计算最佳接收时的误码率，下面以相关接收为例进行讨论。

设二进制信号 $S_1(t)$ 和 $S_2(t)$ 的概率分别为 P_1 和 P_2，信道噪声为高斯白噪声，接收到的信号的波形为

$$X(t)=\begin{cases}S_1(t)+n_i(t)\\S_2(t)+n_i(t)\end{cases} \tag{6.4-54}$$

最佳接收机是在一个码元时间 T_S 内,通过 $X(t)$ 与发送波形的相关运算进行判决。若判决门限为 V_T,当

$$\int_0^{T_S} X(t)[S_2(t) - S_1(t)]\mathrm{d}t > V_T \tag{6.4-55}$$

时,判为 $S_2(t)$,否则判为 $S_1(t)$。当 $P_1 = P_2 = 1/2$ 时

$$V_T = \frac{E_1 - E_2}{2} \tag{6.4-56}$$

式中,$E_i(i=1,2)$ 为接收信号的能量

$$E_i = \int_0^{T_S} S_i^2(t)\mathrm{d}t \tag{6.4-57}$$

这时系统的平均误码率由下式决定

$$P_e = \frac{1}{2}\mathrm{erfc}\left(\sqrt{\frac{E_1 + E_2 - \rho\sqrt{E_1E_2}}{4n_0}}\right) \tag{6.4-58}$$

$$\rho = \frac{1}{\sqrt{E_1E_2}}\int_0^{T_S} S_1(t)S_2(t)\mathrm{d}t \tag{6.4-59}$$

式中,ρ 为 $S_1(t)$ 和 $S_2(t)$ 的归一化相关系数。

一、ASK 系统

因其表达式为

$$X(t) = \begin{cases} A\cos\omega_0 t + n_1(t) & \text{“1”} \\ n_1(t) & \text{“0”} \end{cases} \tag{6.4-60}$$

在一个码元时间 T_S 内,信号能量

$$E_1 = \frac{A^2T}{2} = E \tag{6.4-61}$$

相关接收时,在每一个码元结束时,对积分器的输出进行抽样并与门限电平 V_T 比较,如果抽样值大于 V_T,判为“1”,否则判为“0”。因为 $S_2(t)=0$,故 $E=0$,$\rho=0$。将它们代入式(6.4-58)得

$$P_e = \frac{1}{2}\mathrm{erfc}\left(\sqrt{\frac{E}{4n_0}}\right) \tag{6.4-62}$$

二、FSK 系统

相位不连续的 FSK 信号可由下式表示

$$X(t) = \begin{cases} A\cos\omega_1 t & \text{“1”} \\ A\cos\omega_2 t & \text{“0”} \end{cases} \tag{6.4-63}$$

每比特时间内的信号能量为

$$E_1 = E_2 = \frac{A^2T_S}{2} \tag{6.4-64}$$

设

$$\left.\begin{aligned} \omega_1 &= \omega_0 + \Delta\omega \\ \omega_2 &= \omega_0 - \Delta\omega \end{aligned}\right\} \tag{6.4-65}$$

若 ω_1 和 ω_2 是码元速率 $\omega_S=2\pi/T_S$ 的整数倍,且 $\omega_1>\omega_2$,则 ω_0T_S 和 $\Delta\omega_0T_S$ 是 π 的整数

倍。这时,FSK 信号中两个载波是正交的,则

$$\rho = 0 \tag{6.4-66}$$

将式(6.4-64)和式(6.4-66)代入式(6.4-58)得

$$P_e = \frac{1}{2}\mathrm{erfc}\left(\sqrt{\frac{E}{2n_0}}\right) \tag{6.4-67}$$

三、PSK 系统

在二相 PSK 系统中,代表不同消息的前后两个码元的载波相位通常相差 π 弧度,所以 PSK 信号可表示为

$$X(t) = \begin{cases} A\cos\omega_0 t & \text{“1”} \\ -A\cos\omega_0 t & \text{“0”} \end{cases} \tag{6.4-68}$$

假设消息信号是等概率出现的双极性二进制随机序列,则 $P(1)=P(0)=1/2$, $E_1=E_2=E$, $\rho=-1$,代入式(6.4-58)得

$$P_e = \frac{1}{2}\mathrm{erfc}\left(\sqrt{\frac{E}{n_0}}\right) \tag{6.4-69}$$

四、信噪比 r, E_b/n_0 和带宽 B 的关系

在对二进制最佳接收噪声性能的推导过程中,采用了 E_b/n_0 参数。E_b 为单位比特的平均信号能量,n_0 为噪声的单边功率谱密度。但人们在实际中能够直接测量到的是平均信号功率谱 S 和噪声的平均功率 N,并由此可得到信噪比 $r = S/N$。下面讨论 S/N 与 E_b/n_0 之间的关系。

假设每隔 T_S 发送一个码元,则传码率为 $R_B = 1/T_S$(B),对于二进制调制 $R_B = R_b$, R_b 信息传输速率对于 M 进制,有

$$R_b = R_B\log_2 M \tag{6.4-70}$$

因此信号的平均功率为

$$S = \frac{E_B}{T_S} = E_B R_B = \frac{E_b R_b}{\log_2 M} \tag{6.4-71}$$

这里,E_B 为平均信号能量。

在二进制时 $E_b = E_B$,即

$$S = E_b R_b \tag{6.4-72}$$

而在接收机带宽为 B 时,接收到的噪声功率为

$$N = n_0 B \tag{6.4-73}$$

因此信噪比可表示为

$$\frac{S}{N} = \frac{E_b R_b}{n_0 B} = \left(\frac{E_b}{n_0}\right)\left(\frac{R_b}{B}\right) \tag{6.4-74}$$

这里 R_b/B 为频带利用率。

式(6.4-74)给出了信噪比与 E_b/n_0 之间的关系,当信噪比一定时,E_b/n_0 随不同调制方式的频带利用率而变。反之,当 E_b/n_0 一定时,信噪比也随频带利用率的不同而不同。

6.4.5　二进制数字调制系统的性能比较

为了比较清楚地了解二进制数字调制系统的性能，表 6.4－1 列出了各种系统的分析结果。

表 6.4－1　二进制数字调制系统的性能比较

调制方式	解调方式	误码率 P_e	$r\gg1$ 的近似 P_e
ASK	相　干	$\frac{1}{2}\mathrm{erfc}\left(\frac{\sqrt{r}}{2}\right)$	$\frac{1}{\sqrt{\pi r}}\mathrm{e}^{-\frac{r}{4}}$
	非相干		$\frac{1}{2}\mathrm{e}^{-\frac{r}{4}}$
	最佳接收	$\frac{1}{2}\mathrm{erfc}\left(\frac{\sqrt{E}}{4n_0}\right)$	
FSK	相　干	$\frac{1}{2}\mathrm{erfc}\left(\frac{\sqrt{r}}{2}\right)$	$\frac{1}{\sqrt{2\pi r}}\mathrm{e}^{-\frac{r}{2}}$
	非相干	$\frac{1}{2}\mathrm{e}^{-\frac{r}{2}}$	
	最佳接收	$\frac{1}{2}\mathrm{erfc}\left(\sqrt{\frac{E}{2n_0}}\right)$	
PSK	相　干	$\frac{1}{2}\mathrm{erfc}(\sqrt{r})$	$\frac{1}{2\sqrt{\pi r}}\mathrm{e}^{-r}$
	最佳接收	$\frac{1}{2}\mathrm{erfc}\left(\sqrt{\frac{E}{n_0}}\right)$	
DPSK	差分相干	$\frac{1}{2}\mathrm{e}^{-r}$	

由表 6.4－1 和前面的分析可知，对同一种调制方式，在接收机输入信噪比 r 较小时，相干解调的误码率小于非相干解调的误码率；在 $r\gg1$ 时，由于指数项起主要作用，相干解调与非相干解调的误码率几乎相等。

在采用不同的调制方式时，r 相同时，PSK、DPSK 的误码率小于 FSK，而 FSK 系统的误码率又小于 ASK 系统。在误码率相同条件下，相干 PSK 要求 r 最小，FSK 系统次之，ASK 系统要求 r 最大，它们之间分别相差 3dB。PSK 系统的抗噪声性能最好，但会出现倒 π 现象，实际中很少采用，而多采用 DPSK 系统。

在 E/n_0 相同，采用最佳接收时，PSK 系统的性能最佳，其次是 FSK，ASK 系统的性能最差。

最佳接收系统的性能优于实际的相干接收系统，其原因在于，当接收机输入端有相同的信号和噪声时，实际相干接收机在解调之前首先要让信号和噪声通过一带通滤波器，以限制带外噪声。因此，输入噪声功率取决于带通滤波器的带宽。为使信号不失真，要求滤波器带宽足够宽，这就加大了输入噪声功率。而最佳接收采用匹配滤波器，与带宽无关。为了得到相同的误码率，实际相干接收系统的信号功率要比最佳接收系统大 6dB。这表明实际相干接收系统的性能不如最佳接收系统。

在实际接收系统中相干解调系统的性能优于非相干解调系统，但相干解调系统要求收发保持严格的同步，因而设备复杂，除在高质量传输系统采用相干解调外，一般都采用非相干解调方法。

各种解调系统的误码率 P_e 与输入信噪比 r 的关系曲线如图 6.4-4 所示。

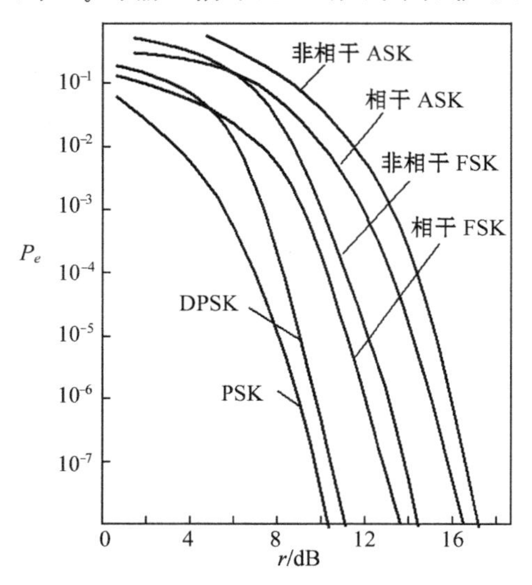

图 6.4-4 各种数字调制系统的 P_e 与 r 的关系曲线

6.5 多进制数字调制

在实际的数字通信系统中，为了提高频带的利用率，往往采用多进制数字调制。多进制数字调制方式与二进制数字调制一样也分为幅移键控、频移键控、相移键控 3 种。但是，在调制前需将基带数字信号转换成多进制数字信号。多进制幅移键控抗噪声性能差，而多进制频移键控方式需占很大的信道带宽，所以都很少采用，故仅作简单介绍，这里主要讨论多进制相移键控，因其应用很广泛。

6.5.1 多进制幅移键控(MASK)

M 进制幅移键控信号中，载波幅度有 M 种，而在每一码元间隔 T_S 内发送一种幅度的载波信号，MASK 的时域表达式为

$$S_{MASK}(t) = \Big[\sum_n a_n g(t - nT_S)\Big]\cos\omega_0 t \tag{6.5-1}$$

式中

$$a_n = \begin{cases} 0 & 概率为 P_1 \\ 1 & 概率为 P_2 \\ 2 & 概率为 P_3 \\ \vdots & \quad\vdots \\ M-1 & 概率为 P_M \end{cases} \tag{6.5-2}$$

MASK 的波形如图 6.5-1 所示，图(a)为多进制基带信号，图(b)为 MASK 的已调波形。

由于基带信号的频谱宽度与其脉冲宽度有关，而与其脉冲幅度无关，所以 MASK 信号的功率谱的分析同 2ASK。其带宽为

$$B_{\mathrm{MASK}} = 2f_{\mathrm{S}} = \frac{2}{T_{\mathrm{S}}} \tag{6.5-3}$$

MASK 的产生和解调方法类似于 2ASK，调制器可采用乘法器，解调器也可采用相干与非相干两种方法。

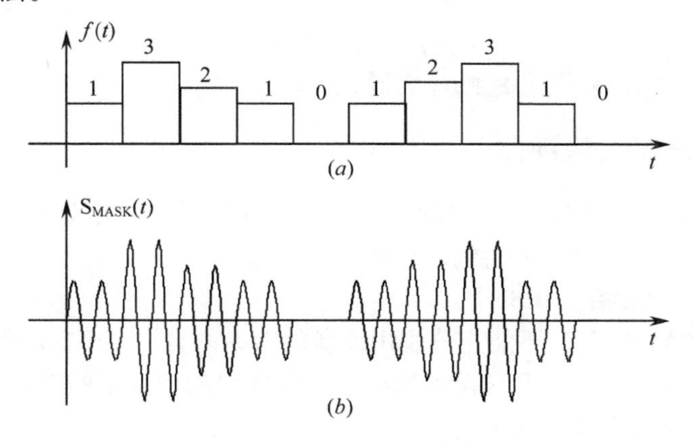

图 6.5-1　MASK 的调制波形

（a）多进制基带信号；（b）MASK 的已调波形。

6.5.2　多进制频移键控(MFSK)

MFSK 系统是用多个（M 个）频率的振荡，分别代表不同的多进制数字信息，而在某一码元间隔 T_{S} 内只发送一个频率。大多数的 MFSK 系统可用图 6.5-2 表示。

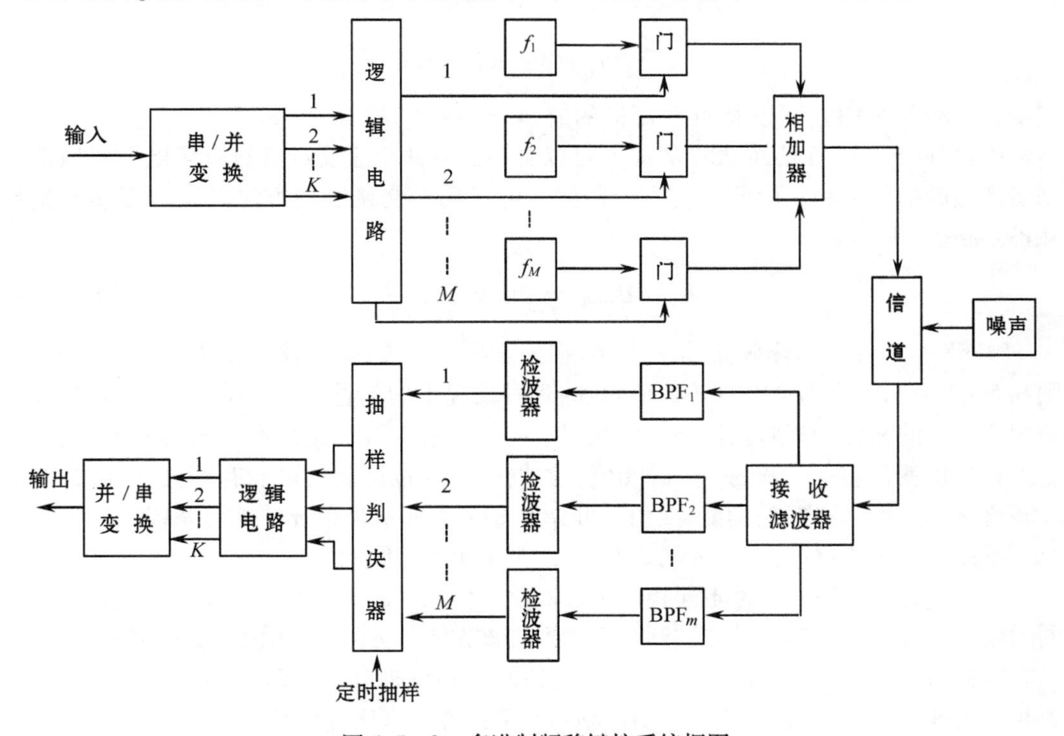

图 6.5-2　多进制频移键控系统框图

MFSK 系统占据较宽的频带，因而频带利用率低，多用于调制频率不高的传输系统中。这种方法产生的 MFSK 信号相位是不连续的。

MFSK 系统可看做是 M 个振幅相同，载波频率不同，时间上互不相容的 2ASK 信号的叠加，故带宽为

$$B_{MFSK} = f_H - f_L + 2f_S \tag{6.5-4}$$

式中，f_H 为最高载频；f_L 为最低载频；f_S 为码元速率。

6.5.3 多进制相移键控

多进制相移键控是利用载波的多种不同相位（相位差）来表征多进制数字信号。它与二进制数字调制一样，也可分为绝对移相和相对移相。

一、多进制绝对移相（MPSK）

MASK 信号的幅度不等，不能充分利用设备的功率能力，而 MPSK 信号载波的幅度不变，使信号的平均功率可达到发送设备的极限。多进制调相常用的有 4PSK、8PSK、16PSK 等，它的应用使系统的有效性大大提高。

由于 M 种相位可以用来表示 K 比特码元的 2^K 种状态，故有 $2^K = M$。假设 K 比特码元的持续时间仍为 T_S，则 M 相调制波形可写为如下表达式：

$$S_{MPSK}(t) = \sum_{K=-\infty}^{\infty} g(t-KT_S)\cos(\omega_0 t+\varphi_n) = \sum_{K=-\infty}^{\infty} a_K g(t-KT_S)\cos\omega_0 t - \sum_{K=-\infty}^{\infty} b_K g(t-KT_S)\sin\omega_0 t \tag{6.5-5}$$

式中，φ_n 为受调相位，可以有 M 种不同的值，$a_K = \cos\varphi_n$，$b_K = \sin\varphi_n$。

由式(6.5-5)可见，MPSK 的波形可以看做是对两个正交载波进行多电平双边带调制所产生的信号之和。由此说明 MPSK 信号可以用正交调制的方法产生。而其带宽与 MASK 带宽相同，即

$$B_{MPSK} = 2f_S = \frac{2}{T_S} \tag{6.5-6}$$

MPSK 信号还可以用矢量图来描述，在矢量图中通常以 0°载波相位作为参考矢量。图 6.5-3 分别画出 $M=2$，$M=4$，$M=8$ 的 3 种情况下的矢量图。当采用相对移相时，矢量图所表示的相位为相对相位差。因此图中将基准相位用虚线表示，在相对移相中，这个基准相位也就是前一个调制码元的相位。对同一种相位调制也可能有不同的方式，如图 6.5-3 中(a)和(b)方式，例如，四相制可分为 π/2 相移系统和 π/4 相移系统。

下面以四相相移键控 4PSK（QPSK）为例来说明多相制的原理。

四相制是用载波的 4 种不同相位来表征数字信息。由于 4 种不同相位可代表 4 种不同的数字信息，因此，输入的二进制数字序列应该先进行分组，将每两个比特编为一组，可以有四种组合（00，10，01，11），然后用载波的四种相位来分别表示它们。由于每一种载波相位代表两个比特信息，故每个四进制码元又被称为双比特码元。表 6.5-1 是双比特码元与载波相位的对应关系。4PSK 的波形如图 6.5-4 所示。

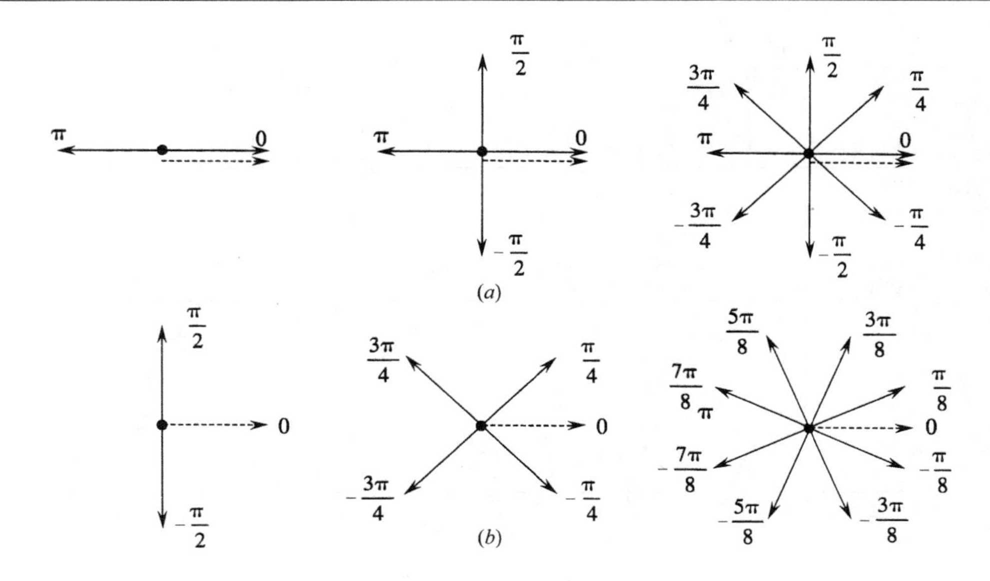

图 6.5-3　多相制的两种矢量图

(a) π/2 相移系统；(b) π/4 相移系统。

表 6.5-1　双比特码元与载波相位的关系

双比特码	π/2 相移系统	π/4 相移系统
0 0	0	-3π/4
1 0	π/2	-π/4
1 1	π	π/4
0 1	-π/2	3π/4

4PSK 的产生方法可采用调相法和相位选择法。图 6.5-5 为调相法产生 4PSK 的原理框图。

图 6.5-5 中输入的二进制的串行码元经串/并转换器变为并行的双比特码流，经极性变换后，将单极性码变为双极性码，然后与载波相乘，完成二进制相位调制，两路信号叠加后，即得到 4PSK 信号。此系统产生的是 π/4 相移系统。若需产生 π/2 相移系统，只需把载波相移 π/4 后再与调制信号相乘即可。

用相位选择法产生 4PSK 信号的组成方框图如图 6.5-6 所示。图中，四相载波发生器分别输出调相所需的 4 种不同相位的载波。按照串/并变换器输出的双比特码元的不同，逻辑选相电路输出相应的载波。

四相绝对移相信号可以看作是两个正交 2PSK 信号的合成，可采用与 2PSK 信号类似的解调方法进行解调。用两个正交的相干载波分别对两路 2PSK 进行相干解调，如图 6.5-7 所示，然后经并/串变换器将解调后的并行数据恢复成串行数据。

图 6.5-7 的两个支路可分别采用最佳接收的方法，即正交支路和同相支路分别设置两个相关器（或匹配滤波器），对两 2PSK 分别解调，然后经并/串变换恢复原数字信号，如图 6.5-8 所示。

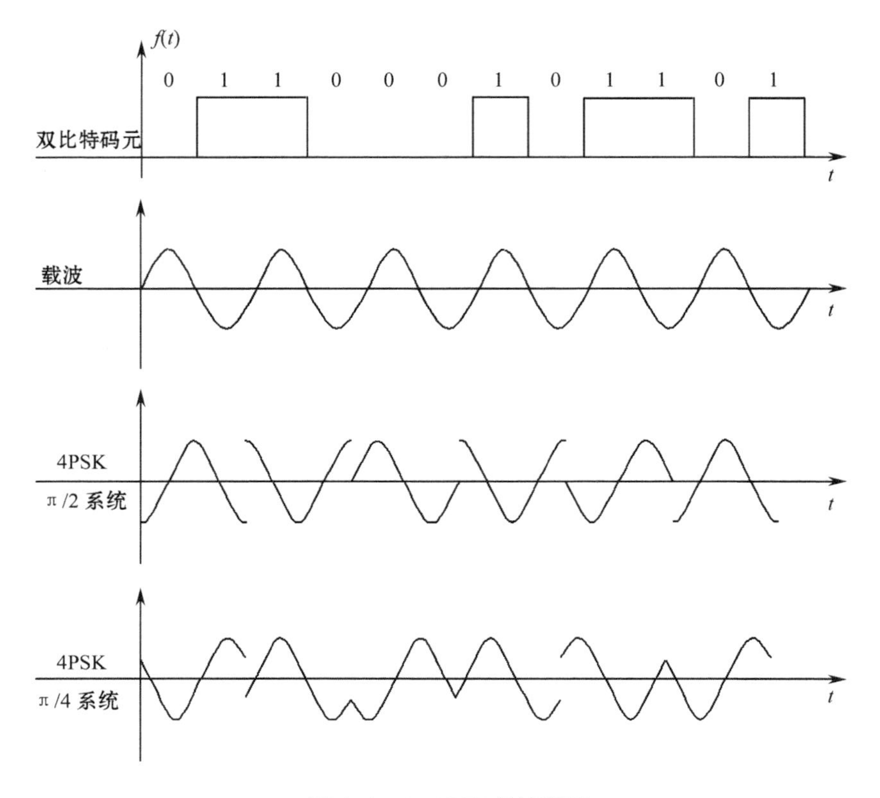

图 6.5－4　4PSK 的波形图

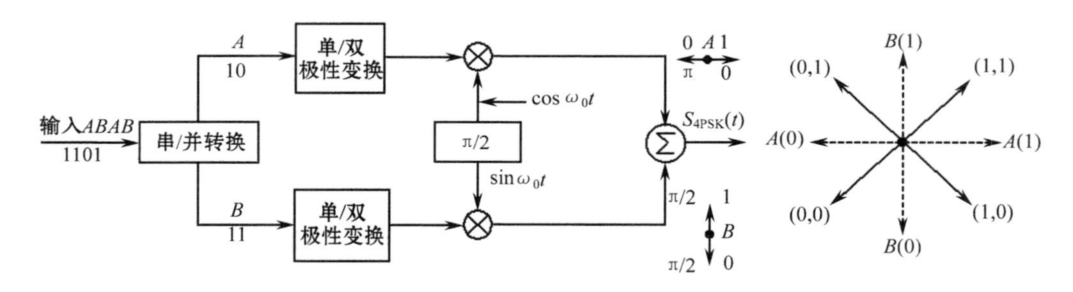

图 6.5－5　调相法产生 4PSK 信号

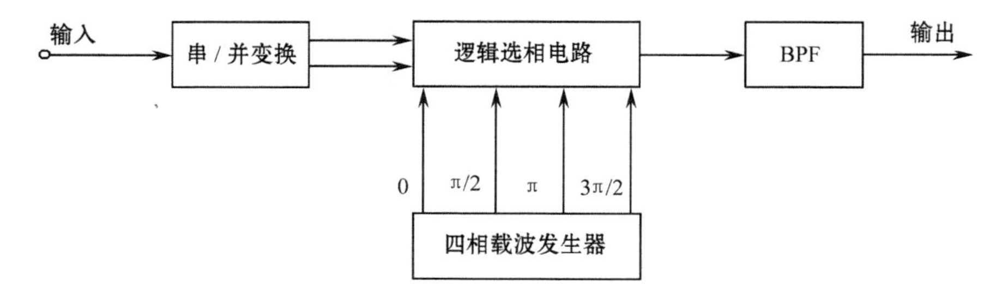

图 6.5－6　相位选择法的组成方框图

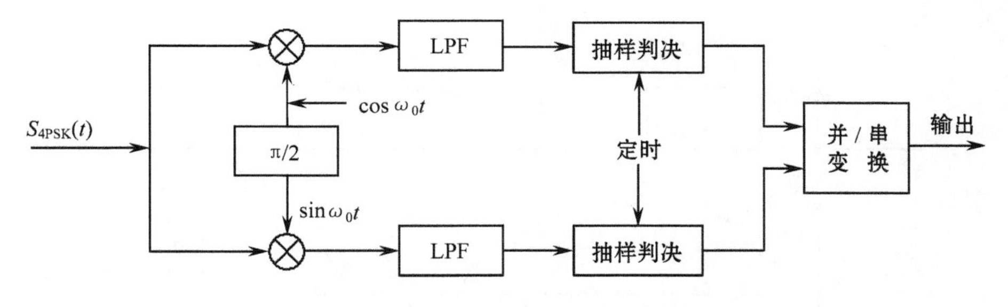

图 6.5－7　4PSK 信号的相干解调框图

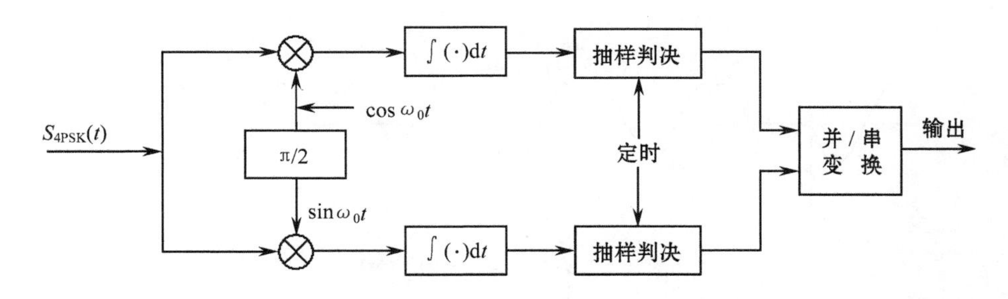

图 6.5－8　4PSK 的最佳接收框图

二、多进制的相对移相(MDPSK)

MPSK 仍然同 2PSK 一样,在接收机解调时由于相干载波的相位不确定性,使得解调后的输出信号不确定。为了克服这种缺点,在实际通信中通常采用多进制相对移相系统。仍以四进制相对相移信号 4DPSK 为例进行讨论。

所谓四相相对移相调制也是利用前后码元之间的相对相位变化来表示数字信息。若以前一码元相位作为参考,并令 $\Delta\phi$ 作为本码元与前一码元相位的初相差,双比特码元对应的相位差 $\Delta\phi$ 的关系仍采用表 6.5－1 所列形式,它们之间的矢量关系也可用图 6.5－3 表示。4DPSK 的信号波形如图 6.5－9 所示。另外,当相对相位变化等概率出现时,相对调相信号的功率谱密度与绝对调相信号的功率谱密度相同,其带宽计算同式(6.5－6)。

下面讨论 4DPSK 信号的产生和解调的方法。在讨论 2PSK 信号调制时,我们已经知道,为了得到 2DPSK 信号,可以先将绝对码变换成相对码,然后用相对码对载波进行绝对移相。4DPSK 也可先将输入的双比特码经码变换后变为相对码,用双比特的相对码再进行四相绝对移相,所得到的输出信号便是四相相对移相信号。4DPSK 的产生方法基本上同 4PSK,仍可采用调相法和相位选择法,只是这时需将输入信号由绝对码转换成相对码。

图 6.5－10 所示是产生 4DPSK 信号的 $\pi/2$ 系统原理框图,其中载波采用了 $\pi/4$ 相移器。产生 4DPSK 信号的 $\pi/4$ 系统可参考图 6.5－5。

相位选择法产生 4DPSK 信号的原理也基本上同 4PSK 的产生方法(参照图 6.5－6),但也需要将绝对码经码变换器变为相对码,然后再采用相位选择法进行 4PSK 调制,即可得到 4DPSK 信号。

4DPSK 信号的解调方法与 2DPSK 信号解调相类似。可采用相干解调法和差分相干解调法。图 6.5－11 为相干解调法,相干解调法的输出是相对码,需将相对码经过码变换器变为绝对码,再经并/串变换,变为二进制数字信息输出。

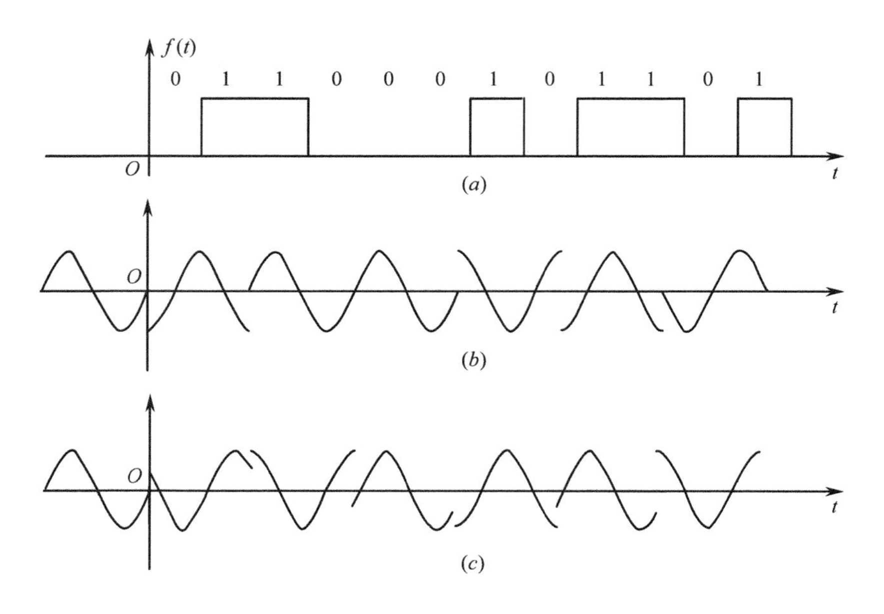

图 6.5－9 4DPSK 信号波形图

(a) 双比特码元;(b) 4DPSK π/2 系统;(c) 4DPSK π/4 系统。

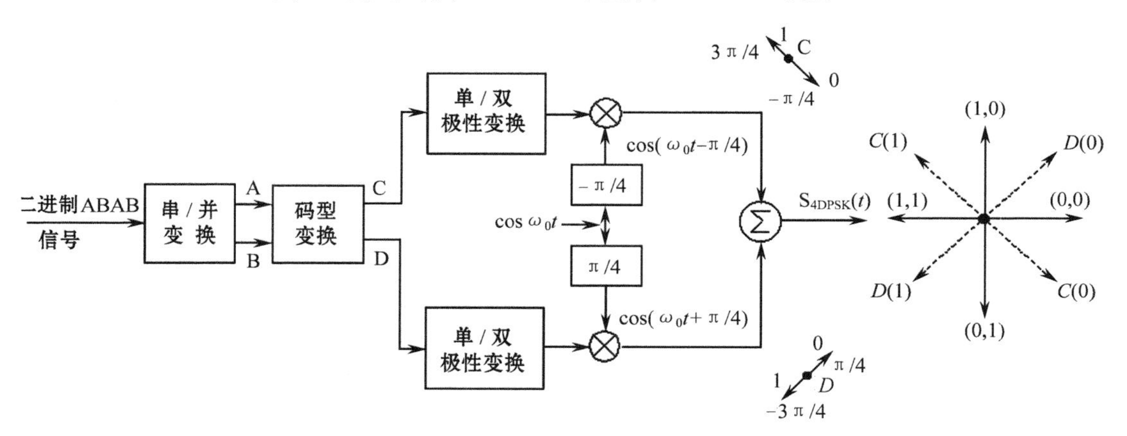

图 6.5－10 调相法产生 4DPSK 信号框图

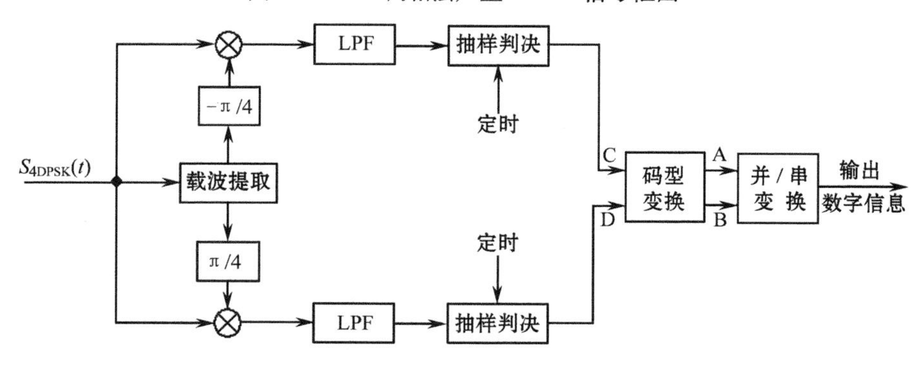

图 6.5－11 4DPSK 的相干解调原理框图

图6.5－12所示为4DPSK信号的差分相干解调，通过比较前后码元的载波相位，分别检测出A和B两个分量。然后经并/串变换后，恢复二进制数字信息。

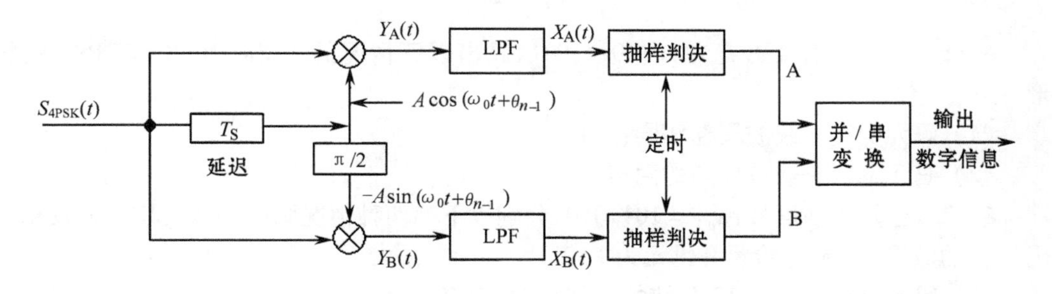

图6.5－12　4DPSK的差分相干解调框图

图6.5－12为π/4相移系统的差分相干解调方法，下面讨论其解调原理。

当输入信号为

$$S_i(t) = A\cos(\omega_0 t + \varphi_n) \tag{6.5-7}$$

那么，前一码元的载波为

$$S_i(t - T_S) = A\cos(\omega_0 t + \varphi_{n-1}) \tag{6.5-8}$$

式中，φ_n和φ_{n-1}分别为本码元载波的初相角和前一码元载波的初相角。两路乘法器的输出分别为

$$y_A(t) = \frac{A^2}{2}\cos(\varphi_n - \varphi_{n-1}) + \frac{A^2}{2}\cos(2\omega_0 + \varphi_n + \varphi_{n-1}) \tag{6.5-9}$$

$$y_B(t) = \frac{A^2}{2}\sin(\varphi_n - \varphi_{n-1}) - \frac{A^2}{2}\sin(2\omega_0 t + \varphi_n + \varphi_{n-1}) \tag{6.5-10}$$

通过LPF后两路的输出分别为

$$x_A(t) = \frac{A^2}{2}\cos(\varphi_n - \varphi_{n-1}) = \frac{A^2}{2}\cos\Delta\phi \tag{6.5-11}$$

$$x_B(t) = \frac{A^2}{2}\sin(\varphi_n - \varphi_{n-1}) = \frac{A^2}{2}\sin\Delta\phi \tag{6.5-12}$$

根据π/4相移系统的4DPSK信号中双比特码元与$\Delta\phi$的对应关系，表6.5－2列出其抽样判决器的判决准则。抽样值$x > 1$，判为“1”，$x < 0$，判为“0”。两路判决器的输出为A和B，再经并/串变换器就可恢复原二进制数字信息。

关于多进制的性能推导较为烦琐，在这里就不详细讨论，请读者参考有关文献。

表6.5－2　抽样判决准则

$\Delta\phi$	$\cos\Delta\phi$的极性	$\sin\Delta\phi$的极性	判决器输出	
			A	B
π/4	+	+	1	1
3π/4	−	+	0	1
−3π/4	−	−	0	0
−π/4	+	−	1	0

习 题

6-1 设数字信息码流为10110111001，画出以下情况的2ASK、2FSK和2PSK的波形。

（1）码元宽度与载波周期相同；

（2）码元宽度是载波周期的两倍。

6-2 已知数字信号$\{a_n\}=1011010$，分别以下列两种情况画出2PSK、2DPSK及相对码$\{b_n\}$的波形（假定起始参考码元为1）。

（1）码元传输速率为1200波特，载波频率为1200Hz；

（2）码元传输速率为1200波特，载波频率为2400Hz。

6-3 已知某2ASK系统的码元传输速率为100波特，所用的载波信号为$A\cos(4\pi\times10^3t)$。

（1）设所传送的数字信息为011001，试画出相应的2ASK信号的波形；

（2）求2ASK信号的带宽。

6-4 一相位不连续的二进制FSK信号，发"1"码时的波形为$A\cos(2000\pi t+\theta_1)$，发"0"码时的波形为$A\cos(8000\pi t+\theta_0)$，码元传输速率为600波特，系统的频带宽度最小为多少？

6-5 若双边带噪声功率谱为$n_0/2=10^{-14}$W/Hz，信息速率为300b/s，要求误比特率为10^{-5}，求2PSK、2DPSK和2FSK系统中所要求的平均信号功率。

6-6 某ASK传输系统，传送等先验概率的二元数字信号序列。已知码元宽度$T=100\ \mu s$，信道输出端白噪声的双边功率谱密度为$n_0/2=1.338\times10^{-5}$W/Hz。

（1）若采用相干解调时，限定误码率为$P_e=2.055\times10^{-5}$，求所需ASK接收信号的幅度A？

（2）若保持误码率P_e不变，改用非相干解调需要接收信号幅度A是多少？

6-7 求传码率为200波特的八进制ASK系统的带宽和信息速率。如果采用二进制ASK系统，其带宽和信息速率又为多少？

6-8 设八进制FSK系统的频率配置使得功率谱主瓣恰好不重叠，求传码率为200波特时系统的传输带宽及信息速率。

6-9 已知码元传输速率为200波特，求八进制PSK系统的带宽及信息传输速率。

6-10 已知双比特码元101100100100，未调载波周期等于码元周期，$\pi/4$移相系统的相位配置如题6-10图(a)所示，试画出$\pi/4$移相系统的4PSK和4DPSK的信号波形（参考码元波形如题6-10图(b)所示）。

6-11 若PCM信号采用8kHz抽样，有128个量化级构成，则此种脉冲序列在30/32路时分复用传输时，占有理想基带信道带宽是多少？若改为ASK、FSK和PSK传输，带宽又各是多少？

6-12 在功率谱为$n_0/2$的白噪声下，设计一个如题6-12图所示的$X(t)$的匹配滤波器。

（1）如何确定最大输出信噪比的时刻；

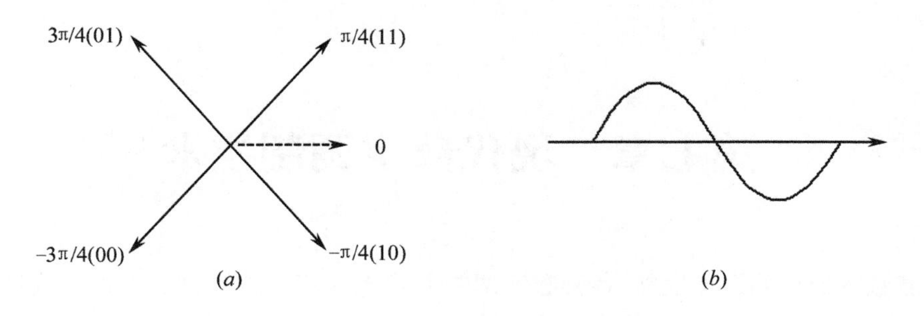

题 6－10 图

（2）求匹配滤波器的冲激响应和输出波形，并绘出图形；

（3）求最大输出信噪比的值。

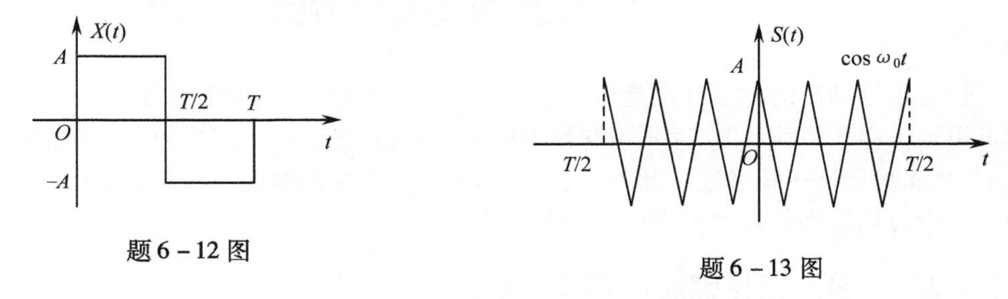

题 6－12 图

题 6－13 图

6－13　接收混合信号是受到加性高斯白噪声干扰的 ASK 射频脉冲信号，题 6－13 图所示为纯净的 ASK 信号波形。

（1）画出用匹配滤波法接收该信号的系统框图；

（2）求匹配传递函数与冲激响应及 t_0；

（3）该信道噪声谱为 $n_0 = 10^{-10}$W/Hz，信号幅度 $A = 1V$，持续时间 $T = 1\mu s$，求输出最大信噪比；

（4）求输出信号表达式并画出其波形。

6－14　若某二进制先验等概率 FSK 信号的最佳接收机，其输入信号能量与噪声功率密度之比为 14dB，试算其误码率。

6－15　已知二进制确知信号（先验等概，且能量相等）输入信号能量与噪声功率密度之比为 9dB，试计算最佳 PSK 接收机的误码率。

第七章　现代数字调制技术

随着数字通信的迅速发展,各种数字调制方式也在不断地改进和发展。为适应数字移动通信、光纤通信和卫星通信的传输特性,近几年,围绕充分地节省频谱和高效率地利用频带,提出了许多新的调制方式。本章主要介绍窄带数字调制中的恒定包络数字调制、线性调制和扩展频谱调制等几种现代数字调制技术。

7.1　恒定包络调制方式

恒定包络调制的主要特点是这类已调信号具有幅度不变的特性,其发射机功率放大器可以工作在非线性状态,而不引起严重的频谱扩散;接收机可用限幅器消除信号衰落的影响,从而提高抗干扰性能。此外,这一类调制方式可采用非同步检测。下面介绍目前数字通信中应用较多的几种恒定包络调制方式。

7.1.1　最小频移键控(MSK)

MSK 是一种特殊的 2FSK 信号。第六章讨论的 2FSK 信号通常是由两个独立的振荡源产生的,一般说来在频率转换处相位不连续,因此,会造成功率谱产生很大的旁瓣分量,若通过带限系统后,会产生信号包络的起伏变化。

为了克服以上缺点,需控制在频率转换处相位变化是连续性的,这种形式的数字频率调制称为相位连续的频移键控(CPFSK),MSK 属于 CPFSK,但因其调制指数最小,在每个码元持续时间 T_S 内,频移恰好引起 $\pi/2$ 相移变化,所以称这种调制方式为最小频移键控 MSK。

MSK 信号可表示为

$$S_{MSK}(t) = \cos\left(\omega_0 t + \frac{\pi a_k}{2T_S}t + \varphi_k\right) \qquad kT_S \leqslant t \leqslant (k+1)T_S \qquad (7.1-1)$$

式中,ω_0 表示载频;$\frac{\pi a_k}{2T_S}t$ 表示频偏;ρ_k 表示第 k 个码元的起始相位;$a_k = \pm 1$ 是传输的数据。

当 $a_k = +1$ 时,信号的频率为

$$f_2 = \frac{1}{2\pi}\left(\omega_0 + \frac{\pi}{2T_S}\right) \qquad (7.1-2)$$

当 $a_k = -1$ 时,信号的频率为

$$f_1 = \frac{1}{2\pi}\left(\omega_0 - \frac{\pi}{2T_S}\right) \qquad (7.1-3)$$

其最小频差为

$$\Delta f = f_2 - f_1 = \frac{1}{2T_S} = \frac{f_S}{2} \tag{7.1-4}$$

即最小频差 Δf 等于码元传输速率的一半。

其调制指数为

$$\beta = \Delta f T_S = \Delta f / f_S = \frac{1}{2T_S} T_S = \frac{1}{2} \tag{7.1-5}$$

图 7.1－1(a)所示为 MSK 的频率间隔图。MSK 信号与 2FSK 信号的差别在于：选择两个传信频率 f_1 和 f_2，使这两个频率的信号在一个码元期间的相位积累严格地相差 π。由图 7.1－1(b)中的波形可看出，“＋”信号与“－”信号在一个码元期间所对应的波形恰好相差 1/2 周期，而使相位连续变化。

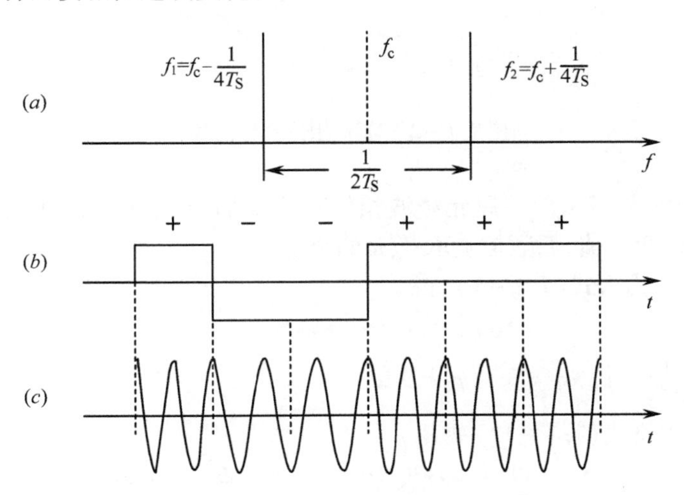

图 7.1－1　MSK 信号的频率间隔与波形

(a) 频率间隔图；(b) 信号码元；(c) MSK 的波形。

下面讨论第 k 个码元间隔相位变化情况(即除载波相位之外的附加相位)：

$$\theta_k(t) = a_k \frac{\pi t}{2T_S} + \varphi_k \qquad kT_S \leqslant t < (k+1)T_S \tag{7.1-6}$$

根据相位连续条件，要求在 $t = kT_S$ 时满足

$$\theta_{k-1}(kT_S) = \varphi_k(kT_S) \tag{7.1-7}$$

即

$$a_{k-1}\frac{\pi k T_S}{2T_S} + \varphi_{k-1} = a_k \frac{\pi k T_S}{2T_S} + \varphi_k \tag{7.1-8}$$

可得

$$\varphi_k = \varphi_{k-1} + (a_{k-1} - a_k)\frac{\pi k}{2} \tag{7.1-9}$$

在式(7.1－1)中设 $\varphi_k = 0$，则

$$S_{MSK}(t) = \cos\left[\omega_0 t + \frac{\pi a_k}{2T_S} t\right] \tag{7.1-10}$$

式中，$a_k = \pm 1$。

由式(7.1－10)可知:每个信息比特间隔 T_S 内载波相位将变化 $+\pi/2$ 或 $-\pi/2$。而 $\varphi(t)-\varphi(0)$ 随 t 的变化规律如图 7.1－2 所示。图中正斜率直线表示传 1 码时的相位轨迹,负斜率直线表示传 0 码时的相位轨迹,这种由相位轨迹构成的图形称为相位网络图。

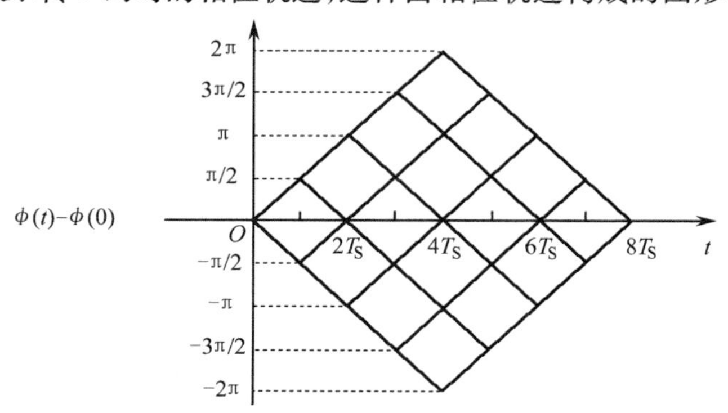

图 7.1－2　MSK 相位变化曲线

在每一码元时间内,相对于前一码元载波相位不是增加 $\pi/2$,就是减少 $\pi/2$。在 T_S 的奇数倍上取 $\pm(\pi/2)$ 两个值,偶数倍上取 0、π 两个值。

将式(7.1－6)代入式(7.1－1),得

$$S_{MSK}(t)=\cos[\omega_0 t+\theta_k(t)] \tag{7.1-11}$$

式中,$\theta_k(t)=a_k\dfrac{\pi t}{2T_S}+\varphi_k$,$a_k=\pm1$,$\varphi_k=0$ 或 π。

利用三角函数将式(7.1－11)展开

$$S_{MSK}(t)=\cos\theta(t)\cos\omega_0 t-\sin\theta(t)\sin\omega_0 t \tag{7.1-12}$$

式中

$$\cos\theta(t)=\cos\left(\frac{\pi t}{2T_S}+\varphi_k\right)=$$

$$\cos\left(\frac{\pi t}{2T_S}\right)\cos\varphi_k-\sin\left(\frac{\pi t}{2T_S}\right)\sin\varphi_k=$$

$$\cos\left(\frac{\pi t}{2T_S}\right)\cos\varphi_k-\sin\theta(t)= \tag{7.1-13}$$

$$-\sin\left(\frac{\pi t}{2T_S}+\varphi_k\right)=-a_k\sin\left(\frac{\pi t}{2T_S}\right)\cos\varphi_k \tag{7.1-14}$$

将式(7.1－13)和式(7.1－14)代入式(7.1－12),有

$$S_{MSK}(t)=\cos\varphi_k\cos\left(\frac{\pi t}{2T_S}\right)\cos\omega_0 t-a_k\cos\varphi_k\sin\left(\frac{\pi t}{2T_S}\right)\sin\omega_0 t=$$

$$I_k\cos\left(\frac{\pi t}{2T_S}\right)\cos\omega_0 t+Q_k\sin\left(\frac{\pi t}{2T_S}\right)\sin\omega_0 t$$

$$kT_S<t<(k+1)T_S \tag{7.1-15}$$

$$\left.\begin{aligned}I_k&=\cos\varphi_k\\Q_k&=-a_k\cos\varphi_k\end{aligned}\right\} \tag{7.1-16}$$

式中，I_k 为同相分量；Q_k 为正交分量。

根据以上的分析，可采用正交调幅方式产生 MSK 信号，如图 7.1－3 所示。首先将输入的二进制信号进行差分编码。经过串/并变换，将一路延迟 T_S，得到相互交错一个码元宽度的两路信号 I_k 和 Q_k，然后用加权函数 $\cos(\pi t/2T_S)$ 和 $\sin(\pi t/2T_S)$ 分别对两路数据信号 I_k 和 Q_k 进行加权，加权后的两路信号再分别对正交载波 $\cos\omega_0 t$ 和 $\sin\omega_0 t$ 进行调制，调制后的信号相加再通过带通滤波器，就得到 MSK 信号。

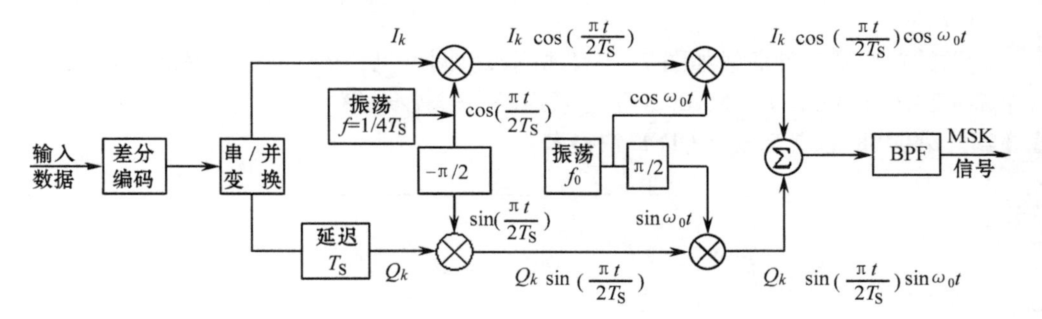

图 7.1－3　MSK 调制器原理框图

应该指出，产生 MSK 信号有各种不同的方式，但都要满足 MSK 信号的基本要求：

（1）已调信号包络恒定。

（2）频偏严格地等于 $\pm1/4T_S$，相应调制指数 $\beta_f=0.5$。

（3）附加相位在一个码元期间线性地变化 $\pm\pi/2$，在码元转换时刻信号的相位连续。

（4）在一个码元期间 T_S 内，信号应是 1/4 载波周期的整数倍。

MSK 信号可以采用相干解调或非相干解调，电路形式很多，这里只介绍一种相干解调器，如图 7.1－4 所示。

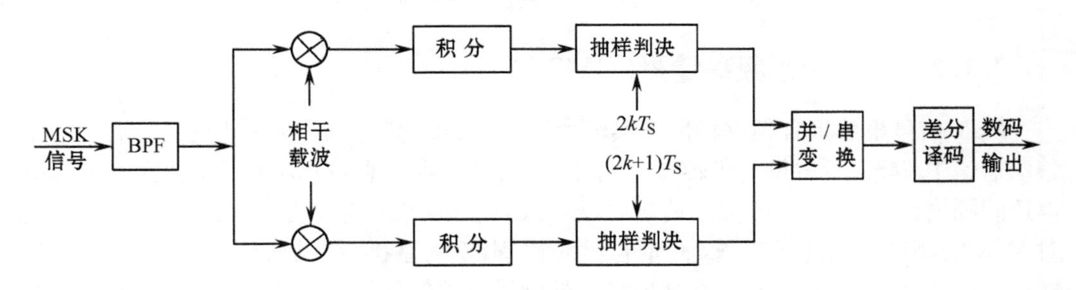

图 7.1－4　MSK 信号的相干解调

MSK 信号经带通滤波器滤除带外噪声，然后借助正交的相干载波 f_I 和 f_Q 与输入信号相乘，将 I_K 和 Q_K 两路信号区分开，再经积分后输出，分别为 αI_K 和 αQ_K（α 为比例常数）。同相支路在 $2KT_S$ 时刻抽样，正交支路在 $(2K+1)T_S$ 时刻抽样，判决器根据抽样后的信号极性进行判决，大于零判为“1”，小于零判为“0”，经并/串变换，变为串行数据，与调制器相对应，因在发送端经差分编码，故接收端输出需经差分译码，经差分译码后，即可恢复原始数据。

关于相干载波和定时脉冲的提取将在第八章进行讨论。

MSK 信号频谱特性较好。这里我们只将 MSK 信号与一般 QPSK 信号的谱密度特性

进行比较,直接给出结论。MSK 和 QPSK 的功率谱密度表达式分别为

MSK:

$$S_f(f) = \frac{16A^2T_S}{\pi^2}\left\{\frac{\cos[2\pi(f-f_0)T_S]}{1-[4(f-f_0)T_S]^2}\right\} \tag{7.1-17}$$

QPSK:

$$S_f(f) = 2A^2T_S\left\{\frac{\sin[2\pi(f-f_0)T_S]}{2\pi(f-f_0)T_S}\right\}^2 \tag{7.1-18}$$

它们的功率谱密度曲线如图 7.1-5 所示,由图可见,MSK 信号的频谱主瓣较宽,第一个零点出现在 $0.75/T_S$ 处;QPSK 信号频谱的主瓣较窄,第一个零点出现在 $0.5/T_S$ 处。在主瓣之外 MSK 的谱衰减比 QPSK 快得多。

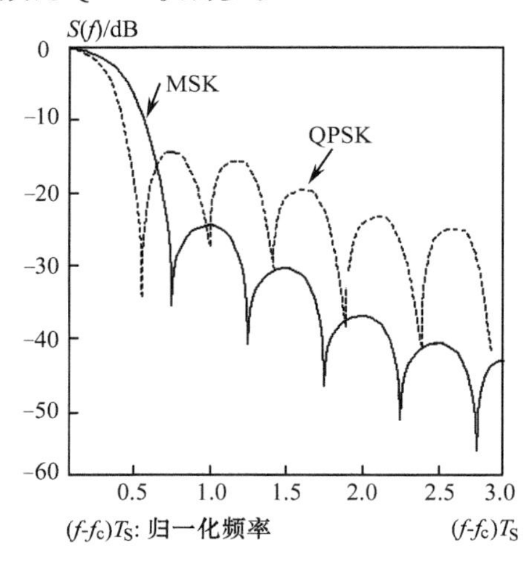

图 7.1-5 MSK 和 QPSK 信号的功率谱密度

7.1.2 高斯最小频移键控(GMSK)

MSK 信号虽然具有频谱特性和误码性能较好的特点,然而,在一些通信场合,例如在移动通信中,MSK 所占带宽仍较宽。此外,其频谱的带外衰减仍不够快,以至于在 25kHz 信道间隔内传输 16kb/s 的数字信号时,不可避免地将会产生邻道干扰。为此,人们设法对 MSK 的调制方式进行改进。GMSK 就是以 MSK 为基础,在其前面引入一个预调滤波器——高斯低通滤波器,它具有高斯特性的圆滑相位转移特性,GMSK 在保持恒定包络的同时,通过改变高斯滤波器的 3dB 带宽 B_b,对已调信号的频谱进行控制。用这种方法可以做到在 25kHz 的信道间隔中传输 16kb/s 的数字信号时,邻道幅射功率低于 -70dB ~ 60dB,并保持较好的误码性能。

为了获得窄带输出信号的频谱,预调滤波器必须满足以下条件:

(1) 带宽窄,且应具有良好的截止特性。

(2) 为防止 FM 调制器的瞬时频偏过大,滤波器应具有较低的过脉冲响应。

(3) 为便于进行相干解调,要求保持滤波器输出脉冲面积不变。

要满足这些特性,选择高斯型滤波器是合适的。高斯型滤波器的传输函数为

$$H(f) = e^{-\alpha^2 f^2} \tag{7.1-19}$$

式中，α 是一个待定的常数，选择不同的 α，滤波器的特性随之变化，令 $|H(f)|=1/\sqrt{2}$，即可得到高斯滤波器的 3dB 带宽为

$$B_b = \frac{\sqrt{\ln 2}}{\sqrt{2}a} \tag{7.1-20}$$

或

$$\alpha B_b = 0.5887 \tag{7.1-21}$$

根据传输函数可求出滤波器的冲激响应

$$h(t) = \frac{\sqrt{\pi}}{\alpha}\exp\left(-\frac{\pi^2 t^2}{a^2}\right) \tag{7.1-22}$$

$H(f)$ 和 $h(t)$ 的曲线分别示于图 7.1-6 和图 7.1-7，由图可见，当 B_bT_S（归一化带宽）增大时，滤波器的传输函数随之变宽，而冲激响应却随之变窄。当输入宽度等于 T_S 的矩形脉冲时，不同 B_bT_S 条件下的滤波器输出响应 $g(t)$ 如图 7.1-8 所示。

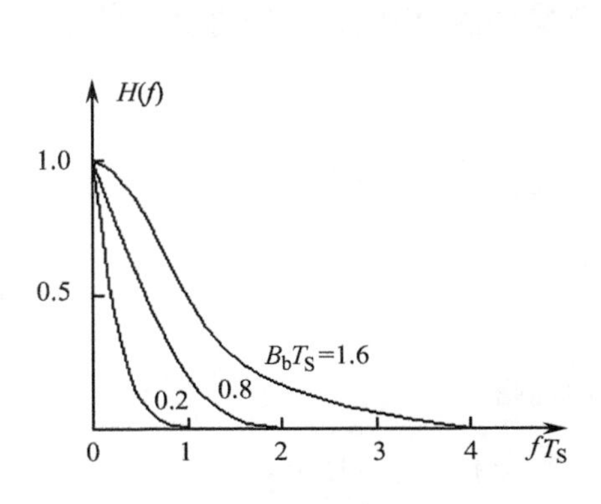

图 7.1-6　高斯滤波器的传递函数

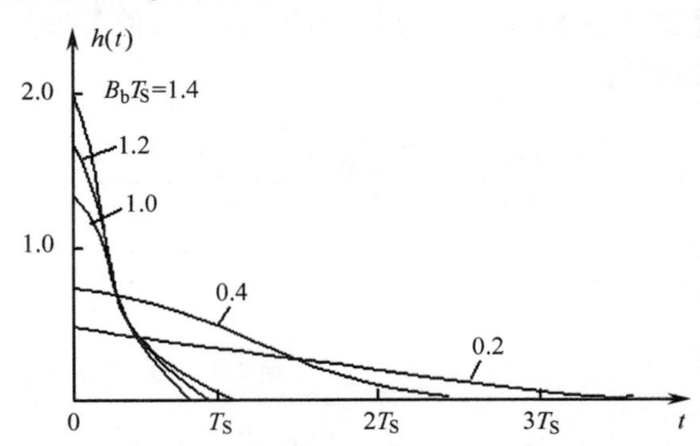

图 7.1-7　高斯滤波器的冲激响应

由图 7.1-8 可见，$g(t)$ 的波形随 B_b 的减小而越来越宽，同时幅度也越来越小。可见带宽越窄，输出响应被展得越宽。这样，一个宽度等于 T_S 的输入脉冲，其输出将影响前后各一个码元的响应；同样，它也要受到前后两个相邻码元的影响。也就是说，输入原始数据在通过高斯型滤波器之后，已不可避免地引入码间串扰，如图 7.1-9 所示。

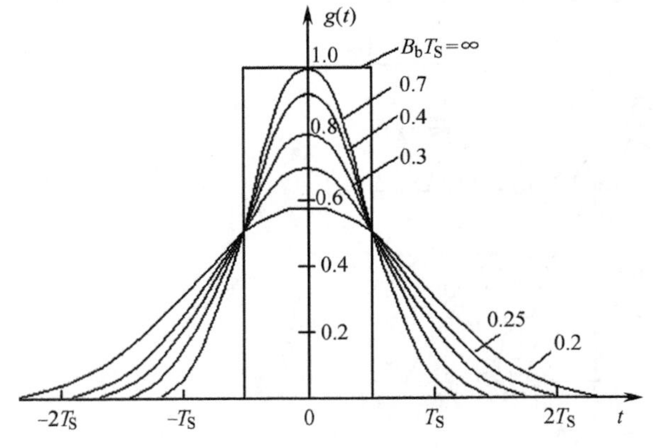

图 7.1-8　高斯滤波器的输出响应

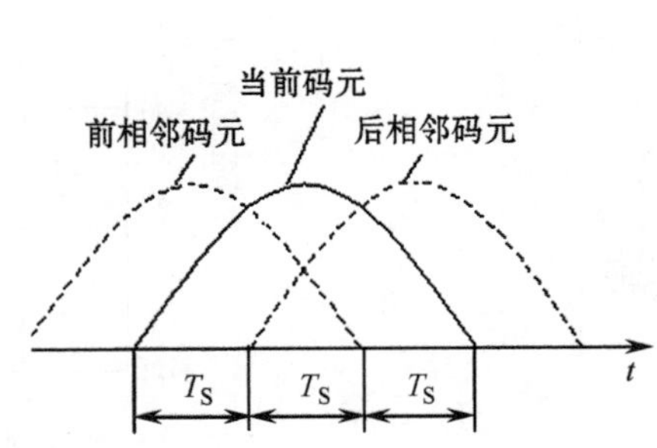

图 7.1-9　高斯滤波器输出响应的码间串扰

有意引入可控制的码间串扰，以压缩调制信号的频谱，解调判决时利用前后码元的相关性，仍可以准确地进行解调判决，这就是所谓的部分响应技术。GMSK 就是利用了部分响应技术。

GMSK 信号可以采用与 MSK 调制器相同的正交调制方式来产生，只要在调制前先对原始数据信号用高斯滤波器进行过滤即可。另外，在原始数据信号经高斯滤波器之后，直接对压控振荡器（VCO）进行调频也可生成 GMSK 信号。这是一种最简单的方法。但是，这种调制器也有缺点，它要求 VCO 的频率稳定度很高，频偏的准确度很好，这是难以实现的。为克服这个缺点，采用精心制作的锁相环路（PLL）调制器，如图 7.1－10 所示。它是由 $\pi/2$ 相移的二相相移键控（BPSK）调制，后面接一个锁相环组成。其中 $\pi/2$ 相移的 BPSK 是保证每个码元的相位变化为 $\pm\pi/2$，而锁相环对 BPSK 在码元转换时刻的相位突跳进行平滑处理，最终 VCO 输出信号的相位既保持连续又平滑。由于 VCO 的频率被锁定在 BPSK 调制器参考振荡源的频率上，输出信号的频率稳定度是可以保证的。因此，最重要的是要精心设计 PLL 的传输函数，使其满足高斯滤波器的要求，以获得良好的信号频谱特性。

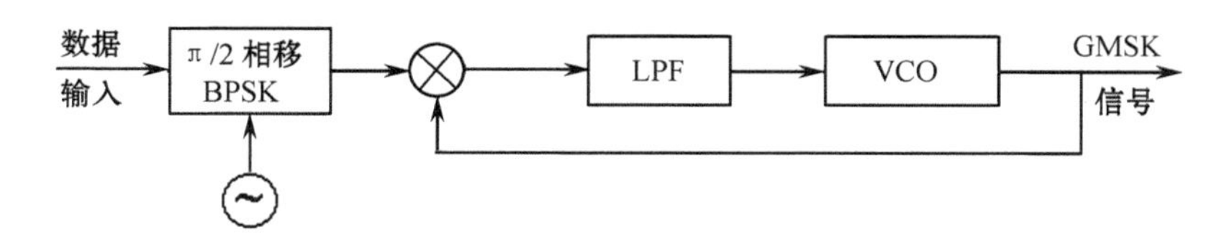

图 7.1－10　PLL 型 GMSK 调制器

GMSK 信号的解调与 MSK 信号解调相同，可采用正交相干解调，也可采用鉴相器和差分检测器。

图 7.1－11 示出了 GMSK 信号功率谱密度曲线。纵坐标是以分贝表示的归一化功率谱密度，横坐标是归一化频率 $(f-f_0)T_S$，参变量 B_bT_S 为高斯低通滤波器的归一化 3dB 带宽 B_b 与码元长度 T_S 的乘积。由图可见，B_bT_S 越小，GMSK 功率谱的衰减滚降越快，主瓣也越窄。当 $B_bT_S=\infty$ 时的曲线即为 MSK 信号的功率谱密度。

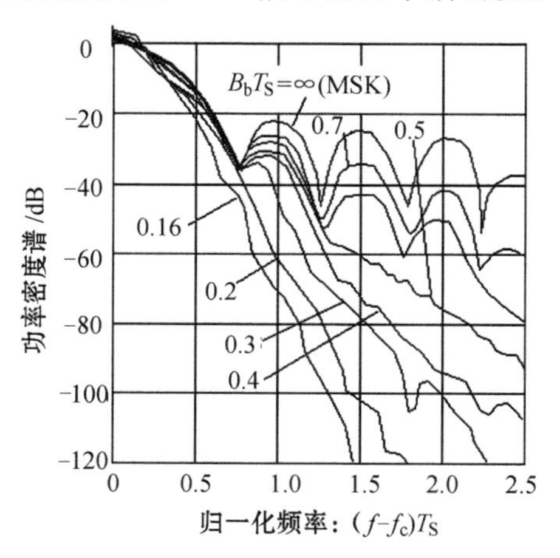

图 7.1－11　GMSK 的功能谱密度

需要指出，GMSK 信号频谱特性的改善是通过降低误比特率性能换来的，前置滤波器的带宽越窄，输出功率谱就越紧凑，误比特率性能变得越差。不过，当 $B_b T_S = 0.25$ 时，误比特率性能下降并不严重。

GMSK 方式具有恒定包络，功率谱集中，可根据需要选取 $B_b T_S$。GMSK 具有解调效率高，误码率性能良好等特点，是一种适用于数字移动通信的窄带调制方式，例如，泛欧 GSM 系统就采用此种调制方式。

7.1.3　正弦频移键控（SFSK）

在 MSK 调制中，每个数据码元间隔内，已调信号的相位随调制信号的极性变化，不是线性增加 $\pi/2$，就是减少 $\pi/2$。从相位路径来看，虽然在每个码元转换时刻上相位是连续的，但是当相邻两个码元极性发生变化时，相位轨迹曲线出现一尖角，这就导致 MSK 信号频谱旁瓣滚降速度下降，因此，带外幅射增加。为了减少带外幅射，提高频带利用率，应使这些尖角变平滑。SFSK 就是针对此问题提出的一种调制方式。

SFSK 的提出是为了改进 MSK 频谱特性。它从平滑 MSK 的相位路径出发，将 MSK 在一个码元内线性变化的相位特性，改造成在线性特性上叠加一个正弦波的特性。当输入码元极性变化时，该正弦波的相位也跟随发生变化。例如，当输入码元为“0”（-1）码时，正弦波相位为 0；当为“1”（+1）码时，正弦波相位为 π，这样就可以使相位轨迹尖角得到平滑，同时还保留了 MSK 的优点。即在一个码元时间内相位变化值仍旧为 $\pm\pi/2$。和 MSK 一样，当输入码元为“1”时，相位增加 $\pi/2$；为“0”时，相位减少 $\pi/2$。

根据上述原则，可得到图 7.1-12 所给码流的 SFSK 信号的相位轨迹曲线。显然，它将 MSK 波形的相位轨迹尖角平滑了，在码元转换时刻，其相位变化率等于 0。这样，就加快了 SFSK 信号频谱的滚降速度。

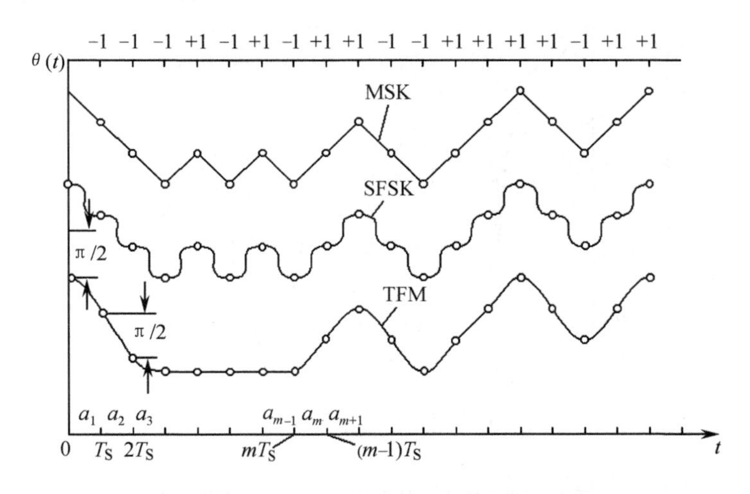

图 7.1-12　MSK、SFSK 和 TFM 的相位路径

我们可用调频的观点来讨论正弦频移键控的原理，建立它的数学表达式。

由于相位是频率的积分，要想得到上述一个码元内的相位特性，那么在一个码元内采用式（7.1-23）所示的升余弦频移函数对载波进行调频，其频移函数可表示为

$$S(t) = 2\pi \frac{1}{4T_S} a_k \left(1 - \cos\frac{2\pi}{T_S}t\right) =$$

$$\frac{\pi}{2T_S} a_k \left(1 - \cos\frac{2\pi}{T_S}\right)t \quad (k-1)T_S \leqslant t \leqslant kT_S \tag{7.1-23}$$

式中,第一项就是 MSK 中使用的频移函数,而第二项是新增加的。第一项在一个码元内积分后所得到的相位就是 MSK 中的线性相位特性,而第二项在一个码元内积分后的相位特性是一个正弦特性。两者代数相加后得到一个叠加在线性相位特性上的正弦波,这正是我们所需要的相位特性,即

$$\theta(t) = \int S(t)\,\mathrm{d}t = a_k\left(\frac{\pi}{2T_S}t - \frac{1}{4}\sin\frac{2\pi}{T_S}t\right) + \theta_0 \tag{7.1-24}$$

式中,θ_0 由码元转换点上的相位连续条件决定。因此,SFSK 的波形可表示为

$$S_{\text{SFSK}}(t) = A\cos\left[\omega_0 t + a_k\left(\frac{\pi}{2T_S}t - \frac{1}{4}\sin\frac{2\pi}{T_S}t\right)\right] + \theta_0 \tag{7.1-25}$$

式中,第一项是载波相位,相对于载波来说,第二项是数据在一个码元内产生的相位变化值,而第三项是码元起始时刻的相位值。

7.1.4 平滑调频(TFM)

SFSK 虽然平滑了 MSK 相位路径上的尖角,使得相位路径在码元转换点上的变化率等于零,因而减小了频谱的带外幅射。但是,由于在一个码元内的相位路径,采用了在线性特性上叠加一个正弦波,所以在一个码元中点附近,其相位路径的变化率比 MSK 有显著增加,这使得 SFSK 频谱主瓣的宽度也超过了 MSK,由图 7.1-13 所示曲线看出,为了保留 SFSK 的优点,克服其缺点就产生了 SFSK 的改进型——平滑调频 TFM。

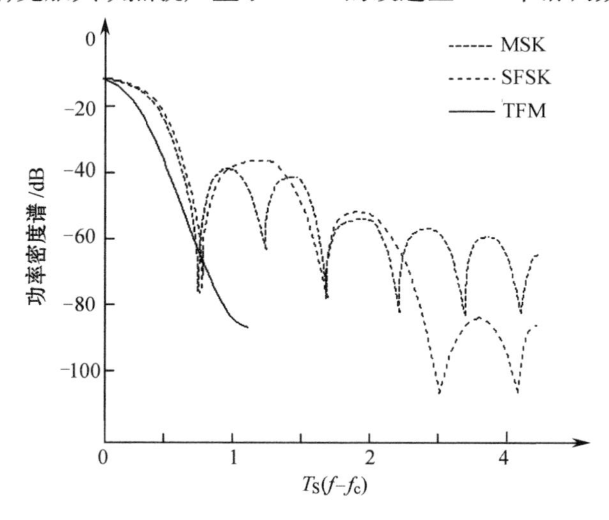

图 7.1-13 MSK、SFSK 和 TFM 的功率谱密度

TFM 是在保留 SFSK 相位路径在码元转换点上变化率等于零的基础上,再设法尽量减少相位路径在一个码元内各个时刻点的斜率值。这样,既可以使频谱滚降快,带外辐射少,又能使频谱主瓣宽度变得比较窄,如图 7.1-13 所示。从图中可见,TFM 的主瓣宽度比 SFSK 窄,而且几乎没有什么边瓣。因此,这是一种具有吸引力的调制方式,在实际中

得到了应用。

前面所讨论的各种调频波的表达式可写为 $\cos[\omega_0 t+\theta(t)]$，式中 $\theta(t)$ 是时变相位函数。不同的调制方式具有不同的 $\theta(t)$，因而相位路径也就不同。MSK 中 $\theta(t)$ 在一个码元内是线性的，而 SFSK 是用一个正弦相位函数平滑了 MSK 的线性。但是这种平滑只是在一个码元内进行的，这就大大限制了选择不同 $\theta(t)$ 形式的可能性。如果采用相关编码技术，可把相位路径的平滑过程扩展到几个码元时间内，这样，在选择 $\theta(t)$ 函数形状时，其自由度就大大增加了，可使相位特性得到改善，因而具有良好的频谱特性。下面讨论 TFM 已调波的相位路径。

当调制器输入数据为双极性冲激序列时，即

$$S(t)=\sum_{n=-\infty}^{\infty} a_n\delta(t-nT_S) \tag{7.1-26}$$

TFM 的相关编码规则是

$$\theta(mT_S+T_S)-\theta(mT_S)=\left(\frac{\pi}{2}\right)\left(\frac{a_{m-1}}{4}+\frac{a_m}{2}+\frac{a_{m+1}}{4}\right)a_n=\pm 1 \tag{7.1-27}$$

且当 $a_0a_1=+1$ 时，$\theta(T_S)=0$，当 $a_0a_1=-1$ 时 $\theta(T_S)=\pi/4$。

由式(7.1-27)看出，第 m 个码元相位变化值不仅与 a_m 数值有关，而且与它前后相邻的数据 a_{m-1} 和 a_{m+1} 有关。

根据式(7.1-27)编码规则得到的 TFM 信号相位路径有如下重要特点。

(1)在任何码元内可能的相位变化值 $\Delta\theta(T_S)$ 为 0、$\pm\pi/2$、$\pm\pi/4$。究竟取何值，取决于这 3 个数据之间的关系，它们之间的可能组合如表 7.1-1 所列。

表 7.1-1　3 个码元可能组合决定的中间码元内相位变化值

码元组合	+ + +	− − −	+ − +	− + −	+ + −	+ − −	− + +	− − +
$\Delta\theta(T_S)$	$+\pi/2$	$-\pi/2$	0	0	$+\pi/4$	$-\pi/4$	$+\pi/4$	$-\pi/4$

(2)对于一个等概率的随机二进制序列 $\{a_n\}$，当达到稳态时，相位变化 $\Delta\theta(T_S)$ 为 0、$\pi/4$、$-\pi/4$、$\pi/2$、$-\pi/2$ 的概率分别是 1/4、1/4、1/4、1/8 和 1/8。

(3)起始相位 $\theta(T_S)$ 是：当 $a_0a_1=1$ 时，$\theta(T_S)=0$；当 $a_0a_1=-1$ 时，$\theta(T_S)=\pi/4$；那么，相位变化 $\Delta\theta(T_S)$ 服从如下规律：

· $\Delta\theta(T_S)=0$ 出现在 $\pm\pi/4$ 的奇数倍上。

· $\Delta\theta(T_S)=\pm\pi/2$，只在 $t=mT_S$（m 为整数）时出现。

· 如果当前相位是 $\pm\pi/4$，那么，相位变化 $\pm\pi/2$ 不可能发生。

根据上述的编码规则，在图 7.1-12 中给出了 TFM 信号的相位路径。由图看出，TFM 在一个码元内相位路径平均变化率比 SFSK 小，这是由于 TFM 在输入数据极性交替时，其相位维持恒定值，因而变化率等于零；此外，在一个码元内相位变化 $\pm\pi/4$，而 SFSK 总是变化 $\pm\pi/2$，但两者相位变化发生在相等的时间间隔（一个码元宽度 T_S），因此 TFM 的相位变化率比 SFSK 小。

实现 TFM 的调制器如图 7.1-14 所示，实现 TFM 调制的关键是在输入数据和频率调制（VCO）之前增加一个按上述编码规则设计出来的滤波器，此滤波器称之为预调制滤波器。

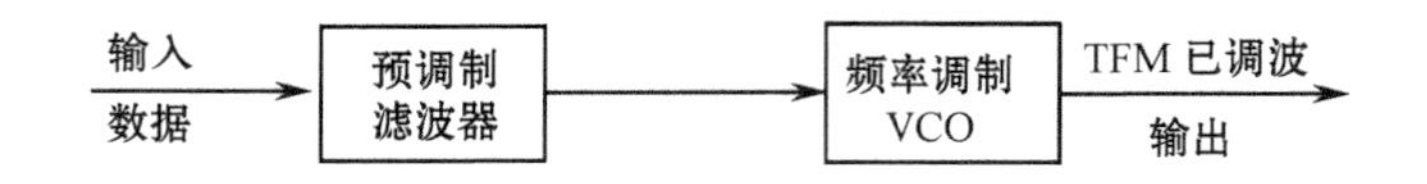

图 7.1－14 TFM 调制原理方框图

7.1.5 交错正交相移键控（OQPSK）

OQPSK 是继 QPSK 之后发展起来的一种恒包络数字调制技术。它是 QPSK 的一种改进形式。有时又把这种调制技术称为偏移四相相移键控（Offset－QPSK），或称为参差四相相移键控（SQPSK）等。

QPSK 信号在码组由“00”→“11”或由“01”→“10”时会产生 180°的载波相位跳变，此时经限带后所造成的调制信号包络起伏大。为了克服 180°的相位跳变，在 QPSK 基础上提出了 OQPSK 调制方式。

OQPSK 也是把输入数据流分成同相与正交两个数据流，它们的相位关系与 QPSK 相同。但是，OQPSK 的同相与正交数据流在时间上互相错开了半个码元周期。由于两支路码元有半周期的偏移，在相位转换处每次只有一路可能发生极性翻转，不会发生两支路码元同时翻转的现象。所以每当一个新的输入数据比特进入调制后，输出的 OQPSK 信号只有 0°、±90°三种相位跳变，不会出现 180°相位跳变。因此它的频谱特性优于 QPSK。另外，OQPSK 中的两个同相、正交信道如同两个独立的二相 PSK 信道，可以分别进行差分编码，而对 OQPSK 的差分译码也比 QPSK 要简单。

OQPSK 信号的产生原理同 QPSK 的产生方法，如图 7.1－15 所示，只是在 Q 支路增加一个 $T_S/2$ 的延时电路。

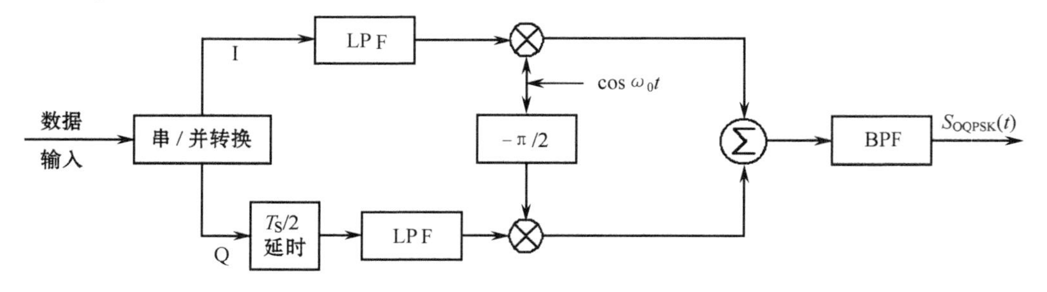

图 7.1－15 OQPSK 的产生原理框图

OQPSK 信号的解调也可采用相干解调方式，其原理如图 7.1－16 所示。它与 QPSK 信号的解调原理基本相同，因在调制时 Q 支路信号在时间上延迟了 $T_S/2$，故在 Q 解调支

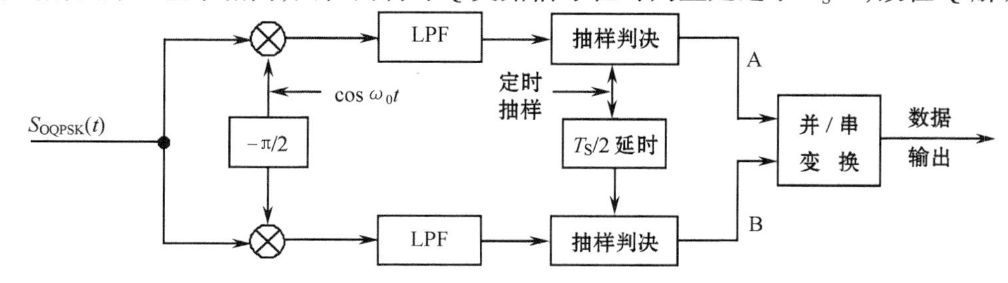

图 7.1－16 OQPSK 的正交相干解调原理

路也应延迟 $T_S/2$ 再进行抽样判决,以保证对两支路进行正确的交错抽样,然后经并/串变换后恢复原信号。

7.1.6　无符号干扰和抖动—交错正交相移键控（IJF - OQPSK）

IJF - OQPSK 是在 OQPSK 的基础上发展起来的又一种新的调制方式。它的频谱主瓣比较窄,高频滚降快,带外幅射小。当通过带限非线性信道时,频谱扩张小于 OQPSK,误码性能也比 OQPSK 好。完成 IJF - OQPSK 的关键是寻找一种无符号间干扰和抖动、频谱主瓣比较窄和快速滚降的基带信号,这种基带信号称为 IJF 信号。

IJF - OQPSK 的信号产生方法,首先将输入的码序列进行编码,形成 IJF 基带信号,然后再进行 OQPSK 调制。

IJF 信号的产生有多种方式,如双码元间隔升余弦脉冲,双码元间隔修正升余弦脉冲,双码元间隔三角脉冲等。这里主要讨论采用双码元间隔升余弦脉冲形成的 IJF 信号。

时限双码元间隔升余弦脉冲可表示为

$$S(t)=\begin{cases}1 & t\leqslant \dfrac{T_S}{2}(1-\alpha)\\ \dfrac{1}{2}\left[1-\sin\dfrac{\pi}{2T_S}\left(t-\dfrac{T_S}{2}\right)\right] & \dfrac{T_S}{2}(1-\alpha)\leqslant |t|\leqslant \dfrac{T_S}{2}(1+\alpha)\\ 0 & 其它\end{cases} \tag{7.1-28}$$

该脉冲的傅里叶变换(频谱形状因子)为

$$S(f)=\frac{\sin(\pi fT_S)\cos(\alpha\pi fT_S)}{\pi fT_S(1-4\alpha^2f^2{T_S}^2)} \tag{7.1-29}$$

式中,α 为滚降因子,当 $\alpha=1$ 时,双码元间隔升余弦脉冲为

$$S(t)=\begin{cases}\dfrac{1}{2}\left(1+\cos\dfrac{\pi t}{T_S}\right) & |t|\leqslant T_S\\ 0 & 其它\end{cases} \tag{7.1-30}$$

其功率谱为

$$S(f)=\frac{\sin^2(2\pi fT_S)^2}{4T_S\pi f^2(1-4f^2T_S^2)^2} \tag{7.1-31}$$

它的形状和功率谱密度如图 7.1 - 17 所示。

这种脉冲有如下的特性。

(1) 在脉冲边缘,$t=\pm T_S$ 处,其值为零。

(2) 在 $t=\pm T_S/2$ 时脉冲幅度等于峰值的一半,在 $t=0$ 时,脉冲中点正是脉冲的峰值。

如果采用双码元间隔升余弦脉冲代表随机二进制序列中的“1”和“0”,而序列中后一个脉冲总是在前一个脉冲的中点开始,由此可证明:

(1) 随机二进制序列的频谱特性与脉冲本身的频谱特性一样。

(2) 该随机二进制序列具有无符号间干扰和无抖动的特性。

这是由此脉冲序列本身性质和前后相邻脉冲二者相位关系所决定的,根据式

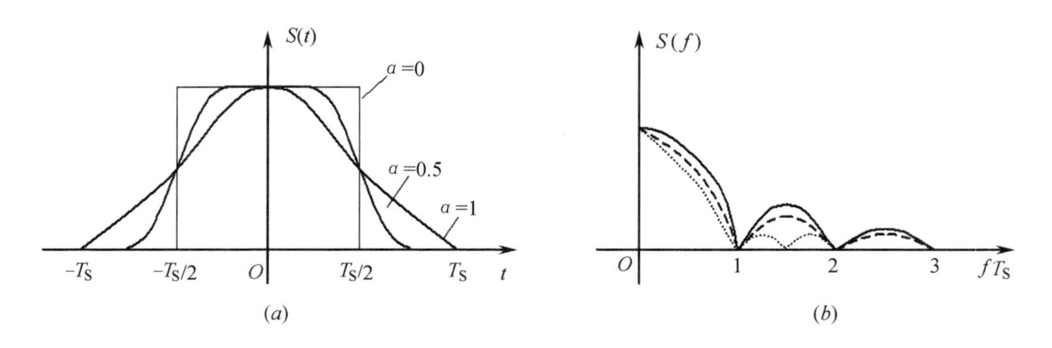

图 7.1－17　时限升余弦脉冲的形状和功率谱
(a) 形状；(b) 功率谱。

(7.1－30)，$S(t)$是一个偶函数，且满足以下两个条件

$$\begin{cases} S(t)+S(t-T_S)=1 \\ S(t)-S(t-T_S)=\cos\dfrac{\pi t}{T_S} \end{cases} \quad 0\leqslant t\leqslant T_S \tag{7.1-32}$$

上述两个条件是为了保证由双码元间隔脉冲同步叠加后的随机数字序列为一个连续信号，并使合成信号无突跳沿。

由双码元间隔时限脉冲同步叠加产生随机序列的过程是：首先将原二进制码元序列分成奇偶两路，并将码元宽度展宽一倍($T=2T_S$)，在时间上错开 T_S。"1"码用正双码元间隔脉冲代表；"0"码用负双码元间隔脉冲代表，然后将两路双码元间隔脉冲相加。由于两路脉冲在时间上错开 T_S，所以一路脉冲总是从另一路脉冲的中间时刻开始。这种叠加称为同步叠加，同步叠加后就形成了 IJF 信号，波形如图 7.1－18 所示。

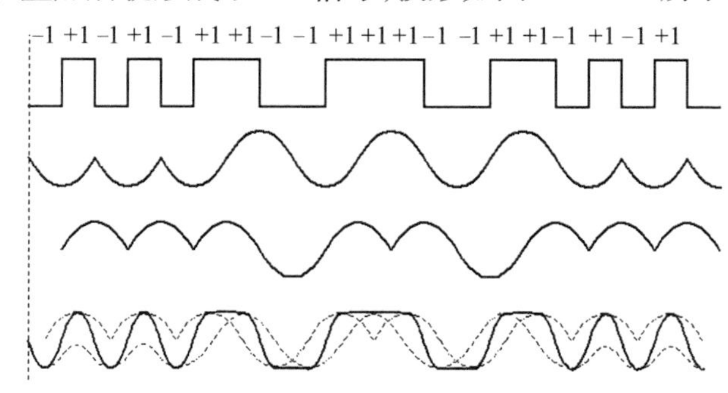

图 7.1－18　由双码元间隔脉冲同步叠加产生 IJF 信号

IJF 信号可由图 7.1－19 产生，NRZ 脉冲序列加到串/并变换器上，输出宽度加倍的奇偶两路符号序列，其中偶路延迟 T_S，然后将它们分别形成双码元间隔脉冲序列，两路相加输出的便是 IJF 信号。

IJF－OQPSK 信号的产生主要由 IJF 编码器和 OQPSK 调制器两部分组成，其原理如图 7.1－20所示，但在实际电路中由于 IJF－OQPSK 已调信号为 AM－PM 信号，寄生调幅严重，为改善信号的频谱特性，一般在 IJF－OQPSK 调制后加有限幅器、放大器和滤波器。

下面介绍一种采用美国 HP 公司生产的 HPMX－2005 芯片构成的 IJF－OQPSK 调制电路，如图 7.1－21 所示。

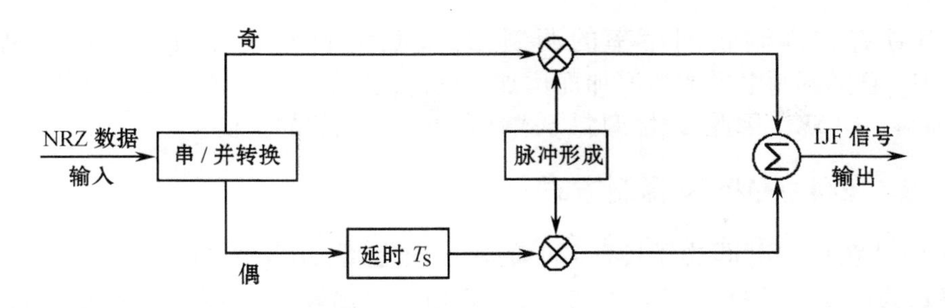

图 7.1-19　IJF 信号产生原理框图

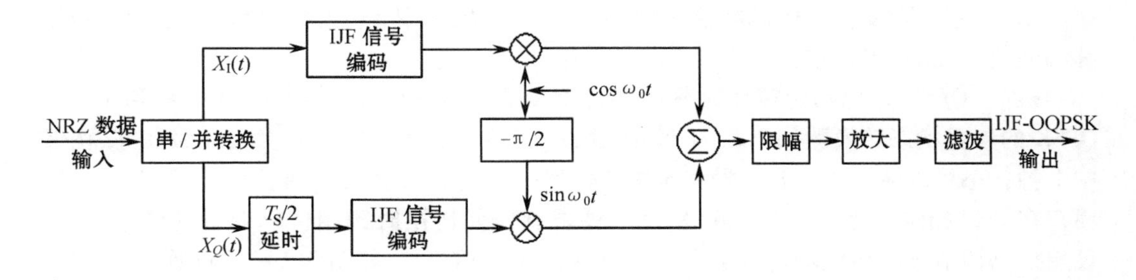

图 7.1-20　IJF-OQPSK 调制方框图

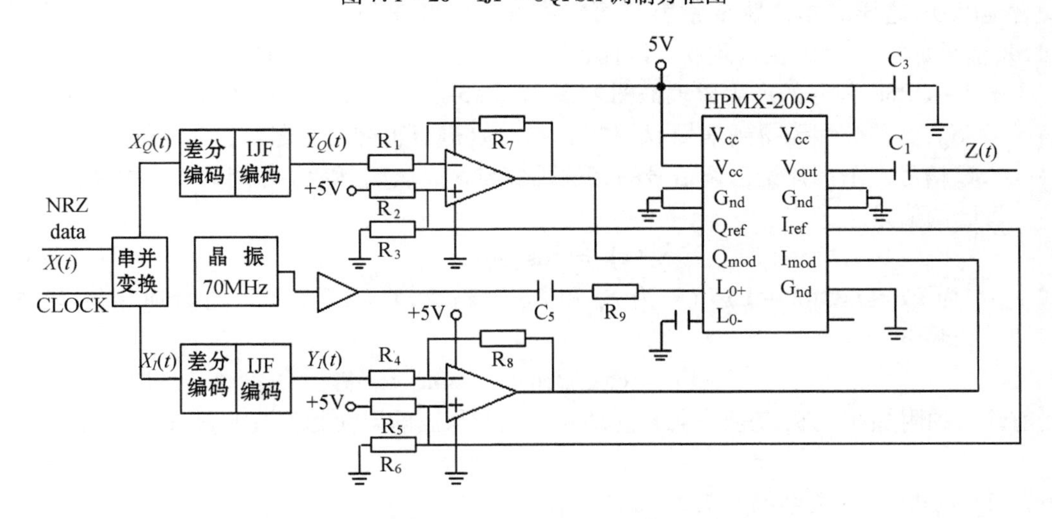

图 7.1-21　采用 HPMX-2005 芯片构成的 IJF-OQPSK 调制电路

关于 HPMX-2005 芯片的性能可查阅有关集成电路手册。IJF-OQPSK 信号的解调过程和 OQPSK 相同,不再重述。

7.2　线性调制方式

7.1 节主要讨论了 MSK,GMSK,TFM 等恒定包络调制方式,由于这些调制信号具有恒定包络的特性,其发射机功率放大器可以工作在非线性状态而不引起严重的频谱扩散。这类调制方式可采用非相干解调。但是,恒定包络调制方式的频带利用率较低,一般不超过 1B/Hz,随着通信事业的发展,通信的需求量迅速增加使得可用频段拥挤而受到限制,希望采用具有较高频带利用率的调制方式,此调制方式的频带利用率高,大于1(b/s)/Hz,且随调制电平数的增加而增加,又分频谱高效形如8PSK、16QAM,和功率高效形如π/4 - DPSK。因此,线性调制方式越来越引起人们的重视。

7.2.1 π/4 - QPSK 调制方式

7.1节已叙及, QPSK由于具有180°的相位变化,经过非线性传输后,会产生严重的频谱扩散,为此提出了OQPSK调制方式,使其相位变化最大为90°,这样,已调信号包络起伏就远小于QPSK,但OQPSK很难采用差分相干解调,π/4 - QPSK综合了QPSK和OQPSK的特点,既设有180°的相位跳变,又可以方便地采用差分相干解调,是适用于数字移动通信系统的调制方式之一。

π/4 - QPSK是把码元转换时刻的相位突跳限于±π/4或±3π/4。QPSK和π/4 - QPSK的矢量状态转换图如7.2 - 1所示,由图7.2 - 1(*a*)可知QPSK共有4种状态,由其中1种状态可以转换为其它3种状态中的任何一个,相位跳变量可能为±π/2或±π,因而存在180°相位变化。π/4 - QPSK是一种限制码元转换时刻相位跳变量的调制方式。设想把已调信号的相位均匀分割为相隔π/4的8个相位点,如图7.2 - 1(*b*)所示,并将它们分为两组,分别用"○"和"●"表示。设法使已调信号的相位在"○"组和"●"组之间交替地跳变,这样的相位跳变量就只可能有±π/4和±3π/4的4种取值,而不产生如QPSK信号那样的180°相位跳变。因而,信号的频谱特性也得到了改善。

π/4 - QPSK信号的产生原理框图如图7.2 - 3所示。输入数据经串/并变换分为两路S_I和S_Q,经差分编码得到信号U_K和V_K,再分别进行正交调制之后的合成信号即为π/4 - QPSK信号。下面讨论已调信号的相位跳变与S_I、S_Q、U_K和V_K之间的变换关系。

设已调信号

$$S_k(t) = \cos[\omega_0 t + \theta_k] \tag{7.2 - 1}$$

式中,θ_k为$kT \leqslant t \leqslant (k+1)T$($T$为$S_I$和$S_Q$的码宽,$T = 2T_S$)之间的附加相位,将式(7.2 - 1)展开

$$S_k(t) = \cos\omega_0 t\cos\theta_k - \sin\omega_0 t\sin\theta_k \tag{7.2 - 2}$$

当前码元的附加相位θ_k是前一码元附加相位θ_{k-1}与当前码元相位跳变量$\Delta\theta_k$之和,即

$$\theta_k = \theta_{k-1} + \Delta\theta_k \tag{7.2 - 3}$$

因为U_k、V_k与θ_k的关系如图7.2 - 2所示,所以

$$U_k = \cos\theta_k = \cos(\theta_{k-1} + \Delta\theta_k) = \cos\theta_{k-1}\cos\Delta\theta_k - \sin\theta_{k-1}\sin\Delta\theta_k \tag{7.2 - 4}$$

$$V_k = \sin\theta_k = \sin(\theta_{k-1} + \Delta\theta_k) = \sin\theta_{k-1}\cos\Delta\theta_k + \cos\theta_{k-1}\sin\Delta\theta_k \tag{7.2 - 5}$$

其中$\sin\theta_{k-1} = V_{k-1}$,$\cos\theta_{k-1} = U_{k-1}$,上面两式可改写为

$$\left.\begin{aligned} U_k &= U_{k-1}\cos\Delta\theta_k - V_{k-1}\sin\Delta\theta_k \\ V_k &= V_{k-1}\cos\Delta\theta_k - U_{k-1}\sin\Delta\theta_k \end{aligned}\right\} \tag{7.2 - 6}$$

这是π/4 - QPSK的一个基本关系式,它表明了前一码元两正交信号幅度U_{K-1}、V_{K-1}与当前码元两正交信号幅度U_K、V_K之间的关系,它们取决于当前码元的相位跳变量$\Delta\theta_k$,而当前码元的相位跳变量$\Delta\theta_k$则又取决于信号变换电路输入的码组S_I、S_Q,它们的关系如

表 7.2-1 所规定。

表 7.2-1　π/4-QPSK 的相位跳变规则

S_I	S_Q	$\Delta\theta$	$\cos\Delta\theta$	$\sin\Delta\theta$
1	1	$\pi/4$	$1/\sqrt{2}$	$1/\sqrt{2}$
-1	1	$3\pi/4$	$-1/\sqrt{2}$	$1/\sqrt{2}$
-1	-1	$-3\pi/4$	$-1/\sqrt{2}$	$-1/\sqrt{2}$
1	-1	$-\pi/4$	$1/\sqrt{2}$	$-1/\sqrt{2}$

上述规则决定了在码元转换时刻的相位跳变量只有 $\pm\pi/4$ 和 $\pm3\pi/4$ 四种取值,而且信号相位必定在图 7.2-1 的"○"组和"●"组之间跳动。同时也可以看到 U_k 和 V_k 只有 0、$\pm1/\sqrt{2}$、±1 五种取值,分别对应图 7.2-1 中 8 个相位点的坐标值。

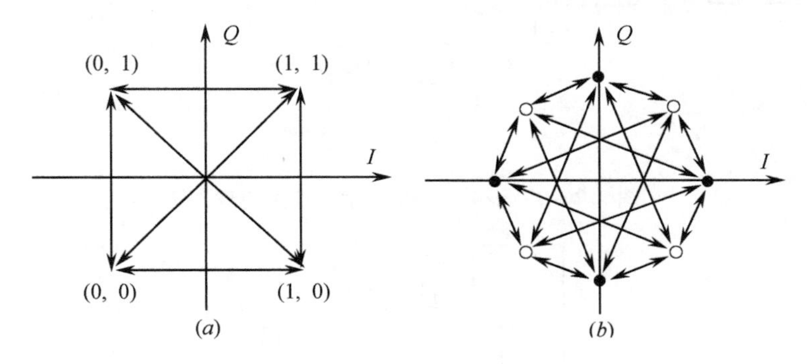

图 7.2-1　相位矢量状态转换图

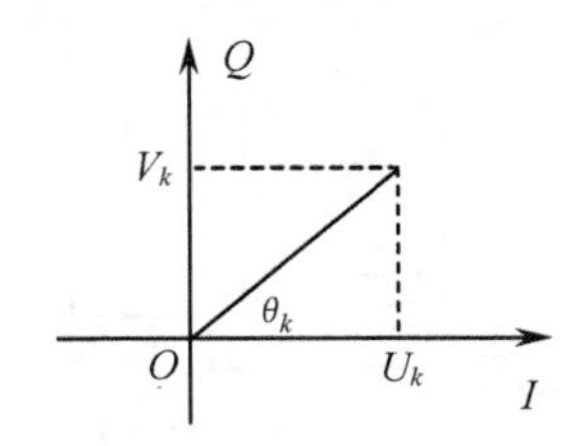

图 7.2-2　θ_k 与 U_k、V_k 的关系

π/4-QPSK 信号的产生原理如图 7.2-3 所示。π/4-QPSK 的产生也可采用全数字式的调制方式,如图 7.2-4 所示。π/4-QPSK 信号中所需要的 8 个相位状态由八相载波发生器产生。这 8 个不同相位的载波作为八路输入选择器的输入,编码器和延时电路根据 π/4-QPSK 的编码特性把输入码元变换成八路输入选择器相应的地址输入,以选择对应的相位载波输出。其输出经带通滤波器后就成为 π/4-QPSK 的已调信号。

π/4-QPSK 信号可以采用相干解调、差分相干解调或鉴频器解调等。本节主要介绍差分相干解调方式。差分相干解调原理框图如图 7.2-5 所示。

输入的 π/4-QPSK 信号 $S(t)$ 为

$$S(t) = \cos(\omega_0 t + \theta_n) \tag{7.2-7}$$

式中,ω_0 为载频;θ_n 是第 n 个码元周期内的载波相位。

$S(t)$ 信号经两个支路相乘后的信号分别为

$$X(t)=\cos(\omega_0 t+\theta_n)\cdot\cos(\omega_0 t+\theta_{n-1})=$$

$$\frac{1}{2}[\cos(2\omega_0 t+\theta_n+\theta_{n-1})+\cos(\theta_n-\theta_{n-1})] \tag{7.2-8}$$

$$Y(t)=-\cos(\omega_0 t+\theta_n)\cdot\sin(\omega_0 t+\theta_{n-1})=$$

$$\frac{1}{2}[\sin(2\omega_0 t+\theta_n+\theta_{n-1})+\sin(\theta_n-\theta_{n-1})] \tag{7.2-9}$$

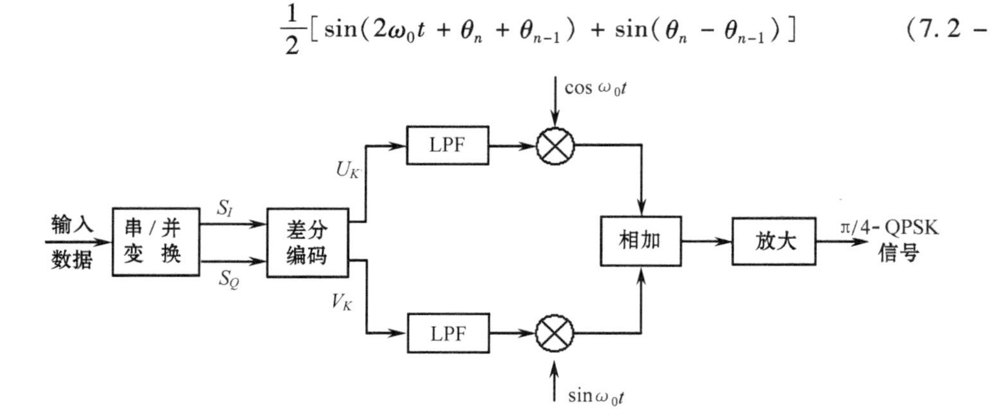

图 7.2-3 π/4 - QPSK 信号产生原理框图

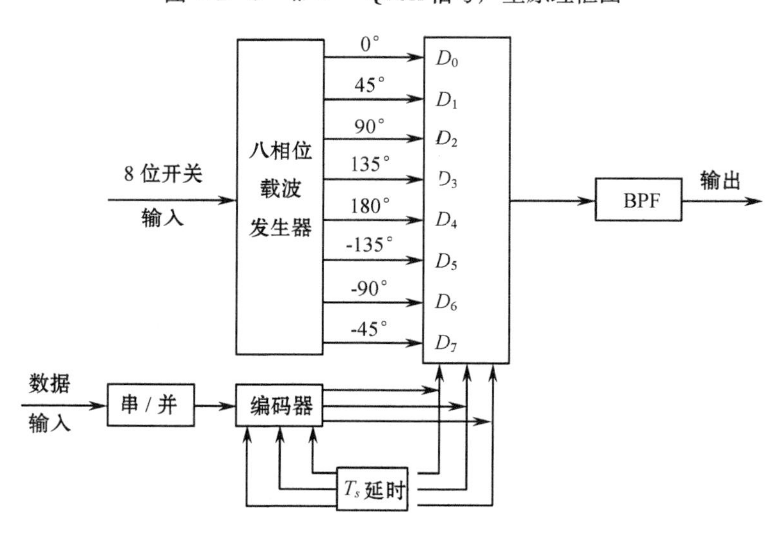

图 7.2-4 全数字式 π/4 - QPSK 调制器框图

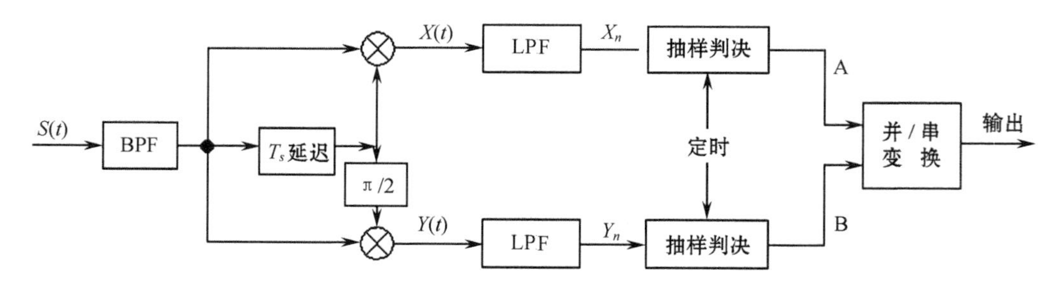

图 7.2-5 π/4 - QPSK 差分相干解调原理框图

经 LPF 后

$$X_n = \frac{1}{2}\cos(\theta_n - \theta_{n-1}) = \frac{1}{2}\cos\Delta\theta_n \qquad (7.2-10)$$

$$Y_n = \frac{1}{2}\sin(\theta_n - \theta_{n-1}) = \frac{1}{2}\sin\Delta\theta_n \qquad (7.2-11)$$

因为在 π/4 - QPSK 信号中,任意两个相邻码元之间的相位差只能是 ±3π/4,抽样判决原则同 4DPSK(见表 6.5 -2)。可用表 7.2 -2 表示 $\Delta\theta_n$ 与解调输出量的关系。

表 7.2 -2　$\Delta\theta_n$ 与解调输出量的关系

$\Delta\theta_n = \theta_n - \theta_{n-1}$	$\cos\Delta\theta_n$	$\sin\Delta\theta_n$	判决器输出	
			A	B
π/4	+	+	1	1
-π/4	+	-	1	-1
-3π/4	-	-	-1	-1
3π/4	-	+	-1	1

经过抽样判决后输出 A 和 B,再经并/串变换就可恢复原数字信号。

相干解调与鉴频器解调方法已在前面有所论述,这里不再赘述。

下面讨论 π/4 - QPSK 的误码率及其频谱特性。在移动通信系统中,瑞利衰落是最普遍的现象,由瑞利衰落所产生的包络选择性衰落和随机调频噪声是必须考虑的因素。图 7.2 -6 给出了 π/4 - QPSK 在瑞利衰落信道中对应于高斯噪声的误码率理论和实验测试曲线。衰落频率(f_bT_S)是以归一的形式给出的,其中 f_b 是最大多普勒频移,T_S 是码元宽度。因此,所得结果适用于在各种比特率下运行的移动通信系统。

在移动通信系统中,已调信号经过非线性放大后的频谱特性,是评价调制体制的一个重要指标,图 7.2 -7 示出了 QPSK 和 π/4 - QPSK 两种调制方式的频谱特性曲线。由图可知,当两种信号经过同样的非线性放大后,在归一化频带 $BT=1(\alpha=0.5)$ 时,π/4 - QPSK 的带外功率比 QPSK 约小 3dB,而在 $BT=1.5$ 时,则约小 5dB,由此可见,π/4 - QPSK 的频谱特性优于 QPSK。

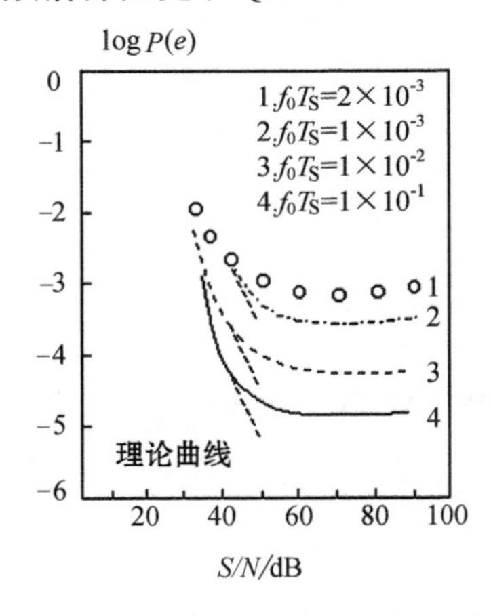

图 7.2 -6　π/4 - QPSK 在瑞利衰落信道中的误码率

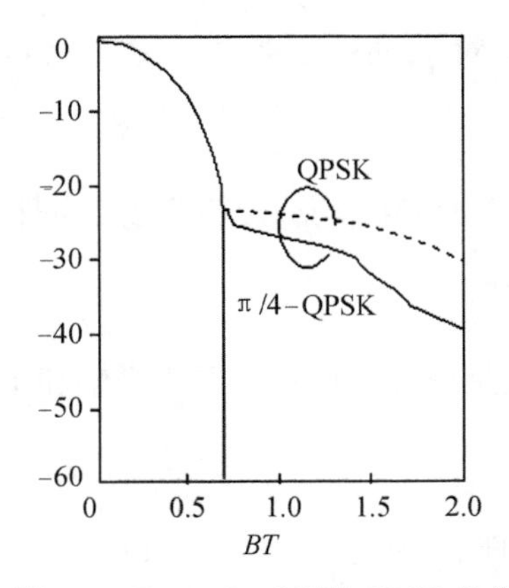

图 7.2 -7　π/4 - QPSK、QPSK 经非线性放大后的频谱特性

7.2.2 正交调幅(QAM)方式

由前面对多进制 ASK 和 PSK 系统的分析可看出,在系统带宽一定的条件下,多进制调制的信息传输速率比二进制高,也就是说,多进制调制系统的频带利用率高。但是可靠性有所下降,使误码率 P_e 增加,这是因为随着 M 值增加,在信号空间中各信号间的最小距离减小,相应的信号判决区域也随之减小。因此,当信号受到噪声干扰时,接收信号的误码率也将随之增大。正交幅度调制(QAM)是一种幅度—相位联合键控(APK)调制方式。这种调制方式可以提高系统的可靠性,又能获得较高的频带利用率,其设备组成也比较简单。它是目前应用较为广泛的一种数字调制方式。

所谓正交幅度调制是用两个独立的基带波形对两个相互正交的同频载波进行双边带抑制载波调制,利用这种已调信号在同一带宽内频谱正交的性能来实现两路并行的数字信息传输。

通常,把信号矢量端点的分布图称为星座图。目前研究较多,并被建议用于数字通信中的是十六进制的正交幅度调制(16QAM)和 64QAM,下面重点讨论 16QAM 方式。图 7.2-8 示出了在最大功率相等或最大振幅相等的条件下,16PSK 和 16QAM 的星座图。

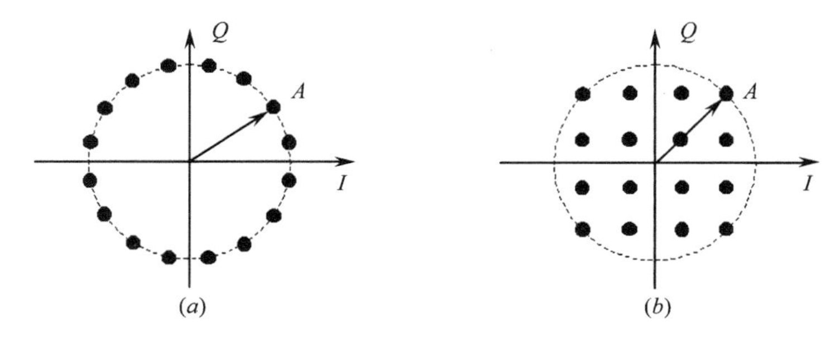

图 7.2-8 16PSK 和 16QAM 的星座图
(a) 16 PSK;(b) 16QAM。

由图 7.2-8(b)所示的 16QAM 的星座图,可给出第 i 个信号的表达式为

$$S_i(t) = A_i\cos(\omega_0 t + \theta_i) \qquad i = 1,2,3,\cdots,16 \tag{7.2-12}$$

由图可见,对于 16PSK 来说,相邻信号点的距离为

$$d_1 \approx 2A\sin\left(\frac{\pi}{16}\right) = 0.39A \tag{7.2-13}$$

对于 16QAM 来说,相邻信号点的距离为

$$d_2 = \frac{\sqrt{2}A}{L-1} \tag{7.2-14}$$

式中,L 为星座图上信号点在水平轴和垂直轴上的电平数,这里 $L=4$。故

$$d_2 = \frac{\sqrt{2}A}{3} = 0.47A \tag{7.2-15}$$

该结果表明,d_2 超过 d_1 约 1.64dB。

实际上,应该以信号的平均功率相等为条件来比较上述信号的距离才是合理的。可以证明,QAM 信号的最大功率与平均功率之比为

$$\xi_{QAM}=\frac{\text{最大功率}}{\text{平均功率}}=\frac{L(L-1)^2}{2\sum_{i=1}^{L/2}(2i-1)^2} \tag{7.2-16}$$

对16QAM来说，$L=4$，所以$\xi_{16QAM}=1.8$。至于16PSK信号的平均功率，因为其包络恒定，等于它的最大功率，因而$\xi_{16PSK}=1$。这就说明ξ_{16QAM}比ξ_{16PSK}约大2.55dB。若在平均功率相等的条件下，可求出16QAM的相邻信号距离超过16PSK的相邻信号距离约4.19dB。

MQAM如同MPSK一样，也可以用正交调制的方式产生，不同的是，MPSK在$M>4$时，同相与正交两路基带信号的电平不是互相独立，而是互相关联的。而MQAM的同相和正交两路基带信号的电平则是互相独立的。MQAM调制器的一般方框图，如图7.2-9所示。输入的二进制数字信号经串/并变换器后，将速率为R_b的二进制序列分成两个速率为$R_b/2$的两电平序列，2/L电平变换器将速率为$R_b/2$的两电平序列变成速率为$R_b/2\log_2 M$的L电平信号，然后分别与两个正交的载波相乘，再相加后即产生MQAM信号。

MQAM信号解调同样可以采用正交相干解调方法，其框图示于图7.2-9中，同相和正交的两路L电平基带信号经具有$(L-1)$个门限电平的判决器抽样判决后，分别恢复出速率为$R_b/2$的二进制序列，最后经并/串变换器将两路二进制序列合成一个速率为R_b的二进制序列输出。

MQAM在移动通信、个人通信系统及高清晰电视传输等领域得到应用。

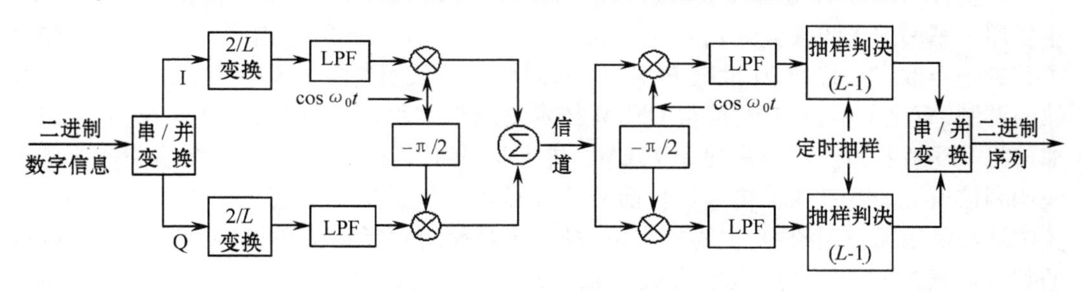

图7.2-9　MQAM调制器与解调器

7.3　正交频分复用(OFDM)

随着通信技术的不断成熟和发展，如今的通信传输方式可以说多种多样，变化日新月异，从最初的有线通信到无线通信，再到现在的光纤通信。20世纪80年代以来，大规模集成电路技术的发展解决了FFT的实现问题，随着DSP芯片技术的发展，栅格编码(TrellisCode)技术、软判决技术(SoftDecision)、信道自适应技术等的应用，OFDM作为一种可以有效对抗信号波形间干扰的高速传输技术，引起了广泛关注。OFDM技术开始从理论向实际应用转化。OFDM是一种无线环境下的高速传输技术，适合在多径传播和多普勒频移的无线移动信道中传输高速数据。它能有效对抗多径效应，消除符号间干扰，对抗频率选择性衰落，而且信道利用率高。OFDM作为一种多载波传输技术，先后被欧洲数字音频广播(DAB)、欧洲数字视频广播(DVB)、HIPERLAN和IEEE802.11无线局域网等系统采用。

7.3.1 OFDM 基础

OFDM(Orthogonal Frequency Division Multiplexing,正交频分复用)是一种多载波数字调制技术,它将数据经编码后调制为射频信号。不像常规的单载波技术,如 AM、FM(调幅、调频)在某一时刻只用单一频率发送单一信号,OFDM 在经过特别计算的正交频率上同时发送多路高速信号。这一结果就如同在噪声和其它干扰中突发通信一样可有效利用带宽。

传统的 FDM(频分复用)理论将带宽分成几个子信道,中间用保护频带来降低干扰,它们同时发送数据。例如:有线电视系统和模拟无线广播等,接收机必须调谐到相应的载频上。

OFDM 系统比传统的 FDM 系统要求的带宽要少得多。由于使用无干扰正交载波技术,单个载波间无需保护频带。这样使得可用频谱的使用效率更高。另外,OFDM 技术可动态分配在子信道上的数据。为获得最大的数据吞吐量,多载波调制器可以智能地分配更多的数据到噪声小的子信道上。

它采用一种不连续的多音调技术,将被称为载波的不同频率中的大量信号合并成单一的信号,从而完成信号传送。由于这种技术具有在杂波干扰下传送信号的能力,因此常常应用在容易受外界干扰或者抵抗外界干扰能力较差的传输系统中。

其实,OFDM 并不是如今发展起来的新技术,OFDM 技术的应用已有近 40 年的历史,主要用于军用的无线高频通信系统。但是,一个 OFDM 系统的结构非常复杂,从而限制了其进一步推广。直到 20 世纪 70 年代,人们提出了采用离散傅里叶变换来实现多个载波的调制,简化了系统结构,使得 OFDM 技术更趋于实用化。20 世纪 80 年代,人们研究如何将 OFDM 技术应用于高速 MODEM。进入 90 年代以来,OFDM 技术的研究深入到无线调频信道上的宽带数据传输。目前 OFDM 技术已经被广泛应用于广播式的音频和视频领域和民用通信系统中,主要的应用包括:非对称的数字用户环路(ADSL)、ETSI 标准的数字音频广播(DAB)、数字视频广播(DVB)、高清晰度电视(HDTV)、无线局域网(WLAN)等。

OFDM 是一种无线环境下的高速传输技术。无线信道的频率响应曲线大多是非平坦的,而 OFDM 技术的主要思想就是在频域内将给定信道分成许多正交子信道,在每个子信道上使用一个子载波进行调制,并用各子载波并行传输。这样,尽管总的信道是非平坦的,具有频率选择性,但是每个子信道是相对平坦的,在每个子信道上进行的是窄带传输,信号带宽小于信道的相应带宽,因此就可以大大消除信号波形间的干扰。由于在 OFDM 系统中各个子信道的载波相互正交,于是它们的频谱是相互重叠的,这样不但减小了子载波间的相互干扰,同时又提高了频谱利用率。

OFDM 技术具有如下的优势。

(1) 该技术可以处理多体数据业务的异步特性,可以提供比传统多址技术更高的容量,并且可以抗信道的频率选择性衰落。

(2) 该技术能够持续不断地监控传输介质上通信特性的突然变化。由于通信路径中传送数据的能力会随时间发生变化,所以 OFDM 能动态地与之相适应,并且接通和切断相应的载波以保证持续地进行成功的通信。

(3) 该技术能提供队列服务,克服传输介质中外界信号的干扰,使无线通信在大部分地区可以稳定使用。

(4) 该技术解决了在移动传输高速数据时所引起的无线信道性能变差的问题,从而极大地提高了传输信道的质量保持。

(5) 该技术具有快速纠错功能,能够应对随时可能出现的干扰信号,并重建所有在传送过程中遭到破坏的信号数据位。

(6) 该技术可以自动地检测到传输介质下哪一个特定的载波存在高的信号衰减或干扰脉冲,然后采取合适的调制措施来使指定频率下的载波进行成功通信。

(7) 该技术可以实现较高的安全传输性能,它允许数据在复数的高速的射频上被编码。

(8) 该技术对传输线路上的多路径外界信号干涉有较强的抵抗力,非常适合工作在一些恶劣的通信环境中。

但 OFDM 技术存在两个缺陷。

(1) 对频率偏移和相应噪声很敏感。

(2) 峰值与均值功率比相对较大,这个比值的增大会降低射频放大器的功率效率。

近年来,围绕这两个问题进行了大量研究工作,并且已经取得了许多进展。

总之,OFDM 技术良好的性能使得它在很多领域得到了广泛的应用。欧洲的 DAB 系统使用的就是 OFDM 调制技术。试验系统已在运行,很快吸引了大量听众。它明显地改善了移动中接收无线广播的效果。用于 DAB 的成套芯片的开发正在一项欧洲发展项目中进行,它将使 OFDM 接收机的价格大大降低。OFDM 作为一种能够节省频宽资源并提供高质量数据通信服务的技术,将与目前 CDMA 技术一起成为第三代移动通信标准的竞争主角,市场前景非常看好。

7.3.2　OFDM 的原理

OFDM 技术是一种多载波调制技术,其特点是各副载波相互正交。

设 $\{f_m\}$ 是一组载波频率,

$$f_m(t) = \begin{cases} e^{j2\pi f_m(t-IT)} & t \in [0,T] \\ 0 & \text{其它} \end{cases} \tag{7.3-1}$$

各载波频率的关系为

$$\{f_m\} = f_0 + m/T \quad m = 0,1,2,\cdots,N-1 \tag{7.3-2}$$

式中,T 是单元码的持续时间;f_0 是发送频率。

其频谱相互交叠,如图 7.3-1 所示。

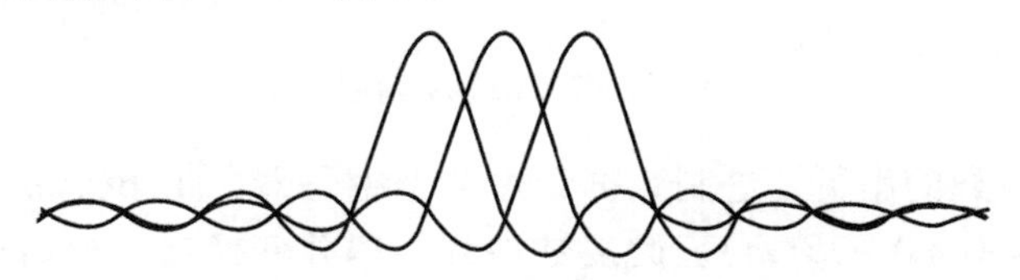

图 7.3-1　正交频分复用信号频谱示意图

从图7.3-1可以看出,OFDM是由一系列在频率上等间隔的副载波构成,每个副载波采用数字符号调制,各载波上的信号功率形式都是相同的,都为 $\sin\pi t/\pi t$ 型,它对应于时域的方波。

$f_m(t)$ 满足正交条件,即

$$\int_{-\infty}^{\infty} f_m(t)f_{m'}^*(t)\,dt = 0 \qquad m \neq m' \tag{7.3-3}$$

以及

$$\int_{-\infty}^{\infty} |f_m(t)|^2 d(t) = T \tag{7.3-4}$$

其中符号“ * ”表示共轭。

当以一组取自有限集的复数 $\{X_{m,I}\}$ 表示的数字信号对 f_m 调制时,则

$$S_{\mathrm{OFDM}}(t) = \sum_{I=-\infty}^{\infty} S_I(t) = \sum_{i=-\infty}^{\infty}\sum_{m=-\infty}^{\infty} X_{m,I}f_{m,t} \tag{7.3-5}$$

此 $S_{\mathrm{OFDM}}(t)$ 即为OFDM信号,其中 $S_I(t)$ 表示第1帧OFDM信号,$X_{m,I}(m=0,1,\cdots,N-1)$ 为一簇信号点,分别在第1帧OFDM的第 m 个副载波上传输。

在接收端,可通过下式解调出 $X_{m,I}$

$$X_{m,I} = \int_{-\infty}^{\infty} S_{\mathrm{OFDM}}(t)f_m^*(t)\,dt \tag{7.3-6}$$

这就是OFDM的基本原理。当传输信道中出现多径传播时,接收副载波间的正交性将被破坏,使得每个副载波上的前后传输符号间以及各副载波之间发生相互干扰。为解决这个问题,就在每个OFDM传输信号前插入一保护间隔,它是由OFDM信号进行周期扩展而来。只要多径时延不超过保护间隔,副载波间的正交性就不会被破坏。

7.3.3 OFDM系统的实现

由上面的分析知,为了实现OFDM,需要利用一组正交的信号作为副载波。典型的正交信号是 $\{1,\cos\Omega t,\cos2\Omega t,\cdots,\cos m\Omega t,\cdots,\sin\Omega t,\sin2\Omega t,\sin m\Omega t,\cdots\}$。如果用这样一组正交信号作为副载波,以码元周期为 T 的不归零方波作为基带码型,调制后经无线信道发送出去。在接收端也是由这样一组正交信号在 $[0,T]$ 内分别与发送信号进行相关运算实现解调,则可以恢复出原始信号。OFDM调制解调基本原理如图7.3-2、图7.3-3所示。

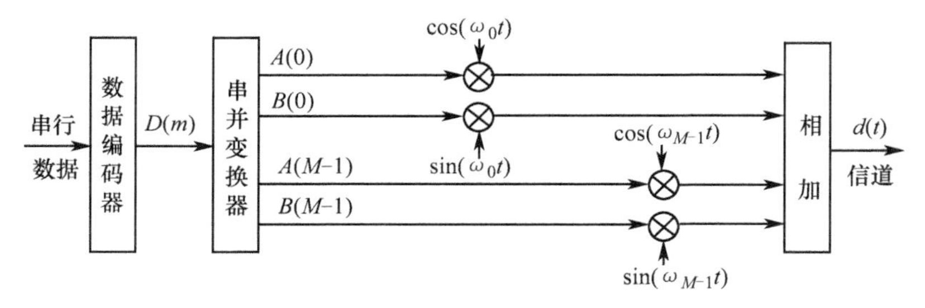

图7.3-2 OFDM调制器

在调制端,要发送的串行二进制数据经过数据编码器(如16QAM)形成了M个复数序列,这里 $D(m)=A(m)-jB(m)$。此复数序列经串并变换器变换后得到码元周期为 T 的 m 路并行码(一帧),码型选用不归零方波。用这 m 路并行码调制 m 个副载波来实现

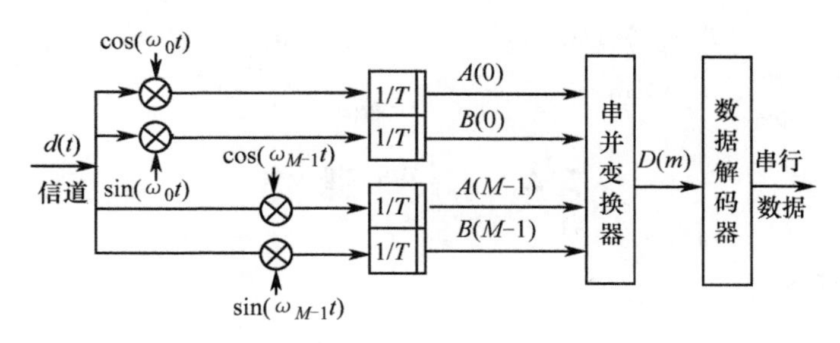

图 7.3－3　OFDM 解调器

频分复用。所得到的波形可由下式表示：

$$S(t) = \sum_{m=0}^{m-1} [A(m)\cos\omega_m t + B(m)\sin\omega_m t] \tag{7.3-7}$$

式中，$\omega_m = 2\pi f_m$；$f_m = f_0 + m\Delta f$；$\Delta f = 1/T$ 为各副载波间的频率间隔；f_0 为 $1/T$ 的整倍数。

在接收端，对 $S(t)$ 用频率为 f_m 的正弦或余弦信号在 $[0,T]$ 内进行相关运算即可得到 $A(m)$、$B(m)$，然后经并串变换和数据解码后复原与发送端相同的数据序列。

这种早期的实现方法所需设备非常复杂，当 M 很大时，需设置大量的正弦波发生器、滤波器、调制器及相关的解调器等设备，系统非常昂贵。

为了降低 OFDM 系统的复杂度和成本，人们考虑利用离散傅里叶变换（DFT）及其反变换（IDFT）来实现上述功能。上面式(7.3－7)可改写成如下形式

$$S(t) = \mathrm{Re}[\sum_{m=0}^{m-1} D(m)\mathrm{e}^{\mathrm{j}\omega_m t}] \tag{7.3-8}$$

如对 $S(t)$ 以 $f_S = N/T = 1/(\Delta t)$（N 为大于或等于 m 的正整数，其物理意义为信道数，在这里 $N = m$）的抽样速率进行抽样（满足 $f_S > 2f_{\max}$，$f_{\max}$ 为 $S(t)$ 的频谱的最高频率，可防止频率混叠），则在主值区间 $t = [0,T]$ 内可得到 N 点离散序列 $d(n)$（$n = 0,1,\cdots,N-1$）。抽样时刻为 $t = n\Delta t$，则

$$S(t) = \mathrm{Re}[\sum_{m=1}^{m-1} D(m)\mathrm{e}^{\mathrm{j}\frac{2\pi}{N}} \cdot mn] \tag{7.3-9}$$

可以看出，上式正好是 $D(m)$ 的离散傅里叶逆变换（IDFT）的实部，即

$$S(n) = \mathrm{Re}[\mathrm{IDFT}[D(m)]] \tag{7.3-10}$$

这说明，如果在发送端对 $D(m)$ 做 IDFT，将结果经信道发送至接收端，然后对接收到的信号再做 DFT，取其实部，则可以不失真地恢复出原始信号 $D(m)$。这样就可以用离散傅里叶变换来实现 OFDM 信号的调制与解调，其实现框图如图 7.3－4 所示。

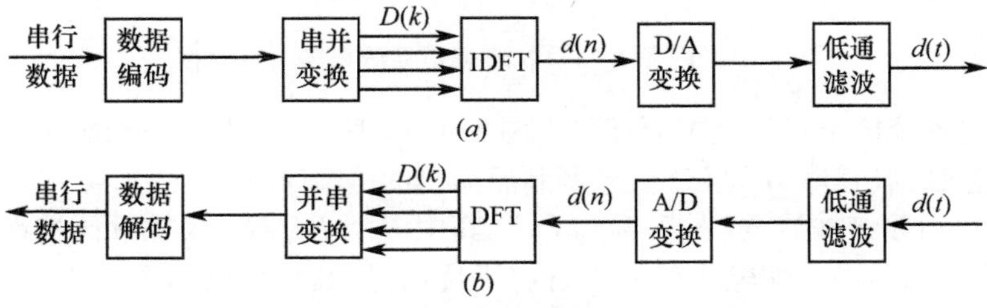

图 7.3－4　用 DFT 实现的 OFDM 系统

(a) 调制器；(b) 解调器。

用 DFT 及 IDFT 来实现 OFDM 系统,大大降低了系统的复杂度,减小了系统成本,为 OFDM 的广泛应用奠定了基础。

7.4 扩频通信

7.4.1 概述

扩展频谱(简称扩频)通信技术是一种信息传输方式。其系统占用频带宽度远远大于要传输的原始信号带宽,且与原始信号带宽无关。在发送端,信号频带的展宽是通过编码及调制(扩频)的方法来实现的。在接收端则采用与发送端完全相同的扩频码进行相关解调(解扩)及恢复原数据信息。

有许多调制技术所用的传输带宽大于传输信息所需要的最小带宽,但它们并不属于扩频通信,例如宽带调频等。

设 W 代表系统占用带宽,B 代表信息带宽,一般认为 W 是 B 的 1 倍 ~2 倍为窄带通信,50 倍以上为宽带通信,100 倍以上为扩频通信。

扩频通信的理论基础来源于信息论和抗干扰理论。由 2.7 节对香农公式讨论可知:对于给定的信道容量 C 可以用不同的带宽 B 和信噪比 S/N 组合传输,也就是说,当信噪比太小,不能保证通信质量时,通常采用宽带系统,即增加系统带宽(展宽频谱),以改善通信质量。扩频通信就是将信息信号的频谱扩展 100 倍以上,然后进行传输,从而提高了通信系统的抗干扰能力,使之在强干扰情况下(甚至在信号被噪声淹没的情况下)仍然能保持可靠的通信。

图 7.4-1 所示为扩频通信系统的基本组成框图。这里发送端简化为调制和扩频,接收端简化为解扩和解调。此外,收、发两端还有两个完全相同的伪随机码(PN 码)发生器。正常工作时,要求接收端产生的 PN 码序列必须和接收信号中包含的 PN 码序列精确同步。为此,通常在传输信息之前,发送一个固定的伪随机比特图案来达到同步,该图案即使存在干扰,接收机也能以很高的概率识别出来,当收、发两端伪码发生器同步建立之后,信息即可开始传输。

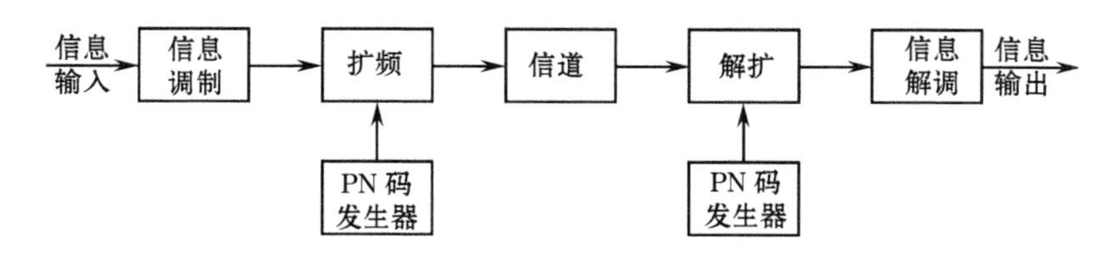

图 7.4-1 扩频通信系统模型

扩频通信系统抗干扰的基本原理可由图 7.4-2 所示的调制和解调的频谱转换图加以说明。信息数据(速率 R_i)经过信息调制后输出的是窄带信号(图 7.4-2(a)),经过扩频调制(加扩)后频谱被展宽(图 7.4-2(b),其中 $R_c > R_i$,(R_c 为扩频码速率)),经信道传输后,在接收机的输入端输入信号中含有干扰信号,其功率谱如图 7.4-2(c)所示,经过扩频解调(解扩)后有用信号变成窄带信号,而干扰信号变成宽带信号(图 7.4-2(d)),再通过窄带滤波器滤除有用信号带外的干扰信号(图 7.4-2(e)),从而降低了干

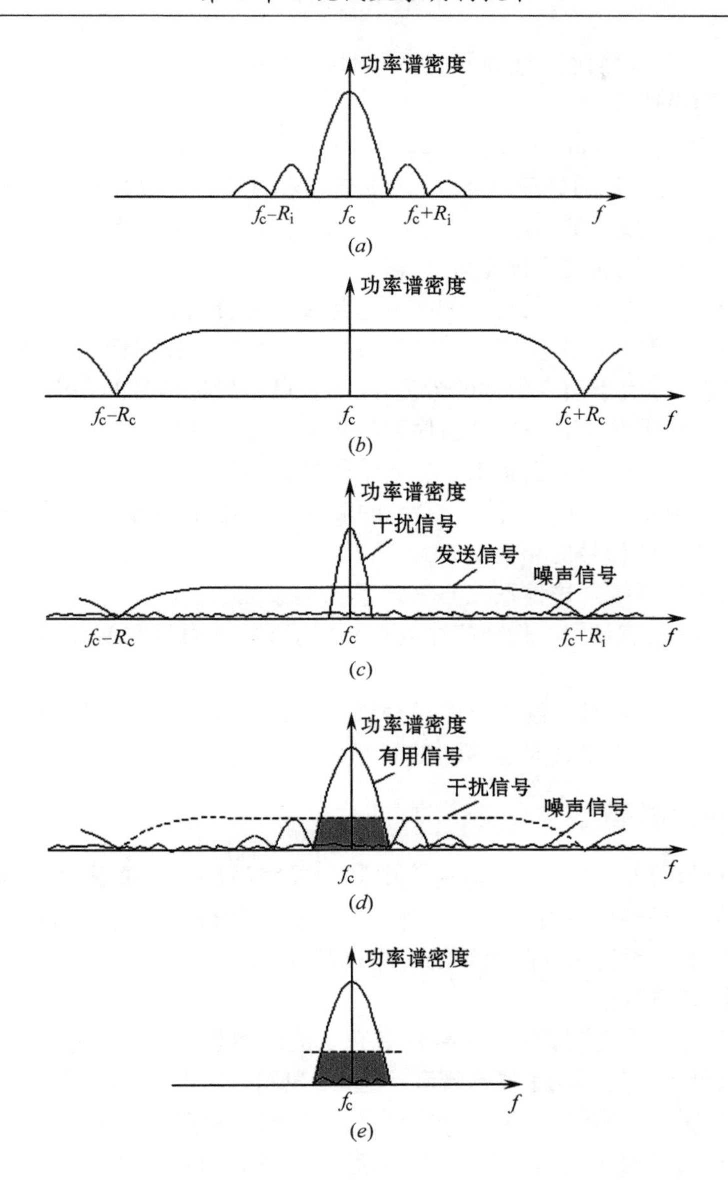

图 7.4－2　扩频系统频谱变换关系示意图

(a) 信息调制器输出信号功率；(b) 发送时扩频信号功率谱；
(c) 接收信号功率谱；(d) 解扩后信号功率谱；
(e) 窄带中频滤波器输出信号功率谱。

扰信号的强度，改善了信噪比。

理论分析表明，各种扩频通信系统的抗干扰性能大体上都与扩频信号的带宽与所传信息带宽之比成正比关系。我们把扩频信号带宽与信息带宽之比称为处理增益 G_p，即

$$G_p = \frac{W}{B} \tag{7.4-1}$$

它表示扩频通信系统信噪比改善的程度，是扩频通信系统一个重要的性能指标。

扩频系统的另一个性能指标是干扰容限。干扰容限是指在保证系统正常工作的条件

下(保证一定的输出信噪比),接收机输入端能承受的干扰信号比有用信号高出的分贝(dB)数。其数学表达式为

$$M_g = G_p - [L_S + (S/N)_o] \quad (\text{dB}) \tag{7.4-2}$$

式中,M_g 为干扰容限;G_p 为处理增益;L_S 为系统损耗;$(S/N)_o$ 为接收机输出信噪比。

干扰容限直接反映了扩频通信系统中接收机允许的极限干扰强度,它往往比处理增益更能确切地表征系统的抗干扰能力。

按照扩展频谱的方式不同,现有的扩频通信系统可分为如下几种。

(1) 直接序列(DS)扩频。用一高速伪随机序列与信息数据相乘(或模2加),由于伪随机序列的带宽远远大于信息数据的带宽,从而扩展了发射信号的频谱。

(2) 跳频(FH)系统。在一伪随机序列的控制下,发射频率在一组预先指定的频率上按照所规定的顺序离散地跳变,扩展了发射信号的频谱。

(3) 脉冲线性调频(chirp)系统。系统的载频在一给定的脉冲间隔内线性地扫过一个宽的频带,扩展发射信号的频谱。

(4) 跳时(TH)系统。这种系统与跳频系统类似,区别在于一个是控制频率,一个是控制时间。即跳时系统是用一伪随机序列控制发射时间(通常空度大,而持续时间短)和发射时间的长短。

此外,还有由上述4种系统组合的混合系统。在通信中一般多采用直扩系统和跳频两种扩频通信系统,下面主要对这两种扩频方式进行讨论。

7.4.2 伪随机码

从前面的分析可知:在扩展频谱通信中需要采用高码率的窄脉冲序列作为扩频码。扩频码所选用的码序列应具有什么样的特性呢?目前用得最多的是伪随机码,或称为伪噪声码(PN),本节主要讨论伪随机码的一些重要特性。

一、伪随机码的概念

随机码序列是一个随机信号,噪声具有完全的随机性,所以也是一个随机信号。但是,真正的随机码序列是不能重复再现和产生的,我们只能产生一种周期性的随机序列使其具有近似随机噪声的特性,这种脉冲序列称为伪随机码序列,简称伪随机码。

在工程上常用二元{0,1}序列来产生伪随机码,它具有如下特点。

(1) 每一周期内“0”和“1”出现的次数近似相等。

(2) 每一周期内,长度为 n 比特的游程出现的次数比长度为 $n+1$ 的游程次数多一倍。(游程是指连“0”或者连“1”的码元串)。

(3) 码序列的自相关函数值为:

$$R(\tau) = \begin{cases} 1 & \text{当}\ \tau = 0 \\ -\dfrac{K}{P} & \text{当}\ 1 \leqslant \tau \leqslant P-1 \end{cases} \tag{7.4-3}$$

式中,P 为二元码序列周期,又称码长;K 为小于 P 的整数;τ 为码元延时。

扩展频谱通信是选用具有上述伪随机特性的码序列与待传信息流波形相乘或序列模2加,形成复合信号,对射频载波进行调制,然后进行传输。因此,作为扩频函数的伪随机信号,应具有下列特点。

（1）伪随机信号必须具有尖锐的自相关函数，而互相关函数应接近于零。

（2）有足够长的码周期，以确保抗侦破，抗干扰的要求。

（3）有足够多的独立地址数，以实现码分多址的要求。

（4）工程上易于产生、加工、复制和控制。

二、m 序列码

m 序列是最常用的一种伪随机序列，它是最长线性反馈移位寄存器序列的简称，m 系列是由多级移位寄存器或其它延迟元件通过反馈产生的最长的码序列。产生 m 序列的移位寄存器的网络结构不是随意的，m 序列的周期 P 也不能取任意值，当移位寄存器的级数为 n 时，必须满足 $P=2^n-1$，其结构中的第一级与 n 级之间必须有反馈连接，即反馈系数 $C_0=C_n=1$ 时，才能产生 m 系列。

图 7.4－3(a)所示为一最简单的三级 m 序列发生器，图中 D_1、D_2、D_3 为三级移位寄存器，⊕为模 2 加法器。

移位寄存器工作时，首先要设定各级移位寄存器的初始状态；而后，在移位时钟控制下，移位寄存器每次将暂存的“1”或“0”逐级向右移一位。模 2 加法器作相应的运算后送回寄存器。在时钟的控制下，各级移位寄存器依次输出，如图 7.4－3(b)所示，这时 $P=2^3-1=7$，D_3 输出为 1110010。在时钟脉冲的控制下，输出的序列作周期性重复。因为 7 位是图 7.4－3(a)码发生器所能产生的最长码序列，故输出码 1110010 为 m 序列。通过这一简单例子说明，m 序列的最大长度决定于移位寄存器的级数，而码的结构决定于反馈

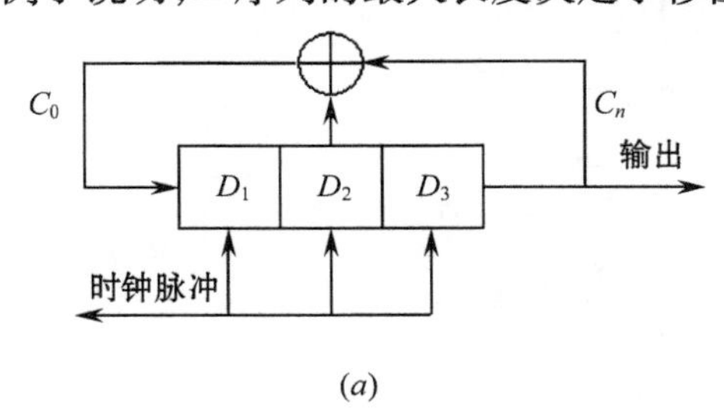

(a)

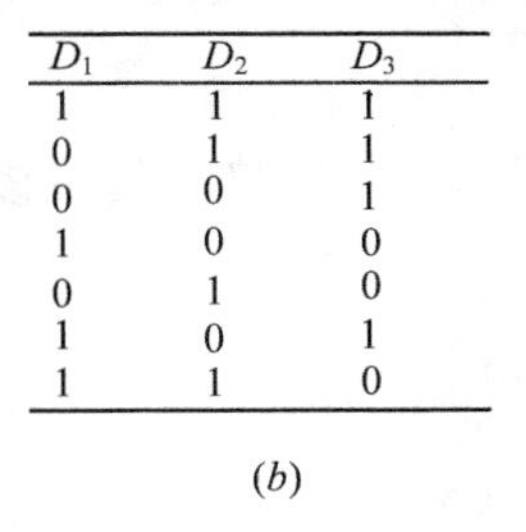

D_1	D_2	D_3
1	1	1
0	1	1
0	0	1
1	0	0
0	1	0
1	0	1
1	1	0

(b)

图 7.4－3　三级 m 序列发生器

(a) m 序列发生器；(b) 各级移位寄存器输出。

抽头的位置和数量，不同的抽头组合可以产生不同长度和不同结构的码序列，但是有些抽头组合并不一定能产生最长周期的码序列。对于何种抽头能产生何种长度和结构的码序列，人们进行了大量的研究。现在已经得到 3100 级 m 序列发生器的连接图和产生的 m 序列的结构。m 序列发生器的反馈连接图可查表得到。

m 序列是一种伪随机序列，它满足如下特性。

（1）在每一周期 $P=2^n-1$ 内，“0”出现 $2^{n-1}-1$ 次，“1”出现 2^{n-1} 次，“1”比“0”多出现一次。

（2）在每一周期内，共有 2^{n-1} 个游程，其中“0”和“1”的游程数目各占一半。而在一个周期内长度为 1 的游程占 1/2；长度为 2 的游程占 1/4，长度为 3 的游程占 1/8。只有一个包含 n 个“1”的游程，也只有一个包含($n-1$)个“0”的游程。例如：$n=4$ 时，$P=2^n-1=15$ 位，构成的 m 序列为 111101011001000。游程分布情况由表 7.4－1 给出。一般来说，m 序列中长为 $K(1\leqslant K\leqslant n-2)$ 的游程数占游程总数的 $1/2^K$。

表 7.4－1　111101011001000 游程分布

游程长度/比特	游程数目		所包含的比特数
	"1"	"0"	
1	2	2	4
2	1	1	4
3	0	1	3
4	1	0	4
	游程总数　8		合计 15

（3）m 序列$\{a_k\}$与其位移序列$\{a_{k-\tau}\}$的模 2 和仍是 m 序列的另一位移序列$\{a_{k-\tau'}\}$，即

$$\{a_k\} \oplus \{a_{k-\tau}\} = \{a_{k-\tau'}\} \tag{7.4-4}$$

（4）m 序列的自相关函数由下式计算

$$R(\tau) = \frac{A-D}{A+D} \tag{7.4-5}$$

式中，A 为"0"的位数；D 为"1"的位数。

令

$$P = A + D = 2^n - 1 \tag{7.4-6}$$

则

$$R(\tau) = \begin{cases} 1 & \tau = 0 \\ \dfrac{-1}{P} & \tau \neq 0 \end{cases} \tag{7.4-7}$$

设 $n=3, P=2^3-1=7, \tau$ 为位移量，则

$$R(\tau) = \begin{cases} 1 & \tau = 0 \\ \dfrac{-1}{7} & \tau \neq 0 \end{cases} \tag{7.4-8}$$

其自相关函数曲线如图 7.4－4 所示。

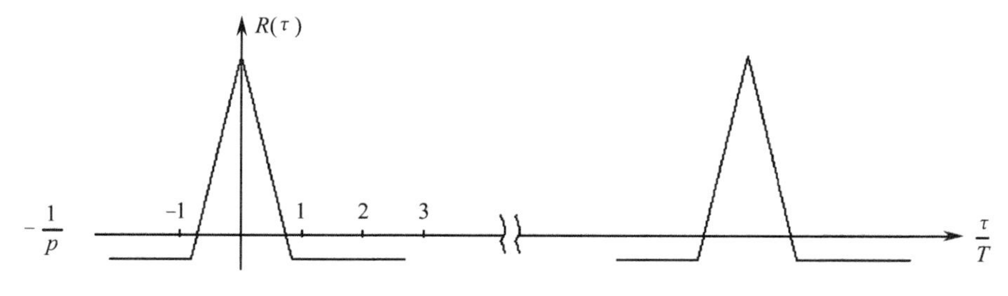

图 7.4－4　m 序列自相关函数曲线

由于 m 序列有很强的规律性及其伪随机特性，在扩频通信及其它领域得到广泛的应用。在扩频通信中采用的伪随机码除 m 序列，还可采用 M 序列、GOLD 码、RS 码等，在这里就不一一介绍，可参考有关资料。

7.4.3　直接序列(DS)扩频通信系统

直接序列 DS(Dired Sequence)扩频通信系统，就是直接用具有高码率的扩频码序列

在发送端扩展信号的频谱。而在接收端,用相同的扩频码序列去进行解扩,把展宽的扩频信号还原成原始的信息。图7.4-5为直扩系统的组成及原理框图,图中画出了各点的波形及频谱。当接收端有干扰时,干扰信号的频谱经解扩后被展宽,经过中频窄带滤波器之后,只有通带内的干扰信号可以通过,使干扰功率大为减少,达到抗干扰的目的。图7.4-2的频谱转换关系表明了这种系统的抗干扰原理。

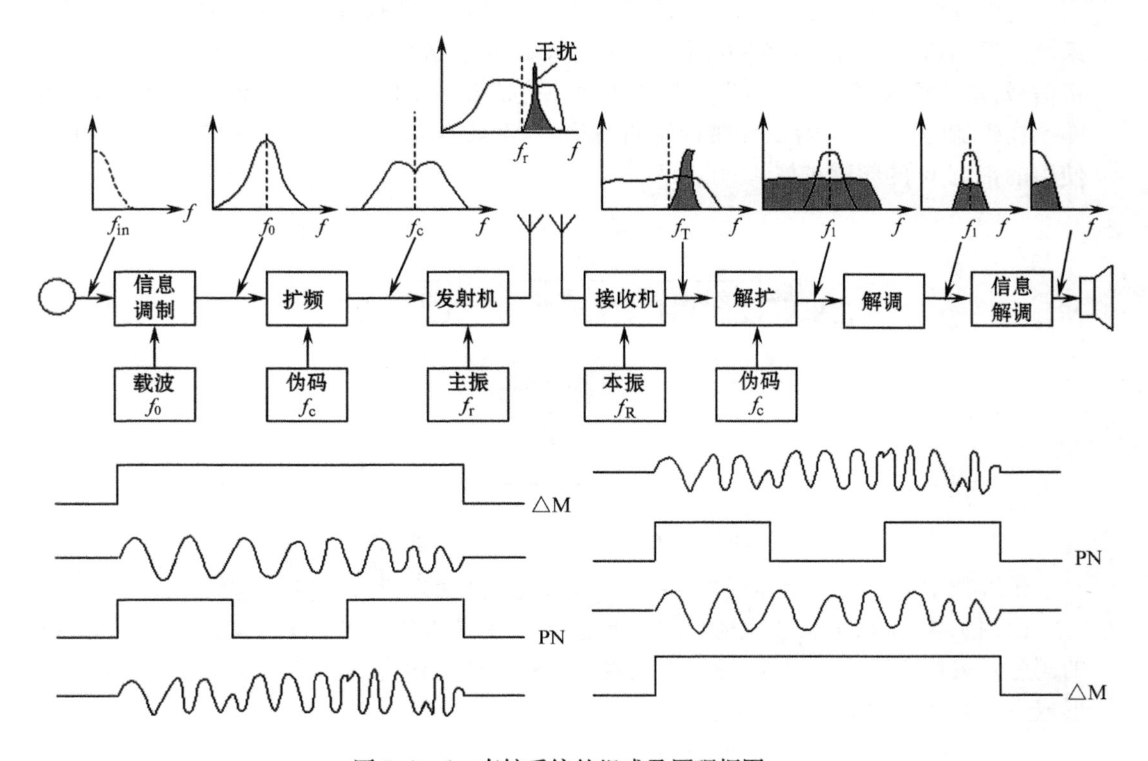

图7.4-5　直扩系统的组成及原理框图

直接序列扩频系统具有如下特点。

(1) 频谱的扩展是直接由高码率的扩频码序列进行调制而得到的。

(2) 扩频码多采用PN序列。

(3) 扩频调制方式多采用BPSK或QPSK等幅调制。扩频和解扩的调制解调器多采用平衡调制器,它制作简单又能抑制载波。

(4) 接收端多采用本地伪码序列对接收信号进行相关解扩,或采用匹配滤波器来解扩信号。

(5) 扩频和解扩的伪码序列应有严格的同步,同步码的搜捕和跟踪采用匹配滤波器或利用伪随机码的优良的相关特性在延迟锁相环中实现。

关于以上各特点的详细论述请参考有关资料。

7.4.4　跳频(FH)系统

在扩频通信中,另一种最常用的扩频方式是跳频FH(Frequency Hopping)系统。跳频调制更确切地称为“多频率编码选择移频键控”。其基本思想是,在频率域中,不断地改变发射频率,进行收、发双方预先约定好的通信,而对未约定的接收机无法寻找到所使用的工作频率。因此,这种系统很难被截获、窃听和干扰。在跳频系统中,通常要求有几十个,数千个,甚至 2^{20} 个离散的或随机的频率可供选择。通信中所使用的载波频率受一组快速变化的伪随机码控制而随机地跳变。这种载波变化的规律,通常叫做“跳频图案”。

跳频系统的载波频率在很宽的频率范围内按预定的图案(码序列)进行跳变。跳频系统的发射机框图如图7.4-6所示。在发送端,信息数据经信息调制变成带宽为 B 的基带信号,送入载波调制。产生载波频率的频率合成器在伪码发生器的控制下,产生的载波频率在带宽为 $W(W>B)$ 的频带内随机跳变,从而实现基带信号带宽 B 扩展到发射信号使用的带宽 W 的频谱扩展。

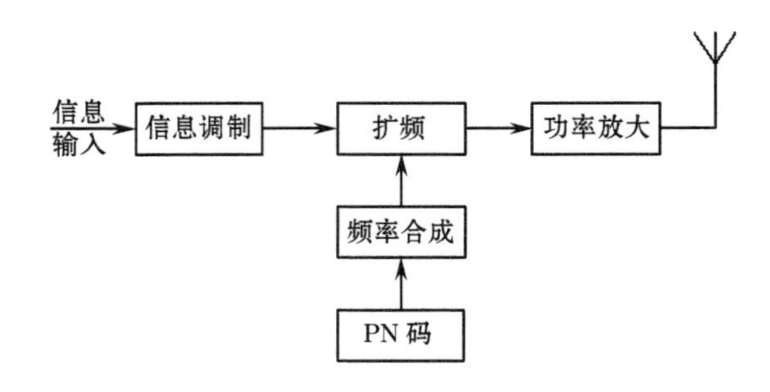

图7.4-6 跳频系统发射机原理框图

传输数字信息可采用如图7.4-7所示的数字跳频发射机的组成框图。

由图7.4-7可见,FH 发射信号是信息码与伪随机码(PN 码)的模2加。按照不同的码序列去控制频率合成器,使发射机输出的频率依照信息码和 PN 码的组合规律变化,形成一个频率跳频的信号。

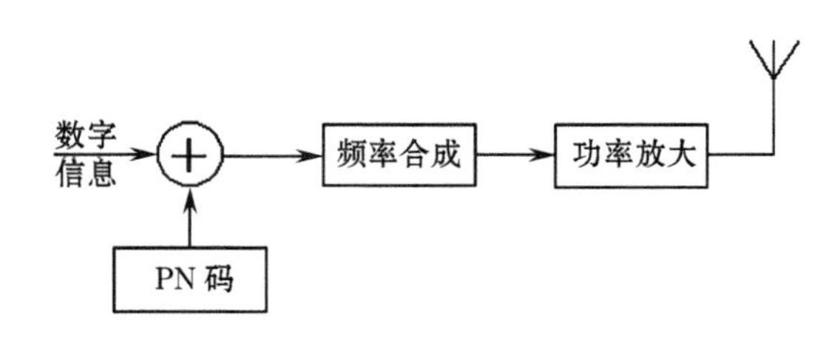

图7.4-7 数字 FH 发射机组成框图

在接收端,为了解出跳频信号,需要有一个与发送端完全相同的伪随机码去控制本地频率合成器,使本地频率合成器输出一个始终与接收到的载波频率相差一个固定中频的本地跳频信号,然后与接收到的跳频信号进行混频,通过中频滤波器后,得到一个不跳变的固定中频信号,再经过信息解调处理,最后恢复出信息信号,如图7.4-8所示。

图7.4-9给出了跳频的信号波形示意图,图7.4-10给出了跳频信号的时间和频率对应的矩阵图。

由图7.4-9可见,从时域上看,跳频信号是一个多频率的频移键控信号。从频域上看,跳频信号的频谱是一个在很宽频带内,在不等间隔的频率信道上随机跳变,如

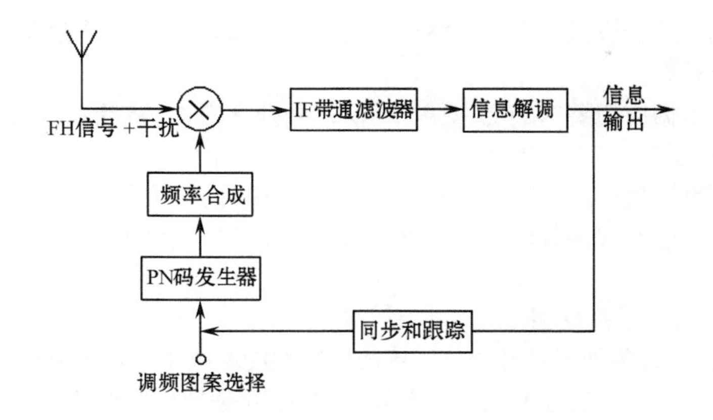

图 7.4－8　FH 接收机的组成

图 7.4－10 所示。图中载波频率跳变次序是：$f_5 \to f_4 \to f_7 \to f_0 \to f_6 \to f_3 \to f_1$。如果从时间—频域来看，跳频信号是一个时—频矩阵，如图 7.4－10 所示，每个频率持续时间为 T_cs。

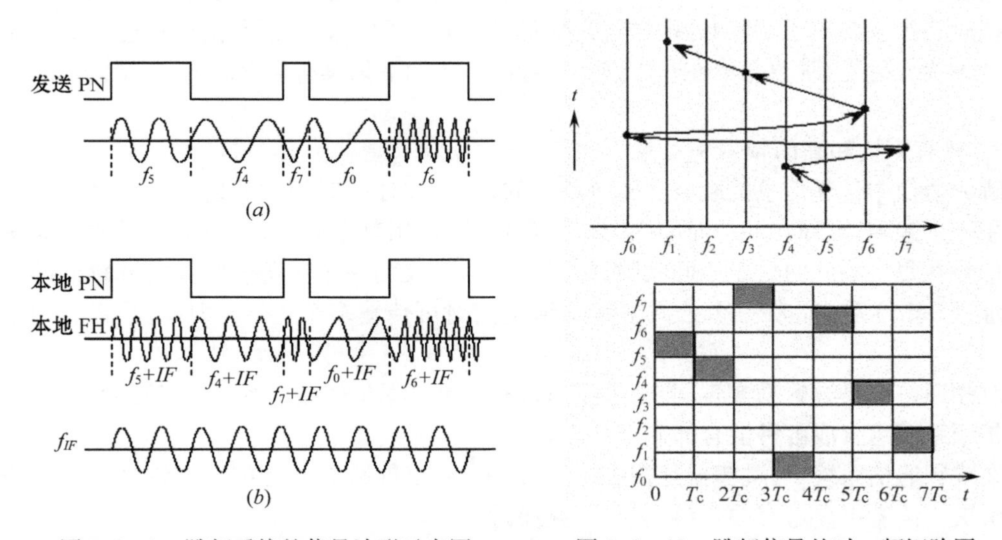

图 7.4－9　跳频系统的信号波形示意图
（a）发送端波形；（b）接收端波形。

图 7.4－10　跳频信号的时—频矩阵图

跳频系统要实现跳频通信，正确接收跳频信号的条件是跳频系统的同步。系统的同步包括以下几项内容。

（1）接收端和发送端产生的跳频图案相同，即有相同的跳频规律。

（2）收、发端的跳变率应保证在接收端产生固定的中频信号，即跳变的载波频率与收端产生的本地跳变频率相差一个中频。

（3）频率跳变的起止时刻在时间上同步，即同步跳变，或相位一致。

（4）传递数字信息时，还应做到帧同步和位同步。

关于跳频的同步问题将在第八章进行讨论。

跳频分慢跳频和快跳频。慢跳频是指跳频速率低于信息比特速率，即连续几个信息比特跳频一次；快跳频是指跳频速率高于信息比特速率，即每个信息比特跳频一次以上。

也有人把每秒几十跳的跳频称为慢速跳频，每秒几百跳的跳频称为中速跳频，每秒几千跳的跳频称为快速跳频。

跳频速率应根据使用要求决定，一般来说，跳频速率越高，跳频系统的抗干扰性能越好，但相应的设备复杂，成本也越高。

在现代的军事通信和用于交通运输的无线通信中，迫切需要一种机动灵活、保密性好、抗干扰能力强、能实现多址联络的通信系统，跳频通信正好能满足这些通信的要求。跳频通信的主要优点有以下几方面。

1. 具有较强的抗干扰性能

由前面讨论可知，各种干扰对通信系统的影响程度取决于干扰的类型、系统的解调方式和同步电路等因素。从处理干扰过程来看，直扩序列是把任何非相关的干扰信号的能量“平均”分配在扩展了的宽带上，经中频窄带滤波后，在窄带内的有用信号能量大于干扰能量，从而提高了信噪比。对于跳频通信，只有当干扰信号能量大于接收机的比特门限值，并且在每次跳变时隙内，干扰频率恰好位于跳频信道上时，干扰才起作用。当信号频率跳换后，干扰就失效了。所以跳频通信对干扰的处理是“随机的躲避式的”。瞄准式同频干扰对直扩系统来说，利用处理增益来降低其干扰作用。而跳频通信用快速逃脱来排除这种干扰。另外，跳频通信在非常强的邻近电台干扰下仍具有通信能力，有很好的远近性能。

2. 具有多址和高的频带利用率

跳频通信中传递信息的载波是随机跳变的，但是在任何时间内发射机所产生的信号只占用一个频隙，因而在同一时间内，其它信号可以占用其余频隙，可以选定跳频图案使各种信号在每一瞬间内处于不同频隙，则跳频通信可视为一个频隙—时隙协调跳变的频分多址（FDMA）系统。在一个公共射频信道中同时可传输多个 信号，因此，频带利用率很高。

跳频通信还具有容易实现同步，易于与现有的常规通信体制兼容，而且容易与其它类型的扩频系统组合成各种混合体制等特点。

在跳频通信系统中，跳频器是核心，同步是关键，目前跳频通信中还有许多技术问题有待解决。读者可参考有关资料，进行研究探讨。

7.4.5 码分多址（CDMA）

扩频通信最初是用在军事上，这种技术即可在不被敌人发觉的情况下进行通信，也可在敌人实施干扰，有噪声的环境下，进行高质量的通信。由于扩频通信的优良性能，目前它已在无线局域网、数字蜂窝移动通信和个人通信网中得到了广泛的应用，其中以基于扩频通信的码分多址（CDMA）技术的应用尤为突出。CDMA 不仅抗干扰能力强，而且能够较好地解决当前信道异常拥挤的问题。如今 CDMA 已被选定为新一代数字移动通信和个人通信的多址方式。本节主要介绍 CDMA 的基本原理。

多址通信就是应用前面讲过的信道复用技术：在一个通信网内各个通信用户共用一个指定的信道，进行相互的多边通信。故信道复用也称为多址连接。

实现多址连接的理论基础是信道复用技术，因此实现多址连接，也有频分多址（FDMA）、时分多址（TDMA）和码分多址（CDMA）等。关于 FDMA 和 TDMA 的基本原理，已在前面的频分复用和时分复用的各节进行了讨论,下面着重介绍 CDMA 的基本原理。

码分多址是发送端用各不相同的、相互(准)正交的地址码调制发送信号。接收端利用码型的正交性,通过地址识别(相关检测),从混合信号中选出对应的信号。

码分多址的特点是:网内所有用户使用同一载波(或几个载波),占用相同的带宽;各个用户可以同时发送或接收信号,所以各用户发射的信号,在时间和频率上都可能互相重叠。这时,采用传统的滤波器或选通门不能分离信号。这样某用户发送的信号,只有用与其相匹配的接收机,通过相关检测才能正确接收。

在码分多址通信系统中,利用自相关性很强而互相关性很小的周期性码序列作为地址码,与用户信息数据相乘(或模 2 加),经过相应的信道传输后,在接收端以本地产生的已知地址码为参考,根据相关性的差异对收到的所有信号进行鉴别,从中将地址码与本地地址码一致的信号选出,把不一致的信号除掉,这称之为相关检测。

图 7.4-11 所示为码分多址收、发系统示意图,设发送端有 N 个用户,它们发送的信息数据和其对应的地址码相乘(即模 2 加)后,对载波进行调制(调幅、调频、或调相);然后经过功率放大后进行传输。接收端首先将频带调制的信号解调,恢复出地址码加信息的基带数字信号。当本地产生的地址码与该用户的地址码相同时,将此地址码与解调出的数字基带信号相乘,而后送入积分电路,再经过抽样判决即可得到发送的信息数据。

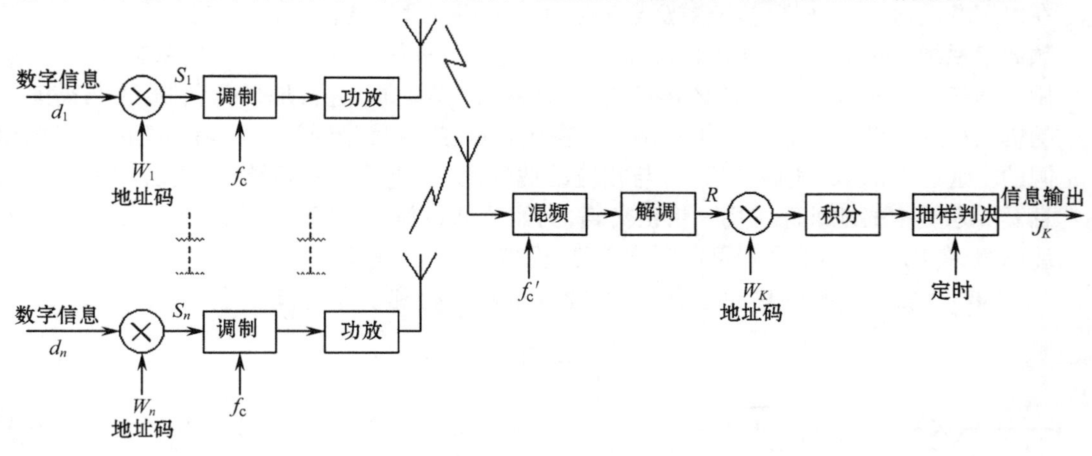

图 7.4-11　码分多址收发示意图

为了简明起见,下面以系统有 4 个用户(即 $N=4$)为例,画出系统中有关各点波形,进一步说明 CDMA 的基本原理,如图 7.4-12 所示。$d_1 \sim d_4$ 为 4 个用户的数据,$W_1 \sim W_4$ 为 4 个用户的地址码,$S_1 \sim S_4$ 为信息数据与地址码相乘后的波形。

在接收端,当系统处于同步状态和忽略噪声的影响时,在接收机中解调输出 R 端的波形是 $S_1 \sim S_4$ 叠加,如果欲接收某一用户(例如用户 2)的信息数据,本地产生的地址码应与该用户的地址码相同($W_K = W_2$),并且用此地址码与解调输出端 R 的信号相乘,再送入积分电路,然后经过抽样判决电路得到相应的数据 $J_1 \sim J_4$。从图中可见,只有 J_2 为所需信息,其它 J_K 均为零。这是因为要接收的是用户 2 的信息数据,本地产生的地址码与用户 2 的地址码相同,经相关检测和抽样判决后输出的正是用户 2 的信息数据。

码分多址通信系统中的各个用户同时工作于同一载波,占用相同的频带,这样各用户

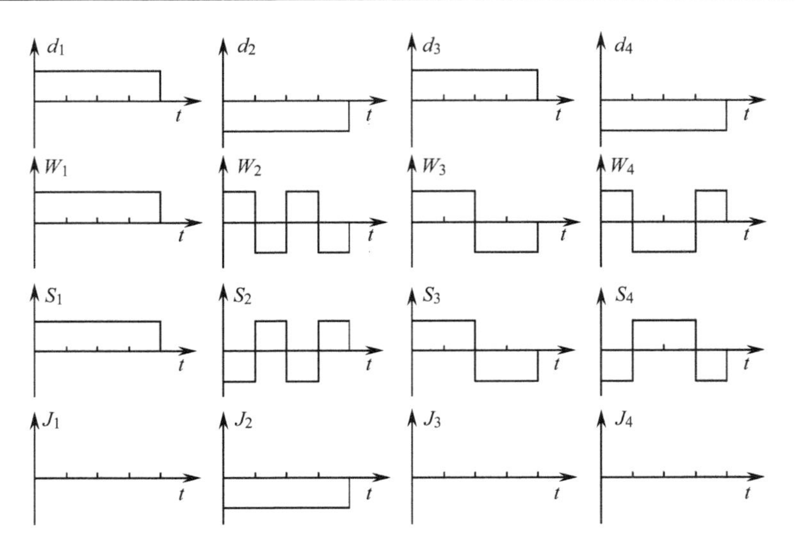

图 7.4－12　码分多址原理波形示意图

之间必然相互干扰。为了把干扰降到最低限度,码分多址必须与扩频技术结合起来使用。在民用移动通信中,码分多址主要与直接序列扩频技术相结合,构成直接序列码分多址扩频通信系统。图 7.4－13 所示为直扩码分系统的一种简单框图。在这种系统中,发端的用户信息数据 d_i 首先与对应的地址码 W_i 相乘(或模 2 加)进行地址码调制,再与高速伪随机码相乘(或模 2 加)进行扩频调制。在接收端,扩频信号经过与发端伪随机码完全相同的本地产生的 PN 码解扩后,再与相应的地址码 W_i 进行相关检测,得到所需的用户信息 d_i。系统中的地址码采用一组正交码,例如 Walsh 码。由于系统采用了完全正交的地址码组,各用户之间的影响可以完全消除,提高了系统的性能。

CDMA 技术在数字移动通信和其它通信领域中得到了应用和发展。

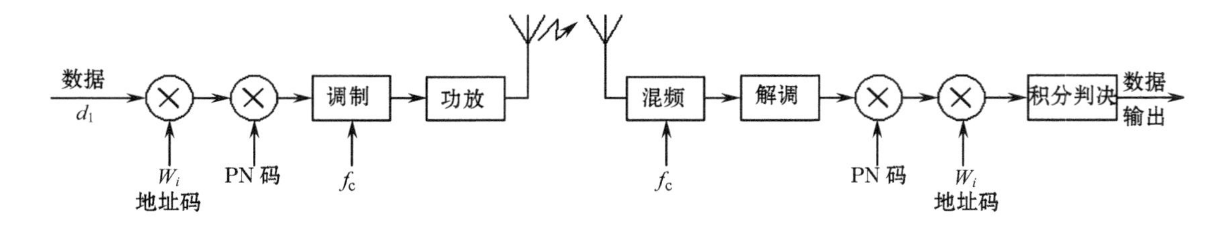

图 7.4－13　码分直扩系统

7.4.6　码分多址的地址码

地址码和扩频码的设计是码分多址体制的关键技术之一,具有良好相关特性及随机性的地址码和扩频码对码分多址通信是非常重要的,对系统的性能起决定性的作用。它直接关系到系统的多址能力,关系到抗干扰、抗噪声、抗截获、抗衰落的能力及多径保护能力,关系到信息数据的隐蔽和保密,关系到捕获与同步的实现。通常采用伪随机码作扩频码,关于伪随机码已在 7.4.2 节介绍。本节主要介绍码分多址通信中采用较多的地址码——沃尔什码。

沃尔什码是正交码,它具有良好的自相关特性和处处为零的互相关特性。因此经常被用作码分多址的地址码。

若 n 个长度均为 p 的码组 $X_1,X_2,\cdots,X_n$所组成的集合,任两个不同码组的互相关函数均为零,即

$$R(X_i,X_j) = 0 \qquad (i \neq j) \tag{7.4-9}$$

则称这种码组集合为正交码;若 $R(X_i,X_j)<0(i\neq j)$,则称为超正交码,有时把两者统称为正交码。对于(+1,-1)二元序列,互相关函数由下式计算:

$$R(X_i,X_j) = \frac{1}{P}\sum_{k=1}^{P} X_{ik}\cdot X_{jk} \tag{7.4-10}$$

式中,X_{ik},X_{jk}分别表示码组 X_i,X_j 的第 k 个码元值,或

$$R = (X_i,X_j) = \frac{A-D}{A+D} \tag{7.4-11}$$

式中,A 为 X_i,X_j 中对应码元相同的个数;D 为对应码元不同的个数。显然 $A+D=P$。对于(0,1)二元序列,其互相关函数用式(7.4-11)计算。或者规定(0,1) 分别对应(+1,-1),再用(7.4-10)计算。

下面所列的 4 个地址码就是一组沃尔什码:

$$\begin{cases} W_1 = \{W_1(1),W_1(2),W_1(3),W_1(4)\} = \{1,1,1,1\} \\ W_2 = \{W_2(1),W_3(2),W_2(3),W_2(4)\} = \{1,-1,1,1\} \\ W_3 = \{W_3(1),W_3(2),W_3(3),W_3(4)\} = \{1,1,-1,-1\} \\ W_4 = \{W_4(1),W_4(2),W_4(3),W_4(4)\} = \{1,-1,-1,1\} \end{cases} \tag{7.4-12}$$

其互相关函数由下式计算:

$$R(X_i,X_j) = \frac{1}{4}\sum_{k=1}^{4} W_i(k)\times W_j(k) = \begin{cases} 1 & i=j \\ 0 & i\neq j \end{cases} \tag{7.4-13}$$

上式说明这个码组内的 4 个码只有本身相乘叠加后归一化值是 1,任意两个不同的码相乘叠加后的值都是 0,即互相关值为零。对于其它长度的沃尔什码组也是如此,只有本身相乘叠加后归一化值是 1,其组内任意两两不同的码相乘叠加后的互相关值也都为零。

上面的沃尔什码的码长是 4,只有 4 个地址码,也就是系统的用户数不能超过 4 个,当用户数更多时,必须产生码长更长的沃尔什码。沃尔什码的生成比较简单,可以通过哈德玛(Hadamard)矩阵来生成。首先让我们看一看上面的码长为 4 的沃尔什码,把它写成矩阵的形式是

$$\boldsymbol{M}_4 = \begin{bmatrix} 1 & 1 & 1 & 1 \\ 1 & -1 & 1 & -1 \\ 1 & 1 & -1 & -1 \\ 1 & -1 & -1 & 1 \end{bmatrix} = \begin{bmatrix} \boldsymbol{M}_2 & \boldsymbol{M}_2 \\ \boldsymbol{M}_2 & \overline{\boldsymbol{M}_2} \end{bmatrix} \tag{7.4-14}$$

其中矩阵$\overline{\boldsymbol{M}_2}$是 $\boldsymbol{M}_2$ 的取反(元素 1 变成 -1,-1 变成 1)矩阵,$\boldsymbol{M}_2$ 是

$$\boldsymbol{M}_2 = \begin{bmatrix} 1 & 1 \\ 1 & -1 \end{bmatrix} = \begin{bmatrix} \boldsymbol{M}_1 & \boldsymbol{M}_1 \\ \boldsymbol{M}_1 & \overline{\boldsymbol{M}_1} \end{bmatrix} \tag{7.4-15}$$

其中矩阵$\overline{M_1}$是M_1的取反（元素1变成-1），矩阵，M_1是

$$M_1 = [1] \tag{7.4-16}$$

以上三式说明了产生沃尔什码的递推方法，即码长为4的沃尔什码组可以由码长为2的产生。码长为2的沃尔什码组可以由码长为1的产生。由此类推，码长为8的沃尔什码组可以由码长为4的产生，以至无穷。上面的矩阵被称为哈德玛矩阵。哈德玛矩阵的一般表达式是

$$M_{2n} = \begin{bmatrix} M_n & M_n \\ M_n & \overline{M_n} \end{bmatrix} \tag{7.4-17}$$

其中矩阵$\overline{M_n}$是M_n取反（元素1变成-1，-1变成1）。这是一个$2n \times 2n(n=1,2,4,8,\cdots)$的方阵，即矩阵共有$2n$行和$2n$列，每一行对应一个沃尔什码，共有$2n$个码。当所需地址数少于$2n$时，可从中去掉若干行，通过哈德玛矩阵的递推关系，可以获得任意数量的地址码。理论上可以证明，通过哈德玛矩阵生成的任意数量的地址码都是完全正交的，即只有本身相乘叠加后归一化值是1，任意两两不同的码相乘叠加后的互相关值都为零。可以通过下列递推公式获得。

例如，$2n$阶沃尔什函数可以通过下列递推公式获得：

$$M_1 = [1] \qquad M_2 = \begin{bmatrix} 1 & 1 \\ 1 & -1 \end{bmatrix}$$

$$M_4 = \begin{bmatrix} 1 & 1 & 1 & 1 \\ 1 & -1 & 1 & -1 \\ 1 & 1 & -1 & -1 \\ 1 & -1 & -1 & 1 \end{bmatrix}$$

$$M_{2n} = \begin{bmatrix} M_n & M_n \\ M_n & \overline{M_n} \end{bmatrix}$$

习　题

7-1　已知二元信息序列为1100100010，采用MSK调制，画出同相分量和正交分量波形以及MSK波形。

7-2　设一数字信息序列为{-1，+1，+1，-1，+1，+1，+1，-1，-1，-1，+1}，试分别作出MSK信号和OQPSK信号的相位变化关系，并加以比较。

7-3　设一数字信息序列为{+1，+1，-1，-1，+1，+1，+1}，已知码元速率为1000波特，未调载频为3000Hz，试分别画出MSK信号和OQPSK信号波形，并加以比较。

7-4　根据QAM及QPSK发送系统框图，若传送的二元基带信号为1001101001001010：

（1）试画出QAM发送系统中同相与正交支路中的乘法器前后的波形及发送信号QAM波形；

（2）改为QPSK，重做（1）；

（3）简述QAM与QPSK的异同点。

7-5　何为MSK？为什么称之为MSK？

7-6　GMSK 信号和 MSK 信号相比，在信号的形成、相位路径、频谱特性诸方面有何异同？为什么 GMSK 的频谱特性得以改善？

7-7　GMSK 信号为何引入码间串扰，它是如何利用码间串扰的？

7-8　什么是 $\pi/4$-QPSK？它与 QPSK 以及 OQPSK 有何异同？

7-9　给定一个 23 级移位寄存器，可能产生的码序列的最大长度为多少？

7-10　在 $2^{13}-1$ 比特的 n 序列中，有多少个三个“1”的游程，有多少个三个“0”的游程？

7-11　已知下列四个码组：

$$W_1 = 0\ 0\ 0\ 0\ 1\ 1\ 1\ 1$$
$$W_2 = 0\ 0\ 1\ 1\ 1\ 1\ 0\ 0$$
$$W_3 = 0\ 1\ 1\ 0\ 1\ 0\ 0\ 1$$
$$W_4 = 0\ 1\ 0\ 1\ 1\ 0\ 1\ 0$$

试说明该码组集是否为正交码。

第八章　同 步 原 理

在通信系统中，同步具有相当重要的地位。通信系统能否有效、可靠地工作，很大程度上依赖于有无良好的同步系统。

同步可分为载波同步、位同步、帧同步、网同步几大类。本章对上述的四类同步方式分别进行了讨论，讲述了各类同步系统的基本原理和性能。除此之外，目前扩频通信技术已得到广泛应用，同步问题是扩频通信系统能否正常工作的关键技术之一，在此我们还对扩频通信中跳频系统的同步进行了讨论。

8.1　载 波 同 步

在采用相干解调系统中，接收端必须提供一个与发送载波同频同相的相干载波，这就是载波同步。相干载波信息通常是从接收到的信号中提取。若已调信号中存在载波分量，即可以从接收信号中直接提取载波同步信息；若已调信号中不存在载波分量，就需要采用在发端插入导频的方法，或者在接收端对信号进行适当的波形变换，以取得载波同步信息。前者称为插入导频法，又称外同步法；后者称为自同步法，又称内同步法。

8.1.1　插入导频法

在抑制载波系统中无法从接收信号中直接提取载波。例如：DSB、VSB、SSB 和 2PSK 本身都不含有载波分量，或即使含有一定的载波分量，也很难从已调信号中分离出来。为了获取载波同步信息，可以采取插入导频的方法。插入导频是在已调信号频谱中加入一个低功率的线状谱(其对应的正弦波形即称为导频信号)。在接收端可以容易地利用窄带滤波器把它提取出来，经过适当的处理形成接收端的相干载波。显然，导频的频率应当与载频有关或者就是载频。插入导频的传输方法有多种，基本原理相似。这里仅介绍在抑制载波的双边带信号中插入导频法。

在 DSB 信号中插入导频时，导频的插入位置应该在信号频谱为零的位置，否则导频与已调信号频谱成分重叠，接收时不易提取。图 8.1－1 所示为插入导频的一种方法。

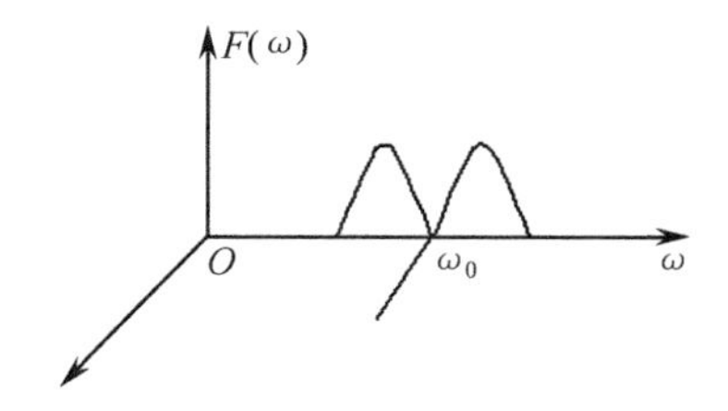

图 8.1－1　DSB 的导频插入

插入的导频并不是加入调制器的载波，而是将该载波移相 $\pi/2$ 的“正交载波”。其发送端（简称发端）方框图如图 8.1－2 所示。

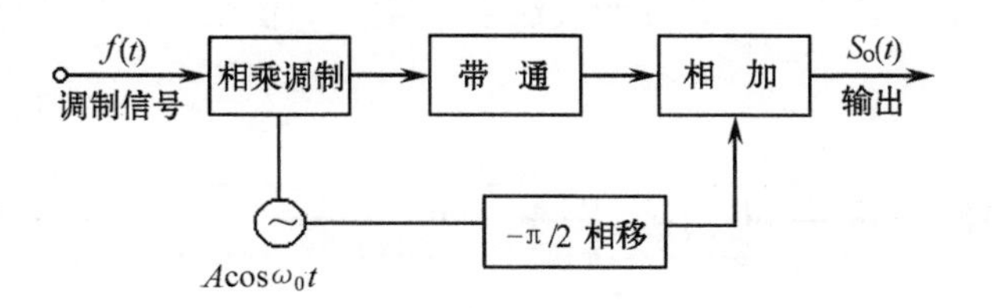

图 8.1－2　插入导频法的发端方框图

设调制信号为 $f(t)$。$f(t)$ 无直流分量，载波为 $A\cos\omega_0 t$，则发端输出的信号为

$$S_o(t) = Af(t)\cos\omega_0 t + a\sin\omega_0 t \quad (8.1-1)$$

接收端的方框图如图 8.1－3 所示。

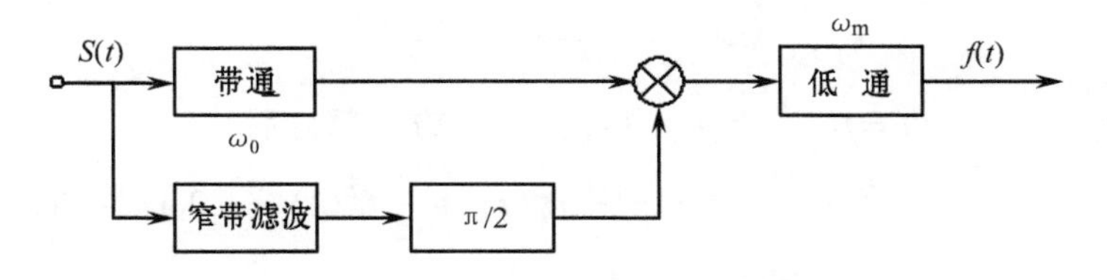

图 8.1－3　插入导频法收端方框图

如果不考虑信道失真及噪声干扰，并设接收端（简称收端）收到的信号与发端的信号完全相同，则此信号通过中心频率为 ω_0 的窄带滤波器可取得导频 $a\sin\omega_0 t$，再将其移相 $\pi/2$，就可以得到与调制载波同频同相的相干载波 $\cos\omega_0 t$。

接收端的解调过程为

$$m(t) = S(t)\cos\omega_0 t = [Af(t)\cos\omega_0 t + a\sin\omega_0 t]\cos\omega_0 t = \frac{A}{2}f(t) + \frac{A}{2}f(t)\cos 2\omega_0 t + \frac{a}{2}\sin 2\omega_0 t \quad (8.1-2)$$

上式表示的信号通过截止角频率为 ω_m 的低通滤波器就可得到基带信号 $\frac{A}{2}f(t)$。

如果在发端导频不是正交插入，而是同相插入，则接收端解调信号为

$$[Af(t)\cos\omega_0 t + a\cos\omega_0 t]\cos\omega_0 t = \frac{A}{2}f(t) + \frac{A}{2}f(t)\cos 2\omega_0 t + \frac{a}{2} + \frac{a}{2}\cos 2\omega_0 t \quad (8.1-3)$$

从上式看出，虽然同样可以解调出 $\frac{A}{2}f(t)$ 项，但却增加了一个直流项。这个直流项通过低通滤波器后将对数字信号产生不良影响。这就是发端导频应采用正交插入的原因。

对于 SSB 和 2PSK 的插入导频方法与 DSB 相同。VSB 的插入导频技术复杂，通常采用双导频法，基本原理与 DSB 类似。

8.1.2　非线性变换—滤波法

有些信号（如 DSB 信号）虽然本身不包含载波分量，只要对接收波形进行适当的非线

性变换，然后通过窄带滤波器，就可以从中提取载波的频率和相位信息，即可使接收端恢复相干载波。它是自同步法的一种。

图8.1-4为DSB信号采用平方变换法恢复载波的框图，图(a)为平方变换法，图(b)为平方环法。

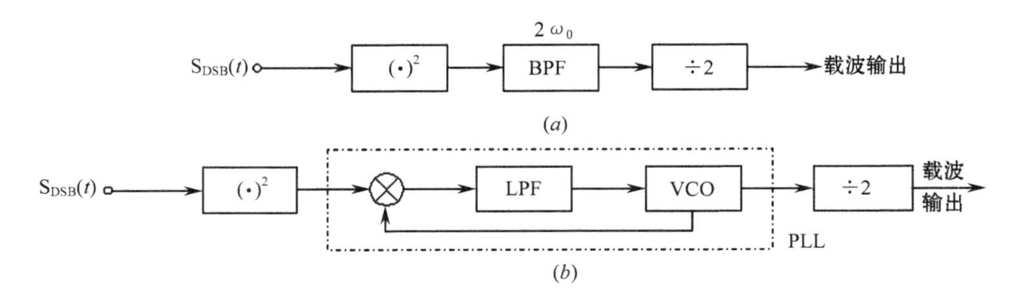

图8.1-4 平方变换法提取载波的框图
(a) 平方变换法；(b) 平方环法。

设输入信号 $S_{DSB}(t)=f(t)\cos(\omega_0 t+\theta_0)$，经平方律部件后

$$e(t)=f^2(t)\cos^2(\omega_0 t+\theta_0)=\frac{1}{2}f^2(t)+\frac{1}{2}f^2(t)\cos(2\omega_0 t+2\theta_0) \tag{8.1-4}$$

经中心频率为 $2\omega_0$ 的带通滤波器后输出为

$$\frac{1}{2}f^2(t)\cos(2\omega_0 t+2\theta_0) \tag{8.1-5}$$

尽管假设$f(t)$不含直流成分，但$f^2(t)$却含有直流分量，因此式(8.1-5)实际是一个载波为 $2\omega_0$ 的调幅波。如果滤波器BPF的带宽窄，其输出只有 $2\omega_0$ 成分。然后再经二次分频电路可得到所需的载波 $\cos(\omega_0 t+\theta_0)$。应注意，二次分频电路将使载波有180°的相位模糊，它是由分频器引起的。一般的分频器都由触发器构成，由于触发器的初始状态是未知的，分频器末级输出的波形(方波)相位可能随机地取“0”和“π”。它对模拟信号影响不大，而对于2PSK信号，由于载波相位的模糊，将会造成解调判决的失误。

若图8.1-4(a)中的窄带滤波器改用锁相环(PLL)，即得到图8.1-4(b)所示的平方环法。这将使系统的性能得到改善，因为锁相环不仅具有窄带滤波器的作用，而且在一定范围内还能自动跟踪输入频率的变化，当输入信号中断时，能自动地保持输入信号的频率和相位。

8.1.3 同相正交法(科斯塔斯环)

利用锁相环提取载波的另一种常用的方法是采用同相正交环，也称科斯塔斯(Castas)环，其方框图如图8.1-5所示。它包括两个相干解调器，它们的输入信号相同，分别使用两个在相位上正交的本地载波信号，上支路叫做同相相干解调器，下支路叫做正交相干解调器。两个相干解调器的输出同时送入乘法器，并通过低通滤波器形成闭环系统，去控制压控振荡器(VCO)，使本地载波自动跟踪发射载波的相位。在同步时，同相支路的输出即为所需的解调信号，这时正交支路的输出为0。因此，这种方法叫做同相正交法。

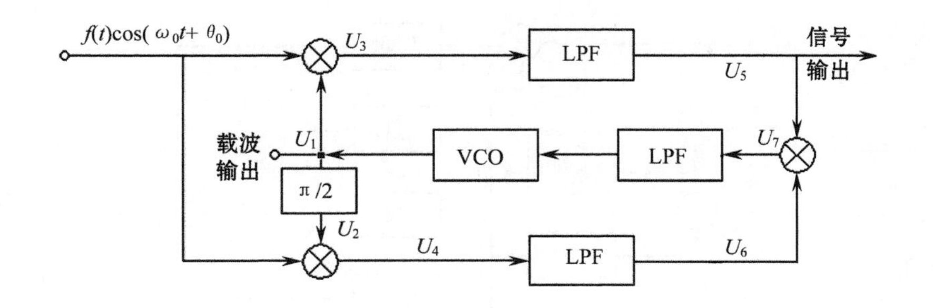

图 8.1－5　科斯塔斯环法的载波提取

设 VCO 的输出为 $\cos(\omega_0 t+\varphi)$，则

$$U_1 = \cos(\omega_0 t + \varphi) \tag{8.1-6}$$

$$U_2 = \sin(\omega_0 t + \varphi) \tag{8.1-7}$$

故

$$U_3 = f(t)\cos(\omega_0 t + \theta_0)\cos(\omega_0 t + \varphi) = \frac{1}{2}f(t)[\cos(\theta_0 - \varphi) + \cos(2\omega_0 t + \theta_0 + \varphi)] \tag{8.1-8}$$

$$U_4 = f(t)\cos(\omega_0 t + \theta_0)\sin(\omega_0 t + \varphi) = \frac{1}{2}f(t)[-\sin(\theta_0 - \varphi) + \sin(2\omega_0 t + \theta_0 + \varphi)] \tag{8.1-9}$$

经过带宽为 W_m 的 LPF 后得

$$U_5 = \frac{1}{2}f(t)\cos(\theta_0 - \varphi) \tag{8.1-10}$$

$$U_6 = \frac{1}{2}f(t)\sin(\theta_0 - \varphi) \tag{8.1-11}$$

将 U_5 和 U_6 加入相乘器后，得

$$U_7 = \frac{1}{4}f^2(t)\cos(\theta_0 - \varphi)\sin(\theta_0 - \varphi) = -\frac{1}{8}f^2(t)\sin 2(\theta_0 - \varphi) \tag{8.1-12}$$

如果 $(\theta_0-\varphi)$ 很小，则 $\sin 2(\theta_0-\varphi)\approx 2(\theta_0-\varphi)$。因此，乘法器的输出近似为

$$U_7 \approx -\frac{1}{4}f^2(t)(\theta_0 - \varphi) \tag{8.1-13}$$

如果 U_7 经过一个相对于 W_m 很窄的低通滤波器，此滤波器的作用相当于用时间平均 $\overline{f^2(t)}$ 代替 $f^2(t)$（即滤波器输出直流分量）。最后，由环路误差信号 $-\frac{1}{4}\overline{f^2(t)}(\theta_0-\varphi)$ 自动控制振荡器相位，使相位差 $(\theta_0-\varphi)$ 趋于 0，在稳定条件下 $\theta_0\approx\varphi$。

科斯塔斯环的相位控制作用在调制信号消失时会中止。当再出现调制信号时，必须重新锁定。由于一般入锁过程很短，对语言传输不致引起感觉到的失真。这样 U_1 就是所需提取的载波，U_5 作为解调信号的输出。

对于 2PSK 或 DSB 信号可采用如上科斯塔斯环来恢复载波。对于多相 PSK 信号，可以采用相应的多相 Castas 环来提取载波。对于 4PSK 信号可采用图 8.1－6 所示的四相 Castas 环来恢复载波信号。

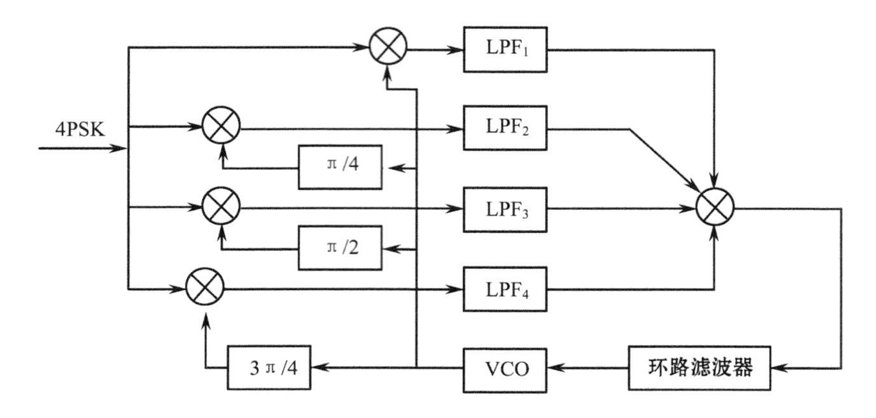

图 8.1-6 四相 Castas 环法提取载波

8.1.4 载波同步系统的性能

对载波同步系统的主要性能要求是高效率和高精度。高效率指在获得载波信号时，尽量少消耗发送功率；高精度是指提取的相干载波与需要的标准载波比较应该有尽量小的相位误差。而相位误差通常又有稳态相差和随机相差组成。载波同步系统还要求具有同步建立时间快，保持时间长等特点。

一、稳态相差 $\Delta\varphi$

稳态相差指接收信号中的载波与同步电路提取出的参考载波，在稳态情况下的相位差。对于不同的同步提取法，其稳态相差的计算方法也不同。

当用窄带滤波器提取载波时，滤波器的中心频率 ω_0 与载波频率 ω_c 不相等时，会使提取的同步载波信号产生一稳态相位误差 $\Delta\varphi$。设窄带滤波器为简单的单谐振回路，Q 一定时

$$\Delta\omega = \omega_0 - \omega_c \tag{8.1-14}$$

$$\tan\Delta\varphi = 2Q\frac{\Delta\omega}{\omega_0} \tag{8.1-15}$$

当$\frac{\Delta\omega}{\omega_0}$很小时，$\Delta\varphi \approx 2Q\frac{\Delta\omega}{\omega_0}$。

显然，为了减小 $\Delta\varphi$，应减小$\left|\frac{\Delta\omega}{\omega_0}\right|$或降低回路 Q 值。由式(8.1-15)可见，若要求参考载波的相位精确，则希望 $\Delta\varphi$ 小，即 Q 小。对于单调谐回路，当 Q 小时，系统的带宽 $B(B=f_0/Q)$增加，就不能保证窄带。因此用单调谐回路来完成窄带滤波功能，以提取高精度的参考载波方法并不理想。

当用锁相环提取载波时，其稳态相差为

$$\Delta\varphi = \frac{\Delta\omega}{K_V} \tag{8.1-16}$$

式中，$\Delta\omega$ 为锁相环 VCO 的输出频率与输入载波之间的频差；K_V 为环路直流增益。

为了减少 $\Delta\varphi$，应使 VCO 的频率准确稳定，减小 $\Delta\omega$，增大 K_V。只要 K_V 足够大就可以保证 $\Delta\varphi$ 足够小，因此，采用锁相环来提取参考载波，稳态相差较小。

二、随机相差

随机相差是由于随机噪声的影响而引起的同步信号的相位误差。通常用随机相差的均方根值 σ_φ 来衡量其大小，称 σ_φ 为相位抖动。

随机相差的分析较复杂，这里仅给出一些简单结论。

当在一给定初相位为 φ 的正弦波上叠加窄带高斯白噪声之后，相位变化是随机的，它的变化与噪声的性质和信噪比 r 有关。随机相差 φ_n 的方差 $\overline{\varphi_n^2}$ 为

$$\overline{\varphi_n^2} = \frac{1}{2r} \tag{8.1-17}$$

式中，$r = \dfrac{A^2}{2\sigma^2}$ 为信噪比；σ^2 为噪声的方差；A 为正弦波的振幅。

$$\sigma_\varphi = \sqrt{\overline{\varphi_n^2}} = \sqrt{\frac{1}{2r}} \tag{8.1-18}$$

显然，信噪比 r 越大越好。

当采用窄带滤波器提取同步载波时的相位抖动情况如下所述。

当噪声功率谱密度为 $n_0/2$ 通过窄带滤波器，若其等效带宽为 B_n 时，噪声功率为

$$N = \frac{n_0}{2} \cdot 2B_n = n_0 B_n \tag{8.1-19}$$

若滤波器为单谐振回路，则

$$B_n = \frac{\pi f_0}{2Q} \tag{8.1-20}$$

式中，f_0 为中心频率。因为

$$r = \frac{S}{N} = \frac{A^2}{n_0 B_n} = \frac{A^2 \cdot 2Q}{n_0 \pi f_0} = \frac{2A^2 Q}{\pi n_0 f_0} \tag{8.1-21}$$

所以

$$\sigma_\varphi = \sqrt{\frac{1}{2r}} = \sqrt{\frac{n_0 \pi f_0}{4A^2 Q}} \propto \sqrt{\frac{1}{Q}} \tag{8.1-22}$$

由此可见，滤波器的 Q 值越高，相位抖动值越小。在分析稳态相差时，为了减小稳态相差，要求 Q 要小，而为了减小相位抖动，则要求 Q 要高，它们之间是矛盾的。因此 Q 值要根据需要适当选择。

同时可以证明：当滤波器用锁相环时，锁相环的输出相位抖动与环路信噪比 r 之间也存在式(8.1-18)的关系。当锁相环的直流增益 K_V 增大时，环路带宽 B_n 也增大，因此会引起 σ_φ 的增加，与稳态相差 $\Delta\varphi$ 对 K_V 的要求有矛盾，但锁相环可以合理地选择其它参数，使矛盾不像选择窄带滤波器那样突出。例如，采用有源比例积分滤波器的二阶环，当环路的阻尼系数 ξ 为 0.5 时，B_n 的值最小，因而有利于减少相位抖动。通常选 $0.25 < \xi < 1$，可以得到较小的 B_n 值。

三、建立时间和保持时间

1. 用窄带滤波器提取载波

(1) 建立时间 t_s。当窄带滤波器用谐振回路，在 $t=0$ 时将信号接入回路，则表示输出电压建立过程的表达式为

$$u(t) = U(1 - e^{-\frac{\omega_0}{2Q}t}) \cos\omega_0 t \tag{8.1-23}$$

当 $t=t_s$ 时，输出电压 $u(t_s)$ 达到 KU 时，认为同步信号已经建立。如图 8.1－7 所示。将 $u(t_s)=KU$ 代入式(8.1－23)得

$$KU = U(1 - \mathrm{e}^{-\frac{\omega_0}{2Q}t_s}) \tag{8.1－24}$$

$$t_s = \frac{2Q}{\omega_0}\ln\frac{1}{1-k} \tag{8.1－25}$$

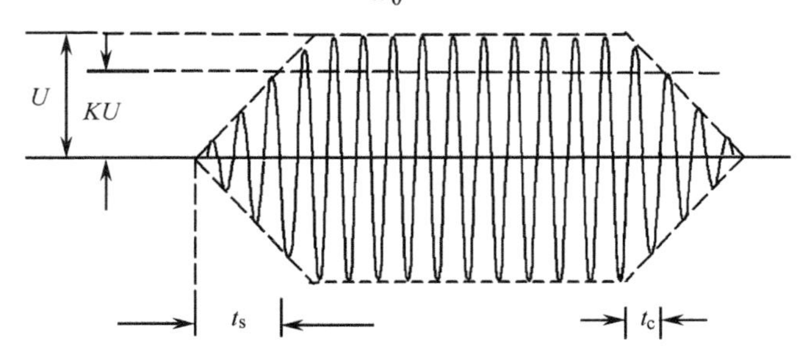

图 8.1－7　载波同步的建立与保持

(2) 保持时间 t_0。同理，如果在 $t=0$ 时，将接入回路的信号断开，则表示回路输出信号保持过程的电压表达式为

$$u(t) = U\mathrm{e}^{-\frac{\omega_0}{2Q}t}\cos\omega_0 t \tag{8.1－26}$$

设 $t=t_0$ 时输出电压达到 KU(图 8.1－7)，认为此时同步信号已消失，将 $u(t_0)=KU$ 代入式(8.1－26)可得

$$t_0 = \frac{2Q}{\omega_0}\ln\frac{1}{k} \tag{8.1－27}$$

从上式可看出，建立时间短和保持时间长也是矛盾的。Q 值高，保持时间虽然长，但建立时间也长；反之，若 Q 值低，建立时间虽然短，但保持时间也短了。

2. 用锁相环提取载波

此时，同步建立时间表示为锁相环的捕捉时间，而同步保持时间表现为锁相环的同步保持时间。分析表明，要求锁相环建立时间 t_s 要短和保持时间 t_0 要长也是矛盾的。但在锁相环中，可以通过改变锁定前后的电路参数使锁定后的时间常数加大，保持时间加长。这也是锁相环比窄带滤波器的优越之处。

8.2 位 同 步

在数字通信系统中，发送端按照确定的时间顺序，逐个传输数码脉冲序列中的每个码元，在接收端必须有准确的抽样判决时刻才能正确判决所发送的码元。因此，接收端必须提供一个确定抽样判决时刻的定时脉冲序列。这个定时脉冲序列的重复频率和相位必须与发送的数码脉冲序列一致，把在接收端产生与接收码元的重复频率和相位一致的定时脉冲序列的过程称为码元同步，或称位同步。

实现位同步的方法和载波同步类似，有插入导频法(外同步法)和直接法(自同步法)两类。

8.2.1 插入导频法

为了得到码元同步的定时信号，首先要确定接收到的信息数据流中是否有位定时的频率分量。如果存在此分量，就可以利用滤波器从信息数据流中把位定时时钟直接提取出来。

若基带信号为随机的二进制不归零码序列，这种信号本身不包含位同步信号，为了获得位同步信号需在基带信号中插入位同步的导频信号，或者对基带信号进行某种码型变换以得到位同步信息。

位同步的导频插入方法与载波同步时的插入导频法类似，它也要插在基带信号频谱的零点处，以便提取，如图 8.2－1(a)所示。如果信号经过相关编码，其频谱的第一个零点在$f=1/2T$，插入导频也应在 $1/2T$ 处，如图 8.2－1(b)所示。

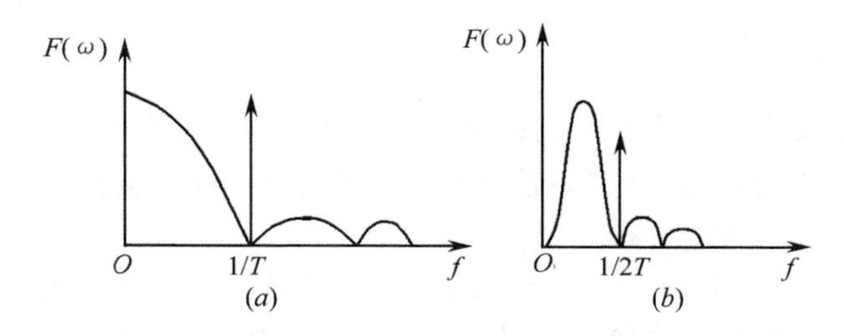

图 8.2－1 插入导频法频谱图

图 8.2－2 为插入位定时导频的接收方框图。对于图 8.2－1(a)所示信号，在接收端，经中心频率为$f=1/T$ 的窄带滤波器就可从基带信号中提取位同步信号。而图8.2－1(b)则需经过$f=1/2T$ 的窄带滤波器将插入导频取出，再进行二倍频，得到位同步脉冲。

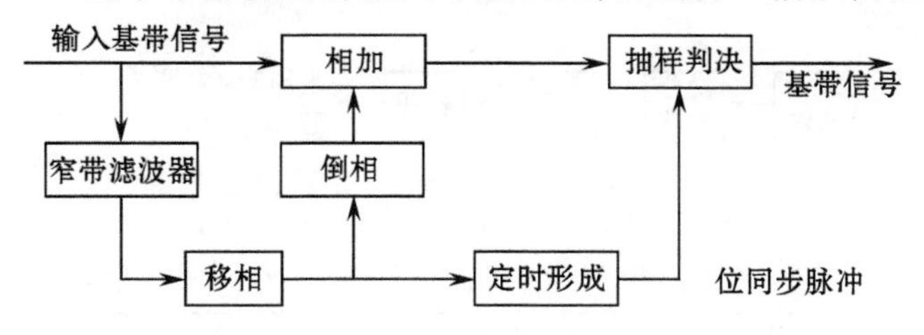

图 8.2－2 插入位定时导频接收方框图

用插入导频法提取位同步信号要注意消除或减弱定时导频对原基带信号的影响。窄带滤波器从输入的基带信号中提取导频信号后，经过移相，分为两路，其中一路经定时形成电路，形成位同步信号；另一路经倒相后与输入信号相加，经调整使相加器的两个导频幅度相同，相位相反。那么相加器输出的基带信号就消除了导频信号的影响，这样再经抽样判决电路就可恢复出原始的数字信息。图中的移相电路是为了纠正窄带滤波器引起导频相移而设的。

插入导频法的另一种形式是使某些恒包络的数字信号的包络随位同步信号的某一波形而变化。例如 PSK 信号和 FSK 信号都是包络不变的等幅波。因此，可将导频信号调制在它们的包络上，接收端只要用普通的包络检波器就可恢复导频信号作为位同步信号。

且对数字信号本身的恢复不造成影响。

以 PSK 为例,有

$$S(t) = \cos[\omega_0 t + \theta(t)] \tag{8.2-1}$$

若用 $\cos\Omega t$ 进行附加调幅后,得已调信号为

$$(1 + \cos\Omega t)\cos[\omega_0 t + \theta(t)] \tag{8.2-2}$$

其中,$\Omega = \frac{2\pi}{T}$,T 为码元宽度。

接收端对它进行包络检波,得包络为$(1 + \cos\Omega t)$,滤除直流成分,即可得到位同步分量 $\cos\Omega t$。

插入导频法的优点是接收端提取位同步的电路简单。但是,发送导频信号必然要占用部分发射功率,降低了传输的信噪比,减弱了抗干扰能力。

8.2.2 自同步法

自同步方法是发送端不用专门发送位同步导频信号,而接收端可直接从接收到的数字信号中提取位同步信号,这是数字通信中经常采用的一种方法。

一、非线性变换—滤波法

由第五章可知,非归零的二进制随机脉冲序列的频谱中没有位同步的频率分量,不能用窄带滤波器直接提取位同步信息。但是通过适当的非线性变换就会出现离散的位同步分量,即将非归零脉冲变为归零码,然后用窄带滤波器或用锁相环进行提取,便可得到所需的位同步信号。

1. 微分整流法

图 8.2-3(a)为微分整流滤波法提取位同步信息的电路原理框图;图 8.2-3(b)为该电路各点的波形图。

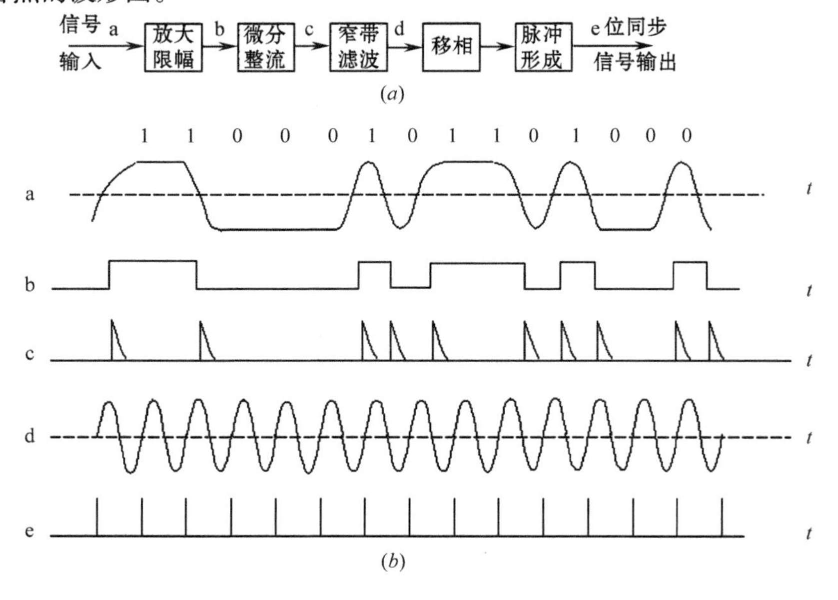

图 8.2-3　微分整流提取位同步信号

(a) 原理框图; (b) 各点波形。

当非归零的脉冲序列通过微分和全波整流后，就可得到尖顶脉冲的归零码序列，它含有离散的位同步分量。然后用窄带滤波器（或锁相环）滤除连续波和噪声干扰，取出纯净稳定的位同步频率分量，经脉冲形成电路产生位同步脉冲。

2. 包络检波法

图 8.2-4 所示为其原理框图及波形图。由于信道的频带宽度总是有限的，对于 PSK 信号，其包络是不变的等幅波，它具有极宽的频带宽度。因此，经过频带有限的信道传输后，会使 PSK 信号在码元取值变化的时刻产生幅度“平滑陷落”。这对传输的 PSK 信号是一种失真，但它正发生在码元取值变化或 PSK 信号相位变化的时刻。所以，它必然包含有位同步的信息。在解调 PSK 信号的同时，用包络检波器检出具有幅度“平滑陷落”的 PSK 信号的包络，去掉其中的直流分量后，即可得到归零的脉冲序列（图 8.2-4(*b*)c 的波形）。其中含有位同步信息，再通过窄带滤波器（或锁相环），然后经脉冲整形，就可得到位同步信号。

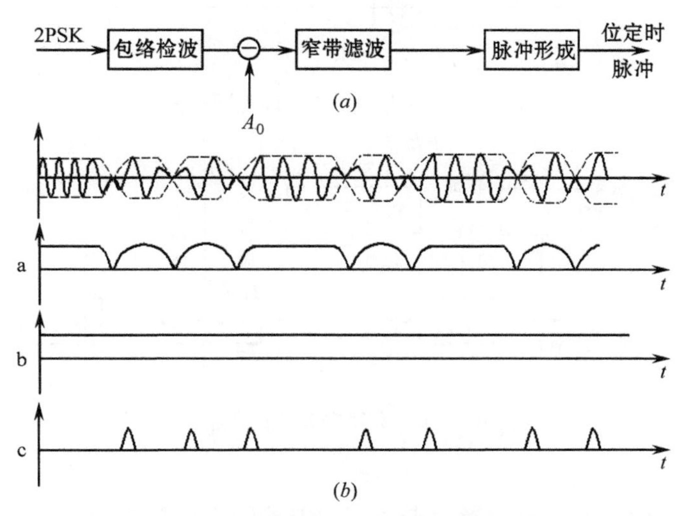

图 8.2-4　包络检波法提取位同步信号
(*a*) 原理框图；(*b*) 各点波形。

3. 延迟相干法

图 8.2-5 为延迟相干法的原理框图和波形图。其工作过程与 DPSK 信号差分相干解调完全相同，只是延迟电路的延迟时间 $\tau < T_b$。PSK 信号一路经过移相器与另一路经延迟 τ 后的信号相乘，取出基带信号，得到脉冲宽度为 τ 的基带脉冲序列。因为 $\tau < T_b$，是归零脉冲，它含有位同步频率分量，通过窄带滤波器即可获得同步信号。

二、数字锁相法

数字锁相法是采用高稳定频率的振荡器（信号钟）。从鉴相器获得的与同步误差成比例的误差电压，不用于直接调整振荡器，而是通过控制器从信号钟输出的脉冲序列中附加或扣除一个或几个脉冲，调整加到鉴相器上的位同步脉冲序列的相位达到同步的目的。这种电路采用的是数字锁相环路，数字锁相环原理如图 8.2-6 所示。

（1）信号钟。它包括一个高稳定的振荡器（晶振）和整形电路，若输入信号码元速率 $B = 1/T$，那么振荡器频率设计在 $f_0 = n/T = nB$ 经整形电路之后，输出为周期性序列，其周

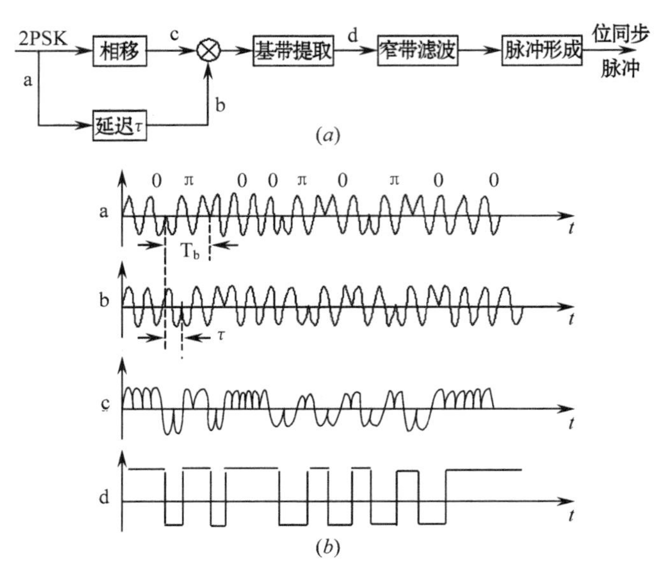

图 8.2-5 延迟相干法提取位同步信号

(*a*) 原理框图；(*b*) 各点波形。

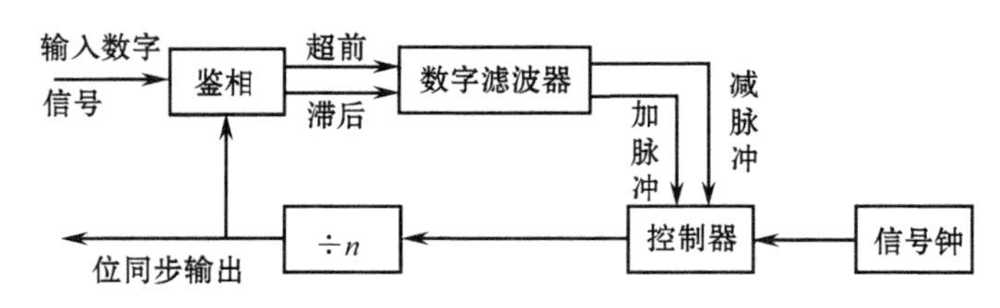

图 8.2-6 数字锁相环原理框图

期 $T_0=1/f_0=T/n$。

(2) 控制器与分频器。控制器根据数字滤波器输出的控制脉冲(“加脉冲”或“减脉冲”)对信号钟输出的序列实施加(或减)脉冲。分频器是一个计数器,每当控制器输出 n 个脉冲时,它就输出一个脉冲。控制器与分频器共同作用的结果,就调整了加至鉴相器的位同步信号的相位。其作用原理如图 8.2-7 所示。若准确同步,滤波器无加或无减脉冲输出,加至鉴相器的位同步信号的相位保持不变;若位同步信号滞后,滤波器输出加脉冲控制信号,控制器在信号钟输出序列中加一个脉冲,经分频后的位同步信号相位就前移;若位同步信号超前,滤波器输出减脉冲控制信号,位同步信号相位就后移。这种相位前后移动的调整量都取决于信号钟的周期。每次的时间阶跃量为 T_0,相应的相位最小调整单位则为 $\Delta\varphi=2\pi T_0/T=2\pi/n$。

(3) 鉴相器。它将输入信号码与位同步信号进行相位比较,判别位同步信号究竟是超前还是滞后,若超前就输出超前脉冲,若滞后就输出滞后脉冲。判别位同步信号是超前还是滞后的鉴相器有两种型式:微分型和积分型。关于它们的详细分析这里不再讨论,可参考有关数字锁相环的书籍。

(4) 数字滤波器。数字滤波器的作用是滤除噪声对环路工作的影响,提高相位校正的准确性。因为输入信号码在信道传输过程中总要受到噪声污染,使码元转换时产生随机抖动甚至产生虚假的转换，相应的在鉴相器输出端就有随机的超前或滞后脉冲，它们扰乱了反映同步误差的正常输出。数字滤波器的作用就是滤除这些随机的超前、滞后脉冲，提高环路的抗干扰能力。

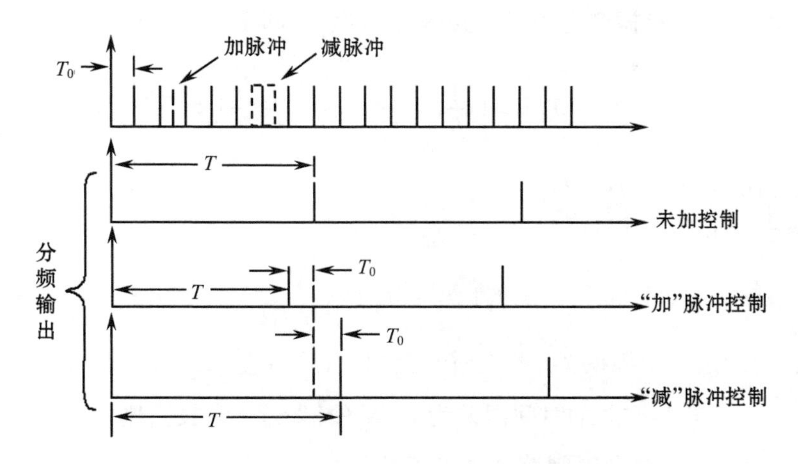

图 8.2－7　数字锁相环位同步脉冲的相位调整

8.2.3　位同步系统性能

位同步系统的性能与载波同步系统的性能类似。通常也是用相位误差、建立时间、保持时间等指标来衡量，本节将简略分析数字锁相环法位同步系统的性能。

一、相位误差 θ_e

数字锁相环法提取位同步信号时，引起相位误差的主要原因是位同步脉冲相位的调整是跳变式的。因为每调整一步，相位改变 $2\pi/n$（n 是分频器的分频次数），故最大的相位误差为 $2\pi/n$，用 θ_e 表示。

$$\theta_e = 360°/n \tag{8.2-3}$$

若用时间差 T_e 来表示相位误差，因每码元的周期为 T，故得

$$T_e = T/n \tag{8.2-4}$$

二、同步建立时间 t_s

同步建立时间为失去同步后重建同步所需的最长时间。建立同步最不利的情况，是位同步脉冲与输入信号相位相差 $T/2$，锁相环每调整一步仅能移 T/n 秒，故最大的调整次数为

$$N = \frac{T/2}{T/n} = \frac{n}{2} \tag{8.2-5}$$

接收随机数字信号时，可近似认为两相邻码元中出现 01，10，11，00 是等概率的，其中过零点的情况占一半。在数字锁相法中都是以数据过零点中提取标准脉冲用来比相的。因此，平均起来，相当于两个周期可调整一次相位，故同步建立时间为

$$t_s = 2TN = nT(\mathrm{s}) \tag{8.2-6}$$

为使 t_s 减少，故要求减少 n。

三、同步保持时间 t_c

当同步建立后，一旦输入信号中断，或者遇到长连“0”码、长连“1”码时，由于接收码元没有过零脉冲，使锁相环系统因失去输入相位基准而不起作用。此时，收发双方的固有位定时重复频率 f_b 与晶振产生的基准频率 f_1 有误差，即 $T_b = \frac{1}{f_b}$ 和 $T_1 = \frac{1}{f_1}$ 有误差

$$|T_b - T_1| = \left|\frac{1}{f_b} - \frac{1}{f_1}\right| = \left|\frac{f_1 - f_b}{f_b f_1}\right| = \frac{\Delta f}{f_0^2} \quad (8.2-7)$$

式中，$f_0 = \sqrt{f_b f_1}$；$\Delta f = |f_1 - f_b|$。

令 $T_0 = \frac{1}{f_0}$，则

$$f_0 |T_b - T_1| = \frac{\Delta f}{f_0} \quad (8.2-8)$$

当 $f_1 \neq f_b$ 时，每经过一个周期 T_0，产生时间上的位移（误差）为 $|T_b - T_1|$，单位时间内产生的误差为 $\frac{T_b - T_1}{T_0}$。若容许总的时间误差为 T_0/K 秒（K 为一常数），则达到此误差的时间即为“同步保持时间”，超过此时间就算失步了。

因此

$$t_c = \frac{T_0/K}{|T_b - T_1|/T_0} = \frac{T_0^2}{K|T_b - T_1|} = \frac{T_0 f_0}{K\Delta f} = \frac{1}{K\Delta f}(\text{s}) \quad (8.2-9)$$

式中，

$$\Delta f = \frac{1}{K t_0}$$

若同步保持时间 t_c 的指标已定，可由上式求收发两端振荡器的频率稳定度为

$$\Delta f = \frac{1}{t_c K} \quad (8.2-10)$$

此频率误差是由收发两端振荡器造成的。若两振荡器的频率稳定度相同，则要求每个振荡器的频率稳定度不低于

$$\frac{\Delta f}{2f_0} = \pm \frac{1}{2t_0 K f_0} \quad (8.2-11)$$

四、同步带宽 Δf_s

由式(8.2-9)看到：当 $T_b \neq T_1$ 时每经过 T_0 时间，该误差会引起 $\Delta T = \frac{\Delta f}{f_0^2}$ 的时间漂移，根据数字锁相环的工作原理，锁相环每次所能调整的时间为 T/n（$T/n \approx T_0/n$）。对随机数字来说，平均每两个码元周期才能调整一次，那么平均一个码元周期内，锁相环能调整的时间只有 $T_0/2n$。很显然，如果输入信号码元的周期与接收端固有位定时脉冲的周期之差为

$$|\Delta T| = |T_b - T_1| > \frac{T_0}{2n} \quad (8.2-12)$$

则锁相环将无法使接收端位同步与输入信号的相位同步，这时，由频差所造成的相位差就会逐渐积累而使系统失去同步。因此，通常取

$$|\Delta T| = \frac{T_0}{2n} = \frac{1}{2nf_0} \tag{8.2-13}$$

求得

$$|\Delta T| = \frac{|\Delta f_s|}{f_0} = \frac{1}{2nf_0} \tag{8.2-14}$$

所以同步带宽

$$|\Delta f_s| = \frac{f_0}{2n} \tag{8.2-15}$$

五、位同步相位误差对性能的影响

由前面分析知，位同步的最大相位误差 $\theta_e = \frac{360°}{n}$，若用最大时间误差表示，则为 $T_e = \frac{T_b}{n}$。由于相位误差的存在将直接影响到抽样判决时刻，使抽样判决点的位置偏离其最佳位置。基带传输和频带传输的解调过程中都是在抽样点的最佳时刻进行判决，所得的误码率公式也都是在最佳抽样时刻得到的。当位同步信号存在相位误差时，必然引起误码率 P_e 增高。以 2PSK 信号为例，在最佳接收判决时，$\theta_e = 0$，有

$$P_e = \frac{1}{2}\text{erfc}\sqrt{\frac{E}{n_0}}$$

当 $\theta_e \neq 0(T_e \neq 0)$ 时，经计算得

$$P_e = \frac{1}{4}\text{erfc}\sqrt{\frac{E}{n_0}} + \frac{1}{4}\text{erfc}\sqrt{E\left(1 - \frac{2T_e}{T_b}\right)\Big/ n_0} \tag{8.2-16}$$

8.3　帧同步

位同步的目的是确定数字通信中的各个码元的抽样时刻，即把每个码元加以区分，使接收端得到一连串的码元序列，这一连串的码元序列代表一定的信息。通常由若干个码元代表一个字母(符号、数字)，而由若干个字母组成一个字，若干个字组成一个句。在传输数据时则把若干个码元组成一个个的码组，即一个个的“字”或“句”，通常称之为群或帧。群同步又称帧同步。帧同步的任务是把字、句和码组区分出来。在时分多路传输系统中，信号是以帧的方式传送的。每一帧中包括许多路。接收端为了把各路信号区分开来，也需要帧同步系统。本节主要讨论时分多路复用时的帧同步问题。

帧同步信号的频率可很容易由位同步信号经分频得到，但是每帧的开头和结尾时刻无法由分频器的输出决定。为了解决帧同步中开头和结尾的时刻，即为了确定帧定时脉冲的相位，通常有两类方法：一类是在数字信息流中插入一些特殊码组作为每帧的头尾的标记，接收端根据这些特殊码组的位置就可以实现帧同步。另一类方法不需要外加特殊码组，用类似于载波同步和位同步中的自同步法，利用码组本身之间彼此不同的特性来实现自同步。我们主要讨论插入特殊码组实现帧同步。插入特殊码组实现帧同步的方法有两种：集中插入方式和分散插入方式。下面分别予以介绍。在此之前，首先简单介绍一种

在电传机中广泛使用的起止式帧同步法。

8.3.1 起止式同步法

起止式同步法广泛应用于电传机中,如图 8.3-1 所示。电传报的一个字由 7.5 个码元组成,每个字的开始先发一个码元宽度的起脉冲(负值),中间 5 个码元是消息,字的末尾是 1.5 个码元宽度的止脉冲(正值)。收端根据 1.5 个码元宽度的正电平转到一个码元宽度的负电平这一特殊规律,就可以确定一个字的起始位置。于是可实现帧同步。由于这种同步方式中的止脉冲宽度与码元宽度不一致,会给同步数字传输带来不便。另外,在这种同步方式中,7.5 个码元中只有 5 个码元用来传输消息,因此效率较低。

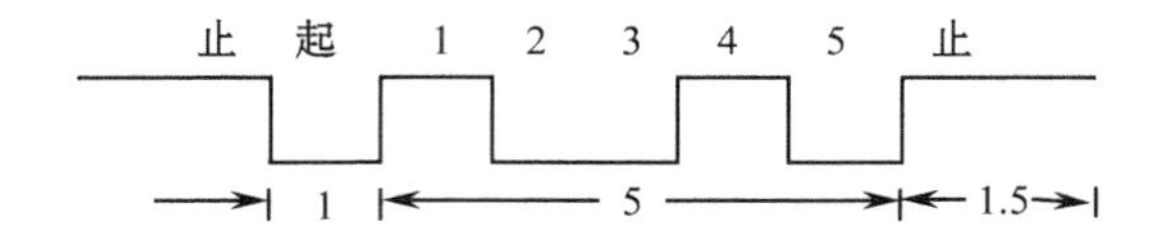

图 8.3-1 起止式同步法传输的字符格式

8.3.2 对帧同步系统的要求

帧同步系统通常应满足下列要求。

(1) 帧同步的引入时间要短,设备开机后应能很快地进入同步。一旦系统失步,也能很快地恢复同步。

(2) 同步系统的工作要稳定可靠,具有较强的抗干扰能力,即同步系统应具有识别假失步和避免伪同步的能力。

(3) 在一定的同步引入时间要求下,同步码组的长度应最短。

同步系统的工作稳定可靠对于通信设备是十分重要的。但是数字信号在传输过程中总会出现误码而影响同步,一种是由信道噪声等引起的随机误码,此类误码造成帧同步码的丢失往往是一种假失步现象(漏同步),在满足一定误码率条件下,此种假失步系统能自动地迅速恢复正常,同步系统此时并不动作;另一种是突发干扰造成的误码,当出现突发干扰或传输信道性能恶化时,往往会造成码元大量丢失,使同步系统因连续检不出帧同步码而处于真失步状态。此时,同步系统必须重新捕捉,从恢复的码流中捕捉帧同步码,重新建立同步。为了使帧同步系统具有识别假失步的能力,特别引入了前方保护时间的概念,它指从第一个同步码丢失起到同步系统进入捕捉状态为止的一段时间。

当同步系统处于捕捉状态后,要从码流中重新检出同步码以完成帧同步。但是,无论选择何种同步码型,信息码流中都有可能出现与同步码图案相同的码组,而造成同步动作,这种码组称为伪同步码(假同步)。若帧同步系统不能识别伪同步码,将导致系统进入误同步状态,使整个通信系统不稳定。为了避免进入伪同步而引入了后方保护时间的概念。它是指从同步系统捕捉到第一个真同步码到进入同步状态的一段时间。前方保护时间和后方保护时间的长短与同步码的插入方式有关。下面结合具体插入方式进行讨论。

8.3.3 集中插入同步法

集中插入方式插入的帧同步码,要求在接收端进行同步识别时出现伪同步的可能性尽量小;并要求此码组具有尖锐的自相关函数,以便识别;另外,识别器也要尽量简单。目前用得最广泛的是性能良好的“巴克”(Barker)码。

一、巴克码

巴克码是一种具有特殊规律的二进制码组。其特殊规律是:它是一个非周期序列,一个 n 位的巴克码$\{x_1,x_2,x_3,\cdots,x_n\}$,每个码元只可能取值 +1 或 -1,它的局部自相关函数为

$$R(j) = \sum_{i=1}^{n-j} x_i x_{i+j} = \begin{cases} n & \text{当} j = 0 \\ 0,\ +1,\ -1 & \text{当} 0 < j < n \\ 0 & \text{当} j \geqslant n \end{cases} \tag{8.3-1}$$

目前已找到的所有巴克码组如表 8.3-1 所列。

表中“+”表示 x_i 取值为 +1,“-”表示 x_i 取为 -1。以 7 位巴克码组{+ + + - - + -}为例,求出它的自相关函数如下:

当 $j=0$ 时

$$R(j) = \sum_{i=1}^{7} x_i^2 = 1+1+1+1+1+1+1 = 7 \tag{8.3-2}$$

当 $j=1$ 时

$$R(j) = \sum_{i=1}^{6} x_i x_{i+1} = 1+1-1+1-1-1 = 0 \tag{8.3-3}$$

同样可以求出 $j=2,3,4,5,6,7$ 时 $R(j)$ 的值分别为 -1,0,-1,0,-1,0。另外,再求出 j 为负值的自相关函数值,两者合在一起所画出的 7 位巴克码的 $R(j)$ 与 j 的关系曲线如图 8.3-2 所示。由图可见,自相关函数在 $j=0$ 时具有尖锐的单峰特性。

表 8.3-1　巴克码组

n	巴克码组
2	+ +
3	+ + -
4	+ + + -, + + - +
5	+ + + - +
7	+ + + - - + -
11	+ + + - - - + - - + -
13	+ + + + + - - + + - + - +

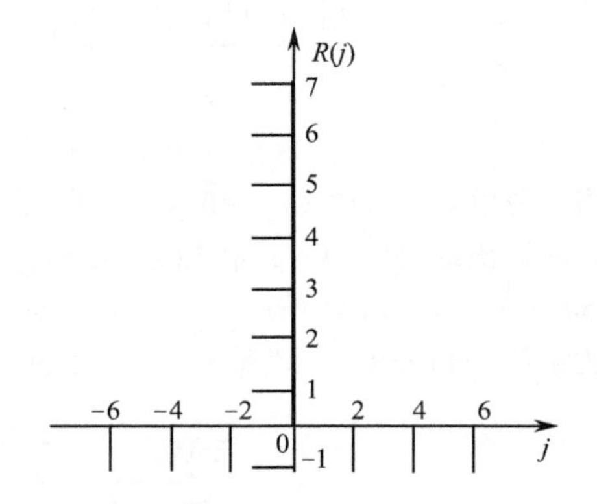

图 8.3-2　7 位巴克码的 $R(j)$ 与 j 的关系曲线

产生巴克码的方法常用移位寄存器。7 位巴克码产生器如图 8.3-3 所示。

图 8.3-3(a)是串行式产生器,移位寄存器的长度等于巴克码组的长度。7 位巴克码由 7 级移位寄存器单元组成。各寄存器单元的初始状态由预置线预置成巴克码组相应

的数字。7 位巴克码的二进制数为 1110010。移位寄存器的输出端反馈至输入端的第一级。因此,7 位巴克码输出后,寄存器各单元均保持原预置状态。这种方式的移位寄存器的级数等于巴克码的位数,看起来有些浪费。另一种是采用反馈式产生器,它只有 3 级移位寄存器单元和一个模 2 加法器组成,同样也可产生 7 位巴克码,这种方法也叫逻辑综合法,此结构节省部件。

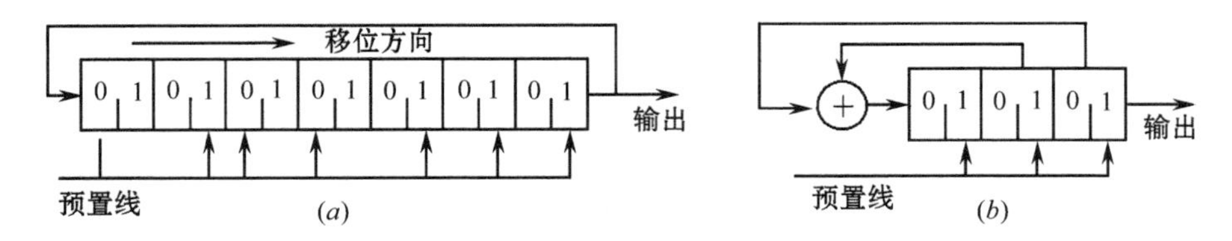

图 8.3-3 7 位巴克码的产生器
(a) 串行式;(b) 反馈式。

巴克码的识别仍以 7 位巴克码为例,用 7 级移位寄存器、相加器和判决器就可以组成一个巴克码识别器,如图 8.3-4 所示。各移位寄存器输出端的接法和巴克码的规律一致,即与巴克码产生器的预置状态相同。当输入数据的"1"进入移位寄存器时,"1"端的输出电平为 +1,而"0"端的输出电平为 -1;反之,输入数据"0"时,"0"端的输出电平为 +1,"1"端的电平为 -1。识别器实际是对输入的巴克码进行相关运算。

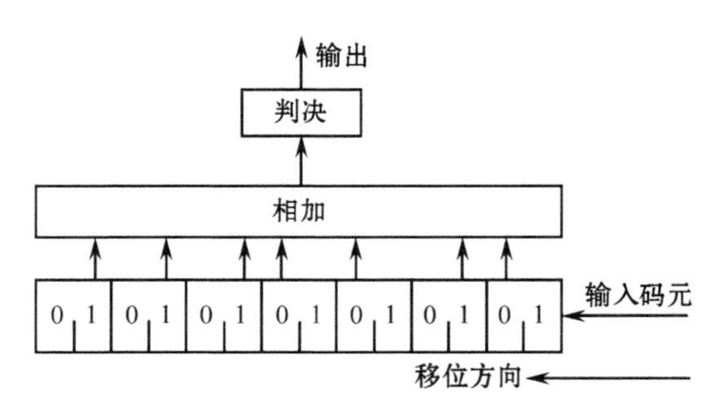

图 8.3-4 7 位巴克码识别器

当 7 位巴克码在图 8.3-5(a)中的 t_1 时刻已全部进入了 7 级移位寄存器时,7 个移位寄存器输出端都输出 +1,相加后得最大输出 +7。若判决器的判决门限电平定为 +6,那么,就在 7 位巴克码的最后一位"0"进入识别器后,识别器输出一个帧同步脉冲,表示一帧数字信号的开头,如图 8.3-5(b)所示。

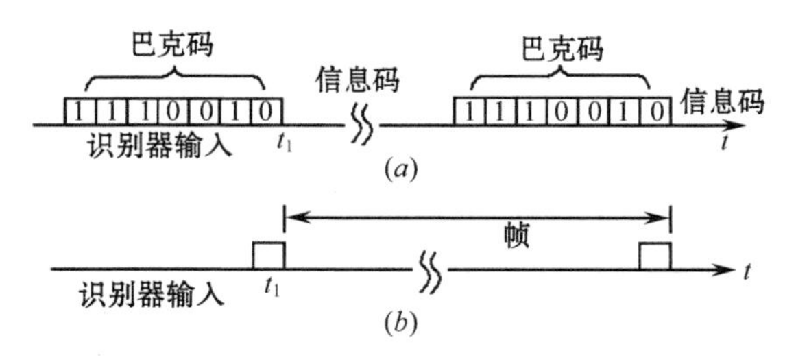

图 8.3-5 识别器的输出波形

二、PCM30/32 路的帧结构和基群设备定时脉冲及参数

PCM30/32 路数字传输时的帧同步通常采用集中插入方法。本书以 PCM30/32 路数字传输为例讨论另一种形式的集中插入帧同步方法。

图 8.3－6 示出了 PCM30/32 路时分多路时隙的分配图。在两个相邻抽样值间隔中，分成 32 个时隙，其中 30 个时隙用来传送 30 路电话，一个时隙用来传送帧同步码，另一个时隙用来传送各话路的标志信号码。第 1 到第 15 话路的码组依次安排在时隙 TS_1 到 TS_{15} 中传送，而第 16 到第 30 话路的码组依次在时隙 TS_{17} 到 TS_{31} 中传送。TS_0 时隙传送帧同步码，TS_{16} 时隙传送标志信号码。

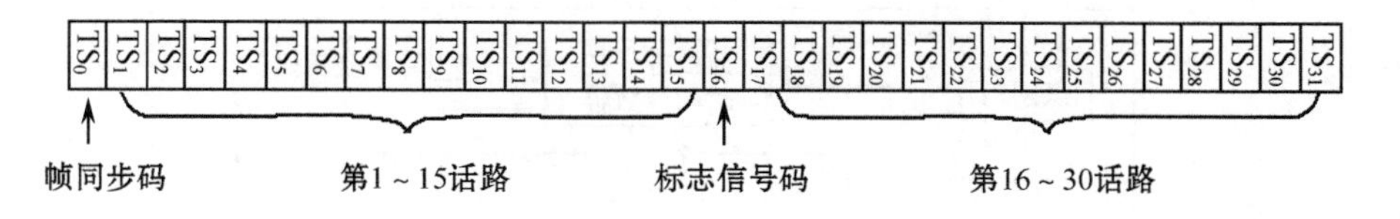

图 8.3－6　PCM30/32 基群的帧结构

集中插入同步码通常是采用一个字长 r 比特的码组，集中插入一帧中的一个时隙内。PCM30/32 路设备中，采用 $r=7$ 比特的同步码组，集中插入到偶帧的 TS_0 时隙。这种插入方式要占用信息时隙，但却缩短了同步引入时间，有利于开发数据传输等多种业务。

CCITT 对 PCM30/32 路设备的帧时隙分配建议如表 8.3－2 所列。

为了使帧同步能较好地识别假失步和避免伪同步，帧同步码选为 0011011。此系统选择这种码型的理论依据不在此叙述，请读者参考有关书籍。表 8.3－2 列出了帧同步码的分配情况。

表 8.3－2　帧同步码的分配情况

<table>
<tr><th rowspan="2"></th><th colspan="8">比特编号</th></tr>
<tr><th>1</th><th>2</th><th>3</th><th>4</th><th>5</th><th>6</th><th>7</th><th>8</th></tr>
<tr><td rowspan="2">包含帧定位信号的时隙“0”</td><td rowspan="2">保留给国际使用(目前固定为1)</td><td>0</td><td>0</td><td>1</td><td>1</td><td>0</td><td>1</td><td>1</td></tr>
<tr><td colspan="7">帧定位信号</td></tr>
<tr><td>不包含帧定位信号的时隙“0”</td><td>保留给国际使用(目前固定为1)</td><td>1</td><td>0/1(用于 PCM 对告)</td><td colspan="5">保留给国内使用
(目前固定为1)</td></tr>
</table>

从表 8.3－2 看出，帧同步码占有第 2 到第 8 位，插入在偶帧 TS_0 时隙。第 1 位码目前保留未用。

奇帧 TS_0 时隙插入码的分配是：第 1 位保留给国际用，暂定为 1；第 2 位作监视码为 1，用以检验帧定位码；第 3 位用做对告码，同步时为 0，一旦出现失步，即变为 1，并告诉对方，出现对告指示；第 4 位到第 8 位目前固定为 1，留给国内今后开发使用。

三、集中插入同步法

PCM30/32 路的帧同步码采用集中插入方式。因此通常采用集中插入同步码的滑动法来恢复帧同步信号，如图 8.3－7 所示。其工作原理是：此电路是由 5 部分组成，即移位

寄存器和识别门组成同步码检出电路；前后保护计数器完成前方保护时间和后方保护时间计数，并通过 R－S 触发器发出同步及失步指令，以及定时系统的起止信号 S；接收定时系统产生接收端运用的各类定时脉冲；时标发生器产生与 PCM 码元中同步码的时间相一致的偶帧时标信号，作为比较脉冲在识别门和收到的同步码进行比较，并产生与 PCM 码流中奇帧监视码时间关系一致的奇帧时标信号，用来检出监视码，还产生供保护时间计数使用的触发时钟；奇帧监视码检出电路用来检出奇帧 TS_0 中的第二位。

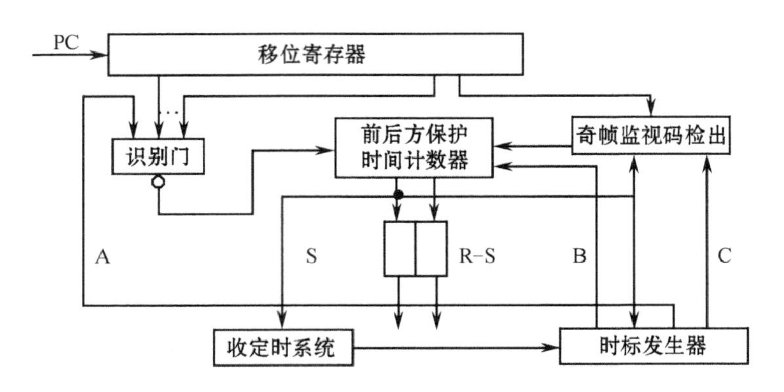

图 8.3－7　PCM30/32 路帧同步系统框图

同步时，前后方时间保护计数器处于起始状态。S＝1，收定时系统工作，时标发生器产生三种时标信号：即 A 的周期为 125μs，脉冲为 1b，出现在 TS_0 时隙；B 的周期为 250μs，出现偶帧 TS_0；C 的周期为 250μs，出现在奇帧 TS_0。A、B、C 三路时标分别加到识别门、保护时间计数器和监视码检出电路。PCM 码进入移位寄存器，当出现同步码组时，由于处于同步状态，收定时系统产生的各种定时脉冲与接收到的码流中的时序规律相同。同步码检出电路由 8 级移位寄存器和识别门组成。只有当 0011011 码组进入移位寄存器，且帧结构的时序状态保持对准关系，A 时标出现“1”的时刻才有同步码检出。检出的同步码是周期为 250μs，脉宽为 1 比特的负脉冲。

当出现同步码错误时，识别门无同步码检出，其输出为高电平。在时标 B 的作用下，开始前方保护时间计数。如果连续丢失 3（或 4）个帧同步码，计数器计满，输出指令 S＝0，将收定时系统强迫置位到一个固定状态，系统进入同步捕捉状态。此时，由于收定时停止动作，使时标发生器输出的时标信号 A 为高电平状态，以便捕捉同步码。

当 PCM 码恢复正常后，同步系统从输入码流中捕捉到 0011011 码组。相当于第 N 帧有同步码，识别门输出一个检出脉冲用于帧同步。此时，后方保护时间计数开始，S＝1，收定时系统启动并使时标发生器产生各类时标 A、B、C。时标 C 加到奇监视码检出电路，如果 $N+1$ 帧的检出电路检出的是高电平“1”，表示 $N+1$ 帧满足无同步码条件，应在 $N+2$ 帧由识别门再一次检出同步码，后方保护时间计数器动作，系统进入同步状态。

当 $N+1$ 帧出现的第二位码不是“1”而是“0”时，则表示 $N+1$ 帧无同步码的要求不成立，奇帧监视码检出电路输出一个负脉冲，将计数器强制置位到起始状态。同步系统重新进入捕捉状态。

如果 N 帧和 $N+1$ 帧均符合规定，$N+2$ 帧无同步检出，后方保护时间计数器所计的数无效，系统也必须重新进行捕捉。

8.3.4　分散插入同步法

另一种帧同步方法是将帧同步码分散地插入到信息码元中，即每隔一定数量的信息码元插入一个帧同步码元。这时为了便于提取，帧同步码不宜太复杂。PCM24 路数字电话系统的帧同步码就是采用的分散插入方式。下面以此为例进行讨论。

一、PCM24 路的帧结构

图 8.3－8 所示为 PCM24 路时分多路时隙的分配图。图中 b 为振铃码的位数，n 为 PCM 编码位数，F 为帧同步码的位数，K 为监视码的位数，N 为路数。其中 $n=7$，$b=1$，$F=1$，$N=24$，$K=0$。

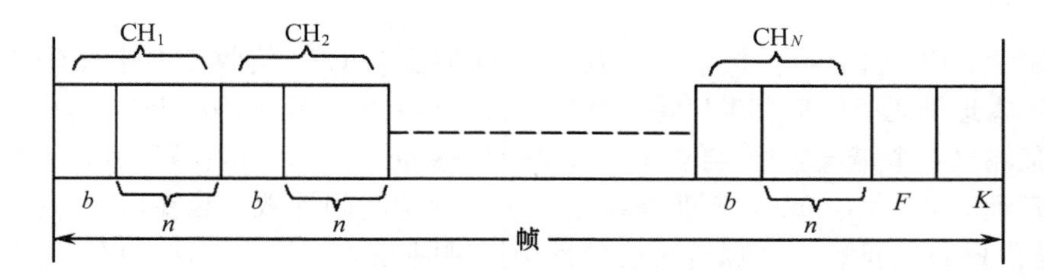

图 8.3－8　PCM24 路时分多路时隙的分配图

PCM24 路基群设备以及一些简单的 ΔM 通信系统通常采用等间隔分散插入方式，如图 8.3－9 所示。

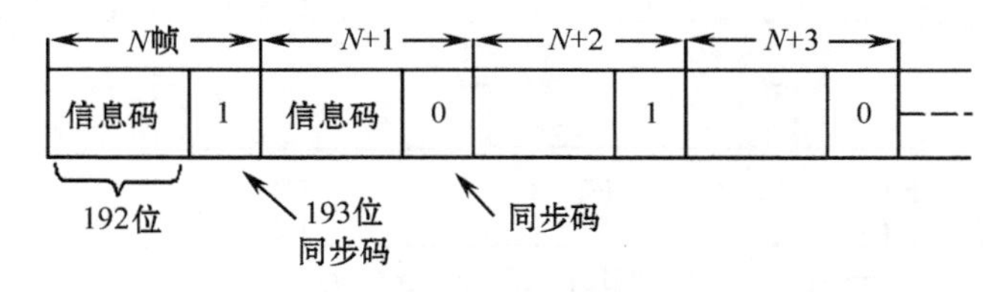

图 8.3－9　PCM24 路基群的同步码的分散插入方式

同步码采用 1，0 交替型，等距离地插入在每一帧的最后一个码位之后，即 PCM24 路设备是第 193 码位。这种插入方式的最大特点是同步码不占用信息时隙，同步系统结构较为简单，但是同步引入时间长。

二、1 比特移位方式

对于采用分散插入方式的 PCM24 路的帧同步信号的提取通常采用 1 比特移位方式，如图 8.3－10 所示。工作原理是：接收端通过本地码发生器产生和发送端相同的帧同步码，将接收到的 PCM 码与本地帧同步码同时加到“不一致门”上。不一致门由“模 2 加”电路组成，其逻辑功能为 $A \oplus A=0$，$A \oplus \overline{A}=1$。

当本地帧和收到码流中的帧对准时，不一致门无信号输出。当本地帧和收到码流中的帧对不上时，则不一致门有错误脉冲输出。一方面输出的错误脉冲经展宽、延时后作为控制定时系统的移位脉冲；另一方面输出的错误脉冲经前后方保护时间计数时，计数电路输出高电平“1”。

此时移位脉冲经 T_1 门变为负脉冲，并通过 T_2 门将时钟脉冲扣除 1 比特，如图

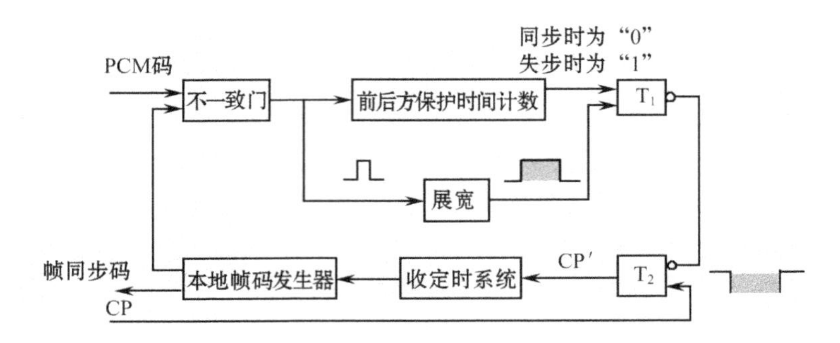

图 8.3-10 1 比特移位方式框图

8.3-11所示。CP 为时钟脉冲,它被扣除一个脉冲变为 CP′,使收定时电路停止动作一拍,相当于本地帧码时间后移 1 比特。如果后移一拍后的本地帧码和 PCM 码中帧同步还未对准,又输出一个错误脉冲,再将 CP 扣除一个脉冲,使产生的帧码又后移 1 比特。如此下去,直到对准为止。此时,同步系统进入后方保护时间计数。当在后方保护时间内,本地帧码和 PCM 中的帧一直保持对准状态,则表明系统可以进入同步。保护电路的输出状态回复到“0”,同步系统处于正常工作状态。

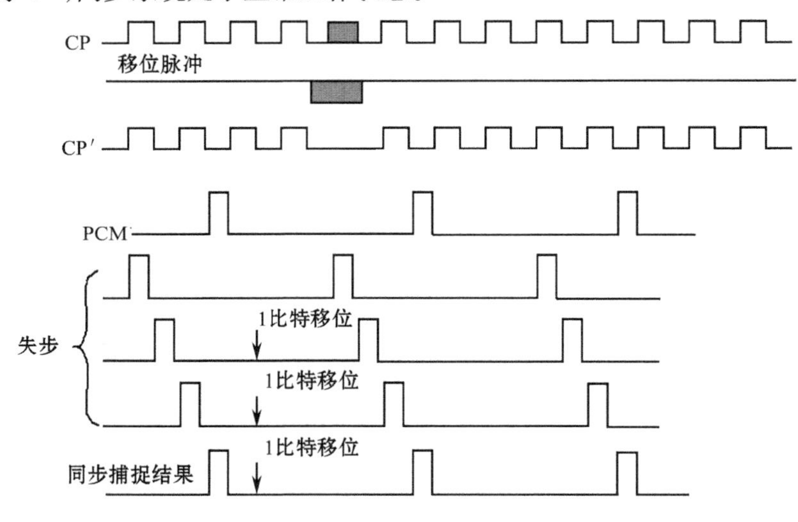

图 8.3-11 1 比特移位原理

8.3.5 帧同步系统的性能

衡量帧同步系统的主要指标有漏同步概率 P_1,假同步概率 P_2 和帧同步平均建立时间 t_s。不同方式的同步系统,性能自然不同。在此主要分析集中插入方式的同步系统的性能。

一、漏同步概率 P_1

如前所述,数字信号在传输过程中由于干扰的影响使同步码组产生误码,而使帧同步信息丢失,造成假失步现象,通常称为漏同步。出现这种情况的可能性称为漏同步概率,用 P_1 表示。

设帧同步码组长为 n，码元的误码率为 P_e，m 为容许码组出错的最大数。因此码组中所有不超过 m 个错误的码组都能正确识别，则未漏同步概率为

$$\sum_{r=0}^{m} C_n^r P^r (1-P)^{n-r} \tag{8.3-4}$$

故得漏同步概率为

$$P_1 = 1 - \sum_{r=0}^{m} C_n^r P^r (1-P)^{n-r} \tag{8.3-5}$$

二、假同步概率 P_2

被传输的信息码元是随机的，完全可能出现与帧同步相同的码组，这时识别器会把它当作帧同步码组来识别而造成假同步（或称伪同步）。出现这种情况的可能性称为假同步概率，用 P_2 表示。

计算 P_2 就是计算信息码中出现帧同步码型的概率。设二进制码元中信息码的"1"、"0"码等概率出现，$P(1)=P(0)=0.5$，则由该二进制码元组成 n 位码组的所有可能的码组数为 2^n 个。其中能被判为同步码组的组合数与判决器容许帧同步码组中最大错码数 m 有关。若 $m=0$，只有 C_n^0 个码组能识别；若 $m=1$，则有 $C_n^0+C_n^1$ 个码组能识别。依次类推，就可求出消息码元中可被判为同步码组的组合数为 $\sum_{r=0}^{m} C_m^r$，因而可得假同步概率为

$$P_2 = \frac{1}{2^n}\sum_{r=0}^{m} C_m^r \tag{8.3-6}$$

比较式(8.3-5)和式(8.3-6)可见，m 增大，即判决门限电平降低时，P_1 减小，而 P_2 增加。这两项指标是有矛盾的，判决门限的选取要兼顾两者。

PCM30/32 的设备中帧同步系统引入后方保护时间，用奇监视码位来检查同步码的真伪。于是提高了系统的抗干扰性能，因此出现假同步的概率 P_2 很小。

三、平均同步建立时间 t_s

设漏同步和假同步都不出现，在最不利的情况下，实现帧同步最多需要一帧时间。设每帧的码元数为 N，每码元的时间为 T_b，则一帧的时间为 NT_b。在建立同步过程中，如出现一次漏同步，则建立时间也要增加 NT_b；如果出现一次假同步，建立时间也要增加 NT_b。因此，帧同步的平均建立时间为

$$t_s = (1 + P_1 + P_2)NT_b \tag{8.3-7}$$

分散插入同步法的平均建立时间通过分析计算约为

$$t_s \approx N^2 T_b \tag{8.3-8}$$

显然，集中插入同步方法的 t_s 比分散插入方法要短得多，因而在数字传输系统中被广泛应用。

8.4　跳频信号的同步

跳频通信系统除了有一般数字通信系统的载波同步、位同步、帧同步的要求外，还有其特有的码系列同步，即要求收发双方不仅时钟频率要对准，而且要求码系列的起点要对

齐。因此跳频系统的同步问题也就比一般的数字通信系统更关键,更为复杂。

跳频同步是指收、发双方的跳频图案相同,跳频的频率序列相同,跳变的起止时刻相同。但是由于从发射点到接收点电波传播的时延及多径传播,收发双方启动码系列的时间差或收发双方时钟的不稳定等因素都可能产生收发之间的时间差异。而收发双方基准频率源的不稳定性或多普勒频移又会造成收、发双方之间的频率偏差。而跳频同步的过程,就是搜索和消除时间及频率偏差的过程,以保证收发双方码相位和载波的一致性。

8.4.1 跳频同步的内容及方法

由以上分析可知,跳频通信的同步应包含以下几方面。

(1) 频率同步:即使发送信号载波频率和接收本地信号载频之差落在中频窄带晶体滤波器的通带内。

(2) 跳频图案同步:跳频接收机本地载频随时间 T 跳变的图案必须与发送端跳频图案相同。

(3) 跳频码元同步:跳频通信收发两地跳频速率和起始相位应在允许的范围内,即小于1/2个码元。

(4) 失步检测判决:能及时准确地判定通信系统的失步。

跳频通信系统采用的同步方法有以下几方面。

(1) 同步字头法:也称插入前置同步法。用一组特殊的码字携带同步信息,把它周期地或非周期地插入跳频指令码序列中,接收端根据前置码的特点,可从接收到的跳频序列中识别出来。

(2) 自同步法:它是利用发送端发送的数字信号序列中隐含的同步信息,在接收端将其提取出来,从而获得同步信息实现跳频。因此这种方法不需要同步字头,可以节省功率损耗,且具有较强的抗干扰能力。自同步法采用自适应方法,通信信号隐蔽,同步方式不需要转接中心,组网也较灵活。

(3) 高精度晶体时钟定时控制同步法:跳频收发信机的跳频程序时钟,用一个准确而可靠的格林威治时间作参考,用以设计一个不易失步的通信系统,使每个通信机每天的时间和日期都准确到 $1\mu s$,于是在预定的时间里,将所有的码发生器根据标准时间和日期进行校准。

8.4.2 跳频系统的等待自同步法

上述三种基本的同步方法各有其优缺点。在实际的跳频系统中,常常是将这几种基本方法组合起来应用,使跳频系统达到在某种条件下的最佳同步。例如,自同步法具有同步信息隐蔽的优点,但是存在同步建立时间长的缺点;而同步字头法具有快速建立同步的优点,但存在同步信息不够隐蔽的缺点。因此可将这两种方法进行组合,得到一个综合最佳的同步系统。

本节针对既要具有较强的抗干扰能力,又便于灵活组网,跳频速率较低,用户数少的可任意选址的小型移动通信网,着重介绍一种适用的等待搜索自同步法。

图8.4-1所示的是等待自同步法的跳频同步过程。图中,接收端在频率 f_6 上等待接收跳频信号;发送端发送的跳频信号的载频频率依次在 f_5、f_1、f_3、f_4、f_2、f_6…上跳变。当

发送端信号的载频跳变至 f_6 时,接收端接收到跳频信号,这时称为同步捕获,即可从跳频信号中解出它所携带的同步字头内的同步信息。接着,就依照同步信息的指令开始同步跳频,即由等待阶段转入同步跳频的跟踪阶段,从而建立了跳频系统的同步。

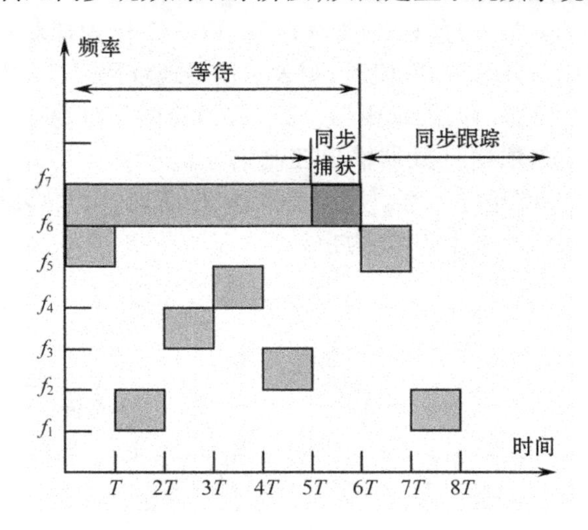

图 8.4-1　等待自同步示意图

跳频信号的时间的同步有中频和基频两种方式,也就是说,使跳频信号变到中频或基频范围内,再进行检测和同步识别。通常多采用中频方法,即接收信号与本地载频进行混频,通过带通滤波器取其中频。同步过程又可分为捕获和跟踪两部分。

等待搜索自同步法的原理如图 8.4-2 所示,它是在完成频率同步的条件下,依次完成跳频图案的同步,跳频脉冲码元同步和失步检测判决。它将同步基本上分成以下 4 个状态来处理。

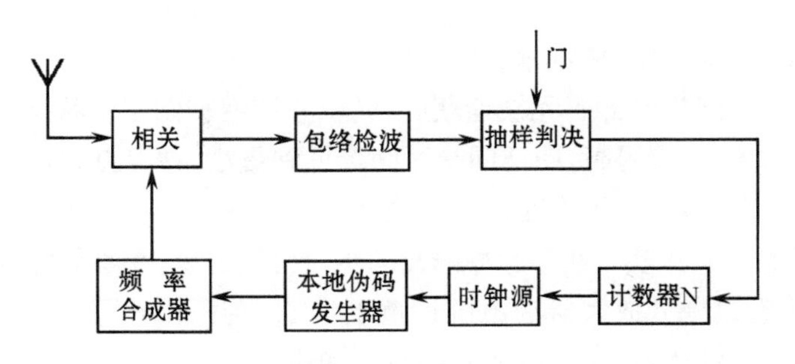

图 8.4-2　等待搜索自同步法原理框图

一、等待、搜索状态

收发双方开始联系时,由于接收机对发送端跳频信号的频率和相位一无所知,因而接收端的频率合成器的振荡频率只能停留在某一频率 f 上,等待搜索发送端跳频信号中对应频率 f_1。当发射频率与接收端的本振频率经过混频,中频滤波器再包络检波,若包络检波器的输出 ξ_i 超过一定的门限电平值 ξ_{th},这一电平触发伪码发生器,使频率合成器输出相邻的本振跳频频率,重复这种等待捕捉过程,一直到各次跳频都产生超过门限的电平时,这就说明了收发两端跳频图案相同。如果检波输出电平低于门限值,则本振频率停止在原状态捕捉或把本振序列导前某一时间，再继续捕捉。

二、跳频图案的同步状态

捕捉门限值与码序列的相关性如图 8.4－3 所示，若两个码序列的相位差 $\tau=0$ 时，则相关值最大为 L；当 $|\tau|=T_c/2$ 时，相关值为 $L/2$。取 $L/2$ 作为捕获的门限值。包络检波器的输出与门限值相比，若超过门限值时，则表示信号地址码与本地码的起始相位差小于 $T_c/2$。于是接收机一方面启动伪码发生器，另一方面连续累计超过门限的次数。若超过预定的 K 次，表示捕获成功，由计数器输出控制信号，使本地时钟停止跳动，保持现有的起始相位，并自动转到时间跟踪状态。相位差大于 $T_c/2$ 时，就要再继续搜索，这样重复 n 次，直到收、发码序列相位差小于 $T_c/2$ 为止。

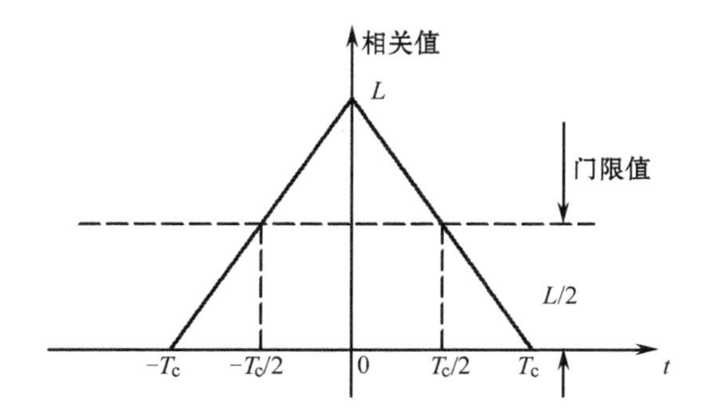

图 8.4－3　门限值与码序列相关性的关系

由以上分析可知，为了减少虚报概率和完成跳频指令图案的同步，不是一次满足包络检波输出电平 ξ_i 大于门限电平 ξ_{th}，系统即进入锁定跟踪，而是进入检测判决状态 ξ_i，还要继续观察 $\xi_i>\xi_{th}$。只有在一个周期内都能达到 $\xi_i>\xi_{th}$，且当累计数 $N>K$ 后才进入锁定跟踪状态。

三、跟踪状态及跳频脉冲码元同步

在跳频系统中当同步脉冲码元被捕获后，同步系统就转到跟踪状态，将捕获时所能得到的相位精度 $T_c/2$ 进一步提高，即把同步区间降低到更小，并保持着这个精度。

当系统进入锁定跟踪后，不像在检测判决状态那样受 $\xi_i>\xi_{th}$ 判决控制，而是由跳频脉冲码元直接触发跳频器，来实现跳频脉冲码元同步。也就是说，在跳频脉冲周期 T_c 和 $T_c/2$ 的时刻抽样，其值经过差分放大器输出统计量电平 ξ_i'，与门限电平 $\pm\xi_{th}'$ 相比较，产生加、减脉冲来调节本地时钟相位，完成跳频脉冲码元同步。

四、失步检测判决

为防止和减少漏报概率，在进入锁定跟踪状态后，还必须在 T_c 时刻取出同步检测统计量与判决门限比较，只有在一定码长内，累计 K 次（K 为失步检测判决次数）出现检测统计量低于门限时，系统处于失步，随即封锁跳频脉冲码元输出，且停止本地跳频器输出频率的跳变，重新回到等待捕捉状态。等待搜索自同步过程的流程如图 8.4－4 所示。

等待搜索自同步法具有较短的平均捕获时间和较长的平均锁定时间，在失步和假锁情况下，具有较短的平均失步检测时间。由于其有较强的抗干扰能力，组网灵活，因此，在跳频速率低、用户较少的任意选址的小型移动通信网中是行之有效的方法。

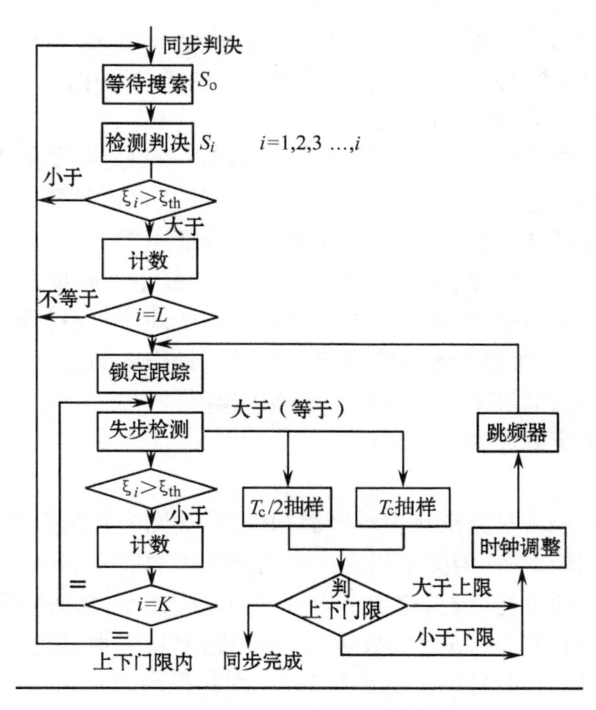

图 8.4-4 等待搜索自同步法流程图

8.5 网同步

当通信是在点对点之间进行时,完成了载波同步、位同步和帧同步之后,就可以进行可靠的通信了。但现代通信往往需要在许多通信点之间实现相互连接,而构成通信网。显然,为了保证通信网各点之间可靠地进行数字通信,必须在网内建立一个统一的时间标准,称为网同步。

实现网同步的方法主要有两大类:一类是全网同步系统,即在通信网中使各站的时钟彼此同步,各站的时钟频率和相位都保持一致。建立这种网同步的主要方法有主从同步法和相互同步法。另一类是准同步系统,也称独立时钟法,即在各站均采用高稳定性的时钟,相互独立,允许其速率偏差在一定的范围之内,在转接时设法把各处输入的数码速率变换成本站的数码率,再传送出去。在变换过程中要采取一定措施使信息不致丢失。实现这种方式的方法有两种:码速调整法和水库法。

一、全网同步系统

全网同步方式采用频率控制系统去控制各交换站的时钟,使它们都达到同步,即使它们的频率和相位均保持一致,没有滑动。采用这种方法可用稳定度低而价廉的时钟,在经济上是有利的。

1. 主从同步法

在通信网内设立一个主站,它备有一个高稳定的主时钟源,再将主时钟源产生的时钟逐站传输至网内的各个站去,如图 8.5-1 所示。这样各站的时钟频率(即定时脉冲频率)都直接或间接来自主时钟源,所以网内各站的时钟频率相同。各从站的时钟频率通过各自的锁相环来保持和主站的时钟频率一致。由于主时钟到各站的传输线路长度不等,会使各站引入不同的时延。因此,各站都需设置时延调整电路,以补偿不同的时延,使各站的时钟不仅频率相同,而且相位也一致。

这种主从同步控制方式比较容易实现,它依赖单一的时钟,设备比较简单。此法的主要缺点是:若主时钟源发生故障,会使全网各站都因失去同步而不能工作;当某一中间站发生故障时不仅该站不能工作,其后的各站都因失步而不能工作。

图 8.5-2 示出另一种主从同步控制方式,称为等级主从同步方式。它所不同的是全网所有的交换站都按等级分类,其时钟都按照其所处的地位水平,分配一个等级。在主时钟发生故障的情况下,就主动选择具有最高等级的时钟作新的主时钟,即主时钟发生故障时,则由副时钟源替代,通过图中虚线所示通路供给时钟。

这种方式提高了可靠性,但较复杂。

2. 互控同步法

为了克服主从同步法过分依赖主时钟源的缺点,让网内各站都有自己的时钟,并将数字网高度互联实现同步,从而消除了仅有一个时钟可靠性差的缺点。各站的时钟频率都锁定在各站固有频率的平均值上,这个平均值称为网频频率,从而实现网同步。这是一个相互控制的过程,当网中某一站发生故障时,网频频率将平滑地过渡到一个新的值。这样,除发生故障的站外,其余各站仍能正常工作,因此提高了通信网工作的可靠性。这种方法的缺点是每一站的设备都比较复杂。

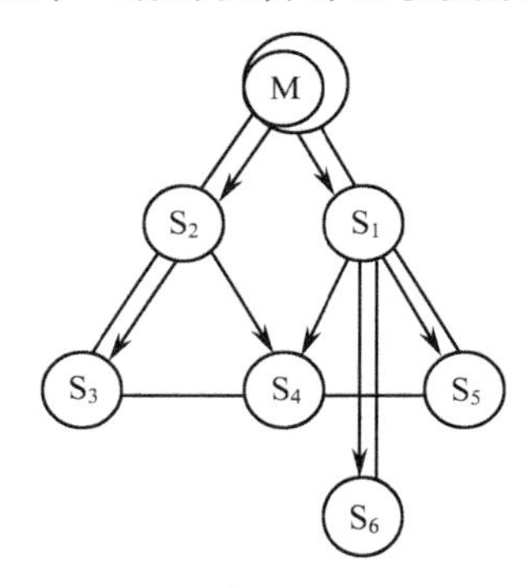

图 8.5-1 主从同步控制方式

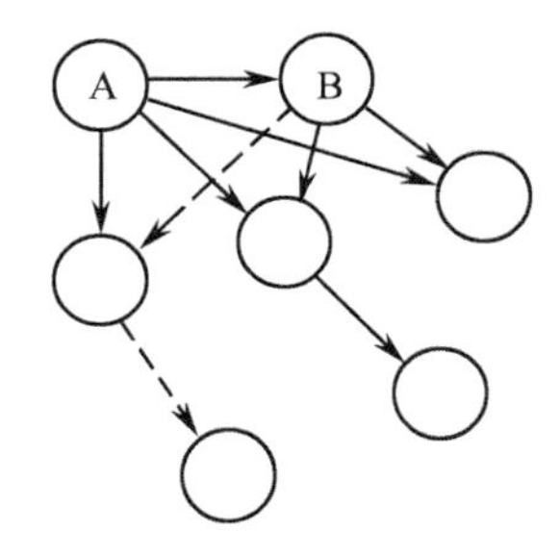

图 8.5-2 等级主从同步方式

二、准同步系统

1. 码速调整法

准同步系统各站各自采用高稳定时钟,不受其它站的控制,它们之间的钟频允许有一定的容差。这样各站送来的数码流首先进行码速调整,使之变成相互同步的数码流,即对本来是异步的各种数码进行码速调整。

2. 水库法

水库法是依靠在各交换站设置极高稳定度的时钟源和容量大的缓冲存储器,使得在很长的时间间隔内存储器不发生"取空"或"溢出"的现象。容量足够大的存储器就像水库一样,即很难将水抽干,也很难将水库灌满。因而可用做水流量的自然调节,故称为水库法。

现在来计算存储器发生一次"取空"或"溢出"现象的时间间隔 T。设存储器的位数

为 $2n$,起始为半满状态,存储器写入和读出的速率之差为 $\pm\Delta f$,则显然有

$$T = \frac{n}{\Delta f} \tag{8.5-1}$$

设数字码流的速率为 f,相对频率稳定度为 S,并令

$$S = \left| \pm \frac{\Delta f}{f} \right| \tag{8.5-2}$$

则由式(8.5-1)得

$$fT = \frac{n}{s} \tag{8.5-3}$$

式(8.5-3)是水库法进行计算的基本公式。现举例如下。设 $f=512\text{kb/s}$,并设

$$S = \left| \pm \frac{\Delta f}{f} \right| = 10^{-9} \tag{8.5-4}$$

需要使 T 不小于 24h(小时),则利用式(8.5-3),可求出 n,即

$$n = SfT = 10^{-9} \times 51200 \times 24 \times 3600 \approx 45$$

显然,这样的设备不难实现,若采用更高稳定度的振荡器,例如镓原子振荡器,其频率稳定度可达 5×10^{-11}。因此,可在更高速率的数字通信网中采用水库法作网同步。但水库法每隔一定时间总会发生“取空”或“溢出”现象,所以每隔一定时间 T 要对同步系统校准一次。

上面我们简要介绍了数字通信网的网同步的几种主要方式。但是,目前世界各国仍在继续研究网同步方式,究竟采用哪一种方式,有待探索。而且,它与许多因素有关,如与通信网的构成形式,信道的种类,转接的要求,自动化的程度,同步码型和各种信道的码率的选择等都有关系。前面所介绍的方式,各有其优缺点。目前数字通信正在迅速发展,随着市场的需要和研究工作的进展,可以预期今后一定会有更加完善、性能良好的网同步方法。

习 题

8-1 已知单边带信号 $S_{SSB}(t)=f(t)\cos\omega_0 t+\hat{f}(t)\sin\omega_0 t$,试证明它不能用平方变换-滤波法提取载波。

8-2 已知单边带信号 $S_{SSB}(t)=f(t)\cos\omega_0 t+\hat{f}(t)\sin\omega_0 t$,若采用与 DSB 导频插入相同的方法,试证明接收端可正确解调,若发送端插入的导频是调制载波,试证明解调输出中也含有直流分量。

8-3 设某基带信号如题8-3图所示,它经过一带限滤波器后变为带限信号,试画出从带限基带信号中提取位同步信号的原理方框图和各点波形。

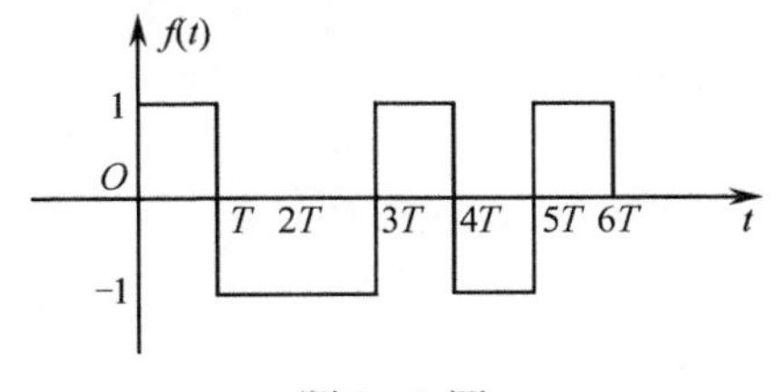

题 8-3 图

8－4 有两个相互正交的双边带信号 $A_1\cos\Omega_1 t\cos\omega_0 t$ 和 $A_2\cos\Omega_2 t\sin\omega_0 t$，送入如题 8－4 图所示的电路解调。当 $A_1=2A_2$，要求两路间的干扰和信号电压之比不超过 2% 时，试确定 $\Delta\varphi$ 的最大值。

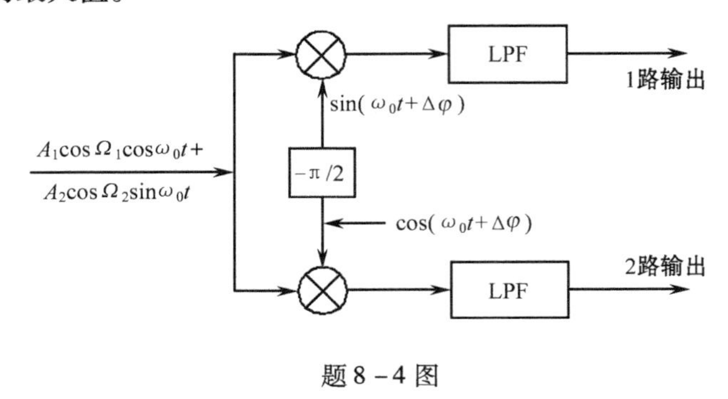

题 8－4 图

8－5 若 7 位巴克码组的前后全为"1"序列，加入图 8.3－4 所示的 7 位巴克码识别器的输入端，且各移位寄存器的初始状态均为零，试画出识别器中加法器和判决器的输出波形。

8－6 若7位巴克码组的前后全为"0"序列，将它加入图 8.3－4 所示的 7 位巴克码识别器的输入端，且各移位寄存器的初始状态均为零，试画出识别器中加法器和判决器的输出波形。

8－7 帧同步采用集中插入一个7位巴克码组的数字传输系统，若传输速率为1kb/s，误码率 $P_e=10^{-4}$，试分别计算允许错 $m=0$ 和 $m=1$ 位码时的漏同步概率 P_1 和假同步概率 P_2 各为多少？若每帧中的信号位为 153，估算帧同步的平均建立时间。

8－8 设数字通信网采用水库法进行码速调整，已知数据速率为 16kb/s，寄存器容量为 16 位，起始为半满状态。当时钟的相对频率稳定度为 $|\pm\Delta f/f|=10^{-6}$ 时，试计算需要调整的时间间隔。

第九章　信道编码

信道编码又称为信道纠错编码或者差错控制编码。它在数字通信系统中的作用是为了提高系统数据传输的可靠性。

在实际信道上传输数字信号时,由于信道特性的不理想以及加性噪声和人为干扰的影响,系统输出的数字信息不可避免地会出现差错。因此,为了保证通信内容的可靠性和准确性,每一个数字通信系统对输出信息码的差错概率,即常说的误码率 P_e 都有一定的要求。对于不同的通信业务和不同的通信内容,对误码率 P_e 的要求也不同。例如,对于数字话音传输系统,P_e 为 $10^{-3} \sim 10^{-4}$,但对于计算机网络之间传输的数据,则要求误码率 $P_e < 10^{-9}$,而对于某些关键性的数据传输,要求误码率甚至更低。

为了降低误码率,常用的方法有两种:一种是降低数字信道本身引起的误码,可采用的方法有选择高质量的传输线路、改善信道的传输特性、增加信号的发送能量、选择有较强抗干扰能力的调制解调方案等;另一种方法就是采用差错控制措施,使用信道编码。在许多情况下,信道的改善是不可能的或者是不经济的,这时只能采用信道编码方法。

与第四章信源压缩编码去掉信源冗余度的做法恰恰相反,信道编码是在要传输的数字码流中人为地加入一些多余的码元,这些多余的码元是按照一定的规律加入的,其目的是使原来互不相关的数据序列变为相互关联。接收端根据信息码元与多余码元之间的相关规则进行校验,检出错误或纠正错误。这些多余的码元被称为校验码元或监督码元。

9.1　信道编码的基本概念

9.1.1　有扰离散信道编码定理

在有扰信道中进行可靠信息传输的有扰信道编码定理,是香农于 1948 年提出的。该定理本身虽然没有给出具体的信道编码方法和纠错码的结构,但它从理论上为研究信道编码指出了努力的方向,奠定了有扰信道编码的理论基础。

有扰离散信道编码定理:对于一个给定的有扰信道,若信道容量为 C,只要发送端以低于 C 的速率 R 发送信息,则一定存在一种编码方法,使编码错误概率 P_e 随着码长 n 的增加,按指数下降到任意小的值,可表示为

$$P_e \leqslant e^{-nE(R)} \tag{9.1-1}$$

这里,$E(R)$ 称为误差指数,它与 R 和 C 的关系如图 9.1-1 所示。

这条定理告诉我们,为了满足用户对误码率 P_e 的要求,可以用以下两种方法实现:

(1) 在码长及发送信息速率一定的情况下,增加信道容量 C,从而使 $E(R)$ 增加。由图 9.1-1 可知,$E(R)$ 随信道容量的增加而增大。由式(9.1-1)可知,误码率 P_e 随 $E(R)$

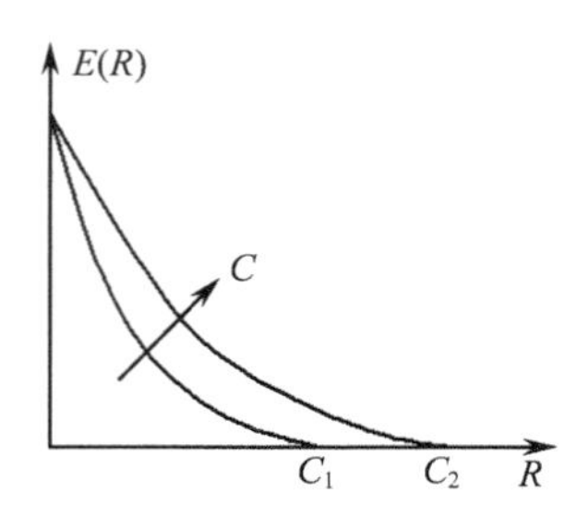

图 9.1-1 误差指数曲线

的增大而下降。

(2) 在信道容量及发送信息速率 R 一定的条件下，增加码长 n，从而使误码率 P_e 下降。从实际应用的角度看，这时设备的复杂性和译码延时也随之增加。

9.1.2 检错和纠错编码的基本原理

前面已经提到，信道编码的基本思想是在被传送的信号中附加一些监督码元，并在信息码元和监督码元之间建立某种校验关系。当这种校验关系因传输错误而被破坏时，利用已经建立的校验关系，就可以发现错误并予以纠正。因此，可以说信道编码的这种纠错和检错能力是用增加信号的冗余度换取的。

为了便于理解，通过一个例子来说明。三位二进制码元共有 8 种可能的组合。若将其全部用来表示天气，则可以表示 8 种不同的天气状况。比如：000（晴），001（云），010（阴），011（雨），100（雪），101（霜），110（雾），111（雹）。若在传输过程中发生一个码元误码，则任何一种码组（码字）会错误地变成另外一种码组。这是由于每一种码组都可能出现，没有多余的信息量，因此接收端不可能发现错误，以为发送的就是另外一种码组。

若上述 8 种码组中只选用 4 种码组来传递信息，例如：

$$\left.\begin{array}{l}000=\text{晴}\\011=\text{云}\\101=\text{阴}\\110=\text{雨}\end{array}\right\}$$

这时，虽然只传送 4 种不同的天气，但是接收端却有可能发现码组中的一个错码。例如，若 000（晴）这一码组中错了一位码，则接收到的码组可能变为 100 或 010 或 001。由于这 3 种码组都是不能使用的，称为禁用码组，故接收端在收到禁用码组时，就可以发现错误，即检出了错误。这相当于我们只传递了 00、01、10、11 这 4 种信息，而第 3 位是附加位。这位附加的监督码元与前面的两位信息码元一起，保证码组中“1”的个数为偶数。当发生 3 个错误时，000 变成了 111，它也是禁用码，故这种简单的校验关系可以发现 1 个错误或 3 个错误，但不能发现 2 个错误。

上述的编码方法只能检测错误，不能纠正错误。例如，当收到的禁用码组为 100 时，在接收端无法判断是哪一位码发生了错误，因为晴（000）、阴（101）、雨（110）三种码组错了一位都可能变成 100。可见，若要能够纠正错误，还必须增加冗余度。例如，规定许用码组只有两种：000（晴）和 111（雨），其余都是禁用码组。这时，接收端能检测两个以下的错误，或能纠正一个错误。例如，当收到禁用码组 100 时，如果认为该码组中仅有一个错码，那么可以判断此错码发生在“1”，从而纠正为000(晴)，因为“雨”(111)发生任何一位错码都不可能变成这种形式。若上述接收码组中的错码数认为不超过两个，则存在两种可能：000 错一位码变成 100 或 111；错两位码变成 100，这时只能检出错码而无法纠正它。

从上面的例子可以看到，在一个码组集合中，减小允许使用的码组子集，也就是增加编码的冗余度，可以提高这种编码的检错或纠错能力。

从上面的例子中，还引出了“分组码”的一般概念。我们把这种将信息码分组，为每组信息码附加若干个监督码元的编码称为分组码。在分组码中，监督码元仅监督本码组中的信息码。后面讨论的卷积码，其监督位除与本组的信息位有关外，还与前面的 m 个码组的信息位有关。

9.1.3　码距、编码效率和编码增益

一、码的距离

根据编码理论，一种编码的检错或纠错能力与码字间的最小距离有关。下面我们就来讨论这个问题。

在分组码中，我们把一个码字中“1”的数目称为码字的重量，用 W 表示，如码字 11000，重量 $W=2$；把两个等长码字之间对应码位上具有不同的二进制码元的个数，称为这两个码字的汉明(Hanming)距离，简称码距，用 d 表示。例如，两个码字 11000 与 10011，它们在第2、4、5 位上二进制码元不同，故 $d=3$。再如，在 9.1.2 节中的 8 选 4 编码的许用码组 000，011，101，110 中，任何两个码组之间的距离都为 2。我们把一个编码的码组集合中，任何两个许用码组之间距离的最小值称为最小距离，用 $d_{\min}$ 表示。因此，9.1.2 节中 8 选 4 编码的最小距离 $d_{\min}=2$；而 8 选 2 编码的最小距离为 $d_{\min}=3$。

最小距离是信道编码的一个重要参数，它直接与编码的检错和纠错能力有关。在一般情况下，对于分组码有如下结论：

(1) 为检测 e 个错码，最小距离应满足

$$d_{\min} \geqslant e+1 \tag{9.1-2}$$

这可以用图 9.1-2(a)简单地说明：设一码组 A 位于 C 点，另一码组 B 与 A 的最小码距为 $d_{\min}$。当 A 码组发生 e 个误码时，可以认为 A 的位置将移动到以 C 为圆心，以 e 为半径的圆上，但其位置不会超出此圆。只要 e 小于 $d_{\min}$ 一位，就不会发生把 A 码组错译为 B 码组的事件，即有 $e \leqslant d_{\min}-1$。

(2) 为纠正 t 个错误，最小距离应满足

$$d_{\min} \geqslant 2t+1 \tag{9.1-3}$$

这可以用图 9.1-2(b)来说明。若码组 A 和码组 B 发生不多于 t 位错误，则其位置均不会超出以 C_1、C_2 为圆心，t 为半径的圆。只要这两个圆不相交，则当误码小于 t 时，根据它们落入哪个圆内，就可以正确地判断为 A 或 B，即可纠正错误。以 C_1、C_2 为圆心，以 t 为半径的两圆不相交的最近圆心距离为 $2t+1$，此即为纠正 t 个误码的最小距离。

(3) 为纠正 t 个错误，同时又能够检测 e 个错误，最小码距应满足

$$d_{\min} \geqslant t+e+1 \quad (e>t) \tag{9.1-4}$$

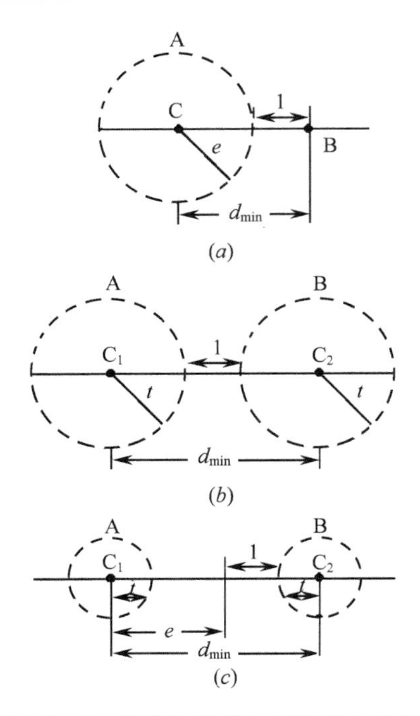

图 9.1－2　码距与检错和纠错能力的关系

(a) $d_{min} \geqslant e+1$; (b) $d_{min} \geqslant 2t+1$; (c) $d_{min} \geqslant t+e+1$。

图 9.1－2(c)中，A、B 分别为两个许用码组，在最坏的情况下，A 发生 e 个误码，而 B 发生 t 个误码，为了保证此时两个码组仍然不发生混淆，则要求以 C_1 为圆心、e 为半径的圆必须与以 C_2 为圆心、t 为半径的圆不发生交叠，也就是要求最小码距 $d_{min} \geqslant e+t+1$。

二、编码效率

若编码序列的位数是 n，其中包含的信息码元位数是 k，编码效率定义为信息位在编码序列中所占的比例，用 η 表示为

$$\eta = \frac{k}{n} \tag{9.1-5}$$

由前面的讨论可知，当信息位数一定时，增大编码序列长度 n，可以增强抗干扰能力。然而式(9.1－5)告诉我们，编码序列 n 越长，编码效率就越低。一般情况下，抗干扰能力与编码效率是相互矛盾的。因此，编码的主要任务就是在满足一定误码率要求的前提下，尽量提高编码效率。

三、编码增益

编码增益定义为，在误码率一定的条件下，非编码系统需要的输入信噪比与采用了纠错编码的系统所需的输入信噪比之间的差值(用 dB 表示)。编码增益描述的是在采用了纠错编码之后，对原先非编码系统的性能改善程度。

9.1.4　差错控制方式

目前，各种通信系统利用纠错或检错码进行差错控制的方式基本上分成 4 大类：前向纠错(FEC)、检错重发(ARQ)、混合差错控制(HEC)以及信息反馈(IRQ)。4 种方式的通信过程如图 9.1－3 所示，图中有斜线的方框表示在该端检查错误。

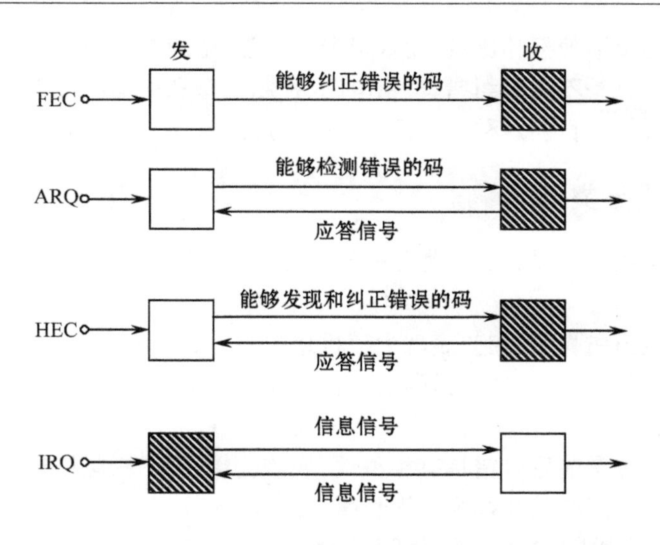

图 9.1－3　差错控制方式

一、前向纠错(FEC)

前向纠错方式是发送端发送有纠错能力的码,接收端的纠错译码器收到这些码之后,按预先规定的规则,自动地纠正传输中的错误。

这种方式的优点是不需要反馈信道,能够进行一个用户对多个用户的同时通信(如广播)。此外,这种通信方式译码的实时性好,控制电路简单,特别适用于移动通信。缺点是译码设备比较复杂,所选用的纠错码必须与信道干扰情况相匹配,因而对信道变化的适应性差。为了获得较低的误码率,必须以最坏的信道条件来设计纠错码。

二、检错重发(ARQ)

检错重发方式的发送端发出有一定检测错误能力的码。收端译码器根据编码规则,判断这些码在传输中是否有错误产生,如果有错,就通过反馈信道告诉发送端,发送端将接收端认为错误的信息再次重新发送,直到接收端认为正确为止。

该方式的优点是只需要少量的多余码,就能获得极低的误码率。由于检错重发的纠错能力与信道的干扰情况基本无关,因此整个差错控制系统的适应性极强,特别适用于短波、有线等干扰情况非常复杂而又要求误码率极低的场合。主要缺点是必须有反馈信道,不能进行同播。当信道干扰较大时,整个系统可能处于重发循环之中,因此信息传输的连贯性和实时性较差。

三、混合差错控制(HEC)

混合差错控制方式是 FEC 和 ARQ 两种方式的结合。发送端发送的码不仅能够检测错误,而且还具有一定的纠错能力。接收端译码器接收到码组之后,首先检查错误,若在其纠错能力之内,则自动纠正错误,如果错误很多,超出了接收端的纠错能力,则通过反馈信道请求发送端重发这组信息。

这种方式不但克服了 FEC 冗余度较大、需要复杂的译码设备的缺点,同时还增强了 ARQ 方式的连贯性,在卫星通信中得到了广泛的应用。

四、信息反馈(IRQ)

信息反馈方式是接收端把收到的数据原封不动地通过反馈信道送回发端,发端将发出的数据与收到的反馈数据相比较,发现错误,并把出错的信息纠错再次重发。

这种方式的优点是不需要纠错、检错电路,控制设备和检错设备简单。缺点是整个通信系统的传信率很低。目前这种方式已经很少采用。

9.1.5 差错分类

信息码元差错主要可以分成两类:一类称为随机差错,另一类称为突发差错。

1. 随机差错

随机差错一般由白噪声引起,表现为随机地出现。其特点是前后码元差错没有任何关系,是相互独立的。产生这种差错的信道称为随机信道或无记忆信道。

2. 突发差错

这种差错的特点是前后差错具有相关性,表现为差错成串地出现。我们把第一个错误与最后一个错误之间的长度称为突发长度,用 b 表示。

例如,若发端传送的数字序列为 00000000,…,由于干扰,接收端接收到的序列为 00101110,…,因此突发长度为 $b=5$。

9.1.6 纠错码分类

纠错码的分类方法非常多,通常按以下方式对纠错码进行分类。

(1) 按照对信息源输出的信号序列处理方式不同,可以分成分组码与卷积码两大类。

分组码是把信息序列以每 k 个码元进行分组,通过编码器用每组的 k 个信息码元产生 r 个附加码元,即监督码元或校验码元。编码器输出长为 $n = k + r$ 的一个码组(码字)。因此,每一码组的 r 个校验码元仅与本组的信息元有关,而与其它组的信息元无关。分组码用(n,k)表示,n 表示码长,k 表示信息码元的数目。

卷积码是把信源输出的信息序列以每 k(k 通常较小)个码元分段,通过编码器输出长度为 $n(n \geqslant k)$的一段子码段。但是该子码段的 $n-k$ 个校验元不仅与本段的信息元有关,而且还与其前面 m 段的信息元有关,故卷积码用(n,k,m)表示。

(2) 根据校验元与信息元之间的关系分为线性码与非线性码。

若校验元与信息元之间的关系是线性关系,即满足线性叠加原理,则称为线性码,否则称为非线性码。由于非线性码的分析比较困难,实现也比较复杂,今后我们仅讨论线性码。

(3) 按照能够纠正错误的类型,可分为纠正随机错误的码和纠正突发错误的码,以及既能够纠正随机错误又能纠正突发错误的码。

(4) 按照每个码元的取值分类,可以分成二进制码与多进制码。

除了上述的分类方法之外,还有其它的分类方法,这里不再叙述。

9.2 几种常用的检错码

在讨论较为复杂的纠错编码之前,我们先介绍几种简单的检错码,这些码编码简单,易于实现,检错能力又较强,因此在实际中得到了比较广泛的应用。

9.2.1　奇偶监督码

奇偶监督码（奇偶校验码）是只有一个监督元的$(n,n-1)$分组码。它可分为偶数监督码和奇数监督码。两者的编码原理相同，编码方法都十分简单，无论信息位有多少，监督位只有一位。

假设要传送的$n-1$个信息码元为$a_{n-1},a_{n-2},\cdots,a_2,a_1$，在偶数监督码中，附加的监督元$a_0$要使编码后码组中“1”的数目为偶数，即满足下式：

$$a_{n-1}\oplus a_{n-2}\oplus\cdots\oplus a_1\oplus a_0=0 \tag{9.2-1}$$

式中，“$\oplus$”表示模2加。在接收端，译码器按照式（9.2-1），将码组中各码元进行模2加，若相加的结果为“1”，说明码组存在差错，若为“0”则认为无错。

奇数监督码与偶数监督码相类似，是使码组中“1”的数目为奇数，即满足下式：

$$a_{n-1}\oplus a_{n-2}\oplus\cdots\oplus a_1\oplus a_0=1 \tag{9.2-2}$$

奇偶监督码只能发现奇数个错误，而不能发现偶数个错误。尽管奇偶监督码的检错能力有限，但是在信道干扰不太严重，码长不长的情况下仍然很有用，因此广泛地应用于计算机内部的数据传送、输入和输出设备中。

9.2.2　二维奇偶监督码

二维奇偶监督码又称为方阵码。其编码方法是把信息码元排成方阵，它的监督关系按行、列组成。每一行、每一列都是一个奇偶监督码，如图9.2-1所示。

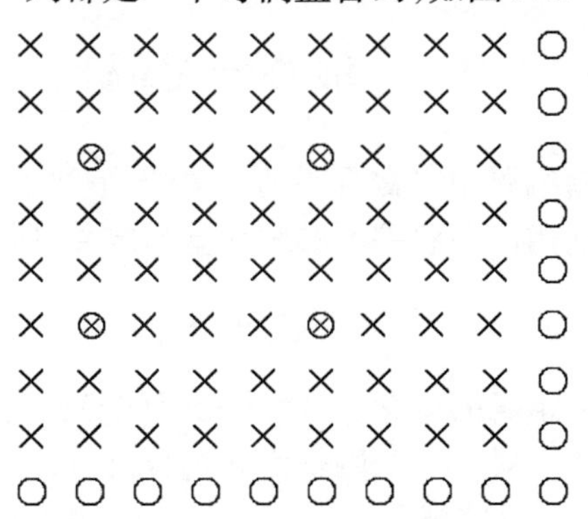

图9.2-1　二维奇偶监督码的结构

图中，“×”表示信息位，“○”表示监督位。这种码有可能检测到偶数个错码。当某一行（或某一列）出现偶数个错码时，该行的监督位虽然不能被用于检测这偶数个错误，但只要所在的列（或行）不同时出现偶数个错码，这个错码仍可以发现。二维奇偶监督码不能检测的错误是差错数正好为4的倍数，且差错位于构成矩形的四个角上，如图9.2-1中“$\otimes$”所示的位置。

二维奇偶监督码还适合于检测突发差错。因为突发差错往往是成串的出现，随后在较长的一段区间内没有错码，所以在一行中出现多个奇数和偶数错码的机会较多，而在另一行中可能就没有错码。因此方阵码正适合于检测这类错码，前述的一维奇偶监督码一般只适合于检测随机错误。由于方阵码编码简单，且检错能力强，所以应用十分广泛。

9.2.3 恒比码

恒比码是从长度为 n 的所有码组中挑选出一些码字作为许用码组,这些码字含有"1"的个数相等,含有"0"的个数也相等,且码字中"1"与"0"的个数之比为恒定值。例如,我国电传通信中普遍采用5取3恒比码,即每个码组长度为5,"1"的个数为3,"0"的个数为2。由5位二进制数组成的码组共有 $2^5=32$ 种码组,其中只含有3个"1"的那些码组为许用码组,共有 $C_5^3=10$ 种。

在接收端检测时,只要计算出接收到的码组中"1"的个数是否正确,就知道有无错误。这种码除去"1"错成"0"和"0"错成"1"成对出现的差错之外,能发现几乎其它任何形式的错码,因此恒比码的检错能力较强。经使用表明,应用这种码之后,能使国际电报的误码率保持在 10^{-6} 以下。

9.2.4 群计数码

在群计数码中,信息码元经分组之后,计算每个信息码组中"1"的数目,然后将这个数目用二进制数表示,并作为监督码元附加在信息码元的后面一起传输。例如,11101共有4个"1",用二进制100表示十进制的4,故传输码组变为11101 <u>100</u>。

群计数码的检错能力很强,除了"1"变"0"和"0"变"1"的错误成对出现之外,能检测出所有形式的错误。

9.3 线性分组码

线性分组码是整个纠错编码中非常重要的一类码,它的概念清楚,易于理解,而且能方便地引出各类码中广泛适用的一些基本参数和基本定义,所以我们首先来讨论它。

9.3.1 基本概念

前面我们曾经介绍过分组码的概念。分组码的每个码元仅与本组的信息码元有关,与其它码组的信息码元无关。对于一个码长为 n 的分组码,码字由两部分组成,前面 k 位是信息码元,后面 $r=n-k$ 位是监督码元,通常用 (n,k) 来表示。分组码的监督码元是根据一定的规则,由本组的信息码元经过变换得到。变换规则不同,得到的分组码也就不同。如果在某一种分组码中,监督码元和信息码元之间的关系是用线性方程联系起来的,或者说它们之间满足线性变换关系,称这种分组码为线性分组码。下面举一个例子说明线性分组码的构成。

【例9.3-1】 假设有一个(7,4)分组码,其码字可以写成 $A=(a_6,a_5,a_4,a_3,a_2,a_1,a_0)$,其中前4位 a_6,a_5,a_4,a_3 为信息码元,后3位 a_2,a_1,a_0 为监督码元,若该分组码的3个监督码元可以用下列的线性方程来表示

$$\left.\begin{aligned} a_2 &= a_6 + a_5 + a_4 \\ a_1 &= a_6 + a_5 \quad\; + a_3 \\ a_0 &= a_6 \quad\; + a_4 + a_3 \end{aligned}\right\}(\text{“+” 为模 2 加}) \tag{9.3-1}$$

则该分组码就称为(7,4)线性分组码。显然,式(9.3-1)中的各方程是线性无关的。若已知4个信息码元,由式(9.3-1)可以很容易地得到码字的3个监督码元。用式(9.3-1)可以求得(7,4)线性分组码的16个码字,如表9.3-1所列。我们知道,码长为7的码字共有 $2^7=128$ 个,而(7,4)线性分组码共有 $2^4=16$ 个码字,这16个码字称为许用码字,它们是根据式(9.3-1)的监督关系式挑选出来的。

表9.3-1　(7,4)码的码字

码　字	码　元		码　字	码　元	
	信息元	监督元		信息元	监督元
A_0	0000	000	A_8	1000	111
A_1	0001	011	A_9	1001	100
A_2	0010	101	A_0	1010	010
A_3	0011	110	A_{11}	1011	001
A_4	0100	110	A_{12}	1100	001
A_5	0101	101	A_{13}	1101	010
A_6	0110	011	A_{14}	1110	100
A_7	0111	000	A_{15}	1111	111

如果我们把(n,k)线性分组码的每个码字看成是 n 维线性空间中的一个矢量。长为 n 的码字共有 2^n 个,组成一个 n 维线性空间,(n,k)线性分组码共有 2^k 个码字,$k<n$,构成了一个 k 维空间,因此(n,k)线性分组码是 n 维线性空间的一个 k 维子空间,这是线性分组码的另一种定义。(n,k)线性分组码的编码问题实质上可以归结为如何在 n 维线性空间中,找出满足一定要求的由 2^k 个矢量组成的 k 维子空间的问题。

可以证明,由线性分组码组成的线性子空间在模2加法运算中构成阿贝尔群。所以线性分组码又称为群码,它满足以下条件。

(1) 封闭性(自闭律)——群中任意两个元素(码字)经模2加运算之后得到的元素仍为该群的元素。如上例中,由表9.3-1可以得到 $A_1+A_2=A_3$,$A_6+A_7=A_1$ 等。

(2) 有零元——如上例中 A_0 即是零元,使得

$$A_0+A_i=A_i\quad(i=0,1,\cdots,15)$$

(3) 有负元——线性分组码中任一码字即是它自身的负元。

$$A_i+A_i=A_0\quad(i=0,1,\cdots,15)$$

(4) 结合律成立,如$(A_2+A_3)A_4=A_2+(A_3+A_4)$等。

除此之外,由于线性分组码还满足交换律,如 $A_2+A_3=A_3+A_2$ 等,即线性分组码对模2加运算构成交换群。

(n,k)线性分组码的封闭性表明,码组集合中任意两个码字模2加所得的码字,一定在该码组的集合中。又由于两个码字模2加所得的重量等于这两个码字的距离,故(n,k)线性分组码中两个码字之间的距离一定等于该分组码中某一非全0码字的重量。因此,线性分组码的最小距离等于码组集合中非全0码字的最小重量。设 A_0 为(n,k)线性分组码中的全0码,其最小距离为

$$d_{\min} = W_{\min}(A_i) \quad A_i \in (n,k)(i \neq 0) \tag{9.3-2}$$

9.3.2 监督矩阵

尽管我们可以根据如式(9.3-1)所示的线性方程组,计算出每个信息组的监督码元,然而从编码的角度看,利用方程组逐个计算监督码元是十分麻烦的,还必须进一步寻找线性分组码的内在规律。

将式(9.3-1)的监督方程改写成更一般的形式,有

$$\begin{cases} a_6 + a_5 + a_4 + a_2 = 0 \\ a_6 + a_5 + a_3 + a_1 = 0 \\ a_6 + a_4 + a_3 + a_0 = 0 \end{cases} \tag{9.3-3}$$

用矩阵表示为

$$\begin{bmatrix} 1 & 1 & 1 & 0 & 1 & 0 & 0 \\ 1 & 1 & 0 & 1 & 0 & 1 & 0 \\ 1 & 0 & 1 & 1 & 0 & 0 & 1 \end{bmatrix} \cdot \begin{bmatrix} a_6 \\ a_5 \\ a_4 \\ a_3 \\ a_2 \\ a_1 \\ a_0 \end{bmatrix} = \begin{bmatrix} 0 \\ 0 \\ 0 \end{bmatrix}$$

并简记为

$$\boldsymbol{H} \cdot \boldsymbol{A}^{\mathrm{T}} = \boldsymbol{0}^{\mathrm{T}}$$

或

$$\boldsymbol{A} \cdot \boldsymbol{H}^{\mathrm{T}} = \boldsymbol{0} \tag{9.3-4}$$

其中,$\boldsymbol{A}^{\mathrm{T}}$ 是 $\boldsymbol{A} = [a_6\ a_5\ a_4\ a_3\ a_2\ a_1\ a_0]$ 的转置,$\boldsymbol{0}^{\mathrm{T}}$ 是$\boldsymbol{0} = [0\ 0\ 0]$的转置,$\boldsymbol{H}^{\mathrm{T}}$ 是 $\boldsymbol{H}$ 的转置, $\boldsymbol{H}$ 可以表示为

$$\boldsymbol{H} = \left[\begin{array}{cccc|ccc} 1 & 1 & 1 & 0 & 1 & 0 & 0 \\ 1 & 1 & 0 & 1 & 0 & 1 & 0 \\ 1 & 0 & 1 & 1 & 0 & 0 & 1 \end{array}\right] = [\boldsymbol{P}\ \boldsymbol{I}_3] \tag{9.3-5}$$

其中

$$\boldsymbol{P} = \begin{bmatrix} 1 & 1 & 1 & 0 \\ 1 & 1 & 0 & 1 \\ 1 & 0 & 1 & 1 \end{bmatrix} \tag{9.3-6}$$

$\boldsymbol{I}_3 = \begin{bmatrix} 1 & 0 & 0 \\ 0 & 1 & 0 \\ 0 & 0 & 1 \end{bmatrix}$为 3×3 阶单位矩阵。

矩阵 $\boldsymbol{H}$ 称为(7,4)线性分组码的监督矩阵,它由 3 行、7 列组成,这 3 行是线性无关的。

将上面的结论推广到一般的情况,(n,k)线性分组码的监督矩阵 $\boldsymbol{H}$ 由 $r = n - k$ 行、n 列组成,可以表示为

$$H = [P\ I_r] \tag{9.3-7}$$

式中,I_r 为 $r \times r$ 阶单位矩阵;P 是 $r \times k$ 阶矩阵。式(9.3-7)称为典型监督矩阵。典型监督矩阵各行一定是线性无关的。如果监督矩阵不是典型矩阵形式,可将其通过初等变换转换为典型矩阵。

9.3.3 生成矩阵

若信息码元已知,通过监督矩阵可以求得监督码元。由式(9.3-1),有

$$\begin{cases} a_2 = a_6 + a_5 + a_4 \\ a_1 = a_6 + a_5 + a_3 \\ a_0 = a_6 + a_4 + a_3 \end{cases}$$

用矩阵表示可以写成

$$\begin{bmatrix} a_2 \\ a_1 \\ a_0 \end{bmatrix} = P \cdot \begin{bmatrix} a_6 \\ a_5 \\ a_4 \\ a_3 \end{bmatrix} \tag{9.3-8}$$

或写成

$$[a_2\ a_1\ a_0] = [a_6\ a_5\ a_4\ a_3] \cdot P^{\mathrm{T}} \tag{9.3-9}$$

将式(9.3-9)扩展一下,可以由已知的信息码元求得整个码组(码字)A,即有

$$[a_6\ a_5\ a_4\ a_3\ a_2\ a_1\ a_0] = [a_6\ a_5\ a_4\ a_3] \cdot \begin{bmatrix} 1 & 0 & 0 & 0 & 1 & 1 & 1 \\ 0 & 1 & 0 & 0 & 1 & 1 & 0 \\ 0 & 0 & 1 & 0 & 1 & 0 & 1 \\ 0 & 0 & 0 & 1 & 0 & 1 & 1 \end{bmatrix} \tag{9.3-10}$$

令

$$G = \begin{bmatrix} 1 & 0 & 0 & 0 & 1 & 1 & 1 \\ 0 & 1 & 0 & 0 & 1 & 1 & 0 \\ 0 & 0 & 1 & 0 & 1 & 0 & 1 \\ 0 & 0 & 0 & 1 & 0 & 1 & 1 \end{bmatrix} = [I_4 P^{\mathrm{T}}] = [I_4 \cdot Q] \tag{9.3-11}$$

式中

$$I_4 = \begin{bmatrix} 1 & 0 & 0 & 0 \\ 0 & 1 & 0 & 0 \\ 0 & 0 & 1 & 0 \\ 0 & 0 & 0 & 1 \end{bmatrix} \quad Q = \begin{bmatrix} 1 & 1 & 1 \\ 1 & 1 & 0 \\ 1 & 0 & 1 \\ 0 & 1 & 1 \end{bmatrix}$$

假设用 M 表示信息码组,于是有

$$M = [a_6\ a_5\ a_4\ a_3] \tag{9.3-12}$$

则式(9.3-10)可以写成

$$A = M \cdot G \tag{9.3-13}$$

式(9.3－13)说明,由信息码组 $\boldsymbol{M}$ 及矩阵 $\boldsymbol{G}$ 可以产生出全部的码字,所以称 $\boldsymbol{G}$ 为生成矩阵。$\boldsymbol{G}$ 是 $k \times n$ 阶矩阵,其中 k 行是线性无关的。由式(9.3－10)可见,码组 $\boldsymbol{A}$ 的每一位都是信息码的线性组合,这正是线性分组码的定义。$\boldsymbol{G}$ 由 k 行 n 列组成,每一行都是一个码字。与表9.3－1相比较,若信息码 $a_6\,a_5\,a_4\,a_3=1000$,则编出的码字 $\boldsymbol{A}_8$ 就等于 $\boldsymbol{G}$ 的第一行;若 $a_6\,a_5\,a_4\,a_3=0100$,则编出的码字 $\boldsymbol{A}_4$ 就等于 $\boldsymbol{G}$ 的第二行等。

参照式(9.3－11)可以写出(n,k)线性分组码生成矩阵的一般表示式为

$$\boldsymbol{G} = [\boldsymbol{I}_k \cdot \boldsymbol{P}^{\mathrm{T}}] = [\boldsymbol{I}_k \cdot \boldsymbol{Q}] \tag{9.3-14}$$

监督矩阵 $\boldsymbol{H}$ 与生成矩阵 $\boldsymbol{G}$ 的关系为

$$\boldsymbol{H} = [\boldsymbol{P} \cdot \boldsymbol{I}_r] = [\boldsymbol{Q}^{\mathrm{T}} \cdot \boldsymbol{I}_r] \tag{9.3-15}$$

$$\boldsymbol{G} = [\boldsymbol{I}_k \cdot \boldsymbol{Q}] = [\boldsymbol{I}_k \cdot \boldsymbol{P}^{\mathrm{T}}] \tag{9.3-16}$$

由式(9.3－10)可知,如果找到了生成矩阵 $\boldsymbol{G}$,就可以由 k 个信息码得出全部码字。因此生成矩阵 $\boldsymbol{G}$ 建立了信息码组与码字之间的一一对应关系,它起着编码器的作用。

具有$[\boldsymbol{I}_k\boldsymbol{P}^{\mathrm{T}}]$形式的生成矩阵称为典型生成矩阵。由典型生成矩阵生成的码字,信息位在码字的前面,监督位附加其后,这种码称为系统码。

典型形式的生成矩阵的各行必定是线性无关的。因为 $\boldsymbol{G}$ 共有 k 行,若它线性无关,则可组合出 2^k 种不同的码字,这正是有 k 位信息位的全部码字;若 $\boldsymbol{G}$ 的各行线性相关,则不可能由 $\boldsymbol{G}$ 生成 2^k 种不同的码字。根据上面的分析可知,实际上 $\boldsymbol{G}$ 的各行本身就是一个码字,因此如果我们已经得到了 k 个线性无关的码字,就可以用其作为生成矩阵 $\boldsymbol{G}$ 的 k 个行,并由它们生成其余的码字。

9.3.4 伴随式(校正子)

设发送码字为 $\boldsymbol{A}=[a_{n-1}\,a_{n-2}\cdots a_1\,a_0]$,接收码字为 $\boldsymbol{B}=[b_{n-1}\,b_{n-2}\cdots b_1\,b_0]$。由于传输信道中的干扰和噪声可能引入误差,使接收码组和发送码组不同,因此有

$$\boldsymbol{B} = \boldsymbol{A} + \boldsymbol{E} \tag{9.3-17}$$

这里

$$\boldsymbol{E} = [e_{n-1}\,e_{n-2}\,\cdots\,e_1\,e_0] \tag{9.3-18}$$

是传输中产生的错误行矩阵。对于二进制码元,显然有

$$\boldsymbol{E} = \boldsymbol{B} - \boldsymbol{A} = \boldsymbol{A} + \boldsymbol{B} \tag{9.3-19}$$

$$e_i = \begin{cases} 1 & b_i \neq a_i \\ 0 & b_i = a_i \end{cases}$$

$\boldsymbol{E}$ 矩阵中哪位码元为“1”,就表示在接收码字中对应位的码元出现了错误,所以 $\boldsymbol{E}$ 通常也称为错误图样。

在接收端,用监督矩阵来检测接收码字 $\boldsymbol{B}$ 中的误码,令

$$\boldsymbol{S} = \boldsymbol{B} \cdot \boldsymbol{H}^{\mathrm{T}} \tag{9.3-20}$$

$\boldsymbol{S}$ 称为伴随式或校正子。如果接收到的码字 $\boldsymbol{B}$ 与发送的码字 $\boldsymbol{A}$ 相同,由式(9.3－4)可知

$$\boldsymbol{S} = \boldsymbol{B} \cdot \boldsymbol{H}^{\mathrm{T}} = \boldsymbol{A} \cdot \boldsymbol{H}^{\mathrm{T}} = \boldsymbol{0}$$

否则

$$S = B \cdot H^{T} \neq 0$$

式(9.3－20)可以进一步写成

$$S = B \cdot H^{T} = (A + E) \cdot H^{T} = A \cdot H^{T} + E \cdot H^{T} = E \cdot H^{T} \quad (9.3-21)$$

式(9.3－21)表明,伴随矩阵 S 仅与信道的错误图样 E 有关,而与发送的码字 A 无关。仅当 E 不为 $\mathbf{0}$ 时,即有误差时,S 不为 $\mathbf{0}$,否则 S 等于 $\mathbf{0}$,任何一个错误图样都有其相应的伴随式,而伴随式 S^{T} 与 H 矩阵中数值相同的一列正是错误图样 E 中"1"的位置。所以译码器可以用伴随矩阵 S 来检错和纠错。

由于 E 为 $1 \times n$ 阶矩阵,H^{T} 为 $n \times r$ 阶矩阵,所以 S 为 $1 \times r$ 阶矩阵,可以写为

$$S = [s_{r-1}\ s_{r-2}\ \cdots\ s_1\ s_0] \quad (9.3-22)$$

由上面的讨论可以知道,S 与 E 之间有着确定的对应关系,即 S 能代表 B 中错误的情况。S 共有 2^r 种不同的形式,可以代表 2^r-1 种有错的错误图样。为了能用伴随式指明单个错误的位置,予以纠正,要求

$$2^r - 1 \geqslant n \quad (9.3-23)$$

例 9.3－1 中的(7,4)线性分组码的伴随式 S 和错误图样 E 的对应关系可以由式(9.3－21)求得,如表 9.3－2 所列。

表 9.3－2　(7,4)码伴随式与错误图样的对应关系

序号	错误码位	错误图样 E							伴随式 S		
		e_6	e_5	e_4	e_3	e_2	e_1	e_0	s_2	s_1	s_0
0	/	0	0	0	0	0	0	0	0	0	0
1	b_0	0	0	0	0	0	0	1	0	0	1
2	b_1	0	0	0	0	0	1	0	0	1	0
3	b_2	0	0	0	0	1	0	0	1	0	0
4	b_3	0	0	0	1	0	0	0	0	1	1
5	b_4	0	0	1	0	0	0	0	1	0	1
6	b_5	0	1	0	0	0	0	0	1	1	0
7	b_6	1	0	0	0	0	0	0	1	1	1

9.3.5　汉明码

汉明码是一种高效的能纠单个错误的线性分组码。说它高效是因为汉明码对式(9.3－23)取到了等号,即满足 $2^r-1=n$。这表明在纠单个错误时,汉明码所用的监督码元最少,与码长相同的能纠单个错误的其它码相比,编码效率最高。

汉明码有以下特点:

对于任一整数 m,$m \geqslant 3$;

监督码元数目:$r=m$;

码长:　　　$n=2^m-1$;

信息码元数目:$k=2^m-1-m$;

最小距离:　$d_{\min}=3$;

纠错能力： $t=1$。

例 9.3－1 中的(7,4)线性分组码满足以上条件，即有 $n=7, r=3, n=2^r-1$，因此它是汉明码。(7,4)汉明码的监督矩阵和生成矩阵分别由式(9.3－5)和式(9.3－11)给出。由式(9.3－3)可以得到(7,4)汉明码的编码电路，如图 9.3－1 所示。

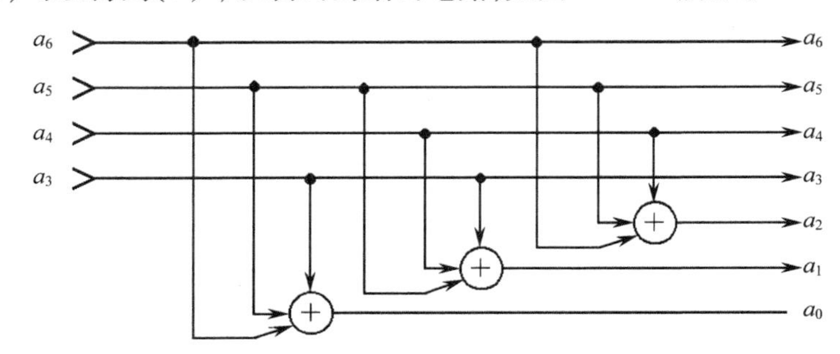

图 9.3－1 (7,4)汉明码编码器

对于汉明码的译码方法，可以采用 9.3.4 小节所述的方法：先计算出校正子，然后确定错误图样，再加以纠正。(7,4)汉明码译码器电路如图 9.3－2 所示。

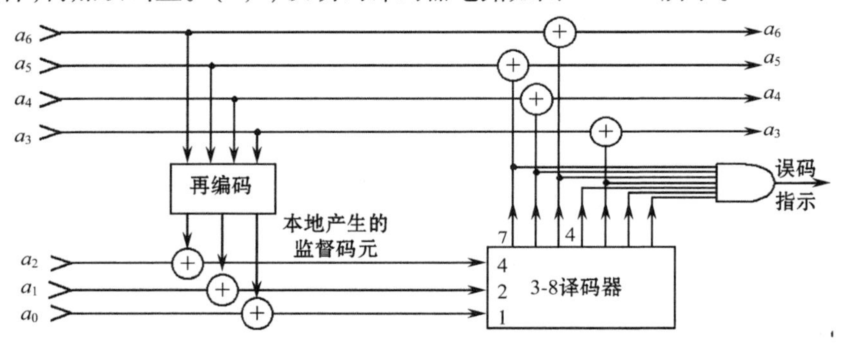

图 9.3－2 (7,4)汉明码译码器

9.4 循环码

循环码是一类重要的线性分组码，它有许多特殊的代数性质。由于这些性质便于运用代数理论来研究，有助于按照所要求的纠错能力系统地构造这类码，从而可以简化译码方法，使得循环码的编、译码电路比较简单，因此得到了广泛的应用。循环码不仅可以纠正独立的随机错误，也可以纠正突发错误。

9.4.1 循环码的特点及码多项式

循环码是一种线性分组码。其组成与分组码相同，它的前 k 位是信息码元，后 r 位是监督码元。它除了具有线性分组码的封闭性之外，还具有循环性。所谓循环性是指：循环码中任一许用码字经过循环移位之后，所得到的码字(码组)仍然为一许用码组。例如，若 $(a_{n-1}, a_{n-2}, \cdots, a_1, a_0)$ 是循环码的一个许用码组，则 $(a_{n-2}, a_{n-3}, \cdots, a_0, a_{n-1})$、$(a_{n-3}, a_{n-4}, \cdots, a_0, a_{n-1}, a_{n-2})$ 等也是许用码组，不论右移还是左移，移位的位数是多少，经过移位后的码组均为循环码的许用码组。

表9.4-1给出了(7,3)循环码的全部码组。由表9.4-1可以直观地看出这种码的循环性。例如码字A_1向右移一位,即得到码字A_4。图9.4-1是(7,3)循环码的循环特性。

表9.4-1　(7,3)循环码码字

	码　字
A_0	0000000
A_1	0011101
A_2	0100111
A_3	0111010
A_4	1001110
A_5	1010011
A_6	1101001
A_7	1110100

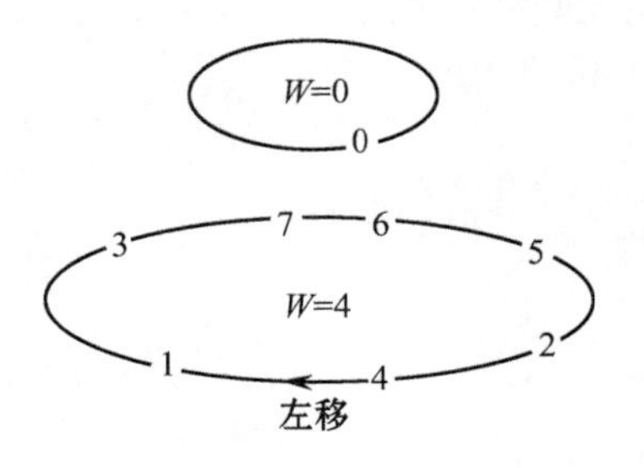

图9.4-1　(7,3)循环码的循环圈

为了能用代数理论研究循环码,通常用多项式来表示循环码的码字,这种多项式称为码多项式。这样,(n,k)循环码的许用码组$A=(a_{n-1},a_{n-2},\cdots,a_1,a_0)$可以表示为

$$A(x) = a_{n-1}x^{n-1} + a_{n-2}x^{n-2} + \cdots + a_1x + a_0 \tag{9.4-1}$$

在码多项式中,x只是码元位置的标记,因此它的取值并不重要。码元$a_i(i=0,1,\cdots,n-1)$只取0值或1值。例如,表9.4-1中的码字A_4可以用多项式表示为

$$A_4(x) = 1\cdot x^6+0\cdot x^5+0\cdot x^4+1\cdot x^3+1\cdot x^2+1\cdot x^1+0\cdot x^0=x^6+x_3+x_2+x \tag{9.4-2}$$

码多项式可以进行代数运算。为了分析方便,下面我们先来介绍多项式按模运算的概念;然后再从码多项式入手,找出循环码的规律。

在整数运算中,有模n运算。例如,$1+1=2\equiv0$(模2),$1+2=3\equiv1$(模2)等。一般来说,若一个整数$m(m\geqslant n)$可以表示为

$$\frac{m}{n}=q+\frac{r}{n}\quad r<n \tag{9.4-3}$$

或写成

$$m=qn+r \tag{9.4-4}$$

式中,q为整数,则在模n运算下,有

$$m\equiv r\qquad (模\ n) \tag{9.4-5}$$

这就是说,在模n运算下,整数m等于其被n除之后的余数。

同理,在多项式运算中也有类似的按模运算。若任意一个多项式$M(x)$被n次多项式$N(x)$除之后,可以得到的商式$Q(x)$和一个次数小于n的余式$R(x)$,即

$$\frac{M(x)}{N(x)}=Q(x)+\frac{R(x)}{N(x)} \tag{9.4-6}$$

或写成

$$M(x)=Q(x)N(x)+R(x) \tag{9.4-7}$$

则记为

$$M(x) \equiv R(x) \quad [模 N(x)] \tag{9.4-8}$$

这时称 $R(x)$ 为 $M(x)$ 按模 $N(x)$ 运算后的余式。

对于码多项式,系数仍然按模 2 运算,即系数只取 0 值或 1 值。例如,x^3 被 (x^3+1) 除,余式为 1,根据按模运算的定义,有 $x^3 \equiv 1 \quad (模\ x^3+1)$。

同理,有

$$x^4+x^2+1 \equiv x^2+x+1 \quad (模\ x^3+1) \tag{9.4-9}$$

因为

$$\begin{array}{r|l} & x \\ \hline x^3+1 & x^4 \qquad +x^2 \qquad +1 \\ & x^4 \qquad\qquad +x \\ \hline & \qquad\quad x^2+x+1 \end{array}$$

需要注意的是,在模 2 运算中用加法代替了减法,故余式不是 x^2-x+1,而是 x^2+x+1。

下面我们从码多项式入手,找出循环码的规律。

在循环码中,将许用码组 $A=(a_{n-1},a_{n-2},\cdots,a_1,a_0)$ 向左移一位所得到的码字记为 $A^{(1)}=(a_{n-2},a_{n-3},\cdots,a_0,a_{n-1})$,其码多项式为

$$A^{(1)}(x) = a_{n-2}x^{n-1}+a_{n-3}x^{n-2}+\cdots+a_0x+a_{n-1} \tag{9.4-10}$$

可以证明

$$xA(x) \equiv A^{(1)}(x) \qquad (模\ x^n+1) \tag{9.4-11}$$

同理,码字 A 左移 i 位的码字为 $A^{(i)}=(a_{n-i-1},a_{n-i-2},\cdots,a_{n-i+1},a_{n-i})$,其码多项式为

$$A^{(i)}(x) = a_{n-i-1}x^{n-1}+a_{n-i-2}x^{n-2}+\cdots+a_{n-i+1}x+a_{n-i} \tag{9.4-12}$$

而

$$\begin{aligned} x^iA(x) &= a_{n-1}x^{n-1+i}+a_{n-2}x^{n-2+i}+\cdots+a_1x^{1+i}+a_0x^i \equiv \\ &a_{n-i-1}x^{n-1}+a_{n-i-2}x^{n-2}+\cdots+a_{n-i+1}x+a_{n-i} = \\ &A^{(i)}(x) \quad (模\ x^n+1) \end{aligned} \tag{9.4-13}$$

根据循环码的定义,$A^{(1)}, A^{(2)},\cdots,A^{(i)}$ 均为许用码字。这样我们得到如下结论:在循环码中,若 $A(x)$ 是一个长为 n 的许用码字,则 $x^i \cdot A(x)$ 在按模 (x^n+1) 运算下,亦是一个许用码字,即若

$$x^iA(x) \equiv A^{(i)}(x) \quad (模\ x^n+1) \tag{9.4-14}$$

则 $A^{(i)}(x)$ 也是一个许用码字。换句话说,一个长为 n 的循环码组,必是按模 (x^n+1) 运算下的一个余式。以后为了方便起见,我们直接称 $x^i \cdot A(x)$ 为一个码组或码字,而按模 (x^n+1) 运算是不言而喻的。

【例 9.4-1】 由式(9.4-2),码字 A_4 的码多项式为

$$A(x) = x^6+x^3+x^2+x$$

其码长为 $n=7$,若取 $i=3$,则

$$x^i \cdot A(x) = x^3(x^6+x^3+x^2+x) =$$

$$x^9+x^6+x^5+x^4 \equiv$$
$$x^6+x^5+x^4+x^2 \quad (\text{模}\ x^7+1)$$

其码字为1110100，它是表9.4-1中(7,3)循环码的码字A_7。

9.4.2 生成矩阵和生成多项式

我们已经知道，对于(n,k)线性分组码，有了生成矩阵$\boldsymbol{G}$，就可以由k个信息码元得到全部码字。由前面对生成矩阵的讨论可知，生成矩阵$\boldsymbol{G}$的每一行都是一个码字，若能找到k个线性无关的已知码字，就能构成生成矩阵$\boldsymbol{G}$。

在循环码中，一个(n,k)分组码有2^k个不同的码字，若用$g(x)$表示其中前$(k-1)$位皆为“0”的码字，则由式(9.4-14)可知，$g(x)$，$x\,g(x)$，$x^2g(x)$，…，$x^{k-1}g(x)$都是码字，可以证明这k个码字是线性无关的。因此可以用它们来构成此循环码生成矩阵$\boldsymbol{G}$。

这样，循环码的生成矩阵$\boldsymbol{G}$可以写成

$$\boldsymbol{G}(x)=\begin{bmatrix} x^{k-1}g(x) \\ x^{k-2}g(x) \\ \vdots \\ xg(x) \\ g(x) \end{bmatrix} \tag{9.4-15}$$

需要说明的是，在循环码中除全“0”码组之外，再没有连续k位均为“0”的码组。即连“0”的长度最多只能有$(k-1)$位。否则经过若干次循环移位后会得到一个k位信息位全是“0”，而监督位不是全“0”的码字，这在线性码中显然是不可能的，因为线性码的监督位是信息位的线性组合。所以$g(x)$必须是一个常数项不为“0”的$(n-k)$次多项式，而且这个$g(x)$还是这种(n,k)循环码中次数为$(n-k)$的惟一一个多项式。因为，如果这样的$(n-k)$次多项式有两个，由码的封闭性可知，把这两个码组相加，得到的也应该是一个码字，而此码多项式的次数必然小于$(n-k)$，即连“0”的个数多于$(k-1)$个。显然这与前面的结论相矛盾，所以是不可能的。我们称这惟一的$(n-k)$次多项式$g(x)$为码生成多项式。一旦确定了$g(x)$，则整个(n,k)循环码就被确定了。

【例9.4-2】 在表9.4-1给出的(7,3)循环码中，$n=7$，$k=3$，$n-k=4$。因此，惟一的一个$(n-k)=4$次码多项式代表的码组是$A_1=0011101$，码生成多项式为

$$g(x)=x^4+x^3+x^2+1 \tag{9.4-16}$$

将式(9.4-16)代入式(9.4-15)，有

$$\boldsymbol{G}(x)=\begin{bmatrix} x^2g(x) \\ xg(x) \\ g(x) \end{bmatrix} \tag{9.4-17}$$

或写成

$$\boldsymbol{G}=\begin{bmatrix} 1 & 1 & 1 & 0 & 1 & 0 & 0 \\ 0 & 1 & 1 & 1 & 0 & 1 & 0 \\ 0 & 0 & 1 & 1 & 1 & 0 & 1 \end{bmatrix} \tag{9.4-18}$$

我们知道，对k个信息码元进行编码，就是把它们与生成矩阵$\boldsymbol{G}$相乘。设编码器输入的k个信息码元为m_{k-1}，m_{k-2}，…，m_1，m_0，则码多项式可以写为

$$A(x) = [m_{k-1}m_{k-2}\cdots m_1 m_0]\cdot G(x) =$$

$$[m_{k-1}m_{k-2}\cdots m_1 m_0]\cdot\begin{bmatrix} x^{k-1}g(x) \\ x^{k-2}g(x) \\ \vdots \\ xg(x) \\ g(x) \end{bmatrix} = \tag{9.4-19}$$

$$[m_{k-1}x^{k-1} + m_{k-2}x^{k-2} + \cdots + m_1 x + m_0]\cdot g(x)$$

这样，根据 $m_{k-1}, m_{k-2}, \cdots, m_1, m_0$ 的不同取值，由式(9.4－19)就可以得到(n,k)循环码的全部 2^k 个码字。式(9.4－19)还告诉我们，所有的码多项式都能被 $g(x)$ 整除。

由于循环码的全部码字由生成多项式 $g(x)$ 决定，因此如何寻找一个(n,k)循环码的生成多项式，就变成了循环码编码的关键。

由式(9.4－19)可知，任一循环码的码多项式 $A(x)$ 都是 $g(x)$ 的倍式，故可以写成

$$A(x) = h(x)\cdot g(x) \tag{9.4-20}$$

而生成多项式 $g(x)$ 本身也是一个码字，即有

$$A'(x) = g(x) \tag{9.4-21}$$

前面已经指出，$g(x)$ 是一个$(n-k)$次多项式，故 $x^kA'(x)$ 为一 n 次多项式，$x^kA'(x)$ 在模(x^n+1)运算下亦为一个码字，有

$$\frac{x^kA'(x)}{x^n+1} = Q(x) + \frac{A(x)}{x^n+1} \tag{9.4-22}$$

上式左端分子和分母都是 n 次多项式，故商 $Q(x)=1$，上式又可以写成

$$x^kA'(x) = (x^n+1) + A(x)$$

或

$$x^n + 1 = g(x)[x^k + h(x)] \tag{9.4-23}$$

式(9.4－23)表明，生成多项式 $g(x)$ 应该是(x^n+1)的一个因式。这一结论为我们寻找循环码的生成多项式提供了一条途径，即循环码的码生成多项式应该是(x^n+1)的一个$(n-k)$次因式。

多项式(x^n+1)可以分解成几个不能再分解的因式，叫做即约多项式。例如(x^7+1)可以分解成

$$x^7 + 1 = (x+1)(x^3+x^2+1)(x^3+x+1) \tag{9.4-24}$$

为了求(7,3)循环码的生成多项式 $g(x)$，要从上式中找到一个$(n-k)=4$ 次的因式。不难看出，(x^7+1)有两个这样的因式，即

$$(x+1)(x^3+x^2+1) = x^4+x^2+x+1 \tag{9.4-25}$$

和

$$(x+1)(x^3+x+1) = x^4+x^3+x^2+1 \tag{9.4-26}$$

上面的两个式子都可以作为(7,3)循环码的生成多项式。然而，选用的生成多项式不同，生成的循环码组也就不同。用式(9.4－26)作为生成多项式产生的(7,3)循环码如表

9.4－1所列。

9.4.3　循环码的编码和译码

一、循环码的编码方法

由式(9.4－19)可知,若已知输入的信息码元 $M=(m_{k-1},m_{k-2},\cdots,m_1,m_0)$ 和生成多项式 $g(x)$,就可以构成循环码,对应的码多项式为

$$A(x)=(m_{k-1}x^{k-1}+m_{k-2}x^{k-2}+\cdots+m_1x+m_0)\cdot g(x)=M(x)\cdot g(x) \tag{9.4-27}$$

式中,$M(x)$ 称为信息码多项式。

但是用这种相乘方法得到的循环码不是系统码,信息码和监督码不容易区分。在系统码中,码字最左边的 k 位是信息码元,随后的 $n-k$ 位是监督码元,这时码多项式可以写为

$$A(x)=M(x)x^{n-k}+r(x)=m_{k-1}x_{n-1}+\cdots+m_0x^{n-k}+r_{n-k-1}x^{n-k-1}+\cdots+r_0 \tag{9.4-28}$$

这里

$$r(x)=r_{n-k-1}x^{n-k-1}+\cdots+r_0 \tag{9.4-29}$$

称为监督码多项式,它的次数小于 $(n-k)$,其监督码元为 $(r_{n-k-1},\cdots,r_0)$。

由式(9.4－20)和式(9.4－29)可以得到

$$A(x)=M(x)x^{n-k}+r(x)=h(x)\cdot g(x) \tag{9.4-30}$$

或写成

$$\frac{r(x)}{g(x)}=h(x)+\frac{M(x)x^{n-k}}{g(x)}$$

也就是

$$r(x)\equiv M(x)x^{n-k}\quad[\text{模 } g(x)] \tag{9.4-31}$$

式(9.4－31)告诉我们,构造系统循环码时,只需用信息码多项式乘以 x^{n-k},也就是将 $M(x)$ 移位 $(n-k)$ 次,然后用 $g(x)$ 去除,所得的余式 $r(x)$ 即为监督码多项式。因此系统循环码的编码过程就变成用除法求余的过程。

【例9.4－3】　在(7,3)循环码中,若选定 $g(x)=x^4+x^3+x^2+1$,设信息码元为101,对应的信息多项式为 $M(x)=x^2+1$,可以求得

$$M(x)x^{n-k}=x^4(x^2+1)=x^6+x^4=(x^2+x+1)\cdot(x^4+x^3+x^2+1)+(x+1)$$

所以,$r(x)=x+1$,因而码多项式为

$$A(x)=M(x)x^{n-k}+r(x)=x^6+x^4+x+1$$

对应的码字为1010011,显然这是一个系统码。

循环码编码器由除法电路实现。除法电路的主体由一些移位寄存器和模2加法器组成。例如,选定 $g(x)=x^4+x^3+x^2+1$ 时的(7,3)循环码编码器如图9.4－2所示。图中移位寄存器的个数为 $g(x)$ 最高项的次数,故有,D_0、D_1、D_2、D_3 是四级移位寄存器,反馈线的连接与 $g(x)$ 的非0系数相对应。

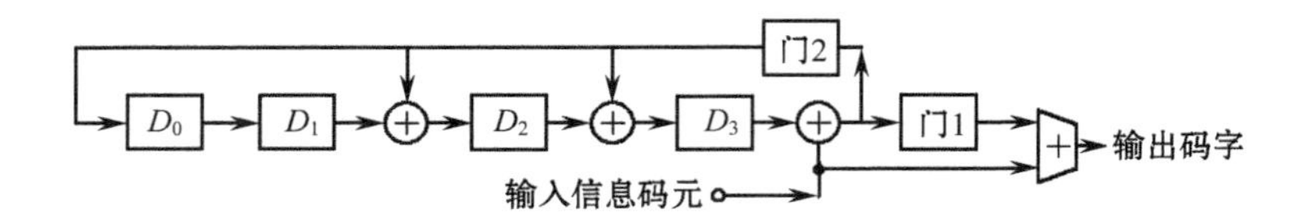

图 9.4-2 (7,3)循环码编码器

编码电路是这样工作的：首先，四级移位寄存器清零；三位信息码元输入时，门 1 断开，门 2 接通，直接输出信息码元；当第 3 次移位脉冲到来时，将除法器电路运算所得的余数存入四级移位寄存器；第 4～7 次移位时，门 2 断开，门 1 接通，输出监督码元（即余数）。当一个码字输出完毕后，就将移位寄存器清零，等待下一组信息码元的输入，重新编码。设输入的信息码组为 110，图 9.4-2 中各器件及端点状态的变化情况如表 9.4-2 所列。该编码器编出的全部码字如表 9.4-1 所列。

表 9.4-2 (7,3)循环码的编码过程

移位次序	输　入	门 1	门 2	移位寄存器 D_0	D_1	D_2	D_3	输　出
0	/	断开	接通	0	0	0	0	/
1	1			1	0	1	1	1
2	1			0	1	0	1	1
3	0			1	0	0	1	0
4	0	接通	断开	0	1	0	0	1
5	0			0	0	1	0	0
6	0			0	0	0	1	0
7	0			0	0	0	0	1

二、循环码的译码方法

接收端译码的目的有两个：检错和纠错。以检错为目的的译码十分简单，由于循环码的码多项式能够被 $g(x)$ 整除，所以在接收端可以将接收码组 $B(x)$ 用原码生成多项式 $g(x)$ 去除。当在传输中未发生错误时，接收码组 $B(x)$ 与发送码组 $A(x)$ 相同，即有 $B(x)=A(x)$，故 $B(x)$ 必定能被 $g(x)$ 整除；若接收码组发生错误时，则 $B(x)\neq A(x)$，$B(x)$ 不能被 $g(x)$ 整除，会产生余项，即有

$$\frac{B(x)}{g(x)}=Q'(x)+\frac{r'(x)}{g(x)} \tag{9.4-32}$$

因此，我们可以利用余项是否为零来判断接收码组 $B(x)$ 中是否有错误。接收端在检出错误之后，可以向发送端发出指令，请求重发出错码组，直到接收到正确码组为止。

需要指出的是，某些有错码的接收码组也可能被 $g(x)$ 整除，这时的错误就无法检出，这种错误称为不可检错误。不可检错误中的错码数一定超过了这种编码的检错能力。

接收端为纠错而采用的译码方法比检错时复杂。为了能够纠错，要求可纠正的错误图样必须与一个特定的余式有一一对应关系。只有存在这个对应关系，才能按余式惟一地确定错误图样，从而纠正错误。

下面我们仍以(7,3)循环码为例,给出一种用硬件实现的纠错译码器原理框图。从表9.4-1可以看出,(7,3)循环码的码距为4,所以它有纠正一个错误的能力。图9.4-3是(7,3)循环码的译码电路。接收码字B(高项在前,低项在后)一方面送入7级缓冲寄存器暂存,另一方面还送入$g(x)$除法电路。假设接收码字$B=(1^*,0,1,1,1,0,1)$,其中右上角打"*"号者为错码。当此码进入除法电路之后,移位寄存器各级的状态变化过程如表9.4-3所列。第7次移位时,7个码元全部进入缓存器,B的首位b_6输出,四级移位寄存器$D_0\ D_1\ D_2\ D_3$的状态分别为0111,经与门输出"1"(纠错信号),这时即可纠正b_6的错误。该纠错信号也同时送到除法电路完成清零工作。

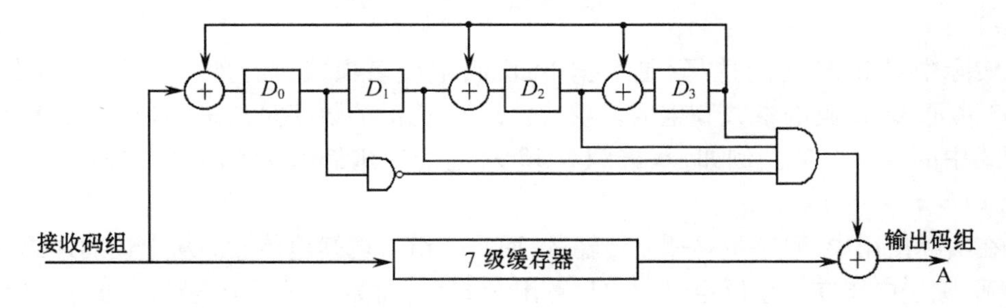

图9.4-3　(7,3)循环码译码器

表9.4-3　(7,3)循环码译码过程

移位次序	输入	移位寄存器 D_0	D_1	D_2	D_3	与门输出	缓存输出	译码输出
0	/	0	0	0	0	0		
1	1	1	0	0	0	0		
2	0	0	1	0	0	0		
3	1	1	0	1	0	0		
4	1	1	1	0	1	0		
5	1	0	1	0	1	0		
6	0	1	0	0	1	0		
7	1	0	1	1	1	1	1	0
8		0	0	0	0	0	0	0
9		0	0	0	0	0	1	1
10		0	0	0	0	0	1	1
11		0	0	0	0	0	1	1
12		0	0	0	0	0	0	0
13		0	0	0	0	0	1	1

9.4.4　BCH码

BCH码是一类能够纠正多个随机错误的循环码,它是以三个发明人Bose-Chaud huri-Hocquenghem的名字命名的。BCH码有严密的代数结构,是目前研究最为透彻的一类码。它的纠错能力强，构造简单，且在译码、同步等方面有许多优点，已被众多的通信系统采用。

BCH 码可分为两类，即本原 BCH 码和非本原 BCH 码。它们的主要区别在于本原 BCH 码的码生成多项式 $g(x)$ 中，含有最高次为 m 的本原多项式，且 $n=2^m-1$；而非本原 BCH 码的生成多项式不含有这种本原多项式，且码长 n 是 $n=2^m-1$ 的一个因式，即码长 n 一定能除尽 $n=2^m-1$。

本原 BCH 码的码组长度 n 与监督位、纠正随机错误个数 t 之间的关系为：对任一整数 m，$n=2^m-1(m\geqslant 3)$，监督位 $n-k\leqslant mt$，能够纠正不大于 t 个随机错误，即最小距离为 $d_{\min}\geqslant 2t+1$。

实际中对 BCH 码的选择，是根据 BCH 码生成多项式进行的。表 9.4-4 给出了 $n\leqslant 63$ 本原 BCH 码的参数和生成多项式。$g(x)$ 栏下的数字是八进制数，用来表示生成多项式中的各项系数。例如，八进制数 13 对应的二进制数为 01011，因而生成多项式为 $g(x)=x^3+x+1$。

在实际使用中，码字不是孤立传输的，而是一组组连续地传输。从上述的译码过程可以看到，除法电路在一个码组时间内运算出余式后，尚需在下一个码组时间内进行纠错。因此实际的译码器需要两套除法电路配合一个缓冲储存器进行工作，这两套除法电路由开关控制交替的接收码组。

表 9.4-4 $n\leqslant 63$ 的本原 BCH 码

n	k	t	$g(x)$	n	k	t	$g(x)$
7	4	1	13	63	39	4	166623567
15	11	1	23	63	36	5	1033500423
15	7	2	721	63	30	6	157464165547
15	5	3	2467	63	24	7	1732326040
31	26	1	45				4441
31	21	2	3551	63	18	10	1363026512
31	16	3	107657				351725
31	11	5	5423325	63	16	11	6331141367
31	6	7	313365047				235453
63	57	1	103	63	10	13	4726223055
63	51	2	12471				27250155
63	45	3	1701317	63	7	15	5231045543
							503271737

9.5 纠正和检测突发错误的分组码*

9.5.1 交织码

交织码又称为交错码，是一种能够纠正突发错误的码。由于突发性错误将造成连续性误码，或者说错码会密集成串出现。通常任何一种纠错码的纠错能力都是有限的，当一个码组中错码的个数超过了纠错码的纠错能力时，该纠错码就无能为力了。交织编码的思想是，信息码首先经纠错编码，变成纠错码；然后这些纠错码的码元次序被置换，置换的规律服从事先所作的规定,被置换的过程称为交织编码。如果在传输中出现连续性的误码,这些误码必然集中出现在交织码码元序列的某个区段。由于交织码的码元序列是被置换过的,经过接收端的反置换,可将集中的误码分散,并被置换回原编码序列中。这时,再利用纠错编码技术,可以将这些误码纠正。可见交织编码的益处是,能将传输过程中造成的连续性误码码元分散,并使它们互不相关。交织编码应用必须同纠错编码技术相结合,否则没有价值。

例如,把纠随机错误的(n,k)线性分组码的 m 个码字,排成 m 行的一个码阵,该码阵称为交错码阵。一个交错码阵就构成交织码的一个码组,码阵的行数称为交错度。图 9.5－1 所示是(28,16)交织码的一个码阵,其行码是能纠正单个随机错误的(7,4)线性分组码,交错度 $m=4$。传输时按列的次序进行,因此送往信道的交织码的一个码组为 $a_{61}\ a_{62}\ a_{63}\ a_{64}\ a_{51}\ a_{52}\cdots\ a_{01}\ a_{02}\ a_{03}\ a_{04}$。

$$
\begin{matrix}
a_{61} & a_{51} & a_{41} & a_{31} & a_{21} & a_{11} & a_{01}\\
a_{62} & a_{52} & a_{42} & a_{32} & a_{22} & a_{12} & a_{02}\\
a_{63} & a_{53} & a_{43} & a_{33} & a_{23} & a_{13} & a_{03}\\
a_{64} & a_{54} & a_{44} & a_{34} & a_{24} & a_{14} & a_{04}
\end{matrix}
$$

图 9.5－1　$m=4$ 的(28,16)交织码码阵

在传输过程中若发生长度 $e\leqslant 4$ 的错误码串,那么无论从哪一位开始,至多只影响图 9.5－1 码阵一行中的一个码元。在接收端,把收到的交织码的码组再恢复成原来的排列,由于在每一个(7,4)线性分组码的码字中至多只有一个错码,没有超过(7,4)码的纠错能力,所以可把 e 个突发错误纠正过来。

显然,若想纠正较长的突发错误,可以把码阵的行数增多,即加大交错度。一般地,若一个(n,k)码能够纠正 t 个随机错误,按上述方法进行交织编码,交错度为 m,即可得到一个(nm,km)的交织码,该交织码能够纠正突发错误的长度为 $e\leqslant mt$。

9.5.2　RS 码

RS 码首先由 Reed 和 Solomon 提出,故由两位发明人姓氏的英文字头命名。RS 码是一种具有很强纠错能力的多进制 BCH 码。

一个能纠 t 个错误符号的 M 进制 RS 码有如下参数。

码长:

$$n = M - 1 = 2^q - 1\ (q \geqslant 3,\text{为正整数})$$

监督码元数:

$$n - k = 2t$$

最小码距:

$$d_{\min} \geqslant 2t + 1$$

由于 RS 码能够纠正 t 个 M 进制错误符号,也就相当于能够纠正 t 个 q 位二进制错误码组。至于一个 q 位二进制码组错误中有一位错误,还是 q 位全错了,并不重要,这就是说 RS 码能够纠正连续性的突发错误。因此 RS 码特别适用于存在突发错误的信道,如移动信道等。

9.5.3 CRC 码

在计算机通信网中,用得最多、也是最有效的检错码是循环冗余校验 CRC(Cyclic Redundancy Check)码。CRC 码是一种循环码,它通常是在每组信息字符之后附加两个或四个校验字符(16 位或 32 位)。

CRC 码能够检出的错误有:

(1) 突发长度$\leqslant n-k$ 的突发错误;

(2) 大部分突发长度$=n-k+1$ 的错误,其中不可检测的错误只占有$2^{-(n-k+1)}$;

(3) 大部分突发长度$>n-k+1$ 的错误,其中不可检测的错误只占有$2^{-(n-k)}$;

(4) 所有的小于或等于$d_{\min}-1$ 的随机错误;

(5) 所有奇数个随机错误。

CRC 码是一种检错能力非常强的码,它的码生成多项式$g(x)$的标准化工作由 CCITT 负责制定。在计算机通信网中,常用的码生成多项式$g(x)$有以下几种。

第一种是 CCITT 推荐的 CRC-CCITT,它用于字符长度为 8 位(通常称为 8 单位)的国际 5 号代码传输系统产生校验码组,校验码组的长度是 16 位,其码生成多项式为

$$g(x) = x^{16} + x^{12} + x^{5} + 1 \tag{9.5-1}$$

CRC-CCITT 可以检出所有奇数比特错误,所有长度等于 16 比特的突发错误,所有长度各为不大于 2 比特的两个突发错误和绝大部分长度等于 17 比特的突发错误。此码还可以纠正占 60% 以上的不大于 3 比特的错误,所有奇数比特错误,74% 以上的 16 比特以下的突发错误以及绝大部分更长的突发错误。

第二种是 CRC-16,它用于美国的二进制同步系统中,当使用 8 单位码时,校验码组长 16 位。它所生成多项式是

$$g(x) = x^{16} + x^{15} + x^{2} + 1 \tag{9.5-2}$$

这种 CRC-16 码能够检出所有的单、双比特错误,所有的奇数比特错误,所有的突发长度等于或小于 16 比特的突发错误,99.997% 的 17 比特突发错误以及 99.998% 的 18 比特的突发错误,以及大部分 18 比特以上的突发错误。

第三种是 CRC-12,它用在 6 单位字符的同步系统中,校验码组长 12 位,生成多项式为

$$g(x) = x^{12} + x^{11} + x^{3} + x^{2} + x + 1 \tag{9.5-3}$$

它能检出长度在 12 比特以内的所有突发错误。

第四种是 CRC-32,它用于以太网中,生成多项式为

$$\begin{aligned} g(x) = {} & x^{32} + x^{26} + x^{23} + x^{22} + x^{16} + x^{12} + x^{11} + \\ & x^{10} + x^{8} + x^{7} + x^{5} + x^{4} + x^{2} + x + 1 \end{aligned} \tag{9.5-4}$$

在进行 CRC 编码时,首先要将信息序列分组,称为信息帧。CRC 的编码按如下步骤进行。

(1) 若生成多项式$g(x)$的阶数为r,则在有m位码元的信息帧的末尾加r个 0,使编码帧长度为$m+r$位。设m位信息码元对应的多项式为$M(x)$,则加 0 后的多项式就成为$x^{r} \cdot M(x)$。

(2) 用$g(x)$模 2 去除$x^{r} \cdot M(x)$。

(3) 按模2加法,在 $x^r \cdot M(x)$ 的比特流中加上余数(该余数小于或等于 r 位),便得到了实际发送的带校验位的码多项式 $A(x)$。

下面举例说明编码过程。为了简化书写,有意将项数减少。

设生成多项式 $g(x) = x^4 + x + 1$,信息帧比特流为 1101011011,在信息码序列之后添加 $r=4$ 个 0 之后,帧变成 11010110110000,然后用 $g(x)$ 去除,除后的余数为 1110,将该余数与被除数相加,就得到了经过 CRC 编码的实际发送比特流 11010110111110。目前,已有专门的集成电路来实现 CRC 编码。

9.6 卷积码

9.6.1 基本概念

卷积码是一种非分组码。我们知道,分组码中是把 k 个信息码元编成长度为 n 的码字,每个码字的 $(n-k)$ 个监督元仅与本码字的 k 个信息元有关,而与其它码字的信息元无关。卷积码则不同,它先将信息码序列分成长度为 k 的子组,然后编成长度为 n 的子码,每个子码的监督码元,不仅与本子码的 k 个信息元有关,同时还与前面 m 个子码的信息元密切相关。换句话说,各子码内的监督元不仅对本子码有监督作用,而且对前面 m 个子码内的信息元也有监督作用。因此常用 (n,k,m) 表示卷积码,其中 m 称为编码记忆,它反映了输入信息元在编码器中需要存储的时间长短;$N=m+1$ 称为卷积码的约束度,单位是组,它是相互约束的子码的个数;$N \cdot n$ 被称为约束长度,单位是位,它是互相约束的二进制码元的个数。

在线性分组码中,单位时间内进入编码器的信息序列一般都比较长,k 可达 8~100。因此,编出的码字 n 也很长。对于卷积码,考虑到编、译码设备的可实现性,单位时间内进入编码器的信息码元的个数 k 通常比较小,一般不超过 4,往往就取 $k=1$。

9.6.2 卷积码的编码

一、编码原理

下面,我们通过一个例子来说明卷积码的编码原理和编码方法。图 9.6-1 是 (2,1,2) 卷积码编码器的原理框图。它由 2 级移位寄存器 D_1、D_2,两个模 2 加法器和开关电路组成。编码前,各级移位寄存器清零,信息码元按 $m_0 m_1 m_2 m_3 \cdots m_{j-2} m_{j-1} m_j \cdots$ 的顺序送入编码器。每输入一个信息码元 m_j,开关电路依次接到 c_{j1}、c_{j2} 各端点一次。其中两个输出码元 c_{j1}、c_{j2} 由下式确定

$$\begin{cases} c_{j1} = m_j + m_{j-1} + m_{j-2} \\ c_{j2} = m_j + m_{j-2} \end{cases} \tag{9.6-1}$$

由式(9.6-1)可以看到,编码器编出的每一个子码 $c_{j1} c_{j2}$,都与前面两个子码的信息元有关,因此 $m=2$,约束度 $N=m+1=3$(组),约束长度 $N \cdot n=6$(位)。

卷积码编码时,信息码流是连续地通过编码器,不像分组码编码器那样先把信息码流分成许多码组,而后再进行编码。因此,卷积码编码器只需要很少的缓冲和存储硬件。

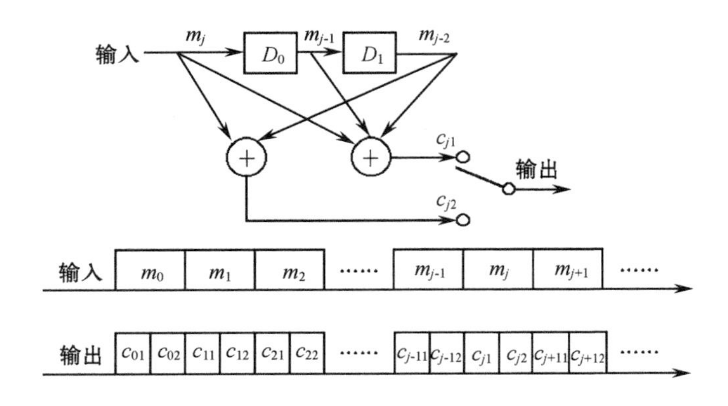

图 9.6－1 (2,1,2)卷积码编码器的输入及输出关系

二、表示方法

除了用(n,k,m)表示之外,卷积码还有 3 种表示方法,它们是:码树、网格图和状态图。

1. 码树

图 9.6－1 编码器的编码过程,可以用图 9.6－2 所示的码树来描述。图中每个节点"·"对应于一个输入码元。按照习惯,当输入为"0"时,走上分支;输入为"1"时,走下分支,并将编码器的输出标在每个分支的上面。按此规则,就可以画出码树的路径。对于任一个码元输入序列,其编码输出序列一定与码树中的一条特殊的路径相对应。因此,沿着码元输入序列,就可以获得相应的输出码序列。例如,如果输入的信息序列为 1010…,输出编码序列为 11100010…,如图中虚线所示。由式(9.6－1)可以看到,编码器的输出与当前输入的码元 m_j 和先前输入的两个码元 $m_{j-2}m_{j-1}$ 的取值有关。我们将编码器中寄存器内所存储的、先前输入的信息码元的可能取值称为编码器的状态。对应图 9.6－1 的编码器,$m_{j-2}m_{j-1}$ 可能的取值有 4 种:00、01、10 和 11,我们分别用 S_0、S_1、S_2、和 S_3 表示,并将

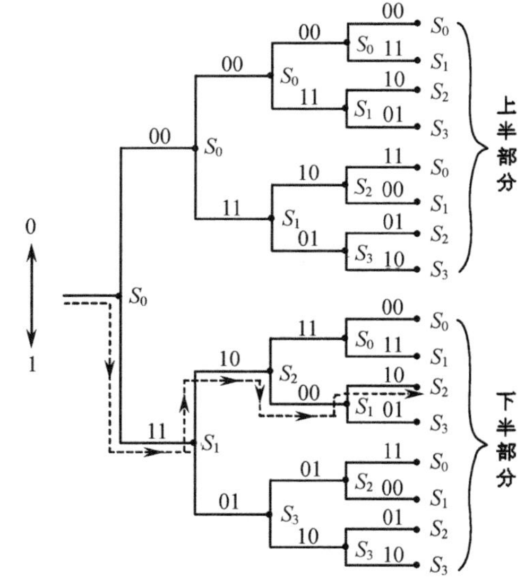

图 9.6－2 (2,1,2)卷积码的码树

其分别标注在码树的各节点上。

在编码器的输入端输入一个新的信息码元后，编码器会从原来的状态转换成新的状态。例如，若编码器原来的状态为 S_1，当输入码元为“1”时，从图 9.6－2 可以看到，编码器会从 S_1 状态转换到 S_3 状态；当输入码元为“0”时，编码器会从 S_1 状态转换到 S_2 状态。从码树上还可以看到，从第四条支路开始，码树的各节点从上而下开始重复出现 S_0、S_1、S_2、S_3 四种状态，并且码树的上半部分与下半部分完全相同，这意味着从第 4 位信息码元输入开始，无论第 1 位信息码是“0”还是“1”，对编码输出都没有影响，即输出码已经与第 1 位信息码元无关，这正是约束度 $N=3$ 的含义。

2. 网格图

在码树中，从同一个状态节点出发的分支都相同。因此我们可以将状态相同的节点合并在一起，这样就得到了卷积码的另外一种更为紧凑的图形表示方法，即网格图。

在网格图中，将码树中的上分支（对应于输入码元为“0”的情况）用实线表示，下支路（对应于输入码元为“1”的情况）用虚线表示，并将编码输出标在每条支路的上方。网格图的每一行节点分别代表 S_0、S_1、S_2、S_3 四种编码器状态。（2，1，2）卷积码编码器的网格图如图 9.6－3 所示。

与码树一样，任何可能的输入码元序列都对应着网格图上的一条路径。例如，若初始状态为 S_0，输入序列为 1101，对应的编码输出序列为 11010100…，如图 9.6－3 中粗线所示。

3. 状态图

卷积码的状态图表示给出了编码器当前状态与下一个状态之间的相互关系，如图 9.6－4所示。图中，虚线表示输入码元为“1”的路径，实线表示输入码元为“0”的路径，圆圈内的字母表示编码器的状态，路径上的数字表示编码输出。

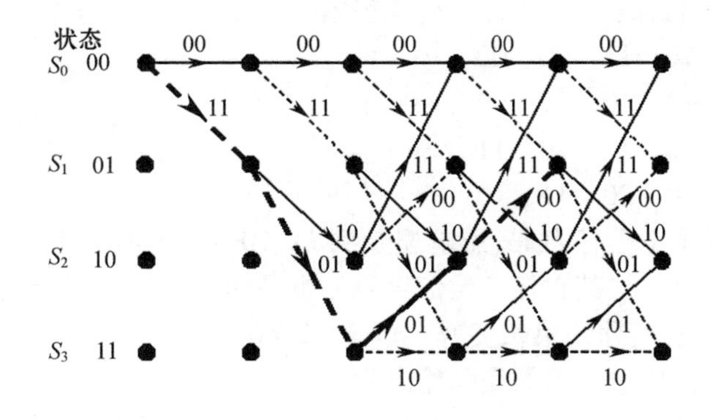

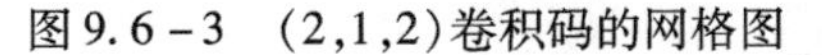
图 9.6－3 （2，1，2）卷积码的网格图

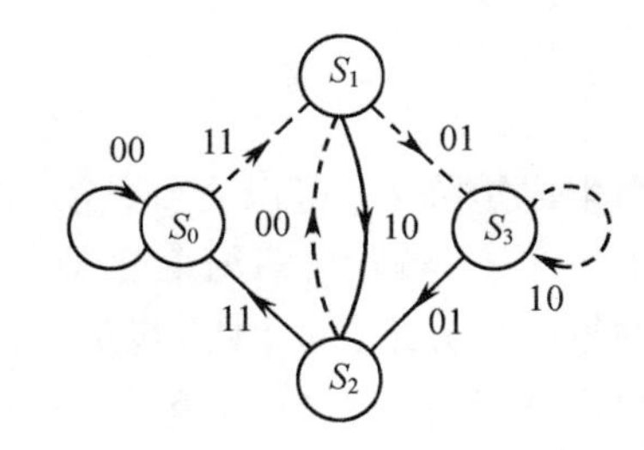

图 9.6－4 （2，1，2）卷积码的状态图

三、生成矩阵

下面以图 9.6－1 所示的（2，1，2）卷积码编码器为例，找出卷积码生成矩阵的一般规律。设输入信息序列为 $M=(m_0, m_1, m_2, \cdots, m_j, \cdots)$，根据式（9.6－1）可以写出开始的几个输出子码 C_0、C_1、C_2、C_3、C_4 为

$$C_0:\begin{cases} C_{01}=m_0 \\ C_{02}=m_0 \end{cases} \quad C_1:\begin{cases} C_{11}=m_0+m_1 \\ C_{12}=m_1 \end{cases} \quad C_2:\begin{cases} C_{21}=m_0+m_1+m_2 \\ C_{22}=m_0+m_2 \end{cases}$$

$$C_3:\begin{cases}C_{31}=m_1+m_2+m_3\\C_{32}=m_1\qquad+m_3\end{cases}\qquad C_4:\begin{cases}C_{41}=m_2+m_3+m_4\\C_{42}=m_2\qquad+m_4\end{cases}$$

因此输出码序列为$(C_{01},C_{02},C_{11},C_{12},C_{21},C_{22},C_{31},C_{32},C_{41},C_{42},\cdots)$，将其写成矩阵形式，有

$$\begin{bmatrix}C_{01}\\C_{02}\\C_{11}\\C_{12}\\C_{21}\\C_{22}\\C_{31}\\C_{32}\\C_{41}\\C_{42}\\\vdots\end{bmatrix}=\begin{bmatrix}m_0\\m_0\\m_0+m_1\\m_1\\m_0+m_1+m_2\\m_0+m_2\\m_1+m_2+m_3\\m_1+m_3\\m_2+m_3+m_4\\m_2+m_4\\\vdots\end{bmatrix}=\begin{bmatrix}1&0&0&0&0&\cdots\\1&0&0&0&0&\cdots\\1&1&0&0&0&\cdots\\0&1&0&0&0&\cdots\\1&1&1&0&0&\cdots\\1&0&1&0&0&\cdots\\0&1&1&1&0&\cdots\\0&1&0&1&0&\cdots\\0&0&1&1&1&\cdots\\0&0&1&0&1&\cdots\\\vdots&\vdots&\vdots&\vdots&\vdots&\vdots\end{bmatrix}\cdot\begin{bmatrix}m_0\\m_1\\m_2\\m_3\\m_4\\\vdots\\\vdots\\\vdots\\\vdots\\\vdots\\\vdots\end{bmatrix}\qquad(9.6-2)$$

将式(9.6-2)转置，左边的矩阵就是编码输出矩阵，于是得到

$$\boldsymbol{C}=[C_{01}C_{02}C_{11}C_{12}C_{21}C_{22}C_{31}C_{32}C_{41}C_{42}\cdots]=$$

$$[m_0m_1m_2m_3m_4\cdots]\cdot\begin{bmatrix}11&10&11&00&00&\cdots\\00&11&10&11&00&\cdots\\00&00&11&10&11&\cdots\\00&00&00&11&10&\cdots\end{bmatrix}\qquad(9.6-3)$$

根据生成矩阵的定义，可以由式(9.6-3)得到上述(2,1,2)卷积码的生成矩阵$\boldsymbol{G}_\infty$为

$$\boldsymbol{G}_\infty=\begin{bmatrix}11&10&11&00&00&\cdots\\00&11&10&11&00&\cdots\\00&00&11&10&11&\cdots\\00&00&00&11&10&\cdots\end{bmatrix}\qquad(9.6-4)$$

由生成矩阵$\boldsymbol{G}_\infty$可以看到，输入的第1位信息码，影响遍及到11、10、11，这实际上涉及到了三个子码码组，即约束度$N=2+1=3$，其它任一位信息码元也是如此。(2,1,2)卷积码的每一个分组(即子码)包括2位数字，即约束长度$N\cdot n=3\times2=6$。

由式(9.6-3)及式(9.6-4)可以得到卷积码的编码输出为

$$\boldsymbol{C}=\boldsymbol{M}\boldsymbol{G}_\infty\qquad(9.6-5)$$

仔细观察式(9.6-4)的生成矩阵$\boldsymbol{G}_\infty$，可以发现：

(1) 生成矩阵的第二行是由第一行右移2位(即一个子码的长度)得到的，第三行又是第二行右移2位，依此类推。这表明，卷积码的生成矩阵$\boldsymbol{G}_\infty$可由它的第一行决定。

(2) 在生成矩阵的第一行(11 10 11 00 00 …)中，除去前面3组6个数字之外，以后全部为“0”。这前面的6个数字称为基本生成矩阵，记为

$$\boldsymbol{g}=[g_1\ g_2\ g_3]=[11\ 10\ 11]\qquad(9.6-6)$$

其中，$g_1=(11)$，$g_2=(10)$，$g_3=(11)$，称为生成序列。生成序列按如下方式排列，就可以

得到生成矩阵

$$G_\infty = \begin{bmatrix} g_1 & g_2 & g_3 & & & \\ & g_1 & g_2 & g_3 & & \\ & & g_1 & g_2 & g_3 & \\ & & & \cdots & \cdots & \cdots \end{bmatrix} \tag{9.6-7}$$

（3）基本生成矩阵 $\boldsymbol{g}$ 包括3个分组，它等于卷积码的约束度 $N=(m+1)=3$；$\boldsymbol{g}$ 共有6列，对应于约束长度 $N\cdot n=3\times2=6$；$\boldsymbol{g}$ 只有1行，它与卷积码子码中的信息位数 k 相对应。

9.6.3　卷积码的译码

卷积码译码可分为代数译码和概率译码两大类。代数译码方法完全依赖于卷积码的代数结构，主要的方法是大数逻辑译码。而概率译码不仅利用了码的代数结构，而且还利用了信道的统计特性，主要的方法有维特比（Viterbi）译码和序列译码。概率译码，特别是维特比译码已成为卷积码的主要译码方法。维特比译码在卷积码的约束长度较小时，比序列译码方法效率更高，速度更快，译码器也比较简单，是一种非常有效的译码方法。目前，维特比译码方法已广泛地应用在各种数字通信系统中，本节只讨论这种译码方法。由于维特比译码是建立在最大似然译码的基础之上，因此我们首先来讨论最大似然译码原理。

一、最大似然译码

图9.6-5是卷积码编、译码系统模型。图中，信息序列 M 首先经过卷积码编码器变成编码发送序列 C，然后将 C 送入有噪声的离散无记忆信道（DMC）；在接收端，设译码器接收到的序列为 R，译码输出序列为 M'。

图9.6-5　卷积码编、译码系统模型

对于(n,k,m)卷积码，设信息序列 M 为

$$M=(\underline{M}_0,\underline{M}_1,\cdots,\underline{M}_i,\cdots,\underline{M}_{L-1},\underbrace{\underline{0},\underline{0},\cdots,\underline{0}}_{m\text{组}}) \tag{9.6-8}$$

式中，每一个符号 $\underline{M}_i$ 代表长度为 k 的信息码块，故有用的信息码总长度为 $L\cdot k$；$\underline{0}$ 代表 k 个0，它们被附加在有用的信息码元之后，m 组 $\underline{0}$ 共有 $m\cdot k$ 个0。这样做的目的是要使编码器对 M 序列完成编码之后，恢复到全零状态，同时使信息序列能分帧传输，接收序列也能分帧译码。

若编码器输出的编码序列 C 为

$$C=(\underline{C}_0,\underline{C}_1,\cdots,\underline{C}_i,\cdots,\underline{C}_{L+m-1}) \tag{9.6-9}$$

这是一个长度为 $n\,(L+m)$ 个码元的二进制序列，其中 $\underline{C}_i$ 是第 i 个发送子码。由于编码器输出此序列之后总能恢复到全0状态，所以称此序列为截尾卷积码序列。该码序列通过离散无记忆信道（DMC）之后，译码器接收序列 R 为

$$R = (\underline{R}_0, \underline{R}_1, \cdots, \underline{R}_i, \cdots, \overline{R}_{L+m-1}) \tag{9.6-10}$$

式中，$\underline{R}_i$ 是第 i 个接收子码，长度是 n。于是对于 DMC 信道，输入码序列为 C 而接收到码序列是 R 的概率为

$$P(R/C) = P(\underline{R}_0/\underline{C}_0) \cdot P(\underline{R}_1/\underline{C}_1) \cdots P(\underline{R}_{L+m-1}/\underline{C}_{L+m-1}) = \prod_{i=0}^{L+m-1} P(\underline{R}_i/\underline{C}_i) = \prod_{j=0}^{N-1} P(r_j/c_j) \tag{9.6-11}$$

式中，$N = n(L+m)$ 是 $(L+m)$ 个子码的二进制的长度，r 和 c 分别代表接收序列 R 和发送序列 C 中的二进制码元，j 是二进制码元的顺序数。对式(9.6-11)两边取对数，有

$$\log P(R/C) = \prod_{j=0}^{N-1} \log P(r_j/c_j) \tag{9.6-12}$$

称 $\log P(R/C)$ 是码序列 C 的似然函数，它表示发送序列为 C 而接收序列是 R 这种情况可能性的大小，$\log P(R/C)$ 越大，说明 R 与 C 越相似。式中，$P(r_j/c_j)$ 是信道的转移概率。

在接收序列 R 中，前面 L 个子码是由 $L \cdot k$ 个二进制信息码元编码获得。由 $L \cdot k$ 个二进制码元可以组成 2^{kL} 种码序列。现在的问题是，已知接收码序列 R，不知发送码序列 C，那么这 2^{kL} 种码序列都可能是发送码序列，但是发送各种码序列的可能性大小，是由似然函数决定的。译码器的任务就是要从这 2^{kL} 种码序列中，找出一个与 R 最相似的码序列 C'，作为编码发送序列 C 的估值。换句话说，对于一个特定的接收序列 R，译码器对 2^{kL} 种码序列分别计算出相应的似然函数，挑选出似然函数最大的一个码序列作为译码器的译码输出序列 M'。在等概率发送的情况下，这种最大似然函数译码方法是译码错误概率最小的方法，因而也是最佳的方法。

若信道是二进制对称信道(BSC)，$P(0/1) = P(0/1)$ 等于误码率 P_e。假设发送序列在传输中产生了 e 个错误，这时 C 与 R 有 e 个位置上码元不同，所以 $e = d(R,C)$，$d(R,C)$ 是 R 与 C 之间的汉明距离。这时，似然函数可以写成

$$\begin{aligned}\log P(R/C) &= \prod_{j=0}^{N-1} \log P(r_j/c_j) = \\ &d(R,C)\log P_e + [N - d(R,C)] \cdot \log(1 - P_e) = \\ &d(R,C)\log\frac{P_e}{1-P_e} + N\log(1-P_e)\end{aligned} \tag{9.6-13}$$

我们称似然函数 $\log P(R/C)$ 为 C 与 R 之间相似性的"度量"。由于 $P_e < 1/2$，故有 $\log[p_e/(1-p_e)] < 0$。所以当 $d(R,C)$ 最小时，对应着 $\log P(R/C)$ 最大。也就是说，对于二进制无记忆信道而言，最大似然译码就等于最小汉明距离译码，因此可以用 $d(R,C)$ 代替似然函数 $\log P(R/C)$ 作为度量，C 与 R 之间的汉明距离可以表示为

$$d(R,C) = \sum_{i=0}^{L+m-1} d(\underline{R}_i, \underline{C}_i) = \sum_{J=0}^{N-1} d(r_j, c_j) \tag{9.6-14}$$

式中，$d(\underline{R}_i, \underline{C}_i)$ 和 $d(r_j, c_j)$ 分别表示子码度量和码元度量。

二、维特比（Viterbi）译码

由于卷积码的编码输出序列一定对应着网格图（或码树）中的一条路径，因此卷积码的最大似然译码，就是根据收到的序列 R，按照最大似然译码的准则，力图在网格图上找到原来编码器编码时所走过的路径，这个过程就是译码器计算、寻找最大似然函数的过程，即得到

$$\max[\log p(R/C_j)], j = 1,2,\cdots,2^{kL}$$

对于 BSC 信道而言，就是寻找与 R 有最小汉明距离的路径，即得到

$$\min[d(R,C_j)], j = 1,2,\cdots,2^{kL}$$

最大似然译码的性能固然很好，但它是以整个译码长度为 $(L+m)n$ 作为整体来考虑的，这就给实际应用带来了困难。例如，若采用 $L=50, k=2$，可能的路径可达 $2^{kL}=2^{100}\geqslant 10^{30}$ 条，对每一个接收序列 R 都要与大约 10^{30} 条码序列进行比较，这在实际应用中几乎是不可能的。因此，必须寻找一种新的最大似然译码算法，维特比译码方法正是为了解决这一困难提出的。它不是在网格图上一次比较所有可能的 2^{kL} 个序列（路径），而是接收一段，就比较、计算一段，选择一条最可能的路径，从而使整个码序列是一个有最大似然函数的序列。用维特比方法译码的具体步骤如下：

（1）从 S_0 状态开始，时间单位 $j=1$，计算并存储进入每一个状态的部分路径及其度量值。

（2）j 增加 1，计算此时刻进入各状态的部分路径及其度量值，并挑选出一条度量值最大的部分路径，称为留选路径。

（3）如果 $j<L+m$，重复第（2）步；否则停止。

j 从 m 到 L，网格图的每个状态都有一条留选路径。但当 $j>L$ 以后，由于输入码元开始为 0，故网格图的状态数减少，留选路径也减少，到第 $(L+m)$ 单位时间，网格图回到 S_0 状态，最后只剩一条留选路径，这条路径就是我们需要的有最大似然函数的路径 C'。下面来举例说明维特比算法的应用。

【例 9.6－1】　设(2,1,2)卷积码编码器的输入信息序列为 $M=(1011100)$，$L=5$。编码器发送到 BSC 信道的码序列为 $C=(11100001100111)$，译码器的序列为 $R=(10100001110100)$。利用图 9.6－3 的网格图，求译码器输出的估值序列 M'。

维特比译码过程如图 9.6－6 所示，图中我们用汉明距离作为度量直接译出信息序列的估值 M'。

图 9.6－6 中，标出了各个时刻进入每一个状态的留选路径及其相应的距离，同时标出了相应的译码序列 M'。当 $L+m=7$ 个时刻之后，四条留选路径归为一条，相应的译码输出序列为 $M'=(1011000)$。若在某一时刻，进入某一状态的两条路径有相同的度量，如在 $j=4$ 时，进入 S_2 的两条路径(11100010)和(00110101)的度量值均为 3，故可以任意选择一条作为 S_2 状态的留选路径。图 9.6－6 中留选路径用的是(11100010)，这种任意选择的结果并不会影响最后结果的正确性。将 M' 与 M 相比较可以发现，维特比译码并不能纠正所有可能发生的错误，当错误模式超出卷积码的纠错能力时，译码后的输出序列就会存在错误。

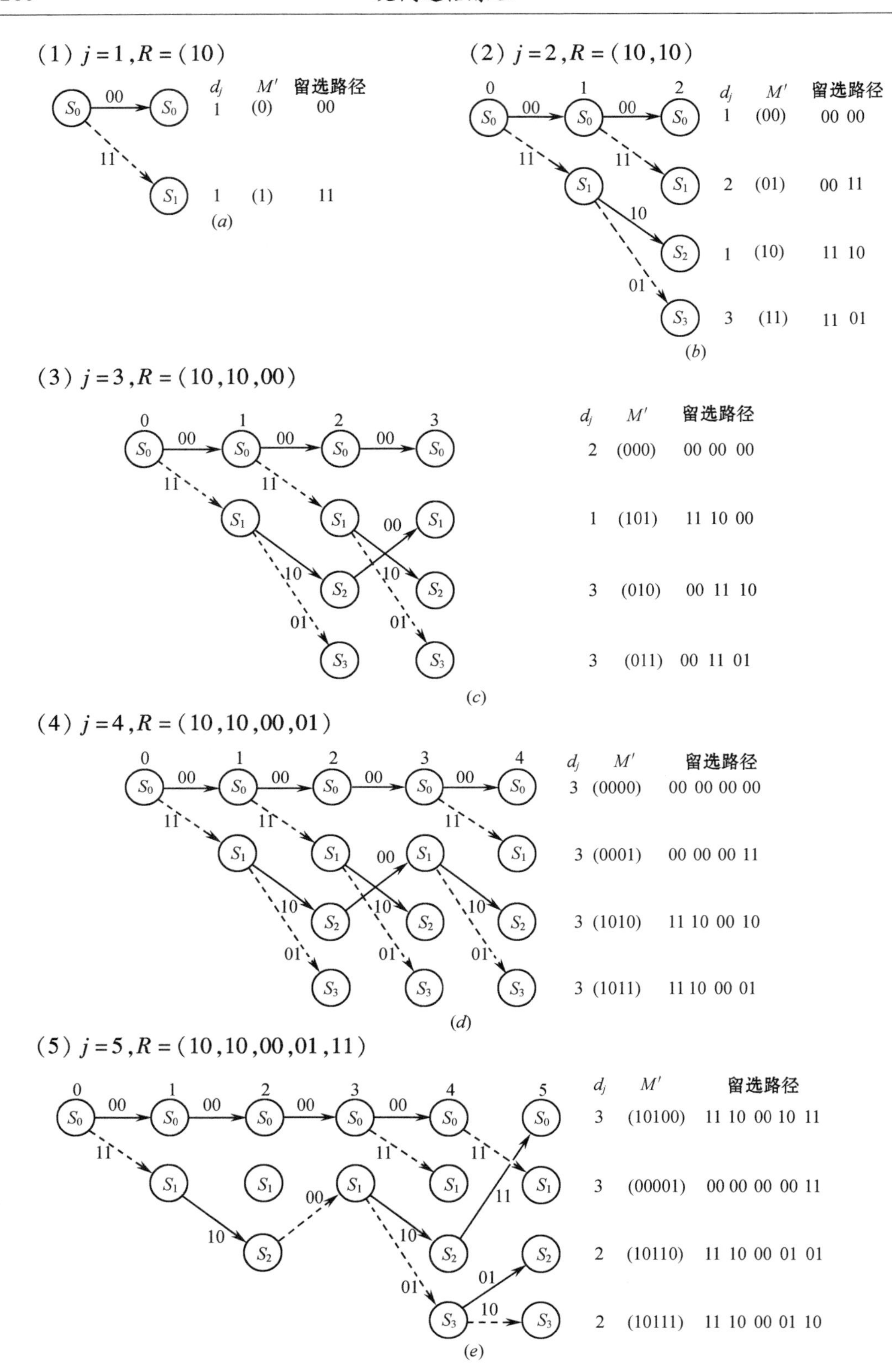
(1) $j=1, R=(10)$
d_j M' 留选路径
1 (0) 00
1 (1) 11
(a)
(2) $j=2, R=(10,10)$
d_j M' 留选路径
1 (00) 00 00
2 (01) 00 11
1 (10) 11 10
3 (11) 11 01
(b)
(3) $j=3, R=(10,10,00)$
d_j M' 留选路径
2 (000) 00 00 00
1 (101) 11 10 00
3 (010) 00 11 10
3 (011) 00 11 01
(c)
(4) $j=4, R=(10,10,00,01)$
d_j M' 留选路径
3 (0000) 00 00 00 00
3 (0001) 00 00 00 11
3 (1010) 11 10 00 10
3 (1011) 11 10 00 01
(d)
(5) $j=5, R=(10,10,00,01,11)$
d_j M' 留选路径
3 (10100) 11 10 00 10 11
3 (00001) 00 00 00 00 11
2 (10110) 11 10 00 01 01
2 (10111) 11 10 00 01 10
(e)

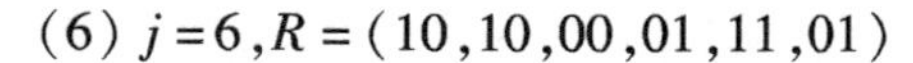
(6) $j=6,R=(10,10,00,01,11,01)$

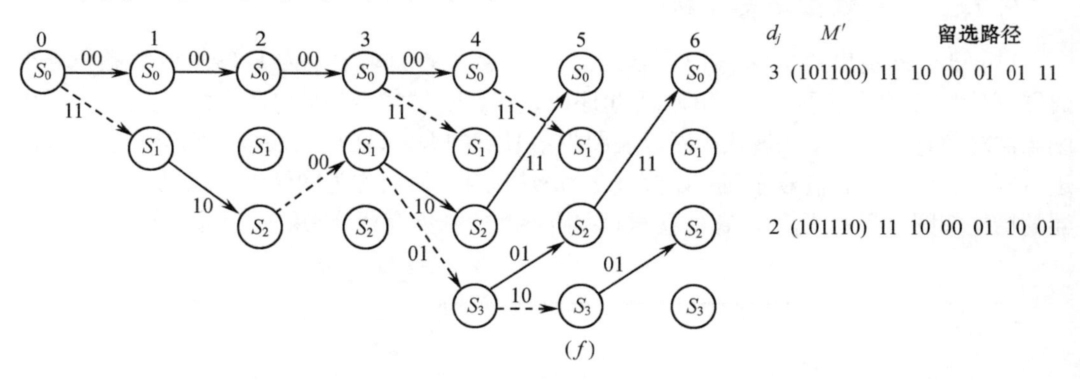

(7) $j=7,R=(10,10,00,01,11,01,00)$

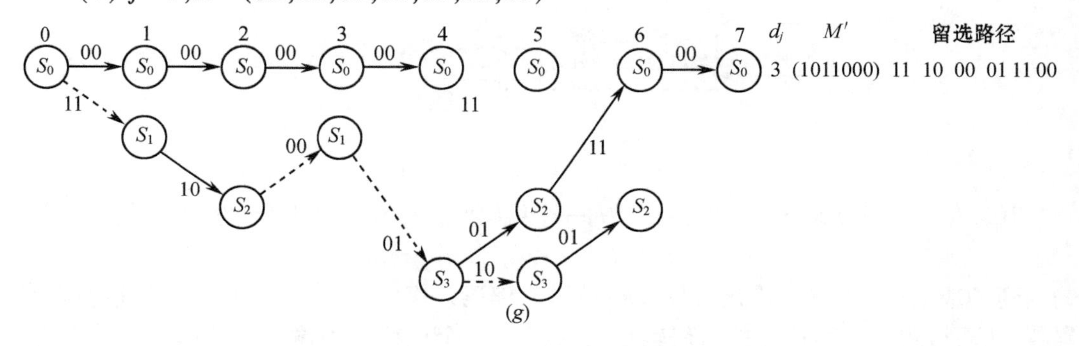

图 9.6-6　维特比译码过程

对于(n,k,m)卷积码编码器共有 km 个移位寄存器,因而有 2^{km} 个状态。从上面的译码过程可见,维特比译码器也必须有同样多的状态产生器,并且对每一个状态都要有一个路径寄存器存储路径或信息序列,同时还要有一个存储路径度量值(最小汉明距离 d_{min})的寄存器。可见维特比译码的复杂度是随 2^{km} 指数增加的,为了不使译码器过于复杂,一般要求编码记忆 $m \leqslant 10$。

9.7　网格编码调制(TCM)*

在传统的数字通信中,纠错编码和调制是分别设计和考虑的,这就使得系统误码性能的改善要以牺牲通信效率为代价,编码增益要依靠降低信息传输速率来获得,并且还使得多进制数字调制系统的性能无法达到最佳。1974 年梅西(Messey)根据香农信息论,首先证明了当把编码与调制作为一个整体考虑时,可以大大地改善通信系统的性能。1982 年,昂格尔博克(Ungerboeck)开创性地提出了一种网格编码调制(TCM Trellis Coded Modulation)方案,该方案的本质特点是突破了传统的编码与调制相互独立实现最佳化的模式,而将二者作为一个整体来考虑。TCM 方案能在不增加系统带宽的前提下,获得 3dB ~ 6dB 的编码增益。如此巨大的优越性,使 TCM 自问世伊始就受到了普遍的关注和研究。目前,TCM 技术已经得到了广泛的应用,它不仅用于高速的话带调制解调器中,而且还用于卫星通信、移动通信及扩频通信等多个领域之中。

9.7.1 TCM 编码器结构

Ungerboeck 提出的 TCM 编码调制方案,使用普通的编码效率为 $\bar{k}/(\bar{k}+1)$ 的卷积码编码器,采用了比实际需要大一倍的信号星座图,然后通过"集合划分映射"的方法,将卷积码编码器对信息码元的编码转化为对星座图中信号点的编码,在接收端采用维特比译码算法进行判决。由于调制信号序列可以模型化为网格结构,因而称为网格编码调制。TCM 编码器的结构如图 9.7-1 所示。它由卷积码编码器和信号集合划分映射两个部分组成。

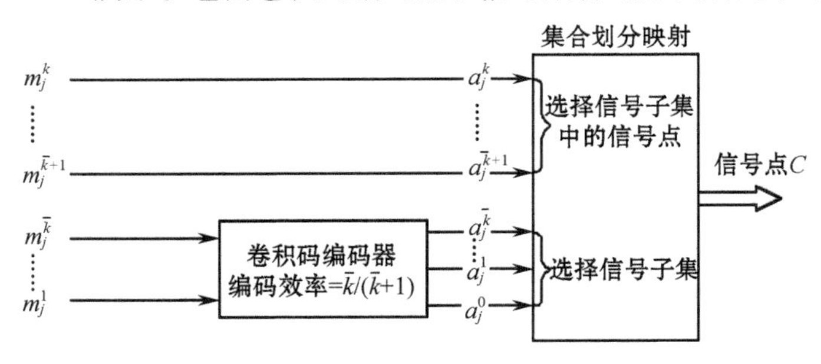

图 9.7-1 TCM 编码器结构

TCM 信号是通过如下方式产生的:在每一个编码调制间隔中,有 k 个比特的待传信息

$$M_j = (m_j^k, m_j^{k-1}, \cdots, m_j^{\bar{k}+1}, m_j^{\bar{k}}, \cdots, m_j^1)$$

输入到 TCM 编码器,其中 $\bar{k}$ 比特($\bar{k}<k$)被送入编码效率为 $\bar{k}/(\bar{k}+1)$ 的二进制卷积码编码器,从而得到($\bar{k}+1$)比特的编码输出。这($\bar{k}+1$)个比特编码输出用于选择信号子集,其余的 $k-\bar{k}$ 个未编码比特用来从被选中的子集中选择一个信号点。

9.7.2 归一化欧几里得距离

在常规的多进制调制系统(如 QAM、QPSK 及 8PSK)中,已调信号对传输损伤非常敏感。这是因为信道中的传输损伤,如噪声、干扰等,将导致接收符号点偏离它们在星座图中的位置。通常,将任意两个信号点(信号序列)之间的几何距离,称作归一化欧几里得距离,简称为欧氏距离。图 9.7-2 是 8PSK 信号的星座图,不难看出,不同信号点之间的欧氏距离有 4 种:Δ_0、Δ_1、Δ_2、Δ_3。图中,信号点旁的数字为信号点的标号,括号内的数字是信号点的二进制表示。

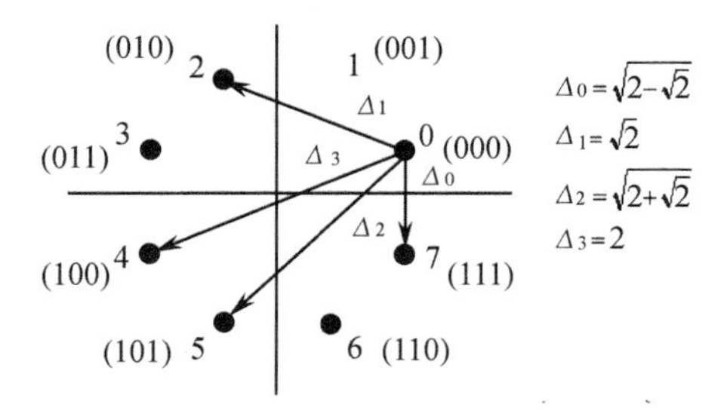

图 9.7-2 8PSK 信号星座图及欧氏距离

多进制已调制信号解调时,通常是在星座图中选择最靠近接收信号序列的信号点,即若解调器接收到的序列为 R,最佳译码器的判决准则是从所有可能的编码序列中选出一

个序列 C'，使得序列 C' 与接收序列 R 之间具有最小欧氏距离。这样，当传输损伤大到一定程度之后，接收到的信号序列可能偏离它们在星座图中的正确位置，从而会造成译码器误判。因此，对于最佳判决译码，最可能的错误发生在具有最小欧氏距离的两个序列之间，这一最小欧氏距离称为欧氏自由距离，记为 d_{free}。由图 9.7-2 可见，8PSK 信号的欧氏自由距离为 Δ_0。

通过以上的讨论可知，多进制调制系统的误码性能与已调信号各信号点之间的欧氏距离有关。例如，考虑没有纠错编码的 QPSK 调制和采用了编码效率为 2/3 的卷积编码的 8PSK 调制，两个系统的信号传输率相同。如果 QPSK 系统的误码率为 10^{-5}，在相同输入信噪比的情况下，8PSK 系统解调器的输出误码率近似为 10^{-2}。这是由于 8PSK 信号具有更小的欧氏距离的缘故。

从前面的讨论可知，分组码和卷积码的误码性能是用汉明距离来衡量的。在 TCM 中，系统的误码性能取决于信号点或信号序列之间的欧氏距离。一般地讲，在多进制系统中汉明距离与欧氏距离并不等价，也就是说，对于具有最大汉明距离的码序列，已调信号不一定具有最大的欧氏距离。因此，最佳的编码调制系统应该用编码序列的欧氏距离作为设计度量，以使编码器和调制器级联之后产生的编码信号序列具有最大的欧氏自由距离。从信号空间的角度来看，这种最佳编码调制的设计实际上是一种对信号序列空间的最佳划分。通过对编码信号序列集合的划分，可以在编码信号序列与星座图上的信号点集之间建立映射关系。

9.7.3　信号点集的划分

所谓信号点集的划分是指把原星座图上的信号点集不断地分解为 2，4，8，…个子集，使子集中信号点之间的最小欧氏距离不断增加。下面，以 8PSK 调制方式的信号点集为例来说明划分的过程。图 9.7-3 是 8PSK 信号点集划分成子集的情况。划分规则为：首次将 8PSK 的 8 个信号点划分成 2 个子集 B_0 和 B_1。每个子集中有 4 个信号点，同一子集中信号点间的最小欧氏距离为：$\Delta_1=\sqrt{2}=1.414>\Delta_0=\sqrt{2-\sqrt{2}}=0.765$。其中，$\Delta_0$ 是原 8PSK 信号点集的最小欧氏距离。然后，把第一次划分得到的 2 个子集再分别划分成 2 个

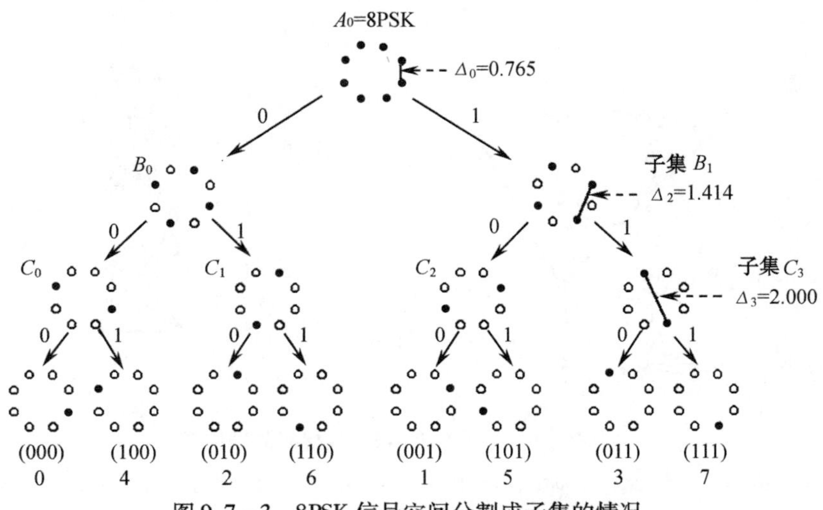

图 9.7-3　8PSK 信号空间分割成子集的情况

子集,故得到4个子集:C_0、C_1、C_2 和 C_3。在新得到的4个子集中,每一个子集都含有2个信号点,其间的欧氏距离为 $\Delta_3 = 2 > \Delta_1 > \Delta_0$。

有了信号点子集划分之后,当卷积码编码器给定时,剩下的问题就是如何把 2^{k+1} 个信号点与卷积码编码器输出的 2^{k+1} 个码组相对应,以使已调信号之间的欧氏距离最大,从而完成恰当的映射。

9.7.4 TCM 码网格图的构造

我们知道,卷积码的编码输出序列一定对应着网格图(或码树)中的一条路径。因此使网格图中各条路径之间的欧氏距离最大,就等于使编码输出序列的欧氏距离最大。由于 TCM 通过"集合划分映射"的方法,已将星座图中的信号点映射成了卷积码,所以 TCM 的最优化过程,实质上是根据不同的调制方式,寻找具有最大欧氏自由距离的卷积码的过程,也就是寻找具有最大欧氏自由距离的网格图的过程。TCM 最优码网格图应遵循以下规则。

(1) 始于同一状态的转移分支对应的信号应属于同一个经过第一级分割后的子集 B_0 或 B_1,这保证从同一状态分离的不同分支之间距离大于或等于 Δ_1。

(2) 到达同一状态的转移分支对应信号应属于同一子集 B_0 或 B_1。这保证到达同一状态的不同分支距离大于或等于 Δ_1。

(3) 并行路径对应于经 $\bar{k}+1$ 级分割后的子集。这保证并行路径之间的距离大于或等于 $\Delta_{\bar{k}+1}$。

由于用分析的方法计算量太大,目前多数是采用计算机搜索的方法寻找 TCM 最优码的网格图。图 9.7-4 是 TCM 的 8PSK 最优码的网格图,图中左边的八进制数字表示编码

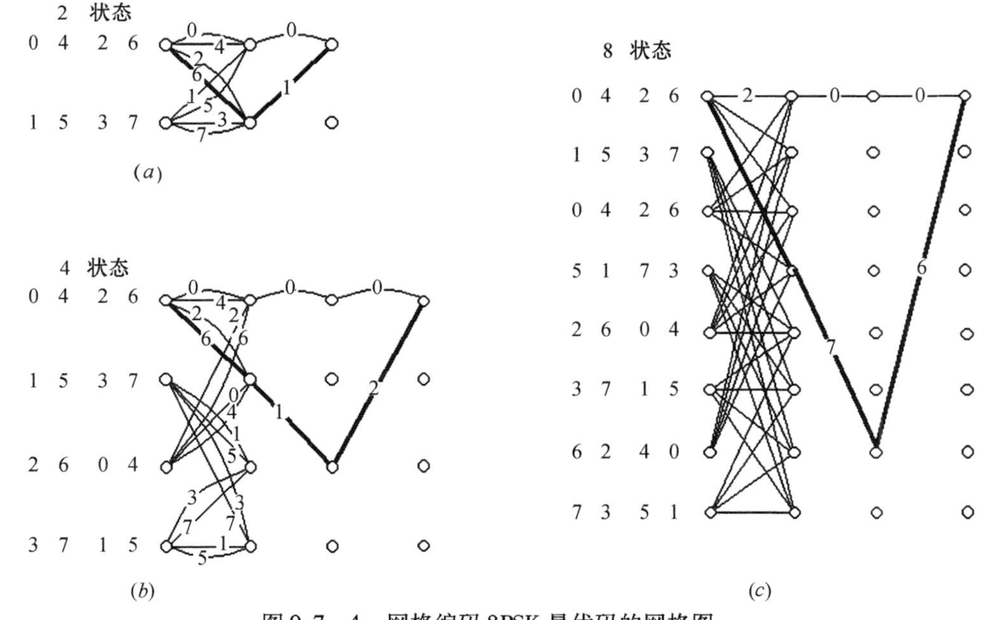

图 9.7-4 网格编码 8PSK 最优码的网格图

(a) 2 状态,$d_{\text{free}} = \sqrt{\Delta_1^2 + \Delta_0^2} = 1.608$;($b$) 4 状态,$d_{\text{free}} = \Delta 2 = 2$;($c$) 8 状态,$d_{\text{free}} = \sqrt{2\Delta_1^2 + \Delta_0^2} = 2.141$。

器的状态，而图中分支上的数字是信号点的标号。对于2状态网格编码8PSK，由于仅有两个状态，不能同时满足规则(1)和(2)，所以不能获得明显的编码增益。对于4状态网格编码8PSK，可以有两种方案：一种是存在并行路径的方案，此时子集C_0、C_1、C_2、C_3是4组并行路径，网格图可以同时满足规则(1)和(2)，经搜索得到的、具有并行路径的一种4状态网格编码8PSK最优码的网格图，如图9.7-4(b)所示。图中画出了最小欧氏自由距离路径(见图中粗线)；还有一种方案是没有并行路径的情况，此时从每一状态能到达4个状态，这样不能同时满足规则(1)和(2)。对于8状态网格编码8PSK，由于并行路径将使码的欧氏自由距离限制在不大于Δ_2的范围，故此时没有并行路径的方案优于具有并行路径的方案。经搜索得到的8状态网格编码8PSK的最优码网格图如图9.7-4(c)所示，图中也给出了最小欧氏自由距离。

9.8　Turbo码*

9.8.1　级联码的概念

由于某些传输信道(如移动信道)是一种多参变的、复杂的、随机和突发干扰共存的混合信道，采用一般的纠错编码往往很难满足通信质量的要求。为了能有效地纠正混合信道中由各种干扰引起的误码，通常针对信道的误码类型，把几个性能较好的短码组合在一起，使组合之后的纠错码具有优良的性能，以达到纠正各类误码的目的。这种将多个相对简单的纠错码组合在一起而形成的具有优良性能的码被称为级联码(Concatenated Codes)。级联码的编码过程是通过有效地组合多个相对简单的纠错码，从而获得高编码增益的过程。

在实际中应用的级联码，一般由两级组成，内码通常是比较短的二进制分组码(如BCH码)或约束长度较短的卷积码，外码通常为多进制RS码。一个利用了级联码及交错技术的差错控制系统如图9.8-1所示。

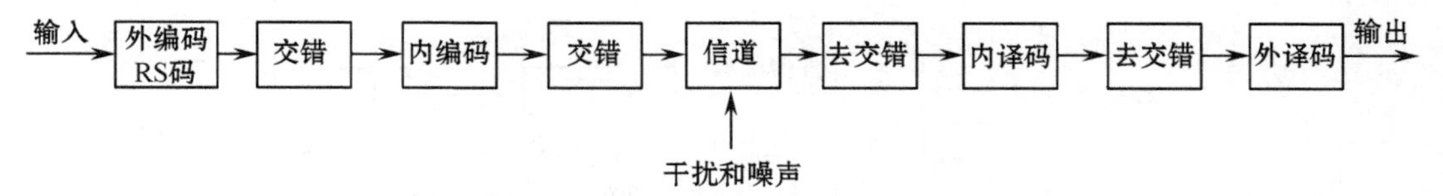

图9.8-1　利用级联码与交错技术的差错控制系统

9.8.2　Turbo码

目前，一种并行级联码(Parellel Concatenated Codes)，又称为Turbo码，受到了国际上的广泛重视。它是由C. Berron等人于1993年提出的一种接近香农极限的信道纠错编码。Turbo码是在综合过去几十年来级联码、乘积码、最大后验概率译码与迭代译码等理论基础上的一种创新。基本原理是通过编码器的巧妙构造，即多个子码通过交织器进行并行或串行级联(PCC/SCC)，然后进行迭代译码，从而获得卓越的纠错性能，Turbo Codes也因此而得名。计算机仿真表明，Turbo码不但在抵御加性高斯噪声方面性能优越，而且具有很强的抗衰落、抗干扰能力，在低于香农极限0.7dB的情况下，可以得到10^{-5}的误码率。该理论一经提出,便成为信道编码领域中的研究热点,并普遍认为 Turbo 码在深空通信、卫星通信和移动通信系统中均有迷人的应用前景。

近 5 年来,国外的许多大学、研究机构、相关的国际组织和产品开发商纷纷组织各方面力量着手 Turbo 码的理论与应用的研究,已取得了不少的成果。当前,Turbo 码应用研究已进入实质性的启动阶段,尤其是 Turbo 码与调制结合方面已有不少的具体方案,并很快作为新技术在数字通信中得到应用。

1. Turbo 码编码器

Turbo 码的编码原理框图如图 9.8-2 所示。长度为 k 的信息码序列 M 输入到编码器,PAD 将 $n-k$ 个尾比特加到信息码序列之中,产生长度为 n 的码组 C_0。这 n 个比特的码元并行地被输入到交织器和递推系统卷积码,RSC(Recursive Systematic Convolutional code)编码单元中。每个编码单元输出一个校验序列 C_i,输入序列 C_0 和各个 RSC 编码单元的输出序列 C_1、C_2 并行级联,经过删除和复接后产生编码发送码字 C。

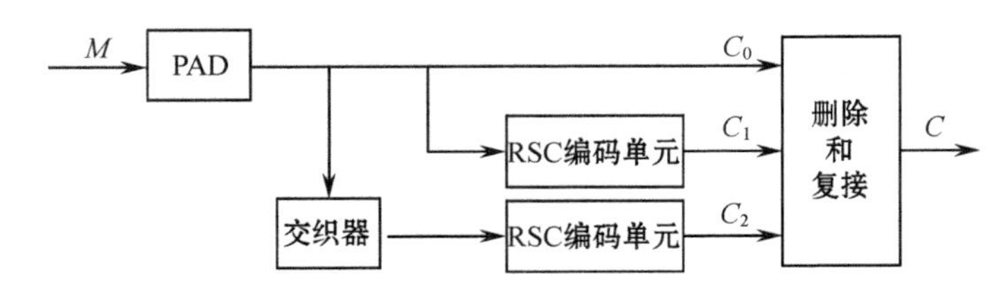

图 9.8-2　编码效率为 1/2 的 Turbo 码编码器

2. Turbo 码译码器

Trubo 码译码器由两个相同的软输入软输出(SISO)译码器、交织器和相应的解交织器组成,其基本原理结构图如图 9.8-3 所示。

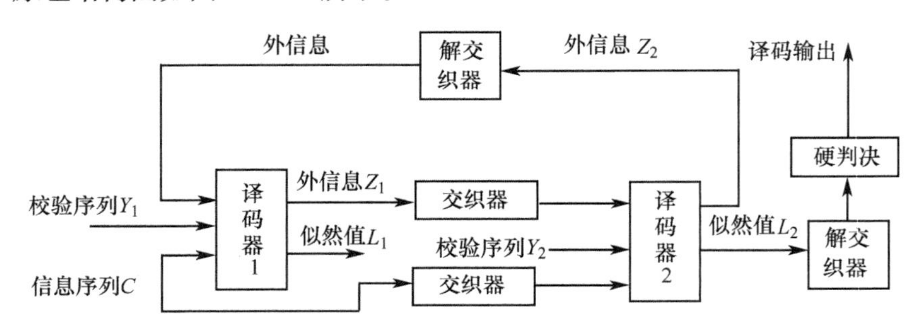

图 9.8-3　Turbo 码译码器的基本结构

Turbo 码译码器中的交织器与 Turbo 码编码器中交织器的交织序列是一致的:在编码端,交织器的作用是使两个 RSC 编码器趋于相对独立;而在译码侧,交织器和相应的解交织器是连续两个 SISO 译码器的桥梁。

Turbo 码译码器的完整译码过程为:首先对从信道接收的序列经串/并变换,分离出信息序列 C 和校验序列 Y_1、Y_2(对于码率为 1/3 的 Turbo 码,两个 RSC 编码器输出的校验序列被完全发送,因此在接收端不需要改动;而对于其它码率的 Turbo 码,比如 1/2 码率,两个校验序列经过删截矩阵后,分别被删去了部分校验位,因此在接收端对应位应填 0)。译码器 1 输出的是先验概率信息(对于第一次迭代过程,初始值置 0)、接收的末编码信息

序列 C(以交织器长度为单位帧长输入)和校验序列 Y_1,经 SISO 译码后输出后验概率(即外部信息)Z_1。由于外部信息与先验信息以及输入相应的系统信息无关,而且译码器 1 没有利用校验序列 Y_2,所以译码器 1 的输出仅在交织后作为译码器 2 的先验信息输入,而不能用做对信息序列的判决。同时接收的信息序列 C 经交织器处理后,和校验序列 Y_2 也作为译码器 2 的输入。其中交织的作用是使在所有时刻先验信息、接收信息和校验信息相对应。译码器 2 产生新的外部信息 Z_2 和似然函数比 L_2,其中外部信息再次经解交织后作为译码器 1 的先验信息输入,形成了译码的迭代过程。而译码器 2 的软输出(似然函数比)L_2 经过解交织,并作硬判决,成为输入信息序列的 Turbo 译码输出结果,完成译码。循环迭代结构的形成就是由外信息在两个 SISO 译码器之间的传输形成的。在外信息的作用下,一定信噪比下的误比特率将随迭代次数的增加而下降。同时,外信息与内信息的相关性也逐渐增大,外信息所提供的纠错能力逐渐减弱。在循环一定次数后,译码性能不再提高,达到饱和,一般迭代 8 次左右。由于这种将输出反馈到前端的迭代结构类似于涡轮机的工作原理,所以 Berron 等人将其命名为 Turbo 码。

通常使用的 SISO 算法有两大类:最大后验概率算法(MAP)及其改进算法和软输出 Viterbi 译码算法。

Turbo 码的优良性能是由分量码设计、交织器设计、译码算法及并联结构进行组合优化共同取得的。

习　题

9-1　已知信息码组 m_1、m_2、m_3 为(000),(001),(010),(011),(100),(101),(110),(111),试写出奇数监督码组和偶数监督码组。

9-2　已知8个码组为 000000,001110,010101,011011,100011,101101,110110,111000。

(1) 求以上码组的最小距离;

(2) 将以上码组用于检错,能检几位错? 若用于纠错,能纠正几位错码?

(3) 如果将以上码组同时用于检错与纠错,问纠错检错能力如何?

9-3　已知两码组为(0000)和(1111)。若用于检错,能检出几位错码? 若用于纠错,能纠正几位错码? 若同时用于检错与纠错,问各能纠、检几位错码?

9-4　已知某一(7,4)线性分组码的监督矩阵为

$$\boldsymbol{H}=\begin{bmatrix}1110100\\1101010\\1011001\end{bmatrix}$$

试求其生成矩阵;并写出所有许用码组。

9-5　设一线性分组码的一致监督方程为

$$\begin{cases}a_4+a_3+a_2+a_0=0\\a_5+a_4+a_1+a_0=0\\a_5+a_3+a_0=0\end{cases}$$

其中 a_5、a_4、a_3 为信息码。

（1）试求其生成矩阵和监督矩阵；

（2）写出所有的码字；

（3）判断下列码组是否为码字，$B_1=(011101)$，$B_2=(101011)$，$B_3=(110101)$。若非码字如何纠错或检错。

9-6 令 $g(x)=x^3+x+1$ 为(7,4)循环码的生成多项式：

（1）求出该循环码的生成矩阵和监督矩阵；

（2）若两个信息码组分别为(1001)和(0110)，求出这两个循环码组；

（3）画出其编码器原理框图。

9-7 已知(7,6)循环码的一个码字为(0000011)：

（1）试写出 8 个码字，并指出最小码距 $d_{\min}$；

（2）写出生成多项式 $g(x)$；

（3）写出生成矩阵。

9-8 一个(15,7)循环码的生成多项式为 $g(x)=x^8+x^7+x^6+x^4+1$：

（1）写出该循环码的生成矩阵(典型矩阵形式)；

（2）若信息多项式为 $M(x)=x^5+x^3+x+1$，试求其码多项式 $A(x)$。

9-9 一卷积码编码器如题9-9图所示，每次移入编码器一个消息码元。

（1）试求出这个卷积码的约束长度和编码效率；

（2）设寄存器的初始内容为零，试求与输入消息码组(110101)对应的输出卷积码码组。

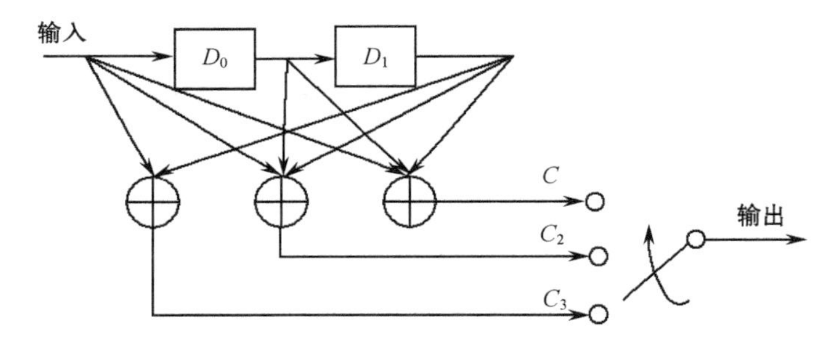

题 9-9 图

9-10 设约束长度为3个分组的(2,1)卷积码编码器如题 9-10 图所示：

（1）写出一致监督方程式；

（2）写出基本一致监督矩阵 $\boldsymbol{H}$；

（3）写出第一分组码的监督矩阵 $\boldsymbol{H}$。

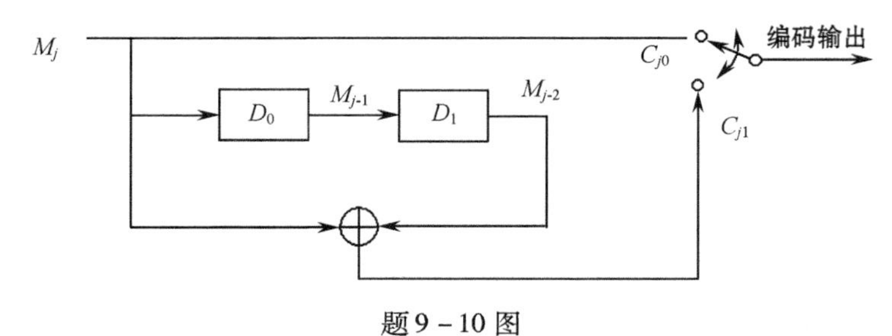

题 9-10 图

9-11 题9-11图所示为卷积码编码器：

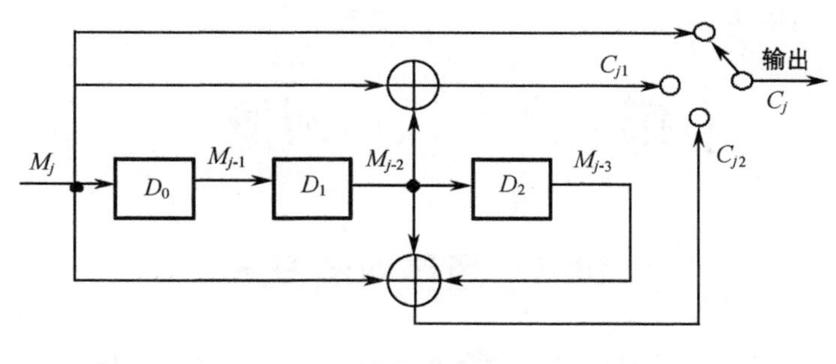

题9-11图

（1）试指出这里编出的(n,k)码，n,k各等于多少？

（2）若寄存器输入信息序列为$M=m_0m_1m_2\cdots$，问编出的(n,k)码序列是多少？

（3）若$M=101001$，写出该电路输出的卷积码。

9-12 已知$k=1,n=2,N=4$的卷积码，其基本生成矩阵$\boldsymbol{g}=[11010001]$，试求该卷积码的生成矩阵$\boldsymbol{G}$和监督矩阵$\boldsymbol{H}$。

9-13 已知(3,1,4)卷积码编码器的输出与m_1,m_2,m_3和m_4的关系为

$$c_1 = m_1$$

$$c_2 = m_1 \oplus m_2 \oplus m_3 \oplus m_4$$

$$c_3 = m_1 \oplus m_3 \oplus m_4$$

试画出码树、网格图和状态图。当输入编码器的信息序列为10110时，求它的输出码序列。

9-14 已知(2,1,2)卷积码编码器的输出与m_1,m_2和m_3的关系为

$$c_1 = m_1 \oplus m_2$$

$$c_2 = m_1 \oplus m_2 \oplus m_3$$

当接收码序列为1000100000时，试用维特比译码方法求译码序列M'。

9-15 在4状态8PSK网格编码调制中：

（1）若输入信息序列为100110，求编码后输出序列，在网格图中标出编码路径；

（2）画出编码器方框图。

第十章　通信网概论

10.1　通信网的概念

前面我们介绍了模拟通信系统和数字通信系统。通信系统是指将一个用户信息传送到另一个用户的全部设备和媒介，它只能为一对用户提供通信信道，若一个用户需要与很多用户建立通信联系，就需要装备多套通信系统，并且按一定方式进行互联，这种通信体系就称为通信网。

一般把“为达到某一目的而集中各种组成要素所组成的体系”广义地统称为系统，将很多这样的系统进行有秩序的排列，相互结合，使它们能协同工作的整体叫做网。这种网包括具有庞大设备的电信网、铁路网、公路网、电力网等。按上述定义还应包括物资交流网、信息网、情报网等以社会活动或组织为主体的网。本节主要对通信网的概念作简单介绍。

10.1.1　通信网的组成

通信网组成形式是多种多样的。通信网的多种形式是为了满足网络的不同目的，例如网络的接续质量、传输质量和稳定质量是网络设计和应用所需的三项主要指标，各网络的要求侧重点不同，网的组成也就不同。但无论什么样的通信网，都主要由用户终端设备、交换设备和传输设备三部分组成。图 10.1－1 所示为汇接式的电话通信网。

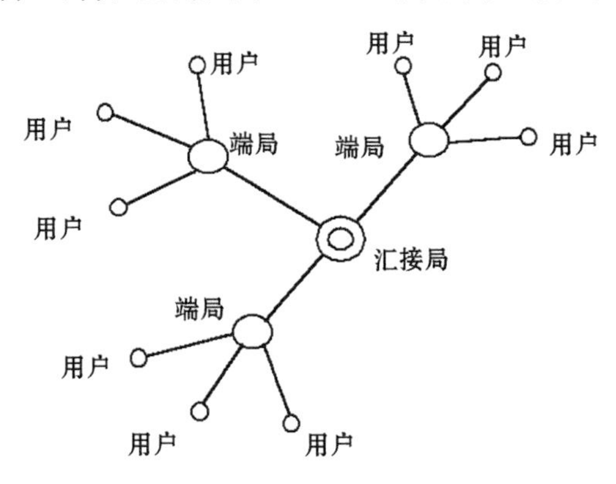

图 10.1－1　汇接式的电话通信网

该通信网是一个由两级交换中心组成的网，端局至汇接局的传输设备一般称中继电路，端局至终端用户的传输设备称为用户线路。网内各用户可通过端局和汇接局的交换而相互接续，一般将这种类型的网称为汇接式星形网。

通信网的终端设备就是用户设备，即通信系统中的信源（或信宿）。它必须完成以下几项任务。

（1）能将发送信号和接收信号进行适当的调制与解调，以适应信道和用户的需要。

（2）具有与信道相互匹配的接口功能。

（3）能产生和识别网络信令的信号，以便与网络相互联系、应答。

传输设备起链路作用，是网络中各接点之间的连接媒介，即信号的传输通道。它不仅包括线路，还应有相应的一部分调制和解调功能，例如数字信道中的再生中继器。

交换设备是通信网的核心部分，在网中起节点的作用。它将送到交换节点的各种信号汇集，并同时完成信号的分配和转接。各种不同的交换设备完成不同的业务交换。例如电路交换、分组交换等。

10.1.2　通信网的分类

从系统工程观点通信网可以说是通信系统的系统，是一个非常庞大的系统，它包括了所有的通信设备和通信规程。

根据通信网的发展，通信网通常可分成不同的类型。从传输业务的不同，可构成不同业务的通信网，如电话通信网、电报通信网、数据通信网、传真网和计算机网等。这里重点介绍电信网（即电话、电报、传真网等）。

根据通信网的构成方式不同，又可分为模拟通信网、数模混合网、综合数字网（IDN）和综合业务数字网（ISDN）。以上4种通信网类型如图10.1－2所示。

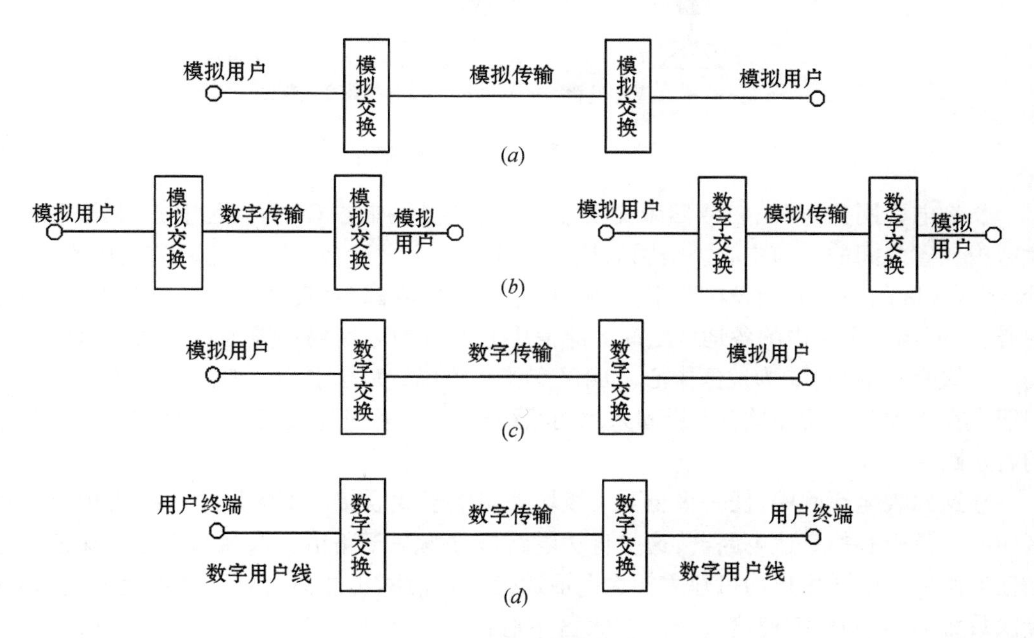

图10.1－2　4种通信网类型

（*a*）模拟网；（*b*）混合网；（*c*）IDN网；（*d*）ISDN网。

从电信技术的发展来看，终端设备正向着数字化，多功能化，智能化方向发展；传输链路也在向数字化和宽带化方向发展。随着程控数字交换、分组交换的应用，整个通信网络也在向数字化方向过渡。但是，传统的模拟通信网已有一百多年的历史，规模很庞大，网络已形成，要全面地向数字化过渡需要一定的时间，必须经过模数兼容的过渡阶段。

按运营方式又可分为公用网和专用网，按使用范围还可分为本地网、长途网、国际网等。

10.1.3 电话网

我国电话网采用五级的等级结构，其中 C1 ~ C4 构成长途电话网，采用复合形网络结构，即采用四级汇接制，本地网的基本交换中心是 C5 端局。所谓端局就是通过用户线直接和用户相连的交换局。下面主要介绍长途电话网和本地电话网的网络结构。图10.1－3所示为长途电话网网络结构图。

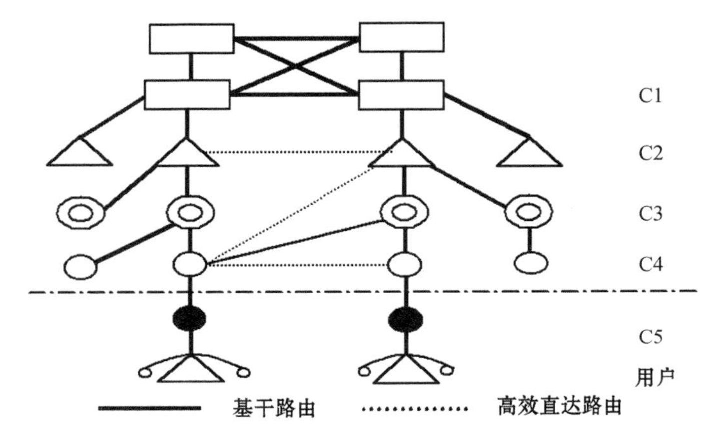

图 10.1－3　长途电话网络

长途电话网分为 C1 ~ C4 四级交换中心。一级交换中心 C1 为大区中心，它汇接一个大区内各省之间的通信中心。全国的长话网分为六个大区：华北、东北、华东、中南、西南和西北，大区的中心分别设在北京、沈阳、南京、武汉、成都、西安。二级交换中心 C2 为省中心，它汇接一个省内的各地区之间的通信中心。省中心区局一般为省会所在地的长话局。三级交换中心 C3 为地区中心。四级交换中心 C2 为县中心。地区中心和县中心局一般设在当地政府所在地，C1 级间采用网状结构，以下各级逐级汇接，并且辅以一定数量的直达路由。

在这四级电话网中，任一级至下一级均采用辐射式联接。即大区中心→省中心→地区中心→县中心的直达电路群，这些直达电路群称为基干路由。这些基干路由保证了全国任何两地的电话用户均可建立长途电话通信。长话网不能只由基干路由组成，否则转接次数太多，影响接续速度。为此在大区中心以下的各汇接中心之间，只要长话业务量大，地理环境合理都可以架设直达电路，由于直达线路利用率高，因而称为高效路由。有了基干路由与高效路由相结合的四级汇接辐射长途电话网，可使长途通信接续的灵活性大为提高，转接次数相对减少，更为经济合理、安全可靠。

长途路由的选择顺序必须遵循以下几个规则。

(1) 先选直达路由，后选迂回路由，最后选基干路由。

（2）在选择迂回路由时，选择的顺序是“自远而近”，即先在被叫端“自下而上”选靠近终端局的下级局，后选上级局。然后在主叫端“自上而下”选择，即先选远离发端局的上级局，后选下级局。

图 10.1－4 所示为两个大区之间的路由选择顺序示意图，A 局向 B 局传输信息，首选高效直达路由 L1，若 L1 全忙，按上述原则选择迂回路由，应顺序选 L2，L3，L4，L5，L6，L7，最后选基干路由。图 10.1－5 所示为本地电话网的网络结构图。

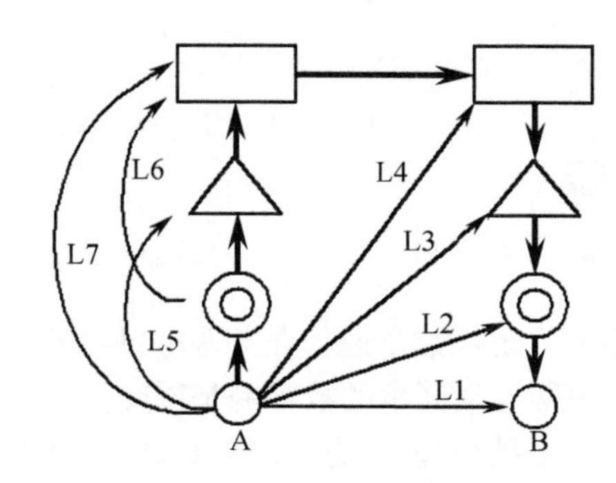

图 10.1－4　长途路由选择顺序示意图

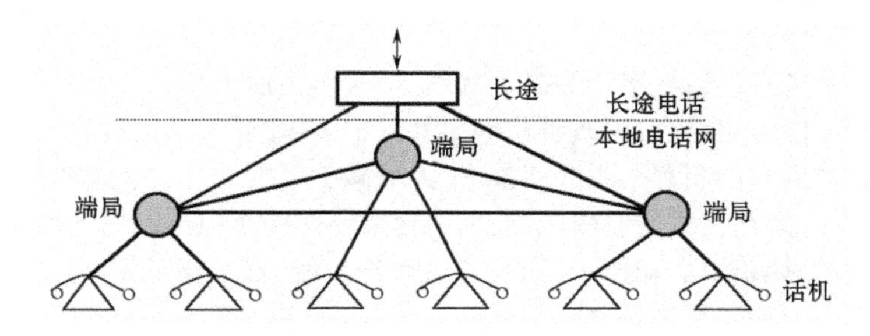

图 10.1－5　本地电话网的网络结构图

近年来，为了简化网络从而简化长途路由选择而采用了两级网结构。长话网二级结构组织示意图如图 10.1－6 所示。

一级交换中心（DC1）为省（自治区、直辖市）级长话交换中心，一般设置在省会（自治区、直辖市）城市，主要汇接所在省（自治区、直辖市）的省际长途电话业务和所在本地网的长途终端话务。DC1 之间以基干路由网状相连。

二级交换中心（DC2）为本地网的长途交换中心，通常设置在本地网的中心城市，它主要汇接所在本地网的长途终端业务。DC2 与本省的 DC1 直接通过直达电路连接，如有特殊业务要求，也可与非从属的 DC1 建立直达电路。同一省的 DC2 之间采用不完全网状连接。话务量大时，相邻省的 DC2 之间也可设置直达电路。

本地电话网是指在同一长途编号区范围以内，由若干个端局（或者由若干个端局和汇接局），局间中继线，长、市中继线，用户线以及话机所组成的电话网络。本地电话网的基本结构是由端局和汇接局两级交换中心组成的两级网络结构（见图 10.1－1），除了基干路由之外，还辅以一定数量的直达路由。

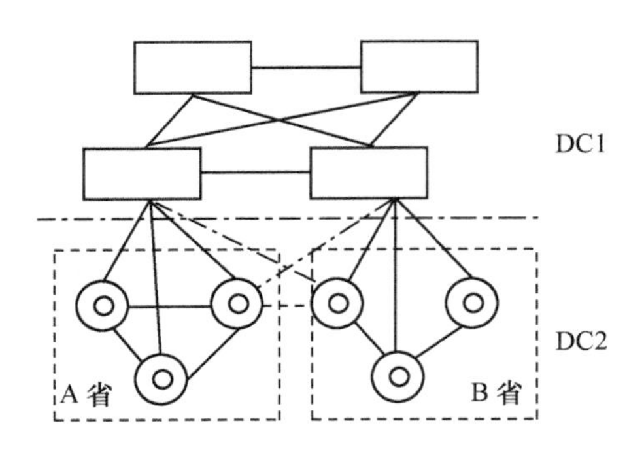

图 10.1-6 长话网二级结构组织示意图

10.1.4 数字通信网

模拟通信网尽管可以设法为现代数字通信业务服务,但随着社会的进步和经济的发展,最终的通信网必然是数字通信网。最简单的数字网是以交换数字化和传输数字化为一体的通信网络。这种数字链路不一定是全程的,应视用户终端的不同而异,因用户终端发出的信号有模拟的,也有数字的,但是终端交换局之间是数字化的,我们称传输数字化和交换数字化为一体的数字网为综合数字网(IDN)。IDN 不考虑信源本身是否是数字化的。

建立综合数字网有以下优点。

(1) 可提高传输质量:数字传输抗干扰强,信号再生后不积累失真。数字交换无脉冲噪声,因此与数字传输相结合,可改善信噪比并减少传输损耗,从而提高了传输质量。

(2) 传输、交换和控制都采用数字技术,大大减少了网的建设和维护费用。

(3) 有利于扩大新技术的应用范围:在综合数字网中可以不断引入数字传输、程控交换机、计算机、数据等领域的新技术,如大容量光纤系统、数字微波系统、最新型的程控数字交换机、数字用户环路系统等。

(4) 能适应各种新业务发展需要:综合网中除开放电话业务外还可开放各种数字型非话业务,例如,数据可视图文,传真,电子信箱、可视电话等。

(5) 利于组成经济合理的网络结构:综合数字网的网络结构一般比模拟网简单,因而网络扩充容易,且便于网络优化。另外还可以采用网络结构方面的新技术,使网络结构趋于经济合理。

综合数字网是单品种的业务网,不同的通信业务可以构成不同的综合数字网。如电话 IDN,数据 IDN,传真 IDN 等。

各种业务的综合数字网具有相同的信号、信令形式(数字信号),只是信号及信令的规定不同。若统一各业务的综合数字网用户信号及信令的规定标准,增强网络的功能,就可以将各种业务信号综合在一个通信网内传输和处理,这种网称为综合业务数字网(ISDN)。关于 ISDN 的内容将在 10.4 节中介绍。

10.1.5 数字数据网(DDN)

数字数据网 DDN(Digital Data Network)是利用数字信道提供半永久性连接的,传输数据信号的数字传输网络。

20 世纪 60 年代数据通信发展的初期，数据通信主要是以直达线路方式为用户提供异步、低速、永久性连接的数据通信业务。70 年代中期，随着数据通信的发展，用户对高速率、高质量的多种专线业务的需要日益增长，数据通信开始采用时分多路复用技术向用户提供端到端的数字永久性连接的数据数字业务。70 年代后期，分组交换数据通信技术的实用化，是使数据通信链路由固定性永久连接向交换式任意连接的一次飞跃。各国先后建立了数据通信分组交换网。但是，分组交换方式也受到本身技术特点的制约，因各交换点对所传送信息的存储转发和通信协议的处理，使得分组交换网处理速度慢，网络时延大，使许多需要高速、实时数据通信业务的用户无法得到满意的服务；而对固定的用户间且业务量又比较大时，这种业务完全利用分组交换网建立一次次的通信连接，显然也是不经济的。因此，在市场需求的推动下，介于永久性连接和交换式之间的半永久性连接方式的数字数据网，开始作为一种数据通信应用技术逐渐发展起来。

DDN 是在数据通信中终端到终端之间均采用数字传输技术的数据通信网，数据信息传输采用同步转移方式，其主要功能是为用户提供端到端的高速率，低时延，高质量的数据传输通道。它可提供点到点，一点到多点的数据、图像、语言电路；可提供帧中继数据链路和虚拟专用网（VPN）所需的数据链路，对于 $N \times 64$kb/s ~ 2.408Mb/s 的数字信号提供半永久性连接的数字电路。所谓半永久性连接方式是指：DDN 的信道传输容量可按 $N \times 64$kb/s（$N = 1 \sim 31$）随意设定，当相对固定的两点或多点间数据通信业务量较大，传输数据的信息量大于 64kb/s 时，可根据需要，在相对固定的时间内，设置专用数据传输通道和信道带宽，例如会议电视。当业务量较小，并以分散性业务流向为主，可采用分组交换数据网。DDN 对所有要求较高的电路具有自动倒换功能。

数字数据网（DDN）一般由五大部分组成，即本地传输系统、复用交叉连接系统、局间传输系统、网同步系统、网络管理系统，如图 10.1－7 所示。

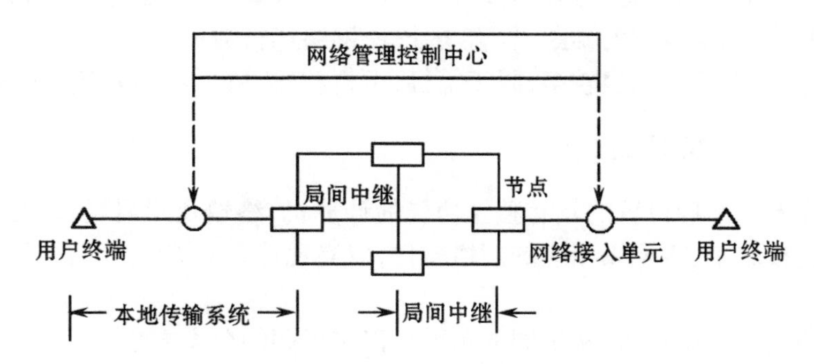

图 10.1－7　DDN 的基本构成

本地传输系统是由用户设备、用户环路组成，用户环路包括用户线和用户接入单元。用户设备一般是数据终端设备（DCE）、电话机、传真机、个人计算机等，用户线一般为市话用户电缆。用户接入单元设备，对于数据通信来说通常是基带型单路或多路复用传输设备。用户设备送出原始信号（数据、话音、图像等），用户接入单元在用户端把用户送来的这些原始信号，转换成适合在用户线上传输的信号方式，如频带型或基带型的调制信号。

复用及交叉连接系统：复用可采用频分复用和时分复用，交叉连接通常在数字信号的情况下完成,因此称数字交叉连接系统(DCS)。所谓交叉连接是指在2.048Mb/s数字复用帧中,各路来的或去的2.048Mb/s数字流在DCS中以64kb/s为单元进行交叉连接。图10.1-8所示为数字交叉连接的示意图。

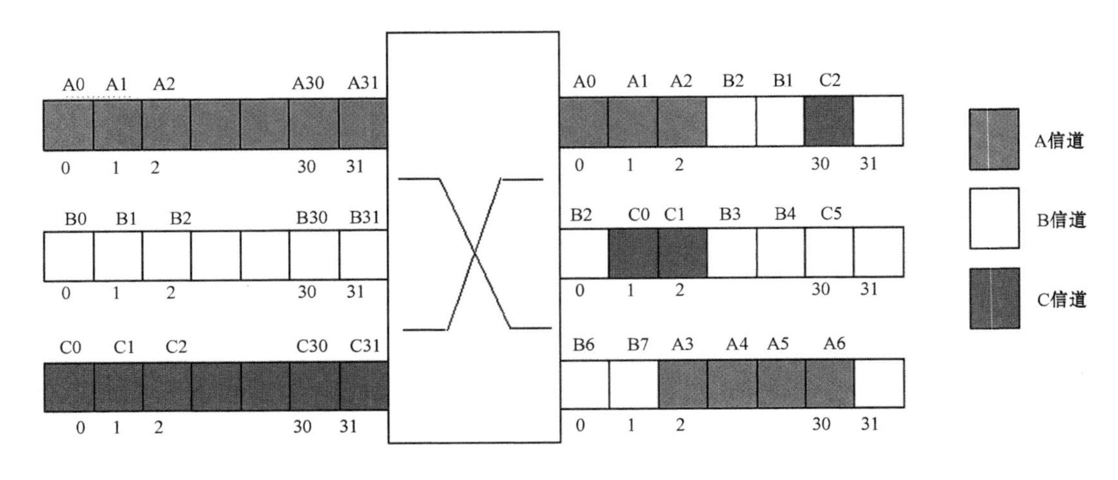

图10.1-8 数字交叉连接

网间传输是指节点间的数字信道以及由各节点通过数字信道的各种连接方式组成的网络拓扑。网络拓扑是根据网络中各节点的信息流量流向,并考虑到网络的安全而组建的。不同制式的DDN之间的互联以及DDN与PSPDN、LAN等网间的互联都应符合CCITT的各项标准。

DDN的同步和网络管理系统在数据传输中也是十分重要的。关于网同步的问题已在8.5节有过介绍。网络管理的内容应包括:用户接入管理,网络资源的调度,路由选择,网络状态的监控,网络故障的诊断,告警与处理,网络运行数据的收集与统计,计费信息的收集与报告等,因涉及的内容较多,限于篇幅,不再叙述,请读者参考有关资料。

10.1.6 计算机网络

将分布在不同地理位置的具有独立功能的计算机、终端及附属设备用通信设备和通信信道相互连接起来,再配以相应的网络软件,以实现计算机资源共享的系统称为计算机网络。

计算机网络的类型很多,从不同的角度可以有不同的分类方法。

根据网络结构及数据传输技术,可分为广播型网络和交换型网络。在广播型网络中,所有节点共享传输介质,网中任何一个节点发送到网上的信息可被传送到网中的所有其它节点,不需要中间节点进行交换。鉴于以上特点,广播型网络需要解决介质访问控制问题,大多数局域网采用广播技术。在交换型网络中,不直接相连的两个网络节点通过一些中间节点的交换传送数据。常用的交换技术就是本章前面提到的电路交换、报文交换、分组交换以及它们的混合应用。目前的大多数广域网属于交换型网络。

计算机网络按地理范围可分为三类:局域网(LAN)、城域网(MAN)和广域网(WAN)。其中,局域网(Local Area Network)的覆盖面积小,传输距离常在几百米至几千米,限于一幢楼房或单位内。主机或工作站用1Mb/s~100Mb/s的高速通信线路相连。

城域网(Metropolitan Area Network)界于广域网和局域网之间,其大小通常覆盖一个地区或一个城市,距离常在10km～150km之间。城域网的传输速率比局域网更高,在1Mb/s以上,乃至数百兆b/s。广域网(Wide Area Network)又称作远程网,它覆盖的地理范围从几十km到几千km。广域网可以把众多甚至全球的MAN、LAN连接起来,达到资源共享的目的。

因特网是全球最大的计算机网络,它是由分布在世界各地的、数以万计的、各种规模的计算机网络,借助于网络互联设备——路由器,相互连接而成的全球性的互联网络。

10.2　交换原理

在10.1节已经讲到交换设备是通信网的核心部分。为什么在通信网中要进行交换呢？我们从打电话谈起,如果只有两个人互相通话,将两台电话机接在一起,再加上供电电源就可以了,不需要用电话交换机。但在实际中不仅是两个人之间互相打电话,而是许多人之间要互相打电话,并且根据用户的要求可以随时接通其中任意一个用户。

那么,是否可以直接地将这些电话机连接起来呢？可以看一下下面的例子。

若有3个用户要求互相打电话,直接连接如图10.2－1(*a*)所示,3个用户之间要有3对线互连,每个用户要装两台电话机。图10.2－1(*b*)为4个用户连接。从总的规律讲,若有n个用户互通电话,则需要连接的线路数为$n(n-1)/2$对,每户要装$(n-1)$台电话机。例如若有100个用户互通电话,则应有4950对线互相连接,每个用户要装$(100-1)=99$台电话机。若用户数再增多更不得了。显然,这是不可能的。

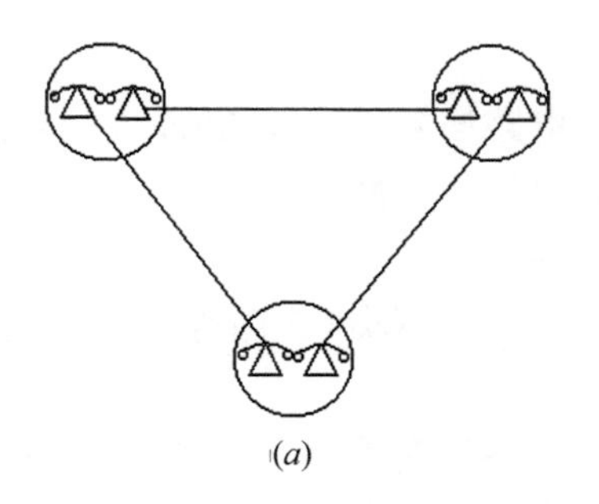
(*a*)

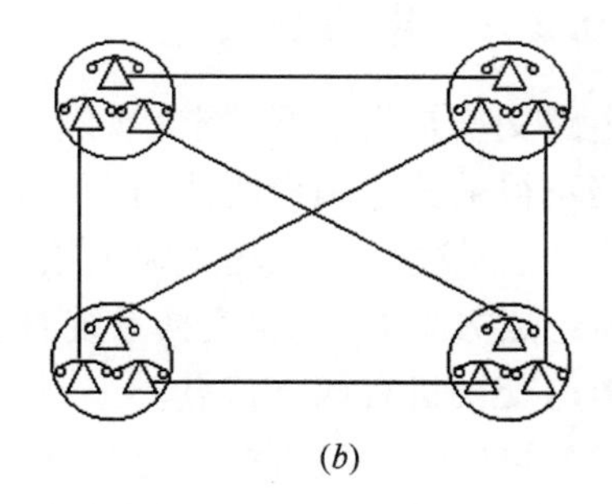
(*b*)

图10.2－1　电话机直接连接示意图

如果采用一台“电话交换机”来连接这些用户的线路,每个用户只装一台电话机,他们有一对线连至电话交换机。这样,交换机可以根据用户要求将它接至另一用户。如图10.2－2所示,通过“电话交换机”就可以实现“电话交换”的功能了。

10.2.1　交换的基本功能

图10.2－2所示为仅用一台交换机组成的交换式通信网,每一个通信终端通过一条用户线与交换机中相应的接口连接。交换机能在任意选定的两条用户线之间建立和(而后)释放一条通信链路。换句话说,任何一台终端均可请求交换机在本用户线和所需用户线之间建立一条通信链路,并随时令交换机释放该链路。

利用交换式通信可以很容易地组成大型网络。例如,当终端数目很多,且分散在相距很远的多处,可用多台交换机组成一个大型的通信网,如图 10.2－3 所示。当网络进一步扩大时,可将若干台交换机通过更高一级的汇接交换机连接起来,最终形成一个树形的等级制网络。

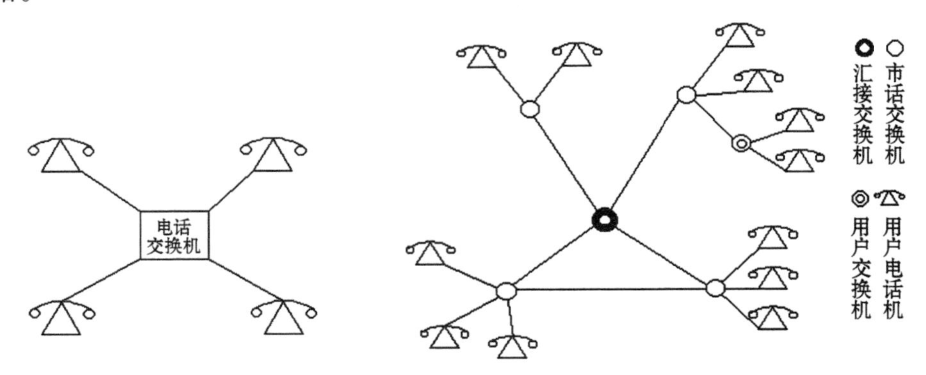

图 10.2－2　通过电话交换机实现通话　　　　图 10.2－3　由多台交换机组成的通信网

交换机通常由三部分组成:交换网络、接口和控制系统。交换网络又称接续网络,它的作用是根据需要使某一入线与某一出线相接通。接口的作用是把来自用户线或中继线的各种不同的输入信令和消息转换成统一的机内信号,以便控制网络进行处理和接续。交换机控制系统的功能可分为两类:一是呼叫处理;二是运行、管理和维护。呼叫处理是交换机控制系统的基本功能,主要是按照信令的指示控制交换网络完成接续和拆线。

10.2.2　电路交换

电路交换是指根据请求在两个用户之间建立电路连接的过程,在该连接被拆除之前,该线路不得被其它用户所使用。电话交换是电路交换最典型的例子。电路交换系统有三个基本功能:交换网络、输入输出接口、呼叫连接控制。

从组成方式看,电路交换系统有空分(按空间划分)、时分(按时隙划分)交换。

电路交换机有如下特点。

(1) 可以进行实时的或对话方式的通信。因为在这种交换方式中,一旦建立用户的连接,则在通话期间用户一直占用该线路,此时几乎不存在信息传输时延,因此用户可以进行任意长的实时通信。这个特点对于电话通信是十分重要的,因为通信双方要求对答式通信。也正是由于这个特点,目前在电话通信中几乎毫无例外地采用电路交换方式。对数据通信而言,有些业务,例如文件传送、远程作业输入、实时数据处理等不允许有明显的传输时延,在这些情况下也多采用电路交换方式。

(2) 在信息传输之前因连接通路已经建立,因此,在通路上每对节点之间必须保持信道容量,而且每个交换节点必须具有可用的内部交换能力去处理连接申请。交换机必须具有智能功能去处理这些分配和选择通过网络的路径。

(3) 一旦两端建立起通信,在双方通信期间,信道和使用的有关设备都被一直占用而无法供别的用户使用。因此,其线路利用率一般是较低的。在短信息传输时,由于信息传输时间相对于线路建立时间要短得多,其线路利用率更低。

10.2.3　报文交换

报文交换与分组交换同属于“存储—转发”方式。报文交换是一种接收报文之后把它存储起来，等到有适当的输出线路时再转发出去的技术。这种交换方式是根据数据（或报文）传输的特点提出来的。我们知道，电路交换要求为用户提供双向连接以便进行对话式通信，它不允许有明显的信息传输时延。但比较起来，电报交换的传输则基本上要求单向连接，而允许有一定的时延，根据允许有一定时延这样一个特点，即可采用“存储—转发”技术。

对于报文交换来讲，它不需要在两个用户之间建立一条专用线路。信息在网络中逐段线路地依次从发送站（源节点）向接收站（目的节点）传送。一般传到一个站就先将信息存储在节点并排队等待，一直到先到的信息发完了，再选择合适的链路使本信息再继续向前传，一直到接收点。在这里，信息是以报文为单位，一次传送一条报文，故又称为报文转换。在各中间站配有小型的计算机或微型机，用以完成必要的信息处理及路由选择等功能。国际航空电信组织的全球联机订票网络（SITA）即属于报文交换方式。

与电路交换方式比较，报文交换有如下特点。

（1）线路效率高。在电路交换中，因为在一次接续中，一条通路上的多条信道被一对用户独占，但是组成一条通路上的多条信道并不同时被利用，因此信道利用率低。在报文交换中，并没有把一条通路上的多条信道分配给固定的一对站使用，所以每一条信道可为许多报文在整个时间内共用，故信道利用率高。因为报文并不需实时处理，可以适当地存储在路径上的任何节点上，因此可使业务量高峰平滑下来。

（2）与电路交换不同，即使接收端被占用，也能开始信息的传输。

（3）如果发现接收信号有错，可以要求前站重发，因而传输可靠性高。

（4）报文交换系统能把一份报文分别送给多个目的地。

（5）报文交换网可以进行速率变换和码型变换，因为交换节点都具有码型、码速的变换能力，也就是在报文存储和转发设备之间加入一个数码变换器，根据需要进行适当变换。而电路交换就不具备这些特点。

（6）可以通过给各类信息以排队优先权标志的方式使某些紧急信息能够优先通过信息网。

报文交换的主要缺点是不适于实时或会话式（交互型）业务。因其通过网络的延迟相对较长，具体延迟多少显然与网络负荷有关。这种交换方式适用于数据传输，而对一些要求快速响应的实时通信和交互式业务就不适合。

10.2.4　分组交换

由10.2.2节可知，电路交换的最大优点是一旦线路建立起来，信号的传递时延很小，适于如话音通信之类的交互式实时通信。其缺点是线路利用率低。反之，报文交换的优点则是线路利用率高，但是由于信号通过网络时引入的时延太长，而不适于实时通信。而分组交换试图结合报文交换和电路交换两者的优点，把两者的缺点减小到最小程度。

分组交换有时称作报文分组交换，报文交换不适于实时通信的主要原因在于信号通过网络的时间太长，造成这个时延的最主要因素又是报文转发的排队及处理时间。分组交换和报文交换相类似，它的信息传输的基本单位不是报文而是分组。在发送端，设法将每份较长的报文(信息)分解成若干个固定长度的“段”，构成若干个分组。然后每次以一个分组为单位进行传输。传完一个分组后，线路即可为别的分组(可能是另一报文)占用。属于同一报文的各分组可以同时在网络内分别沿不同的路径进行“并行”传输，当所有分组都传送到目的节点后，再将各分组按发送的顺序重新组装起来送给目的站的用户。这样一来，两用户间可有好几条通路“并行”传输，可以大大缩短信息通过网络的时间，加之报文分段后，每次传输的信息单位长度减少，节省了中间排队及处理时间，从而为要求快速响应的通信创造了条件。与此同时，由于它本质上保持了报文交换的特色，因此其线路利用率高。

在这里，分组应具有一定的格式，分组首先将数据报文按一定规律分割成若干个数据段，并给每一数据段上再附加上一些信息基本格式，如图 10.2 -4 所示。

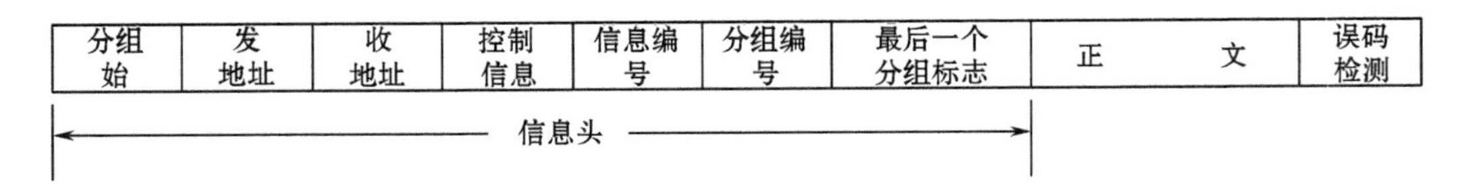

图 10.2 -4 典型的分组交换的格式

信息头中除收、发地址外，还应给出分组在报文中的编码(即指出该组为整个报文中的第几个分组)，并应将报文中的最后一个分组标明出来，以便让收方知道整条报文是否已经传送结束。由于分组通常具有固定的长度，故勿需有分组结束的标志。

一个采用分组交换的公共数据网对用户来说，其业务方式可分为两类：一类称为虚电路方式，在虚电路方式中，网络在数据传送之前首先为用户提供一条虚拟的电路，这种虚拟电路仅是一种逻辑上的连接，而实际的电路则可以是若干条不同的链路组合(而同一条物理线路又可能为若干个虚电路所共享)，其特点是属于同一虚电路的各个分组按发送时发出的顺序依次在网络中沿同一路径传送。最简单的做法是当收到第一个分组的“确认”信号后才发出第二个分组。在这种方式中，目的节点收到的分组顺序与发送方是一样的，因此，在目的节点重装分组就简单了。另一类称为数据报文方式，在数据报文方式中，每个报文分组都被看成是一个个独立的信息“包”，沿不同的路径通过网络送往目的节点，因此它们达到目的节点的分组顺序一般与发送时不相同。目的节点必须再按分组编码重新排列各分组的顺序。这两种业务方式各有其特点和适用范围。

分组交换减少了网络的传输时延，允许进行准实时通信。分组交换方式更适合作为以计算机技术为基础的各设备间的信息交换。通信技术与计算技术相结合，这是目前先进通信技术的一种发展趋势。

随着数字技术、大规模集成电路技术和微处理技术的迅速发展，交换技术的发展也是日新月异的。几个主要的标志是：从模拟交换发展到数字交换，从集中控制过渡为分散控制，从随路信令发展到共路信令，软件设计方法不断更新，支持系统不断完善，而交换机技术发展更为迅速，程控数字交换机已基本取代模拟纵横交换机。电话交换已发展到话音或非话业务的综合交换。从同步时分交换发展到异步时分交换(ATM)，从电交换发展为光交换，而相应的通信网发展为智能化的 ISDN。

10.3　通信网的信令与协议

如前所述,对于一个通信网,只具备硬件条件并不能保证网络的正常运行,特别是随着自动化程度的提高,为保证网络高效、有条不紊地工作,通信双方还必须遵守一些事先规定好的规则和约定,如电话网中的信令(Signaling)和计算机网络中的协议(Protocol),以及质量标准约定和传输标准约定。在此仅介绍电话信令和计算机通信协议。

10.3.1　电话信令

一、基本概念

信令是指通信系统中的控制指令,它可以指导终端、交换系统及传输系统协同运行,在指定的终端之间建立临时的通信信道,并维护网络本身的正常运行。目前的电话网主要采用电路交换,若两个电话用户之间进行通话,必须在信令的指挥下在两者之间建立起一条通信电路。如图10.3-1所示为只有两个端局的基本信令流程图。

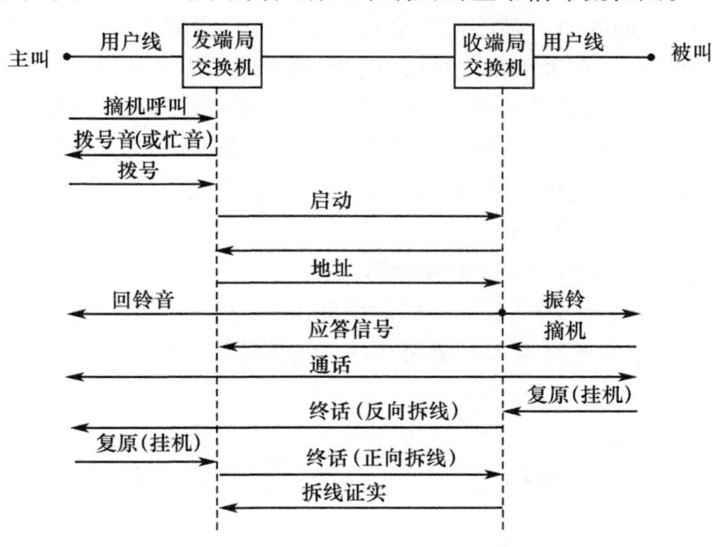

图10.3-1　两用户一次通话的接续过程

1. 建立连接

当主叫用户摘机时,形成直流通路,表明有呼叫意图,相当于送给交换局一个摘机信号,若交换局无空闲线路则发回忙音(一般为快速连续音),此时用户拨号无效,需稍候重拨;若交换局以拨号音应答(一般是400Hz连续音),表明准备好接收拨号。主叫听到拨号音后,拨出被叫用户号码(双音频或脉冲)。交换局根据被叫号码判断被叫方是本局用户还是非本局用户。如果是非本局用户,则根据号码选择合适的中继线,启动被叫方交换局,待其发回“准备好了”的信号后,将被叫方号码发送过去。被叫方交换局收到被叫方号码后,向被叫用户、主叫方交换局和主叫用户发送振铃信号(一般为慢断续音)。此时,若被叫方正在与其他用户通话,则发回忙音。如被叫方听到振铃后摘机,则呼叫电路建立成功,进入通话过程。

2. 通话

主叫、被叫用户通过由本地环路、各级交换机和中继线构成的链路进行通话。

3. 连接释放

通话完毕后，当任何一方挂机，使此链路所涉及的各交换机释放其内部链路和占用的中继线，恢复原状态，等待其它呼叫，至此完成一次通话接续。

在电话通话过程中完成接续和转接需要有一套完整的控制信号和操作程序，用以产生、发送和接收这些控制信号的硬件，及相应执行的控制、操作等程序的集合体就是电话网的信令系统。一般电话信令包括三个部分：①地址，用以选择路径，如被叫号码；②控制或申请信号，如主叫用户摘机信号是申请通话；③状态信号，如主叫局发出的拨号音表示准备好了，而被叫方发回的忙音则表示对方正忙。

二、信令的分类

按信令的工作区域不同，可分为用户线信令和局间信令。用户线信令是用户和端局之间的信令，只在用户线路上传送。局间信令是交换机之间的信令，在中继线上传输。

按信令传输技术不同，信令可分为随路信令（Inchannel Signaling）和公共信道信令（Common Channel Signaling）。随路信令中各种信令和话音都在同一线路上传送。用户线路信令一般属随路信令，在采用步进制或纵横制等布线逻辑交换机的电话网中，局间信令也都采用随路信令。公共信道信令中，信令通路与话音通路分开，一般将若干条话音通路的信令集中在一条专门用于传送信令的通道上传送。公共信道信令具有许多优点；传送速度快、具有提供大容量信令的潜力、有改变和增加信令的灵活性、在通话时间内可以随意处理信令、可靠性强、适应性强。

三、No.7 信令系统（Sgnaling System7）

No.7 信令（也称七号信令）系统的目标是提供一种国际性的标准化的通用的公共信道信令，它是用一条单独的高速数据链路来传送一群话路信令的信令方式。No.7 信令链路示意图如图 10.3－2 所示。

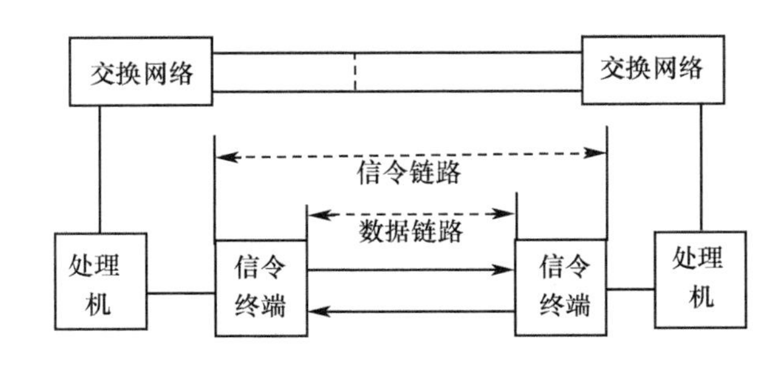

图 10.3－2　No.7 信令链路示意图

No.7 信令系统的主要特点如下：

（1）最适合用于由存储程序控制交换局组成的数字通信网中。

（2）可以满足目前和未来通信网交换各种信令信息和其它信息的要求。

（3）能够保证正确的信息传递顺序，无丢失和顺序颠倒现象。

（4）适合在模拟信道和速度低于 64kb/s 的信道工作。

（5）可用于国际网和国内网。

七号信令的覆盖范围非常广泛，包括复杂数字网络的各种控制信令。在七号信令中，控制信令实际是一种短分组，若干条话音通路的信令以时分的方式公用一条信令链路在网络中传送，从而实现呼叫管理（建立、维护和终止）和网络管理。尽管被控制的网络属于电路交换网络，控制信令却使用分组交换技术实现。

10.3.2 计算机通信协议

一、OSI 参考模型

在基于电路交换的电话网络飞速发展的同时，计算机通信网络也迅速成长，需要制定既能规范其发展（使全球各生产厂商的产品能够协同工作，实现全球通信）又不限制其发展的标准、协议。因此国际标准化组织 ISO（International Standard Organization）提出了开放系统互联模型 OSI（Open System Interconnection），它是一个开放的协议框架，而不是一个协议。尽管 ISO 期望 OSI 能够代替在其之前出现的各种协议和模型，统一所有计算机通信网络，但这并未成为现实，一些其它的模型如 TCP/IP 显示出更强的生命力。不过 OSI 作为一个用来帮助理解计算机网络的通用模型，仍出现在各种计算机网络教材中。

OSI 中的"开放"指只要遵循 OSI 标准，一个系统就可以与位于世界上任何地方、遵循同一标准的其它任何系统进行通信。

此外，OSI 标准制定过程中采用了分层的体系结构方法；将整个庞大而复杂的问题划分为若干个容易处理的小问题。层次划分的原则是：

（1）网中各节点都有相同的层次。

（2）不同节点的同等层具有相同的功能。

（3）同一节点内相邻层之间通过接口通信。

（4）每一层使用下层提供的服务，并向其上层提供服务。

（5）不同节点的同等层按照协议实现对等层之间的通信。

如图 10.3－3 所示，OSI 模型自下而上分为物理层（Physical Layer）、数据链路层（Data Link Layer）、网络层（Network Layer）、传输层（Transmission Layer）、会话层（Session Lay-

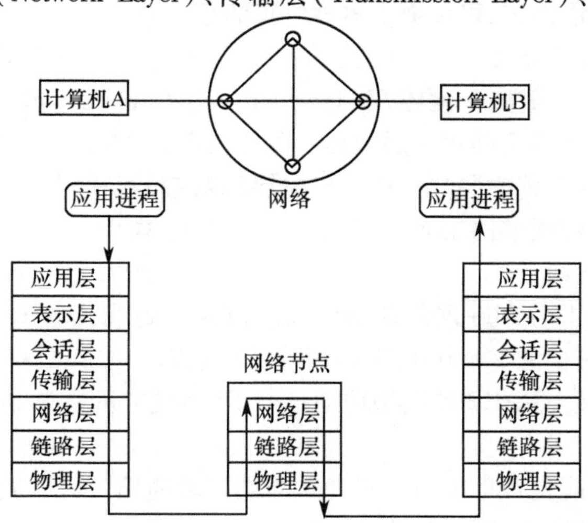

图 10.3－3 OSI 参考模型

er)、表示层(Presentation Layer)和应用层(Application Layer),每一层都有各自的功能,通过接口向其相邻的层提供或者接受服务,因此每一层的具体实现可以采用灵活的方法而不影响其他层的实现,OSI 各层的功能如表 10.3-1 所列。

表 10.3-1 OSI 各层功能表

OSI 层次	核心功能
应用层	为用户应用进程提供访问 OSI 环境的手段
表示层	解决用户信息的语法表示问题,包括数据格式变换、数据加密与解密、数据压缩与恢复等
会话层	用户入网的接口,在两个通信实体之间建立一个逻辑连接,即会话。负责会话的建立、终止以及控制
传输层	在两个通信实体之间建立端到端的可靠、透明的通信信道,用以传输报文。提供端到端的错误恢复和流量控制
网络层	负责端到端的分组传送,完成路由选择、拥塞控制、网络互联等功能
数据链路层	在物理层提供的比特流传输服务基础上,在相邻节点间建立数据链路,传送以帧为单位的数据。通过差错控制、流量控制等方法,将不可靠的物理传输信道变成无差错的可靠信道
物理层	利用物理传输介质为数据链路层提供物理连接,以便透明地传送比特流

二、TCP/IP

TCP/IP(Transmission Control Protocol/Internet Protocol)是传输控制协议、网际协议的缩写,最初是为美国国防部高级研究计划局(Defence Advanced Research Projects Agency,DARPA)设计的,一般称 ARPAnet,目的在于使各种各样的计算机都能在共同的环境中运行。自诞生以来,TCP/IP 经历了 20 多年的实践检验,它成功地促进了 Internet 的发展,同时 Internet 的发展又给 TCP/IP 带来无限的发展空间。它具有以下几个特点。

(1) 开放的协议标准,可以免费使用,并且独立于特定的计算机硬件与操作系统。

(2) 独立于特定的网络硬件,可以运行在局域网、广域网,更适用于互联网中。

(3) 统一的网络地址分配方案,使得整个 TCP/IP 设备在网中都具有惟一的地址。

(4) 标准化的高层协议,可以提供多种可靠的用户服务。

TCP/IP 参考模型可分为 4 层,应用层(Application Layer)、传输层(Transport Layer)、互联层(Internet Layer)、主机-网络层(Host-to-Network Layer)。按照层次化结构思想,对应于 TCP/IP 参考模型的每一层包括一些协议簇,如图 10.3-4 所示。其中,应用层与 OSI 的应用层相对应,传输层与 OSI 的传输层相对应,互联层与 OSI 的网络层相对应,主机-网络层与 OSI 数据链路层及物理层相对应。在 TCP/IP 参考模型中,对 OSI 表示层、会话层没有对应的协议。

TCP/IP 的最低层即主机-网络层负责通过网络发送和接收 IP 数据报,它包括各种物理网协议,如局域网中的 Ethernet、Token Ring 等协议。

地址解析协议 ARP/RARP 提供物理地址与 IP 地址之间的映射,不单独属于某一协议层。

传输层的主要功能是负责应用进程之间的端到端通信,功能与 OSI 的传输层功能类似,传输层定义了两种协议:即传输控制协议(TCP:Transport Control Protocol)与用户数据报协议(UDP:User Datagram Protocol),它们分别是可靠的面向连接的协议和不可靠的无

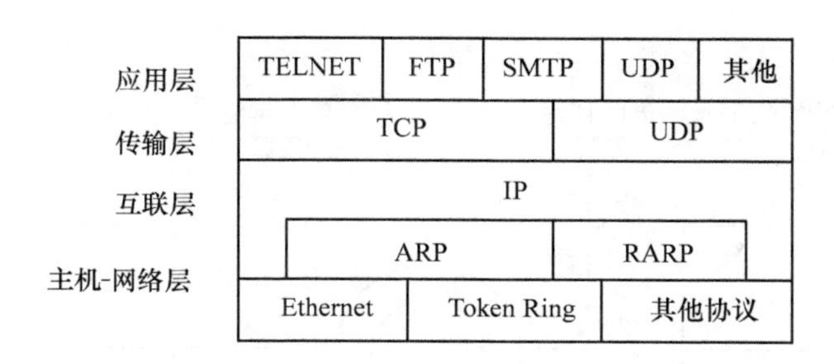

图 10.3－4　TCP/IP 协议簇

连接协议。

互联层的主要功能是负责将源主机的报文分组发送到目的主机，相当于 OSI 参考模型网络层的无连接网络服务。IP 协议横跨整个层次，TCP、UDP 协议都通过 IP 协议来发送、接收数据。

传输层之上的应用层包括了所有的高层协议，且总有新的协议加入，这些协议定义了 Internet 的服务如下：

（1）网络终端协议 TELNET，用于实现互联网中远程登录功能。
（2）文件传输协议 FTP，用于实现互联网中交互式文件传输功能。
（3）电子邮件协议 SMTP，用于实现互联网中电子邮件传送功能。
（4）域名服务 DNS，用于网络设备名字到 IP 地址映射的网络服务。
（5）路由信息协议 RIP，用于网络设备之间交换路由信息。
（6）网络文件系统 NFS，用于网络中不同主机间的文件共享。
（7）HTTP 协议，用于 WWW 服务。

10.4　综合业务数字网

在当今信息社会里，随着经济、文化的发展，科技的进步，人们对通信业务种类和质量的要求不断提高。用户除电话、电报的传统业务之外，对许多非话业务（例如数据、传真、图像等）的需求急剧增加。于是就分别建立了用户电报网、数据网或有线电视网等专业网。这些专业网与原有的电话网在地理位置上是重叠的，网内设施是专用的，技术规范和信号方式各不相同。这样投资大，效益低，并且各个独立网间的资源不能共享，而多网并存不利于统一管理，而且未来通信业务的多样化及人们对新业务的需求是不可预见的，对众多业务分别建立众多的独立的专业网也是不可能的。因此，需要有一个能够有效地提供多种服务的统一的通信网，它不仅能满足人们对现有电话及非话业务的需求，还能提供未来复杂信息通信服务，即建立一个能够传递包括话音、数据、电报和视频图像等在内的综合通信系统——综合业务数字网 ISDN（Integrated Services Digital Network）。

10.4.1　ISDN 的基本定义及特点

CCITT 于 1984 年在关于 ISDN 的 I 系列建议中对 ISDN 的定义为：ISDN 是以电话 IDN 为基础发展而成的通信网，它可以支持包括电话及非话在内的多种业务，并提供端对端数字连接，用户能够通过一组标准、多用途的用户/网络接口接入网络。ISDN 的示意图如图

10.4－1 所示。

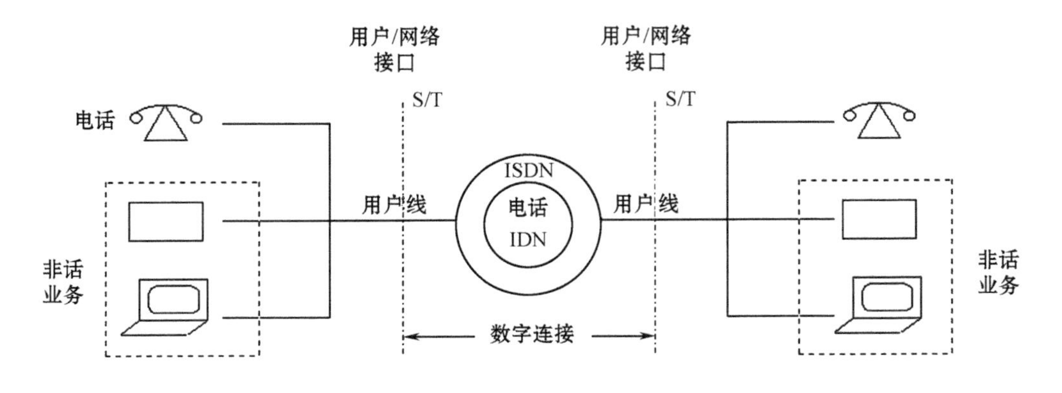

图 10.4－1 ISDN 示意图

ISDN 的主要特点如下：

（1）通信业务的综合化。用户用一组标准、多用途的用户/网络接入网络。因此，网络具有综合多种业务的能力，即 ISDN 具有承担广泛的话音/非话音业务的通信能力。

（2）实现高可靠性及高质量的通信。由于 ISDN 网内实现端到端的数字连接，噪声、串音及信号衰落失真受距离与链路数增加的影响都非常小，所以能实现高质量的传输。此外，也易于进行故障检测和状态恢复，因此 ISDN 的可靠性非常高。

（3）便于网络管理和使用。因 ISDN 使用国际统一接口，这样可以利用标准接口进行各种业务的通信。ISDN 具有包括信号和信令在内的信息处理的综合网络功能，网络可根据所承担业务的需要来选择网络功能，从而提供高效率的网络管理功能。

（4）与建立多个专业网比较，ISDN 组网合理，节省费用。

10.4.2 ISDN 的基本功能

首先介绍 ISDN 网络的功能。一个通信过程不仅需要具备传输与交换功能，还需要有控制连接的建立与释放所需的信道功能，连接期间所需的维护功能以及网络管理和操作功能等。对于机器与机器间的通信或人与机器间的通信，还需要有通信处理功能（如信息存储、电文处理等功能）。上述功能通常由 ISDN 网络与终端的结合来提供，在某些场合下还需要由 ISDN 之外的某些网络或特殊节点来提供。

为了使网与网、网与终端之间可以分别开发而又能保证兼容互通，使 ISDN 的功能适应新业务的需要而又可灵活地增加或修改，ISDN 采用了开放或系统互连 OSI 分层原则，将一个通信过程可能要执行的全部功能划分为 7 种类型，定义为 7 层，又可看成是 7 种有次序的子系统。如需要变更某一层的功能，只需独立修改与该层相对应的软件或硬件模块即可，不会因此而影响相邻层的功能，也不致因某些功能的扩展而使原设计过时。

按照这一原则所分配的 ISDN7 层功能如表 10.4－1 所列。在 ISDN 中将第 1～3 层功能称为低层功能（LIF），即通信传输功能，这是网络与终端均需具备的功能。CCITT 已经制定了第 1～3 层相应的规程标准，按照这些标准依靠低层功能就能保证用户/网络接口间透明的信息传送。第 4～7 层功能被称为高层功能（HLF），即通信处理功能，通常由终端设备或终端适配器来提供。第4～7层的规划标准随业务类型而异，CCITT也有了一些相应的建议。利用高层功能，可以保证同一种类型终端，甚至一些不同类型的终端间都可以互通。

表10.4－1　ISDN的7层功能

层号及名称	各层功能
7(用户应用层)	提供为用户直接感受的服务，提供使用户程序能接续到OSI环境中的手段
6(描述控制层)	为通信双方句法的差异解释信息含义，实现数据码型和各种格式的变换
5(会晤控制层)	控制会晤连接的建立和终止
4(传递控制层)	为通信双方提供双向透明的数据传送，实现顺序控制和流量控制
3(网络控制层)	在链路层的基础上，提供保持和终止网络连接的手段，具有用户设备间网络接口功能
2(数据链路层)	具有实际电路上逻辑复用的链路接口功能
1(物理层)	具有电气机械接口上实现信号传输的功能

目前ISDN的主要功能：

(1) 64 kb/s电路交换功能。ISDN的基本功能是提供端到端的数字连接，所以64 kb/s电路交换功能是ISDN最基本和最先具有的能力，适合传送64kb/s载荷业务，即语言、数据、传真等。

(2) 大于64 kb/s的交换功能。利用宽带交换功能实体提供宽带业务。在ISDN初期可利用64kb/s电路交换实体在半永久(通过交换网在用户约定时间内提供)基础上实现高比特率连接。适于传送话音编码信号、会议电视、可视电话等。

(3) 专用线功能。ISDN的主要用户是企业和机关团体，它们常从电信部门租用专用线，把分散在各地的分支机构中的专用小交换机(PBX)相互连接起来，构成本单位的专用网。因此，ISDN必须具有专用线功能。ISDN的基本功能模型如图10.4－2所示。

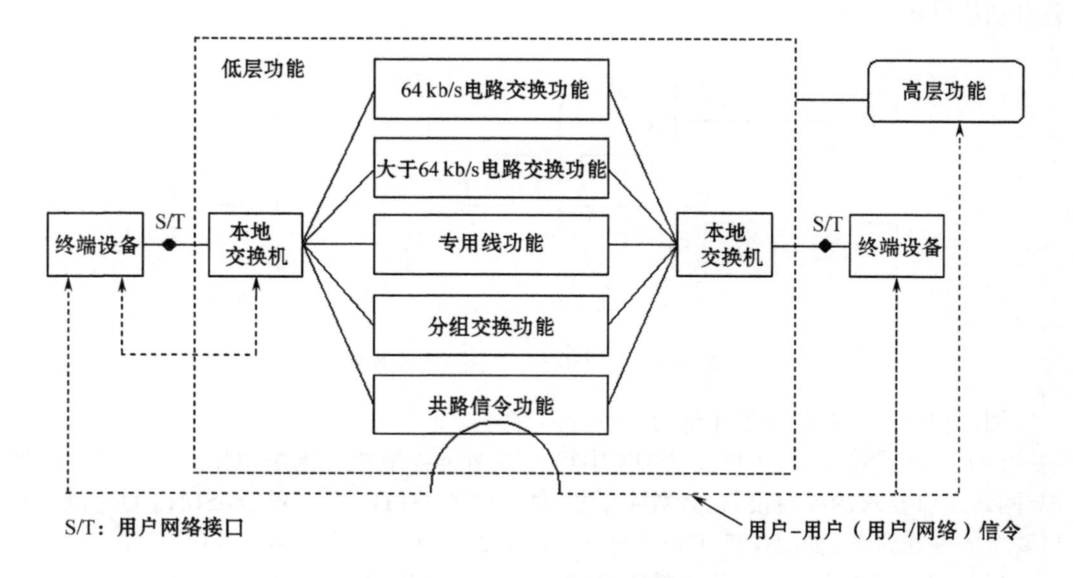

图10.4－2　ISDN功能模型

（4）共路信号功能。共路信号网是 ISDN 的中枢神经，用户能够利用共路信号功能向 ISDN 发送各种控制信号，选择所需的功能。目前局间基本上采用 No.7 信令。

（5）分组交换功能。ISDN 网的综合交换节点中应具有分组交换功能，以实现数据分组交换。

除了上述传输和交换等低层功能外，ISDN 还应具备相应的信令功能、网络管理、运行及维护等高层功能。

10.4.3 ISDN 用户/网络接口

一、用户/网络接口特性

用户/网络接口是实现 ISDN 的关键，它的作用是实现用户和 ISDN 之间相互交换信息，CCITT 根据开放系统互连（OSI）参考模型规定了用户/网络接口的国际标准。ISDN 用户/网络接口应满足以下要求。

（1）接口的业务综合化。ISDN 用户/网络接口应具有通用性，能够在接口的传输容量范围内提供任意速率的电路交换业务及分组交换业务。

（2）连接多个终端。在 ISDN 中为了有效地利用因数字化而扩大了传输容量的用户线，多个终端（最多 8 个）可共用一个用户/网络接口，用户通过拨号可以和对方任意终端通信。

（3）终端的可移动性。为了使用户能够自由而简单地利用 ISDN，应当做到不论是哪国制造的 ISDN 终端，只要将它插到接口的插座上就应能进行通信。使用户只要携带一台终端就可以在世界上任何地方使用 ISDN 提供的业务。

二、用户/网络接口的参考配置

用户/网络接口的参考配置是 ITU－T（国际电联标准化组织）对 ISDN 的接口标准化，而提出的一种安排，如图 10.4－3 所示。它给出了需要标准化的参考点和与之相关的各种功能群体。

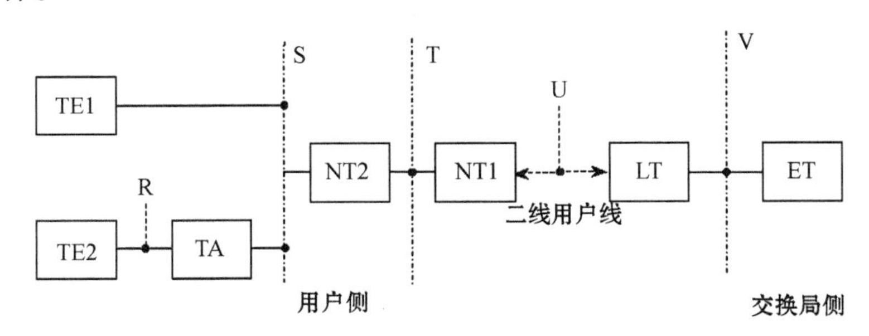

图 10.4－3　ISDN 用户接入参考配置

用户功能组包括如下四个部分。

（1）终端设备 TE_1 和 TE_2。ISDN 中可允许两类终端接入网络，TE_1 是符合 ISDN 用户/网络接口要求的终端设备，如数字话机、数据终端等；TE_2 是不符合 ISDN 用户/网络接口要求的终端设备，如模拟话机和满足 X.21、X.25 等 CCITT 标准接口的设备等。

（2）网络端接设备。网络端接设备可分为 NT_1、NT_2 两类。NT_1 一般放在用户处，是用户线路的终端装置，实现线路传输、线路维护和性能监控、定时、馈电、多路复用及接口等功能，以达到用户线传输要求。NT_2 执行用户小交换机（PBX）、局域网（LAN）和终端控制设备的功能，相当于用户内部的网络设施。

在实际应用中，往往将 NT_1 和 NT_2 合并为一个功能群，称为 NT。此时参考点 S 和 T 合二为一，称为 S/T 参考点。

（3）终点适配器 TA。TA 的功能是使任何非 ISDN 终端 TE_2 能转接到 ISDN 中去，当 TE_2 接入网络时，TA 主要功能是进行速率变换和协议转换，使其适应 ISDN 的接口条件。

（4）线路终端设备 LT。LT 是用户环路和交换局的端接接口设备，它主要实现交换设备和线路传输端的接口功能。

接入参考点是指用户访问网络的连接点，它的作用是区分功能组。如图 10.4－3 中的 R、S、T、U、V 都是参考点，ET 为交换机终端。

三、通路类型与信道结构

CCITT 的 I.412 建议根据通路的信息传输能力（速率、信息性质和容量）规定了下述几种类型的通路。

（1）B 通路：64kb/s 供用户信息传送。

（2）D 通路：16kb/s（或 64kb/s）供信令和分组数据传输使用。

（3）H_0 通路：384kb/s 供用户信息传递用（如立体声节目、图像和数据等）。

（4）H_{11}通路：1536kb/s 供用户信息传送用（如高速数据、图像和会议电视等）。

（5）H_{12}通路：1920kb/s 供用户信息传送用（如高速数据、图像和会议电视等）。

CCITT I.412 对信道的结构作了规定，目前已标准化了的用户网络接口有下面两种形式。

（1）基本速率接口 BRI（Basic Rate Interface）：基本接口是把现有电话网的普通二线用户线作为 ISDN 用户线而规定的接口，即 2B＋D，用户可以利用的最高信息传输速率是 $64 \times 2 + 16 = 144$ kb/s。

这种接口是为广大的用户使用 ISDN 而设计的，可使用普通二线电话线双向传送数字信息。使用这种接口，用户可将电话机、传真机和数据终端接于 S/T（或 R）业务接入点，同时利用一对电话线进行通话、接收传真和数据传输。

（2）基群速率接口 PRI（Primary Rate Interface）：基群速率接口传输的速率与 PCM 的基群相同，目前国际上主要有（23B＋D）和（30B＋D）两种形式（B 和 D 都是 64 kb/s）。前者的信息速率为 1536 kb/s，加上帧同步码和监控信号后，其传输码率恰好是 PCM 24 路基群制式的码元速率 1544 kb/s；后者的信息速率为 1984 kb/s，加上同步和监控信号后其传输码率为 2048 kb/s，其传输码率恰好是 PCM 30/32 路基群制式的码元速率。这种信道结构，对于以 NT_2 为接口的 ISDN 交换机的用户而言，无疑是一种最好的选择。

那些需要使用高速率信道的用户可使用 $H_0 + D$，$H_0 + D$，$H_{11} + D$ 以及 $H_{12} + D$ 等接口，此时 D 通路的速率为 64 kb/s。

10.5　宽带综合业务数字网（B－ISDN）

随着社会经济的发展，人们对各种通信业务的需求日益增加，例如高速数据和高速图像的业务，对通信质量的要求也越来越高，用现有的网络和基于 64kb/s 的 N－ISDN 都已无法适应。N－ISDN 通常只能提供一次群速率以内的电信业务，它通过标准的多用途用户网络接口实现低速业务的综合。但是对于传输高速的数据、高速图像等信号就受到限制。

为了克服 N－ISDN 的局限性，在 20 世纪 80 年代初 N－ISDN 刚刚问世不久，人们便在寻求一种更新的网络，这种网络能够提供传送全部现有的和将来可能出现的业务，传输速率从小于 10b/s 的遥测信号到速率为 100Mb/s～150Mb/s 的高清晰度电视（HDTV）信号，均可用同样的方式在网络中传送和交换，共享网络资源。这个网络是灵活高效和经济的，能适应新技术和新业务的需要，它的资源能得到充分、有效的利用。CCITT 将这种网络定名为宽带 ISDN（即 B－ISDN）。

B－ISDN 与 N－ISDN 虽然都是 ISDN，但从网络的结构，所采用的传输与交换技术上来看，两者是完全不同的。在 B－ISDN 中，无论是交换节点之间的中继线，还是用户与交换机之间的用户线路，都采用光纤传输，其传输速率从 150Mb/s 到几十吉比特/秒。概括起来说，B－ISDN 与 N－ISDN 相比，B－ISDN 主要有以下特点。

（1）以光纤为传输媒介。

（2）以信元为传输、交换基本单元。

以前的通信网均是以时隙为交换单元，而以 ATM 为基础的 B－ISDN 是以信元为信息转移的基本单元，信元为固定格式的等长分组，给传输、交换带来极大的便利。

（3）虚通路、虚通道的利用。

10.5.1 B－ISDN 业务

CCITT I.211 建议把 B－ISDN 的业务分为两类：交互型业务和分配型业务。

一、交互型业务

交互型业务是在用户间或用户与主机之间提供双向信息交换的业务。交互型业务又可分为以下几种。

（1）会话性业务：例如可视电话、会议电话和高速数据传输等宽带会话业务。

（2）消息性业务：例如消息处理业务和电影、高分辨率图像和声音的邮件业务。

（3）检索性业务：例如电影、高分辨率图像、声音信息和档案信息的检索等。

二、分配型业务

分配型业务是由网络中的一个给定点向其它多个位置传送单向信息流的业务。分配型业务又可分为以下几种。

（1）不由用户个别参与控制的分配型业务，如电视与声音节目的广播业务等。

（2）由用户个别参与控制的分配型业务，如全通路广播可视图文等。

10.5.2 B－ISDN 的传输技术和交换技术

由于 B－ISDN 采用了光纤进行信息传输，解决了宽带传输媒体存在的问题。而 B－ISDN 的关键技术则是适合不同业务特点的高速信息传送和交换。在交换节点上，需用超大规模高速集成器件来处理和传递信息，还需要以全新概念来组成网络。合理分配网络和终端设备功能，使网络具有高速处理能力。

1988 年 CCITT 正式将异步转移模式 ATM（Asynchronous Transfer Mode）推荐为 B－ISDN 的信息传递方式。这里所谓“转移模式”是专指“复接和交换”而言。

ATM 技术是 B－ISDN 的关键技术,也是未来的现代信息网的核心技术,因为 ATM 以灵活的信元方式代替固定位置时隙,故它有运用灵活的特点,尤其是在处理突发业务方面更为突出。

从 ATM 技术发展进程上看,建立完全的 B－ISDN 大致经历三个阶段:第一阶段建立 ATM 实验网络,开展一些新业务的实验,为用户提供永久虚电路(PVC)业务;第二阶段进一步提高 ATM 交换机容量(达几十吉比特/秒),为用户提供交换虚电话(SVC)业务,建成初步的 B－ISDN,并同 N－ISDN 互通;第三阶段以大容量 ATM 交换机为骨干节点,完善 B－ISDN 网络,实现高度综合运行维护功能和动态路由选择。

鉴于 ATM 接口大多是同步光纤网络或同步数字系列(SONET/SDH),且 B－ISDN 用户/网络接口的传输速率采用 SDH 中的标准速率,并考虑到 SDH 在未来国家信息设施(NIT)中的重要地位,下面将对 SDH 和 ATM 技术加以介绍。

10.5.3　B－ISDN 网络的基本结构

B－ISDN 网络的基本结构如图 10.5－1 所示。

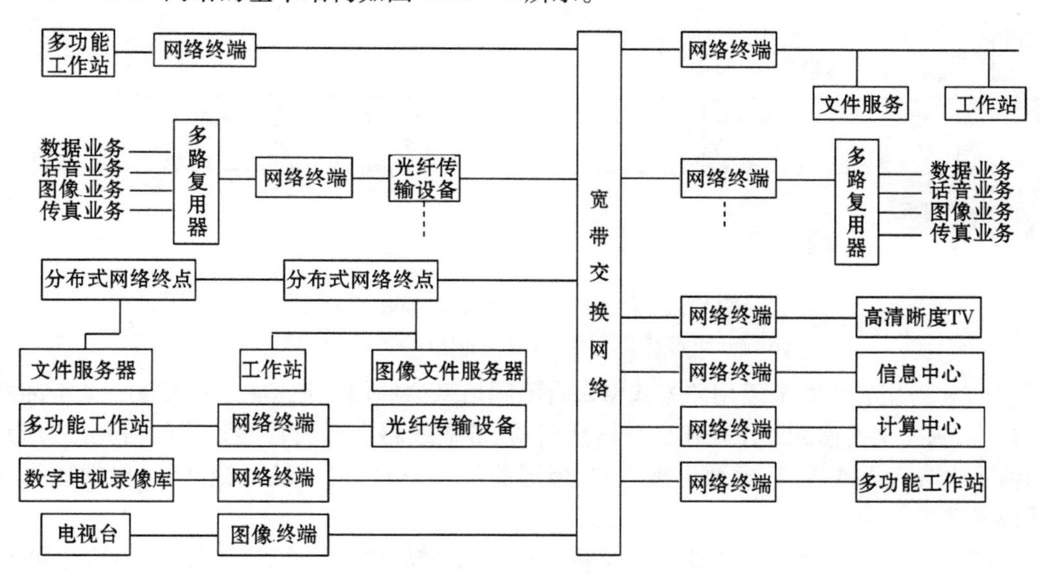

图 10.5－1　B－ISDN 网络基本结构

10.6　异步转移模式(ATM)

在 10.5 节已提到 ATM 技术是实现 B－ISDN 的核心技术。ITU－T 将 ATM 作为 B－ISDN的最终传输方式,建立于 SDH 光纤网上的 ATM 宽带交换网络,是未来高速公路的基础设施。

10.6.1　ATM 的概念

ATM 是以分组传输模式为基础,综合了分组交换和电路交换的优点发展而成的,可以满足各种通信业务的需求，现有的电路交换采用的是同步转移模式 STM。ATM 与 STM 的相似之处在于二者的信息均分成若干个离散单元，且以时分复用方式送至目的站，而不同的是：STM 存在以 125μs 为周期的帧，它靠帧内时隙位置来识别信道，一条信道占用的时隙位置是固定的。如图 10.6－1(*a*)，基本原理在时分复用一节(4.2 节)已有论述。ATM 本质上是一种高速分组传送模式，它是将数字化的信息(文字、话音、数据和图像等)分成若干段，并加上写有地址和控制信息的字头，构成信元(cell)，其长度比原来分组交换的分组短，ATM 是对线路进行信元的复用，利用信头来识别信道和完成信息交换，如图 10.6－1(*b*)所示。

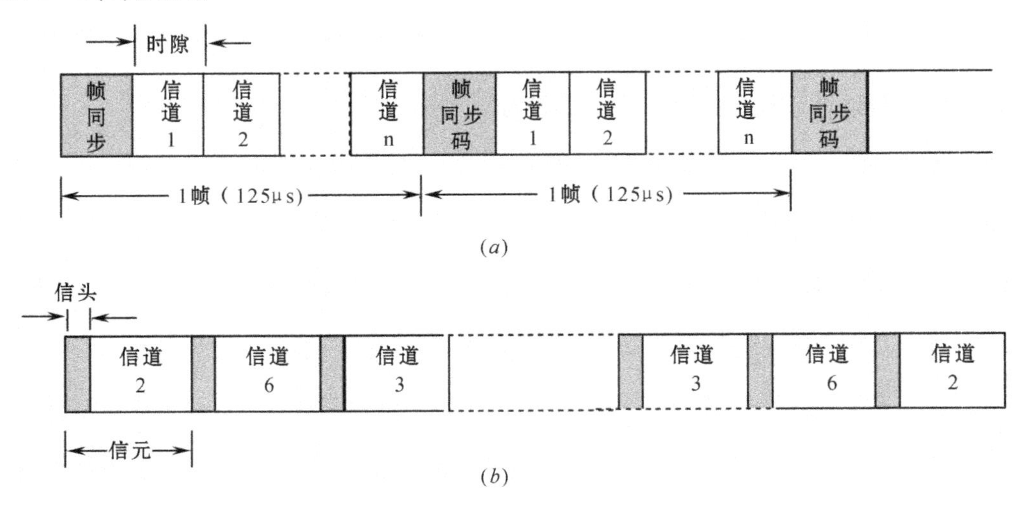

图 10.6－1 STM 与 ATM 两种模式的区别
(*a*) 同步转移模式(STM)；(*b*) 异步转移模式(ATM)信元。

ATM 采用异步时分复用的方式将来自不同信息源的信元汇集在一起，在一个缓冲器内排队，队列中的信元逐个输出到传输线路，在传输线路上形成首尾相连的信元流，信元的信头中含有 VPI/VCI(虚通道标识符/虚通路标识符)作为地址标记，网络根据信头的标识来转移信元。

ATM 是在分组交换的基础上发展起来的，为了增加交换速度，减少处理时延，ATM 对分组交换技术在以下几个方面作了重大的修改。

(1) 大大减少分组长度(降至 54 个字节)，取消用户信息在网络低层的误码检测及重发，由于 ATM 采用光纤传输，其误码率很低，这种修改是允许的。

(2) 为了免去信元在接收终端重新排序，采用虚通道及虚通路方式传输信息。

(3) 采用快速分组交换技术。随着光纤技术的发展，现在已能提供高达 1Gb/s、高质量的传输线路。这样就将通信的薄弱环节从传输链路移到了交换节点。为了达到快速的目的，首先将节点到节点间的协议作了简化，然后再充分应用现代超大规模集成电路技术，以全硬件实现简化了协议，从而大大降低了交换和处理的时间，另外，虚通道及虚通路传输方式的采用，也简化了路由选择和免去了目的节点的信元排序问题，有利于进一步降低处理时间。

采用 ATM 技术的通信网，具有如下功能。

（1）通过用户/网络接口，可以灵活地提供同时传送任意速率的几个高分辨率的图像信息。

（2）能够实现两种不同类型的业务：连续比特流业务和突发型业务。

（3）按照各种业务对传输质量的不同要求，可将它们分为不同的业务质量等级。

ATM 的三个主要组成部分是交换技术、突发编码技术和流量控制技术，其中交换技术是核心。

10.6.2　ATM 信元结构

CCITT I.316 协议中规定了 ATM 的信元结构和信元编码方式。

信元的结构是由 5 个字节信头和 48 个字节的信息段（净荷）共 53 个字节组成。信元结构如图 10.6－2 所示，图（*a*）为用户—网络接口 UNI 的信元格式，图（*b*）为网络节点接口 NNI 的信元格式。

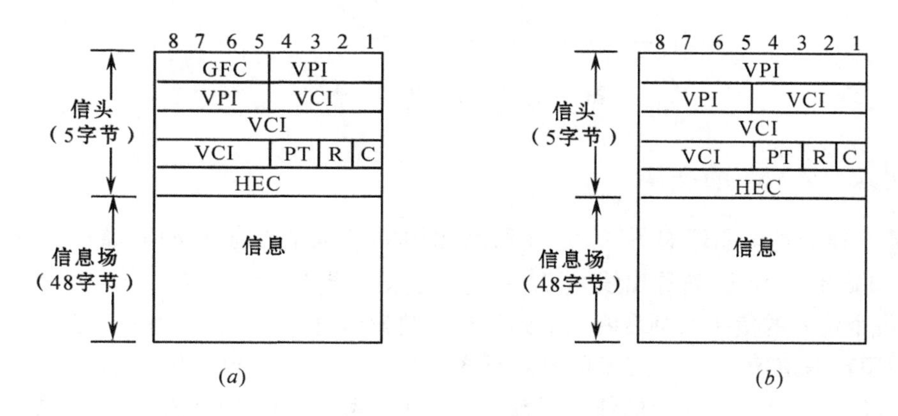

图 10.6－2　ATM 的信元结构

（*a*）用于 UNI（用户/网络接口）；（*b*）用于 NNI（网络节点接口）。

由图 10.6－2 可见：

（1）GFC 总流量控制（4b）用于协助用户对不同的信息控制其业务流量。

（2）VPI 虚通道标识符（8b）。

（3）VCI 虚通路标识符（8b）。VPI 和 VCI 用于实现路由选择功能。

（4）PT，净荷类型（2b），即有效负载类型，它用于识别 ATM 信元的信息是否属于用户信息、信令信息或操作维护信息等。

（5）REC（1b），保留位。

（6）CLP，它为信元丢失优先权指示位（1b），若 CLP 置“1”，则在网络拥塞时，此信元可首先被丢弃；若置“0”，则信元具有更高的级别，不能轻易丢失。

（7）HEC，信源头差错控制。

图 10.6－2（*b*）的 NNI 信头结构和 UNI 十分相似，它只是去掉了 GFC，它的位置被 VPI 所占据，因此网络内部节点之间使用 12bVPI，这样可以识别更多的 VP 链路。

10.6.3　ATM 系统模型

B－ISDN 的协议参考模型与 OSI 参考模型是一致的，但在 ATM 中，将 OSI 参考模型的第一层和第二层分为物理层、ATM 层和 ATM 适配层 AAL(ATM Adaptive Lagey),而把 OSI 第二层以上各层统称为高层,形成如图 10.6-3 所示的 B-ISDN 协议参考模型。其中物理层的功能是承载信元流;ATM 层提供传送信元所需的最低功能;AAL 层的主要功能是将高层的用户信息分段装配成信元,吸收信元延时抖动并进行差错控制等。AAL 的功能由用户本身或由网络与外部的接口提供。这种设计保证高层原封不动地沿用 OSI 的现有协议结构。

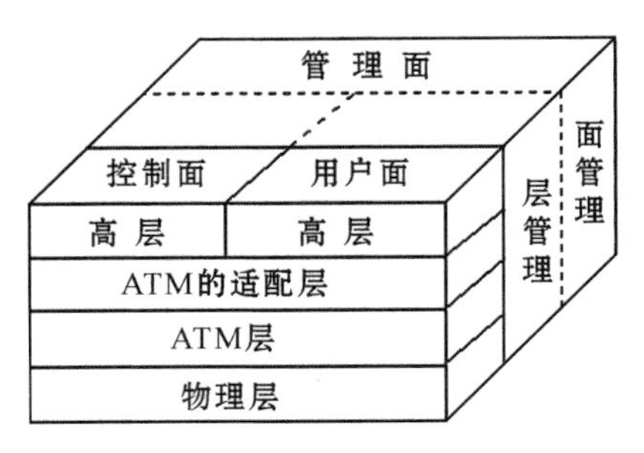

图 10.6-3　协议模型结构

10.6.4　ATM 的交换

ATM 交换的基本原理如图 10.6-4 所示,图中的交换节点有 n 条输入线(简称入线)($I_1 \sim I_n$)和 g 条输出线(简称出线)($Q_1 \sim Q_g$),每条入线和出线上传送的均为 ATM 的信元流,而每个信元的信头值则表明该信元所在的逻辑信道。不同的入线(或出线)可以采用相同的逻辑信道值。ATM 交换的基本任务,就是将任一出线的任一逻辑信道中的信元,交换到所需的任一出线上的任一逻辑信道上去。例如入线 I_1 的逻辑信道 X 被交换到

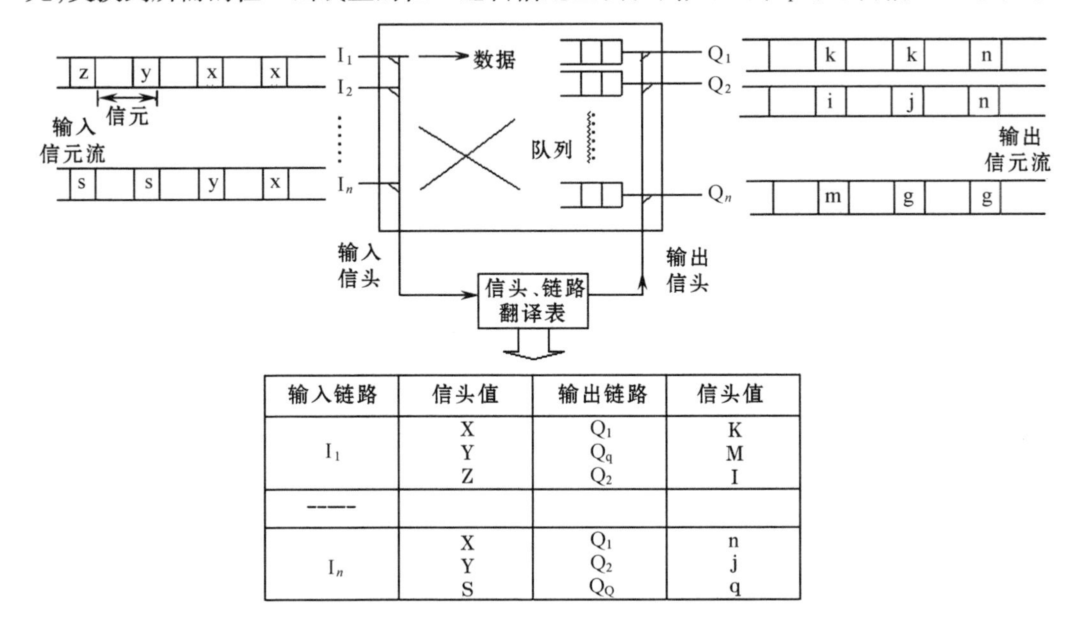

输入链路	信头值	输出链路	信头值
I_1	X Y Z	Q_1 Q_q Q_2	K M I

I_n	X Y S	Q_1 Q_2 Q_Q	n j q

图 10.6-4　ATM 交换的基本原理

出线 Q_1 的逻辑信道 K 上，入线 I_1 的逻辑信道 y 被交换到出线 Q_g 上的 M 上等。在这里，交换包含了两方面的功能：一个是空分交换，即将信元从一条传输线改送到另一传输线上去，该功能又叫路由选择；另一个功能是时分交换，即将信元从一个时隙改换到另一时隙中来。应注意 ATM 的逻辑信道和时隙并没有固定的关系，逻辑信道的身份是靠信头值来标志的，因此时分交换是靠信头翻译来完成的，例如 I_1 的信头值 X 被翻译成 Q_1 上的 K 值，以上空分交换和时分交换的功能可以用一张翻译表来实现。图 10.6－4 列出了该交换点当前的翻译表。

习　题

10－1　我国长途电话网采用几级交换方式？各级的作用是什么？

10－2　根据长途路由的选择顺序，请写出河北省泊头市的用户与山东省德州市的用户进行通话时所应选择的几条路由。

10－3　根据通信网的构成方式不同，通信网可分为几类？什么是数字网？什么是模拟网？发展数字网的必要性是什么？

10－4　试叙述电路交换和分组交换的优缺点。

10－5　IDN 和 ISDN 有什么区别？为什么 ISDN 是通信网的发展方向？

10－6　ISDN 中的2B＋D 和 30B＋D 代表什么意义？

10－7　B－ISDN 与 N－ISDN 相比，B－ISDN 有哪些的特点？

10－8　ATM 的信元结构由几部分组成？UNI 和 NNI 的信元格式有什么不同？并分别说明信元格式中各字段所起的作用。

附　　录

附录一　常用数学公式

$\sin(\alpha \pm \beta) = \sin\alpha\cos\beta \pm \cos\alpha\sin\beta$

$\cos(\alpha \pm \beta) = \cos\alpha\cos\beta \mp \sin\alpha\sin\beta$

$\cos\alpha\cos\beta = \frac{1}{2}[\cos(\alpha+\beta) + \cos(\alpha-\beta)]$

$\sin\alpha\sin\beta = \frac{1}{2}[\cos(\alpha-\beta) - \cos(\alpha+\beta)]$

$\sin\alpha\cos\beta = \frac{1}{2}[\sin(\alpha+\beta) + \sin(\alpha-\beta)]$

$\sin\alpha + \sin\beta = 2\sin\frac{1}{2}(\alpha+\beta)\cos\frac{1}{2}(\alpha-\beta)$

$\sin\alpha - \sin\beta = 2\sin\frac{1}{2}(\alpha-\beta)\cos\frac{1}{2}(\alpha+\beta)$

$\cos\alpha + \cos\beta = 2\cos\frac{1}{2}(\alpha+\beta)\cos\frac{1}{2}(\alpha-\beta)$

$\cos\alpha - \cos\beta = -2\sin\frac{1}{2}(\alpha+\beta)\sin\frac{1}{2}(\alpha-\beta)$

$\cos2\alpha = 2\cos^2\alpha - 1 = 1 - 2\sin^2\alpha = \cos^2\alpha - \sin^2\alpha$

$\sin2\alpha = 2\sin\alpha\cos\alpha$

$\sin\frac{1}{2}\alpha = \sqrt{\frac{1}{2}(1-\cos\alpha)}$

$\cos\frac{1}{2}\alpha = \sqrt{\frac{1}{2}(1+\cos\alpha)}$

$\sin^2\alpha = \frac{1}{2}(1-\cos2\alpha)$

$\cos^2\alpha = \frac{1}{2}(1+\cos2\alpha)$

$\sin x = \frac{e^{jx} - e^{-jx}}{2j}$

$\cos x = \frac{e^{jx} + e^{-jx}}{2}$

$e^{jx} = \cos x + j\sin x$

$\sin(-\alpha) = -\sin\alpha$

$\cos(-\alpha) = \cos\alpha$

$$(1+x)^n = 1 + nx + \frac{n(n-1)}{2!}x^2 + \cdots + \frac{n(n-1)(n-2)\cdots(n-k+1)}{k!}x^k + \cdots$$

附录二　傅里叶变换

1. 定义

正变换　　$F(\omega) = \int_{-\infty}^{\infty} f(t)e^{-j\omega t}dt$

反变换　　$f(t) = \frac{1}{2\pi}\int_{-\infty}^{\infty} F(\omega)e^{j\omega t}d\omega$

2. 定理

运算名称	函数	傅里叶变换
线性	$af_1(t) + bf_2(t)$	$aF_1(\omega) + bF_2(\omega)$
对称	$F(t)$	$2\pi f(-\omega)$

共轭	$f^*(t)$	$F^*(-\omega)$
比例	$f(at)$	$\frac{1}{\mid a \mid}F(\omega/a)$
反演	$f(-t)$	$F(-\omega)$
时延	$f(t-t_0)$	$F(\omega)e^{-j\omega t_0}$
频移	$f(t)e^{j\omega_0 t}$	$F(\omega-\omega_0)$
时域微分	$\frac{d^n f(t)}{dt^n}$	$(j\omega)^n F(\omega)$
频域微分	$(-j)^n t^n f(t)$	$\frac{d^n F(\omega)}{d\omega^n}$
时域积分	$\int_{-\infty}^{t} f(\tau)d\tau$	$\frac{1}{j\omega}F(\omega)+\pi F(0)\delta(\omega)$
时域相关	$R(\tau)=\int f_1(t)f_2^*(t+\tau)dt$	$F_1(\omega)F_2^*(\omega)$
时域卷积	$f_1(t)*f_2(t)$	$F_1(\omega)\cdot F_2(\omega)$
频域卷积	$f_1(t)f_2(t)$	$\frac{1}{2\pi}[F_1(\omega)*F_2(\omega)]$
帕什瓦尔定理	$\int_{-\infty}^{\infty} f_1(t)f_2(t)dt$	$\frac{1}{2\pi}\int_{-\infty}^{\infty} F_1(\omega)F_2^*(\omega)d\omega$

3. 常用傅里叶变换

函数名称	**函数**	**傅里叶变换**
门函数	$\begin{cases}1 & \mid t\mid \leqslant \frac{1}{2} \\ 0 & \mid t \mid > \frac{1}{2}\end{cases}$	$\frac{\sin(\omega/2\pi)}{\omega/2\pi}$
抽样函数	$\frac{\sin\pi t}{\pi t}$	$\mathrm{rect}(\omega/2\pi)$
指数函数	$e^{-\alpha t}u(t)$	$\frac{1}{a+j(\omega)}$
双边指数函数	$e^{-\alpha\mid t\mid}$	$\frac{2a}{a^2+\omega^2}$
三角函数	$\begin{cases}1-\mid t\mid & \mid t\mid \leqslant 1 \\ 0 & \mid t\mid > 1\end{cases}$	$\left[\frac{\sin(\omega/2\pi)}{\omega/2\pi}\right]^2$
高斯函数	$e^{-\alpha t^2}$	$e^{-\alpha t^2/4\pi}$
冲激脉冲	$\delta(t)$	1
阶跃函数	$u(t)$	$\pi\delta(\omega)+\frac{1}{j\omega}$

常数	K	$2\pi k\delta(\omega)$
余弦	$\cos\omega_0 t$	$\pi\delta(\omega+\omega_0)+\pi\delta(\omega-\omega_0)$
正弦	$\sin\omega_0 t$	$j\pi\delta(\omega+\omega_0)-j\pi\delta(\omega-\omega_0)$
复指数函数	$e^{j\omega_0 t}$	$2\pi\delta(\omega-\omega_0)$
脉冲序列	$\sum\limits_{\infty}\delta(t-nT)$	$\frac{2\pi}{T}\sum\limits_{\infty}\delta\left(\omega-\frac{2\pi n}{T}\right)$
升余弦脉冲	$\begin{cases}\frac{1}{2}\left(1+\cos\frac{2\pi}{I}t\right) & \|t\|\leqslant\frac{\tau}{2}\\ 0 & \|t\|>\frac{\tau}{2}\end{cases}$	$\frac{\tau}{2}Sa\left(\frac{\omega\tau}{2}\right)\frac{1}{1-\frac{\omega^2\tau^2}{4\pi^2}}$
升余弦频谱特性	$\frac{W}{2\pi}Sa(wt)\frac{1}{1-\frac{w^2t^2}{\pi^2}}$	$\begin{cases}\frac{1}{2}\left(1+\cos\frac{\pi}{w}\omega\right) & \|\omega\|\leqslant w\\ 0 & \|\omega\|>w\end{cases}$
周期门函数的傅氏级数	$\frac{\pi}{T_0}\sum\limits_{n=-\infty}^{\infty}Sa\left(\frac{n\pi\tau}{T_0}\right)e^{j\frac{2n\pi}{T}t}$	$\frac{2\pi\tau}{T}\sum\limits_{n=-\infty}^{\infty}Sa\left(\frac{n\omega_0\tau}{2}\right)\delta(\omega-n\omega_0)$
周期 δ_T 的傅氏级数	$\frac{1}{T}\sum\limits_{n=-\infty}^{\infty}e^{jn\omega t}$	$\frac{2\pi}{T}\sum\limits_{n=-\infty}^{\infty}\delta(\omega-n\omega_0)$
正负号函数	$\mathrm{sgn}(t)=\begin{cases}1 & t>0\\ -1 & t<0\end{cases}$	$\frac{2}{j\omega}$

附录三 贝塞尔函数表 $J_n(\beta)$

	0.5	1	2	3	4	6	8	10	12
0	0.9385	0.7652	0.2239	−0.2601	−0.3971	0.1506	0.1717	−0.2459	0.0477
1	0.2423	0.4401	0.5767	0.3391	−0.0660	−0.2767	0.2346	0.0435	−0.2234
2	0.0306	0.1149	0.3528	0.4861	0.3641	−0.2429	−0.1130	0.2546	−0.0849
3	0.0026	0.0196	0.1289	0.3091	0.4302	0.1148	−0.2911	0.0584	0.1951
4	0.0002	0.0025	0.0340	0.1320	0.2811	0.3576	−0.1054	−0.2196	0.1825
5		0.0002	0.0070	0.0430	0.1321	0.3621	0.1858	−0.2341	−0.0735
6			0.0012	0.0114	0.0491	0.2458	0.3376	−0.0145	−0.2437
7			0.0002	0.0025	0.0152	0.1296	0.3206	0.2167	−0.1703
8				0.0005	0.0040	0.0565	0.2235	0.3179	0.0451
9				0.0001	0.0009	0.0212	0.1263	0.2919	0.2304
10					0.0002	0.0070	0.0608	0.2075	0.3005
11						0.0020	0.0256	0.1231	0.2704
12						0.0005	0.0096	0.0634	0.1953
13						0.0001	0.0033	0.0290	0.1201
14							0.0010	0.0120	0.0650

附录四　误差函数、互补误差函数表

误差函数　$\mathrm{erf}(x) = \frac{2}{\sqrt{\pi}}\int_0^x e^{-t^2}\mathrm{d}t$

互补误差函数　$\mathrm{erfc}(x) = 1 - \mathrm{erf}(x) = \frac{2}{\sqrt{\pi}}\int_x^{\infty} e^{-t^2}\mathrm{d}t$

当 $x \gg 1$, $\mathrm{erf}(x) \approx \frac{e^{-x^2}}{\sqrt{\pi}x}$

$x \leqslant 5$ 时, erf(x), erfc(x) 与 x 的关系表

x	erf(x)	erfc(x)	x	erf(x)	erfc(x)
0.05	0.05637	0.94363	1.65	0.98037	0.01963
0.10	0.11246	0.88745	1.70	0.98379	0.01621
0.15	0.16799	0.83201	1.75	0.98667	0.01333
0.20	0.22270	0.77730	1.80	0.98909	0.01091
0.25	0.27632	0.72368	1.85	0.99111	0.00889
0.30	0.32862	0.67138	1.90	0.99279	0.00721
0.35	0.37938	0.62062	1.95	0.99418	0.00582
0.40	0.42839	0.57163	2.00	0.99532	0.00468
0.45	0.47548	0.52452	2.05	0.99626	0.00374
0.50	0.52050	0.47950	2.10	0.99702	0.00298
0.55	0.56332	0.43668	2.15	0.99763	0.00237
0.60	0.60385	0.39615	2.20	0.99814	0.00186
0.65	0.64203	0.35797	2.25	0.99854	0.00146
0.70	0.67780	0.32220	2.30	0.99886	0.00114
0.75	0.71115	0.28885	2.35	0.99911	8.9×10^{-4}
0.80	0.74210	0.25790	2.40	0.99931	6.9×10^{-4}
0.85	0.77066	0.22934	2.45	0.99947	5.3×10^{-4}
0.90	0.79691	0.20309	2.50	0.99959	4.1×10^{-4}
0.95	0.82089	0.17911	2.55	0.99969	3.1×10^{-4}
1.00	0.84270	0.15730	2.60	0.99976	2.4×10^{-4}
1.05	0.86244	0.13756	2.65	0.99982	1.8×10^{-4}
1.10	0.88020	0.11980	2.70	0.99987	1.3×10^{-4}
1.15	0.89912	0.10388	2.75	0.99990	1.0×10^{-4}
1.20	0.91031	0.08969	2.80	0.999925	7.5×10^{-5}

（续）

x	erf(x)	erfc(x)	x	erf(x)	erfc(x)
1.25	0.92290	0.07710	2.85	0.999944	5.6×10^{-5}
1.30	0.93401	0.06599	2.90	0.999959	4.1×10^{-5}
1.35	0.94376	0.05624	2.95	0.999970	3.0×10^{-5}
1.40	0.95228	0.04772	3.00	0.999978	2.2×10^{-5}
1.45	0.95969	0.04031	3.50	0.999993	7.0×10^{-7}
1.50	0.96610	0.03390	4.00	0.999999984	1.6×10^{-8}
1.55	0.97162	0.02838	4.50	0.9999999998	2.0×10^{-10}
1.60	0.97635	0.02365	5.00	0.9999999999985	1.5×10^{-12}

部分习题答案

第一章

1-1 $I_c = 5.44\text{b}, I_e = 3.25\text{b}$

1-2 1b,2b,3b,3b

1-3 1.75b/符号

1-4 1.84b/符号,1840b/s

1-5 6404b/s

1-6 1200b/s,3600b/s

1-7 1200波特

第二章

2-1 $k[S(t-t_d)+(a/2)S(t-T_0-t_d)+(a/2)S(t+T_0-t_d)]$

2-2 $kS(t-t_d)-(K/2)[S(t+T_0-t_d)-S(t-T_0-t_d)]$

2-3 $f=(n+1/2)$ kHz 时,传输衰耗最大;

$f=n$kHz 时,对传输最有利(n 为正整数)。

2-4 $T \geqslant 6\times10^{-3}\text{s}$

2-6 5.50×10^{-5}

2-7 $S_Y(\omega)=2(1+\cos w\tau)S_X(\omega)$

2-8 (1) $E[X(t)]=-\dfrac{2a}{\pi}\sin\omega_0 t$;(2) $X(t)$ 不是平稳随机过程。

2-9 (2) $\dfrac{2\alpha(\alpha^2+\beta^2+\omega^2)}{[\alpha^2+(\beta+\omega)^2][\alpha^2+(\beta-\omega)^2]}$

2-11 $s(\omega)=\dfrac{n_0}{2[1+(\omega RC)^2]}$ $\qquad R(\tau)=\dfrac{n_0}{4RC}e^{-\frac{|\tau|}{RC}}$

2-13 (1)33.89×10^3(b/s);(2)1.66(倍)或2.2(dB)

2-14 25s

第三章

3-2 (3) $P_c=5\times10^3\text{W}$ $\qquad P_f=625\text{W}$ $\qquad P_{AM}=5625\text{W}$

3-5 (1)$f_c=1.1\times10^4\text{Hz}$;(2)$\beta_{AM}=0.0625$;(3)$f_m=1\times10^3\text{Hz}$

3-7 100

3-8 25°48′

3-11 (1)2kW;(2)4kW

3-12 (1) $H(f) = \begin{cases} 1 & 95\text{kHz} < |f| < 105\text{kHz} \\ 0 & \text{其它} \end{cases}$

(2) 10^3;(3)2×10^3;(4)0.25×10^{-3}W/Hz

3-13 5×10^6W

3-14 (1) $P_{AM} = 2.25$W, $P_{DSB} = 0.25$W, $P_{SSB} = 0.5$W

(2) $(S_o/N_o)_{AM、DSB} = 25(\approx 14\text{dB})$ $(S_o/N_o)_{SSB} = 50(\approx 17\text{dB})$

(3) $(S_o/N_o)_{AM} = 5.56(\approx 7.4\text{dB})$ $(S_o/N_o)_{DSB、SSB} = 50(\approx 17\text{dB})$

3-15 (1) $50\cos\omega_m t$;(2) $-50\omega_m \sin\omega_m t$;(3)$100\omega_m$

3-17 (1) 5;(3)5×10^3Hz

3-18 1.2MHz

3-19 (1) f_m 增加4倍,β_m 减少到1/4,B_{FM} 不变;

f_m 减少4倍,β_m 增加到1/4,B_{FM} 不变。

(2) A_m 增加4倍,β_m 增加到4倍,Δf 增加4倍。

3-20 20kHz,10kHz,120kHz

3-21 $P_{FM} = 5$KW, $\Delta f = 10 \times 10^3$, $\Delta\theta = 5$rad, $B = 24$kHz

3-22 (1) $P_C = 0.11A^2$, $P_S = 0.488A^2$

(2)$P_C = 0$, $P_S = 0.5A^2$

3-23 $n_1 = 8$, $n_2 = 10$

3-24 28.125W

3-25 37.5 (15.74dB)

3-26 $A = 1.317$(V)

3-27 37500倍(45.74dB)

3-28 152.5(km)

3-29 (1) 84.5kHz;(2)84.5kHz;(3) 44.5kHz

3-30 2067kHz

第四章

4-2 (2)$4\omega_1$

4-3 (1) $\omega_S = 2\omega_1$;(2)$G_S(\omega) = \frac{1}{T_S}\sum_{n=-\infty}^{\infty} G(\omega - n\omega_S)$

$$(3)\ H_2(\omega) = \begin{cases} \dfrac{2\omega_1}{2\omega_1 + \omega} & 0 > \omega > -\omega_1 \\ \dfrac{2\omega_1}{2\omega_1 - \omega} & 0 < \omega < -\omega_1 \end{cases}$$

4-5 6.25μs

4－6 100kHz

4－7 (1)$n=6$;(2)36dB

4－8 (1)$n=6$;(2)$V_{max}=25V$,$V_{min}=-7V$;

(3) $(S_o/N_q)_{PCM}=6288$(38dB)

4－9 $\frac{1}{2Nf_m\log_2 M}$

4－10 (1)为扩张特性;(2)为压缩特性;(3)为压缩特性

4－11 (1)0、1/8ms、1/4ms、3/8ms、1/2ms、5/8ms、3/4ms、7/8ms、1ms

(2)0V、3.5V、7V、3.5V、0V、－3.5V、－7V、－3.5V、0V

(3)1V、3V、7V、3V、1V、－3V、－7V、－3V、1V

折叠码 100、101、111、101、100、001、011、001、100

雷码格 110、111、100、111、110、011、000、011、110

4－12 (1)11100011,27Δ;(2)01001100000

4－13 (1)-304Δ;(2)00100110000

4－14 (1)4500个;(2)$(S_o/N_q)_{PCM}=249$(23.97dB)

4－15 12kb

4－17 $\frac{A^2}{2}\leqslant\frac{\Delta^2}{8\pi^2}\left(\frac{f_S}{f_m}\right)^2$

4－18 $f_S\geqslant\frac{A_m}{\Delta}$

第五章

5－4 (1) $s_x(f)=4f_Sp(1-P)|G(f)|^2+f_S^2(2P-1)^2\sum_{M=-\infty}^{\infty}|G(mf_S)|^2\delta(f-mf_S)$,

$$P=4f_Sp(1-P)\int_{-\infty}^{\infty}|G(f)|^2\mathrm{d}f+f_S^2(2p-1)^2\sum_{m=-\infty}^{\infty}|G(mf_S)|^2$$

(2)不存在;(3)存在

5－5 (1)不能;(2)不能;(3)能;(4)不能

5－6 $R_B=\frac{1}{2\tau_0}$,$T_s=2\tau_0$

5－7 (1) $R_B=B$,1B/Hz;(3)$\alpha=0.25$,1280kHz,$\alpha=0.5$,1536kHz

第六章

6－3 (2)200Hz

6－4 4200Hz

6－7 八进制: $B=400$Hz,$R_b=600$b/s

二进制: $B=400$Hz,$R_b=200$b/s

6－8 $B=3200\text{Hz}, R_b=600\text{b/s}$

6－9 $B=400\text{Hz}, R_b=600\text{b/s}$

6－11 理想基带:896kHz;2ASK:3584kHz;2FSK:(最小)5376kHz;2PSK:3584kHz

6－12 (1) $t_0 = T$;(2) $h(t) = X(t_0 - t)$

$$y(t) = \begin{cases} -A^2t & 0 \leqslant t \leqslant T/2 \\ A^2(3t-2T) & T/2 \leqslant t \leqslant T \\ A^2(4T-3t) & T < t \leqslant 3/2T \\ A^2(t-2T) & 3/2T \leqslant t \leqslant 2T \end{cases}$$

(3) $\rho = \dfrac{2A^2T}{n_0}$

6－13 (1)省略

(2) $t_0 \geqslant T/2$ 可取 $T/2$

$$H_m(\omega)\frac{TA}{2}[S_o(\omega_0-\omega)\frac{T}{2}+S_o(-\omega-\omega_0)\frac{T}{2}]e^{-j\omega\frac{T}{2}}$$

$$h_m(t) = A\text{rect}(\frac{t}{T}-\frac{1}{2})\cos\omega_0 t$$

(3) $r_{max}=10^4(40\text{dB})$

(4) $S_o(t) = \dfrac{A^2T}{2}\text{tri}(\dfrac{t}{T}-\dfrac{1}{2})\cos\omega_0 t$

第七章

7－9 8388608

第八章

8－4 $\Delta\varphi = 0.57°$

8－7 $m=0$ 时,$P_1 \approx 7\times10^{-4}, P_2 \approx 6.24\times10^{-8}, t_s = 161.36\text{ms}$

$m=1$ 时,$P_1 \approx 4.2\times10^{-7}, P_2 \approx 6.24\times10^{-9}, t_s = 170\text{ms}$

8－8 500s

第九章

9－2 (1) $d_0=3$;(2)能检 2 位错, 能纠一位错

9－3 能检3位错;能纠 1 位错;同时能纠一位错,检 2 位错

9－4
$$\boldsymbol{G}=\begin{bmatrix}1&0&0&0&1&1&1\\0&1&0&0&1&1&0\\0&0&1&0&1&0&1\\0&0&0&1&0&1&1\end{bmatrix}$$

0	0	0	0	0	0	0	1	0	0	0	1	1	1
0	0	0	1	0	1	1	1	0	0	1	1	0	0
0	0	1	0	1	0	1	1	0	1	0	0	1	0
0	0	1	1	1	1	0	1	0	1	1	0	0	1
0	1	0	0	1	1	0	1	1	0	0	0	0	1
0	1	0	1	1	0	1	1	1	0	1	0	1	0
0	1	1	0	0	1	1	1	1	1	0	1	0	0
0	1	1	1	0	0	0	1	1	1	1	1	1	1

9-5 (1) $\boldsymbol{H}=\begin{bmatrix}1&1&0&1&0&0\\0&1&1&0&1&0\\1&0&1&0&0&1\end{bmatrix}$ $\boldsymbol{G}=\begin{bmatrix}1&0&0&1&0&1\\0&1&0&1&1&0\\0&0&1&0&1&1\end{bmatrix}$

(2)

0	0	0	0	0	0
0	0	1	0	1	1
0	1	0	1	1	0
0	1	1	1	0	1
1	0	0	1	0	1
1	0	1	1	1	0
1	1	0	0	1	0
1	1	1	0	0	0

(3) B_1 为正确码,B_2 为错码,错在 C_4 位;B_3 为错码,错在 C_5 位

9-6 (1)$\boldsymbol{G}=\begin{bmatrix}1&0&1&1&0&0&0\\0&1&0&1&1&0&0\\0&0&1&0&1&1&0\\0&0&0&1&0&1&1\end{bmatrix}$,典型矩阵 $\boldsymbol{G}=\begin{bmatrix}1&0&0&0&1&0&1\\0&1&0&0&1&1&1\\0&0&1&0&1&1&0\\0&0&0&1&0&1&1\end{bmatrix}$

$\boldsymbol{H}=\begin{bmatrix}1&1&1&0&1&0&0\\0&1&1&1&0&1&0\\1&1&0&1&0&0&1\end{bmatrix}$

(2)

1	0	0	1	1	1	0
0	1	1	0	0	0	1

参 考 文 献

1 樊昌信等．通信原理．北京:国防工业出版社,1995
2 曹志刚等．现代通信原理．北京清华大学出版社,1992
3 张树京等．通信系统原理．北京中国铁道出版社,1992
4 王秉钧、孙学军、沈保锁、居谧．现代通信系统原理．天津:天津大学出版社,1991
5 黄庚年等．通信系统原理．北京:北京邮电学院出版社,1991
6 黄胜华等．现代通信原理．合肥:中国科技大学出版社,1989
7 陈仁发等．数字通信原理．北京:科学技术文献出版社,1994
8 周廷显．近代通信技术．哈尔滨:哈尔滨工业大学出版社,1990
9 Zpeebless P. Communication System Principles. Addison - wesiey Publishing Company, Inc, 1976
10 Martin S, Roden. Analog and Digital Communication Systems, Prentice—Hall Intemational Editions, 1991
11 陈国通．数字通信原理．哈尔滨:哈尔滨工业大学出版社,1991
12 冯子裘等．通信原理．西安:西北工业大学出版社,1990
13 闻懋生等．信息传输基础．西安:西安交通大学出版社,1993
14 曹达仲．数字移动通信及 ISDN. 天津:天津大学出版社,1997
15 詹道庸．传输原理．西安:西安交通大学出版社,1995
16 郭梯云等．移动通信．西安:西安电子科技大学出版社,1995
17 陈德荣等．通信新技术续篇．北京:北京邮电大学出版社,1997
18 沈振元等．通信系统原理．西安:西安电子科技大学出版社,1993
19 叶敏．程控数字交换与现代通信网．北京:北京邮电大学出版社,1998
20 林康琴等．程控交换原理．北京:北京邮电大学出版社,1995
21 王秉钧等．扩频通信．天津:天津大学出版社,1992
22 李振玉等．扩频选址通信．北京:国防工业出版社,1988
23 刘后铭等．计算机通信网．西安:西安电子科技大学出版社,1996
24 李乐民等．数字通信传输系统．北京:人民邮电出版社,1986
25 郭梯云等．数据传输．北京:人民邮电出版社,1987
26 冯重熙等．现代数字通信技术．北京:人民邮电出版社,1987
27 张应中等．数字通信工程基础．北京:人民邮电出版社,1987
28 乐光新等．数字通信原理．北京:人民邮电出版社,1988
29 王士林等．现代数字调制技术．北京:人民邮电出版社,1987
30 周炯槃．通信网理论基础．北京:人民邮电出版社,1991
31 孙立新等．CDMA(码分多址)移动通信技术．北京:人民邮电出版社,1996
32 杨为理、何俭吉．现代通信集成电路应用技术手册技术(上、下)．北京:电子工业出版社,1995
33 赵松璞．FPGA 实现通信系统中盲均衡的研究．天津大学硕士学位论文,1998
34 安振庄．IJF—0QPSK 数字调制器．天津通信技术,1995(1)
35 陈宗杰等．纠错编码技术．北京:人民邮电出版社,1987
36 吴伯修等．信息论与编码．北京:电子工业出版社,1987
37 沈兰荪．图像编码与异步传输．北京:人民邮电出版社,1988
38 余兆明．数字电视和高清晰度电视．北京:人民邮电出版社,1996
39 胡栋．图像通信技术及其应用．南京:东南大学出版社,1996

40 朱秀昌等．多媒体网络通信技术及应用．北京：电子工业出版社，1998
41 马小虎等．多媒体数据压缩标准及实现．北京：清华大学出版社，1996
42 丁志强等．MPEG—7 内容及展望．数据通信，1999(1)
43 林胜等．"MPEG1—Ⅲ声音编码算法"．电声技术，1998(5)
44 纪涌等．H.263 简介．数据通信，1998(3)
45 王煦．MPEG—4 标准起草工作近况．电信快报，1998(6)
46 王世顺．移动通信原理与应用．北京：人民邮电出版社，1995
47 朱梅英等．传真通信与调制解调器．北京：人民邮电出版社，1996
48 胡道元．计算机局域网．北京：清华大学出版社，1996
49 鲁士文．计算机网络原理与网络技术．北京：机械工业出版社，1996
50 杨明福．计算机网络．北京：电子工业出版社，1995
51 李腊元，李春林．计算机网络技术．北京：国防工业出版社，2001
52 刘锦德等．计算机网络大全．北京：电子工业出版社，1997
53 Andrew S，Tanenbaum. Computer Networks. 北京：清华大学出版社，1997
54 William Stallings. Data and Computer Communications. 北京：清华大学出版社，1997
55 曹达仲等．移动信道下级联码的计算机模拟与性能分析．无线电工程，1993(1)
56 王进等．Turbo—Code 及其在 CDMA 中的应用．移动通信技术，1998(4)
57 许友云等．Turbo Codes 在 INMARSAT 移动卫星通信系统中的应用．移动通信技术，1999(3)
58 Claude Berrou. "Near Optimum Error Correcting Coding And Decoding: Turbo - Codes", IEEE Transations on Communications, Vol. 44, pp1261 ~ 1271, 1996
59 傅小真等．数字卫星电视信道编码与调制技术．电子技术，1999(4)
60 苗长云等．现代通信原理及应用．北京：电子工业出版社，2005

内 容 简 介

本书系统地介绍了现代通信的基本原理，主要讲述了模拟通信系统与数字通信系统的基本传输原理及性能分析，重点讨论了数字通信系统原理，并对通信网作了适当的介绍。

本书内容包括绪论、信道、模拟调制系统、信源编码、数字信号的基带传输、数字信号的频带传输、现代数字调制技术、同步原理、信道编码、通信网概论等。各章后附有习题，书后附有部分习题答案。

本书力图跟踪目前通信发展的趋势，尽可能多地反映通信领域的新技术和新的发展方向。本书论述深入浅出，概念清楚，重点突出，便于教学。

本书可作为高等理工院校电子信息工程、通信工程、电子科学技术、电子应用技术、信息技术和相近各专业本科生的教材以及研究生的参考书，也可供从事通信领域工作的工程技术人员和科技工作者参考。